互联网运维管理
工程应用丛书

# 网络运维管理

## 从基础到实战（配全程操作视频）

许成刚　阮晓龙　杜宇飞　刘海滨　刘明哲◎编著

U0173527

中国水利水电出版社
www.waterpub.com.cn

## 内 容 提 要

　　本书以园区网运维管理为主线，精心设计了 10 个工程项目。内容从构建有线/无线混合园区网到接入互联网，从园区网设备的远程统一管理及基础网络服务管理到构建覆盖全网的运维监控系统，从网络安全管理的实现到基于防火墙的用户上网认证及上网行为分析，涵盖了园区网运维管理的各种关键应用。

　　本书注重工程项目的落地和实现，每个项目都包含了完整网络拓扑和详细的建设步骤，并且基于 eNSP 仿真环境和 VirtualBox 虚拟化技术开展实施，有效解决了读者在学习时由于设备环境的限制只能"纸上谈兵"的问题，可帮助读者在一台电脑上轻松构建复杂网络并开展运维管理工作，保证学习过程的顺利开展。

　　本书可以作为从事网络运维管理的专业技术人员的工程参考用书，也可以作为高等院校计算机相关专业，特别是网络工程、网络运维、信息管理等专业有关课程的教学用书。

## 图书在版编目（C I P）数据

　　网络运维管理从基础到实战 / 许成刚等编著. -- 北京 : 中国水利水电出版社，2022.3（2024.1 重印）
　　ISBN 978-7-5226-0551-7

　　Ⅰ．①网… Ⅱ．①许… Ⅲ．①计算机网络管理—研究 Ⅳ．①TP393.07

　　中国版本图书馆CIP数据核字（2022）第041819号

策划编辑：周春元　　　　　　　　责任编辑：王开云

| 书　　名 | 网络运维管理从基础到实战<br>WANGLUO YUN-WEI GUANLI CONG JICHU DAO SHIZHAN |
|---|---|
| 作　　者 | 许成刚　阮晓龙　杜宇飞　刘海滨　刘明哲　编著 |
| 出版发行 | 中国水利水电出版社<br>（北京市海淀区玉渊潭南路 1 号 D 座　100038）<br>网址：www.waterpub.com.cn<br>E-mail：mchannel@263.net（答疑）<br>　　　　sales@mwr.gov.cn<br>电话：（010）68545888（营销中心）、82562819（组稿） |
| 经　　售 | 北京科水图书销售有限公司<br>电话：（010）68545874、63202643<br>全国各地新华书店和相关出版物销售网点 |
| 排　　版 | 北京万水电子信息有限公司 |
| 印　　刷 | 三河市鑫金马印装有限公司 |
| 规　　格 | 184mm×240mm　16 开本　28.5 印张　670 千字 |
| 版　　次 | 2022 年 3 月第 1 版　　2024 年 1 月第 2 次印刷 |
| 印　　数 | 3001—5000 册 |
| 定　　价 | 88.00 元 |

# 作者的话

## 1. 新的一员

当本书成稿的时候，我们的《互联网运维管理工程应用丛书》（以下简称《丛书》）又诞生了一个新的成员。

本书依然保持《丛书》特有的创作理念：

（1）突出主线

本书不追求技术细节上的"大而全"，而是从园区网运维管理的角度，以园区网构建为起点，内容贯穿"互联网接入管理——网络设备集中管理——网络服务管理——构建全网监控体系——网络安全管理——用户行为分析——构建 VPN 访问"这一主线，使读者能够快速、准确地把握园区网运维管理的关键点。

（2）项目驱动

本书所有章节均以项目形式展开，每个项目中包含若干子任务。所有项目任务均经过精心设计，并且在具体实施前，配有详细的拓扑规划和网络设计规划，从而使其达到企业级实际环境的应用水平，使读者能够更好地学以致用。

（3）循序渐进

本书以第一个项目"构建综合园区网"为基础，后续每一个项目都是在前一个项目的基础上，以增加设备、增加服务或优化拓扑的方式实现的，使读者能够循序渐进地开展学习实践。不仅如此，读者在实现每一个项目时，不需要反复构建基础网络，从而降低实践成本，更好把握每个项目的关键环节。

（4）注重实现

本书注重园区网建设中各个环节的落地和实现。每个项目中都包含了完整的网络拓扑以及详细的建设步骤，对于实施过程中的一些重、难点，还专门给出了特别提醒，只要跟着项目流程操作，就一定能够成功。从而帮助读者从晦涩难懂的技术理论中"跳出来"，快速投入实战，并且在实战成功的基础上，加深对网络运维技术的理解和思考。

（5）环境无忧

本书的所有项目，都是基于 eNSP 仿真环境和 VirtualBox 虚拟化技术，有效解决了读者在学习时由于设备环境的限制只能"纸上谈兵"的问题。帮助读者在一台电脑上即可轻松构建复杂园区网并开展运维管理工作，极大降低学习成本，保证了学习过程的顺利开展。

## 2. 内容设计

全书精心设计了 10 个工程项目。从构建有线/无线混合园区网到接入互联网，从园区网设备的远程统一管理及基础网络服务管理到构建覆盖全网的运维监控系统，从网络安全管理的实现到基于防火墙的用户上网认证及上网行为分析。可以说，全书内容涵盖了园区网运维管理的各种关键应用。

项目一，构建综合园区网。基于 eNSP 仿真环境构建有线/无线混合园区网，将该项目作为本书后续各项目的基础。

项目二，接入互联网。重点掌握 NAT 技术的应用，并且将已经建成的园区网通过 NAT 方式接入互联网。

项目三，园区网设备的集中远程管理。通过 Telnet 和 SSH 方式，实现对园区网内部各网络设备的集中远程管理。

项目四～项目六，构建网络运维管理基础服务，包括域名管理（DNS）、时间服务管理（NTP）、IP 地址管理（DHCP）。

项目七，建设覆盖全网的运维监控系统。分别通过 Cacti 和 Zabbix 构建覆盖整个园区网的监控体系，实现对所有网络服务、网络设备的监控和运行分析。

项目八，网络安全。利用防火墙加强园区网访问及服务管理。

项目九，用户行为管理。基于防火墙实现用户上网认证以及用户上网行为分析。

项目十，通过 VPN 访问园区网内部资源。通过 VPN 方式，使位于互联网上的指定用户能够安全地访问园区网内部资源。

### 3．适用对象

本书适用于以下两类读者。

一是从事网络运维与管理的专业技术人员，本书可以帮助他们全面理解网络运维与管理的技术内涵，快速掌握相应的工程实现方法，为后续工作开展打下扎实基础。

二是高等院校计算机相关专业，特别是网络工程、网络运维、信息管理等专业的、具有一定计算机网络原理知识基础和网络应用技术能力的在校学生，本书可以帮助他们加深对网络原理的理解，掌握网络运维与管理技术，提升实践操作的综合能力，真正将网络技术、特别是网络运维与管理技术"学以致用"。

### 4．真诚感谢

本书能顺利撰写完毕，离不开家人们的默默支持。正是他们的支持，使我们能全身心投入到本书的编写中。中国水利水电出版社万水分社的周春元副总经理对于本书的出版给予了中肯的指导和积极的帮助，在此表示深深的谢意！

本书的创作得到了教育部 2021 年第一批产学合作协同育人项目"面向新工科的网络安全实践基地与网络安全实训课程建设"（项目编号：202101035010）和"基于国产可控平台的'系统运维大数据实训'课程建设与教学实践"（项目编号：202101327018）的支持，特向项目团队和合作企业表示感谢。

本书视频由河南中医药大学信息技术学院 2019 级信息管理与信息系统专业的宋斌伟、邓汪涛、马骋犇三位同学进行操作演示，我为有此优秀的学生感到自豪，并向他们的辛勤付出表示感谢。

由于我们的水平有限，疏漏及不足之处在所难免，敬请广大读者朋友批评指正。

本书作者
2022 年 2 月于郑州

# 目　　录

# 项目一
## 构建综合园区网

### ● 项目介绍

　　本书整体围绕着园区网的运维与管理开展。本项目是全书的内容基础，在 eNSP 仿真环境中，构建包括有线网络和无线网络的综合园区网。

### ● 项目目的

● 掌握 eNSP 仿真环境中有线园区网的建设过程与方法。
● 掌握 eNSP 仿真环境中无线园区网的建设过程与方法。
● 掌握 eNSP 仿真环境中抓取网络通信报文的方法。

### ● 拓扑规划

1. 网络拓扑

综合园区网拓扑规划如图 1-0-1 所示。

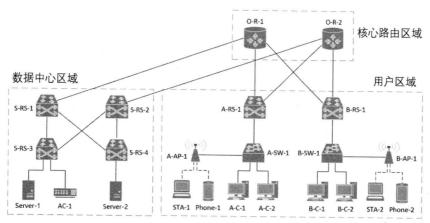

图 1-0-1　综合园区网拓扑规划

## 2. 拓扑说明

网络拓扑说明见表 1-0-1。

表 1-0-1　网络拓扑说明

| 序号 | 设备线路 | 设备类型 | 规格型号 | 备注 |
|---|---|---|---|---|
| 1 | A-C-1、A-C-2 | 用户主机 | PC | A 区用户 |
| 2 | STA-1、STA-2 | 移动终端 | STA | 移动用户 |
| 3 | B-C-1、B-C-2 | 用户主机 | PC | B 区用户 |
| 4 | Phone-1、Phone-2 | 移动终端 | Cellphone | 移动用户 |
| 5 | A-AP-1、B-AP-1 | 无线接入点（AP） | AP3030 | 接入移动终端 |
| 6 | A-SW-1、B-SW-1 | 二层交换机 | S3700 | 用户区域接入交换机 |
| 7 | A-RS-1、B-RS-1 | 三层交换机 | S5700 | 用户区域汇聚交换机 |
| 8 | O-R-1、O-R-2 | 核心路由器 | AR2220 | |
| 9 | S-RS-1、S-RS-2 | 三层交换机 | S5700 | 数据中心汇聚交换机 |
| 10 | S-RS-3、S-RS-4 | 三层交换机 | S5700 | 数据中心接入交换机 |
| 11 | Server-1 | DNS 服务器 | PC | 用 PC 替代 |
| 12 | Server-2 | WWW 服务器 | PC | 用 PC 替代 |
| 13 | AC-1 | 无线控制器 | AC6605 | 用于 AP 的管理和配置 |

（1）用户区域拓扑说明。用户区域拓扑中，三层交换机 A-RS-1 和 B-RS-1 下面可根据需要接入多台二层交换机，此处简化为各接入一台二层交换机（此处用 A-SW-1 和 B-SW-1 表示），二层交换机用于接入用户主机和 AP 设备。

三层交换机 A-RS-1 和 B-RS-1 分别同时接入路由器 O-R-1 和 O-R-2，实现了通信链路冗余，起到了网络容灾作用。例如，当路由器 O-R-1 和 O-R-2 当中有一台出现故障时，用户主机（或移动终端）之间仍然可以相互访问，同时，用户主机（或移动终端）仍然可以访问数据中心的服务器。

（2）数据中心区域拓扑说明。数据中心区域拓扑中，三层交换机 S-RS-1 和 S-RS-2 作为汇聚交换机，其下面可根据需要接入多台三层交换机，此处简化为各接入一台三层交换机，即 S-RS-3 和 S-RS-4，用于接入服务器和无线控制器（AC-1）。

数据中心中，所有的接入交换机（此处指 S-RS-3 和 S-RS-4）分别同时接入汇聚交换机 S-RS-1 和 S-RS-2，实现了通信链路冗余，起到了网络容灾作用。例如，当 S-RS-1 和 S-RS-2 当中有一台出现故障时，用户区域中的用户主机（或移动终端）仍然可以访问数据中心的服务器。

## ◉ 网络规划

1. 交换机接口与 VLAN

交换机接口及 VLAN 规划见表 1-0-2。

表 1-0-2　交换机接口及 VLAN 规划表

| 序号 | 交换机 | 接口 | VLAN ID | 连接设备 | 接口类型 |
|---|---|---|---|---|---|
| 1 | A-SW-1 | Ethernet 0/0/1 | 21 | A-C-1 | Access |
| 2 | A-SW-1 | Ethernet 0/0/2 | 22 | A-C-2 | Access |
| 3 | A-SW-1 | GE 0/0/1 | 21、22、200、201、202 | A-RS-1 | Trunk |
| 4 | A-SW-1 | GE 0/0/2 | 200、201、202 | A-AP-1 | Trunk |
| 5 | B-SW-1 | Ethernet 0/0/1 | 23 | B-C-1 | Access |
| 6 | B-SW-1 | Ethernet 0/0/2 | 24 | B-C-2 | Access |
| 7 | B-SW-1 | GE 0/0/1 | 23、24、200、201、202 | B-RS-1 | Trunk |
| 8 | B-SW-1 | GE 0/0/2 | 200、201、202 | B-AP-1 | Trunk |
| 9 | A-RS-1 | GE 0/0/1 | 21、22、200、201、202 | A-SW-1 | Trunk |
| 10 | A-RS-1 | GE 0/0/23 | 101 | O-R-2 | Access |
| 11 | A-RS-1 | GE 0/0/24 | 100 | O-R-1 | Access |
| 12 | B-RS-1 | GE 0/0/1 | 23、24、200、201、202 | B-SW-1 | Trunk |
| 13 | B-RS-1 | GE 0/0/23 | 101 | O-R-1 | Access |
| 14 | B-RS-1 | GE 0/0/24 | 100 | O-R-2 | Access |
| 15 | S-RS-1 | GE 0/0/1 | 101 | S-RS-3 | Access |
| 16 | S-RS-1 | GE 0/0/2 | 102 | S-RS-4 | Access |
| 17 | S-RS-1 | GE 0/0/24 | 100 | O-R-1 | Access |
| 18 | S-RS-2 | GE 0/0/1 | 101 | S-RS-4 | Access |
| 19 | S-RS-2 | GE 0/0/2 | 102 | S-RS-3 | Access |
| 20 | S-RS-2 | GE 0/0/24 | 100 | O-R-2 | Access |
| 21 | S-RS-3 | GE 0/0/1 | 11 | Server-1 | Access |
| 22 | S-RS-3 | GE 0/0/2 | 200 | AC-1 | Access |
| 23 | S-RS-3 | GE 0/0/23 | 102 | S-RS-2 | Access |
| 24 | S-RS-3 | GE 0/0/24 | 101 | S-RS-1 | Access |
| 25 | S-RS-4 | GE 0/0/1 | 12 | Server-2 | Access |
| 26 | S-RS-4 | GE 0/0/23 | 102 | S-RS-1 | Access |
| 27 | S-RS-4 | GE 0/0/24 | 101 | S-RS-2 | Access |
| 28 | AC-1 | GE 0/0/1 | 200 | S-RS-3 | Access |

2. 主机 IP 地址

主机 IP 地址规划见表 1-0-3。

表 1-0-3　主机 IP 地址规划表

| 序号 | 设备名称 | IP 地址/子网掩码 | 默认网关 | 接入位置 | 所属 VLAN |
|---|---|---|---|---|---|
| 1 | A-C-1 | 192.168.64.10 /24 | 192.168.64.254 | A-SW-1 Ethernet 0/0/1 | 21 |
| 2 | A-C-2 | 192.168.65.10 /24 | 192.168.65.254 | A-SW-1 Ethernet 0/0/2 | 22 |
| 3 | B-C-1 | 192.168.68.10 /24 | 192.168.68.254 | B-SW-1 Ethernet 0/0/1 | 23 |
| 4 | B-C-2 | 192.168.69.10 /24 | 192.168.69.254 | B-SW-1 Ethernet 0/0/2 | 24 |
| 5 | A-AP-1 | 10.0.200.1～13 /28 | 10.0.200.14 | A-SW-1 GE 0/0/2 | 200 |
| 6 | B-AP-1 | 10.0.200.17～29 /28 | 10.0.200.30 | B-SW-1 GE 0/0/2 | 200 |
| 7 | Server-1 | 172.16.64.10 /24 | 172.16.64.254 | S-RS-3 GE 0/0/1 | 11 |
| 8 | Server-2 | 172.16.65.10 /24 | 172.16.65.254 | S-RS-4 GE 0/0/1 | 12 |
| 9 | AC-1 | 10.0.200.254 /30 | 10.0.200.253 | S-RS-3 GE 0/0/22 | 200 |
| 10 | 无线移动终端 | 192.168.66.* /24 | 192.168.66.254 | A-AP-1 wifi-2.4G | 201 |
| | | 192.168.67.* /24 | 192.168.67.254 | A-AP-1 wifi-5G | 202 |
| | | 192.168.70.* /24 | 192.168.70.254 | B-AP-1 wifi-2.4G | 201 |
| | | 192.168.71.* /24 | 192.168.71.254 | B-AP-1 wifi-5G | 202 |

提醒　本项目中，无线接入点 AP 的 IP 地址和无线移动终端的 IP 地址都是动态获取的，由 AC-1 提供 DHCP 服务。

3. 路由接口

路由接口 IP 地址规划见表 1-0-4。

表 1-0-4　路由接口 IP 地址规划表

| 序号 | 设备名称 | 接口名称 | 接口地址 | 备注 |
|---|---|---|---|---|
| 1 | S-RS-1 | Vlanif100 | 10.0.0.2 /30 | 与 O-R-1 通信的三层虚拟接口 |
| 2 | S-RS-1 | Vlanif101 | 10.0.2.1 /30 | 与 S-RS-3 通信的三层虚拟接口 |
| 3 | S-RS-1 | Vlanif102 | 10.0.2.5 /30 | 与 S-RS-4 通信的三层虚拟接口 |
| 4 | S-RS-2 | Vlanif100 | 10.0.0.6 /30 | 与 O-R-2 通信的三层虚拟接口 |
| 5 | S-RS-2 | Vlanif101 | 10.0.2.13 /30 | 与 S-RS-4 通信的三层虚拟接口 |
| 6 | S-RS-2 | Vlanif102 | 10.0.2.9 /30 | 与 S-RS-3 通信的三层虚拟接口 |
| 7 | S-RS-3 | Vlanif11 | 172.16.64.254 /24 | Server-1 的默认网关 |
| 8 | S-RS-3 | Vlanif101 | 10.0.2.2 /30 | 与 S-RS-1 通信的三层虚拟接口 |
| 9 | S-RS-3 | Vlanif102 | 10.0.2.10 /30 | 与 S-RS-2 通信的三层虚拟接口 |
| 10 | S-RS-3 | Vlanif200 | 10.0.200.253 /30 | 与 AC-1 通信的三层虚拟接口 |

| 序号 | 设备名称 | 接口名称 | 接口地址 | 备注 |
|------|----------|----------|----------|------|
| 11 | S-RS-4 | Vlanif12 | 172.16.65.254 /24 | Server-2 的默认网关 |
| 12 | S-RS-4 | Vlanif101 | 10.0.2.14 /30 | 与 S-RS-2 通信的三层虚拟接口 |
| 13 | S-RS-4 | Vlanif102 | 10.0.2.6 /30 | 与 S-RS-1 通信的三层虚拟接口 |
| 14 | A-RS-1 | Vlanif21 | 192.168.64.254 /24 | A-C-1 的默认网关 |
| 15 | A-RS-1 | Vlanif22 | 192.168.65.254 /24 | A-C-2 的默认网关 |
| 16 | A-RS-1 | Vlanif100 | 10.0.1.2 /30 | 与 O-R-1 通信的三层虚拟接口 |
| 17 | A-RS-1 | Vlanif101 | 10.0.1.10 /30 | 与 O-R-2 通信的三层虚拟接口 |
| 18 | A-RS-1 | Vlanif200 | 10.0.200.14 /30 | A-AP-1 所在 VLAN 的默认网关 |
| 19 | A-RS-1 | Vlanif201 | 192.168.66.254 /24 | A-AP-1 的 wifi-2.4G 的默认网关 |
| 20 | A-RS-1 | Vlanif202 | 192.168.67.254 /24 | A-AP-1 的 wifi-5G 的默认网关 |
| 21 | B-RS-1 | Vlanif23 | 192.168.68.254 /24 | B-C-1 的默认网关 |
| 22 | B-RS-1 | Vlanif24 | 192.168.69.254 /24 | B-C-2 的默认网关 |
| 23 | B-RS-1 | Vlanif100 | 10.0.1.14 /30 | 与 O-R-2 通信的三层虚拟接口 |
| 24 | B-RS-1 | Vlanif101 | 10.0.1.6 /30 | 与 O-R-1 通信的三层虚拟接口 |
| 25 | B-RS-1 | Vlanif200 | 10.0.200.30 /30 | B-AP-1 所在 VLAN 的默认网关 |
| 26 | B-RS-1 | Vlanif201 | 192.168.70.254 /24 | B-AP-1 的 wifi-2.4G 的默认网关 |
| 27 | B-RS-1 | Vlanif202 | 192.168.71.254 /24 | B-AP-1 的 wifi-5G 的默认网关 |
| 28 | O-R-1 | GE 0/0/0 | 10.0.1.1 /30 | 连接 A-RS-1 |
| 29 | O-R-1 | GE 0/0/1 | 10.0.1.5 /30 | 连接 B-RS-1 |
| 30 | O-R-1 | GE 0/0/2 | 10.0.0.1 /30 | 连接 S-RS-1 |
| 31 | O-R-2 | GE 0/0/0 | 10.0.1.13 /30 | 连接 B-RS-1 |
| 32 | O-R-2 | GE 0/0/1 | 10.0.1.9 /30 | 连接 A-RS-1 |
| 33 | O-R-2 | GE 0/0/2 | 10.0.0.5 /30 | 连接 S-RS-2 |

　　在 WLAN 的通信中，AP（例如此处的 A-AP-1）需要与 AC（例如此处的 AC-1）通信，所以必须配置 AP 与 AC 之间的路由可达。表 1-0-4 的备注中，所谓"A-AP-1 所在 VLAN 的默认网关"指需要在 A-RS-1 上配置其下面所连接的 AP 所在 VLAN 的默认网关。

　　无线移动终端先接入到 AP，并进一步与园区网中其他主机通信，因此无线移动终端所在的 VLAN 也需要有默认网关，以实现与其他主机的路由可达。表 1-0-4 的备注中，所谓"A-AP-1 的 wifi-2.4G 的默认网关"指 A-AP-1 上配置的、对应 wifi-2.4G 这个 SSID 的 VLAN 的默认网关，凡是接入到 wifi-2.4G 这个无线网络的移动设备，在访问其他网段的主机时，要把报文先发给这个默认网关。

4. 路由规划

路由规划见表 1-0-5。

表 1-0-5　路由规划

| 序号 | 路由设备 | 目的网络 | 下一跳地址 | 下一跳 | 备注 |
|---|---|---|---|---|---|
| 1 | S-RS-1～S-RS-4 | — | — | — | 配置 OSPF |
| 2 | A-RS-1、B-RS-1 | — | — | — | 配置 OSPF |
| 3 | O-R-1、O-R-2 | — | — | — | 配置 OSPF |
| 4 | AC-1 | 10.0.200..0 /27 | 10.0.200.253 | S-RS-3 | 到达 AP 的静态路由 |
| 5 | AC-1 | 192.168.66.0 /23 | 10.0.200.253 | S-RS-3 | 到达 A-AP-1 无线网络的静态路由 |
| 6 | AC-1 | 192.168.70.0 /23 | 10.0.200.253 | S-RS-3 | 到达 B-AP-1 无线网络的静态路由 |

5. OSPF 的区域规划

由于本项目采用 OSPF 协议，所以对 OSPF 的区域规划如图 1-0-2 所示。

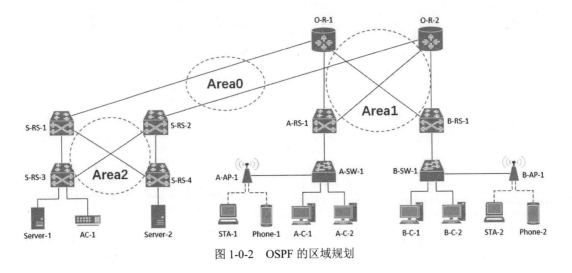

图 1-0-2　OSPF 的区域规划

## ▶ 项目讲堂

1. eNSP

本书的所有项目都是基于 eNSP 仿真环境开展。eNSP（Enterprise Network Simulation Platform）是一款由华为自主开发、免费、可扩展的图形化网络仿真平台，该平台主要对交换机、路由器及相关物理设备进行仿真模拟，满足 ICT 从业者对真实网络设备模拟的需求。

eNSP 使用图形化操作界面，支持拓扑的创建、修改、删除、保存等操作；支持设备拖拽、接口连线操作，通过不同颜色直观反映设备与接口的运行状态。另外，eNSP 预置大量工程案例，可直接打开进行演练学习。

eNSP 支持与真实设备对接以及数据包的实时抓取，可以帮助用户深刻理解网络协议的原理，协助进行网络技术的钻研和探索。

在安装 eNSP 软件之前，需要先安装虚拟化软件 VirtualBox（可创建虚拟机并接入 eNSP 网络）、抓包软件 WinPcap、报文分析软件 Wireshark。

本书采用的 eNSP 软件版本是 V100R003C00SPC100。eNSP 的 V100R003C00SPC100 版本对基础软件组件有版本限制，考虑到稳定性和性能，本书推荐安装的 WinPcap 版本是 4.1.3，Wireshark 版本是 3.0.6，VirtualBox 版本是 5.2.34。

关于 eNSP 网络仿真环境的部署与基本应用，请读者参见本系列丛书中的《eNSP 网络技术与应用从基础到实战》（ISBN 978-7-5170-8607-9）

2. VirtualBox

VirtualBox 是一款使用 Qt 语言开发的开源虚拟机软件。早期由德国 Innotek 公司开发，Sun Microsystems 公司出品。2010 年 1 月，Sun Microsystems 公司被 Oracle 收购，VirtualBox 被正式更名为 Oracle VM VirtualBox。现在由甲骨文公司进行开发，是甲骨文公司虚拟化平台技术的一部分。

VirtualBox 创建的虚拟机，能够安装多个操作系统，每个系统可独立运行。VirtualBox 虚拟机安装的操作系统与本地系统能相互通信，而且安装的多个操作系统同时运行时，能够同时使用网络。

本书通过 eNSP 提供的云设备的方式，将 VirtualBox 虚拟机引入 eNSP 仿真网络中，用于网络服务器等设备的部署应用。

3. WinPcap 与 Wireshark

WinPcap 是在 Windows 平台上访问网络模型数据链路层的开源库，其允许应用程序绕开网络协议栈来捕获与发送网络数据包。在实际应用中，WinPcap 与网络分析工具（例如 Wireshark 软件）配合工作，实现对流经网络接口卡的数据报文进行抓取和分析。

4. HedEx Lite

学习网络设备的管理与配置，最有效的渠道是阅读官方技术文档。技术文档可从华为官方网站下载。本书推荐读者通过华为 HedEx Lite 软件阅读华为提供的官方免费技术文档。HedEx Lite 是华为电子文档桌面管理软件，主要用于文档包的浏览、搜索、升级和管理，文档包是华为产品文档的集合。

5. 虚拟局域网（VLAN）

（1）VLAN 的概念。VLAN（Virtual Local Area Network）即虚拟局域网，是将一个物理的 LAN 在逻辑上划分成多个广播域的通信技术。归属同一 VLAN 的主机属于同一个广播域，而归属不同 VLAN 的主机属于不同的广播域，从而实现将广播报文限制在一个 VLAN 内部。IEEE 802.1Q 是虚拟局域网（VLAN）的正式标准。

（2）VLAN 的帧格式。IEEE 802.1Q 标准对 Ethernet 帧格式进行了修改，在源 MAC 地址字段和协议类型字段之间加入 4 字节的 802.1Q 标记（Tag），如图 1-0-3 所示。其中 VID 表示该数据帧所属的 VLAN 编号。VID 取值范围是 0～4095。由于 0 和 4095 为协议保留取值，所以 VLAN ID 的有效取值范围是 1～4094。

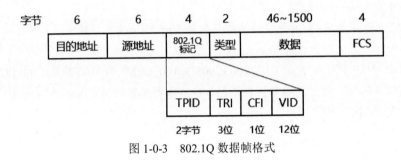

图 1-0-3　802.1Q 数据帧格式

（3）VLAN 的链路类型。VLAN 中有以下两种链路类型：

接入链路（Access Link）：用于连接用户主机和交换机的链路。通常情况下，主机并不需要知道自己属于哪个 VLAN，主机硬件通常也不能识别带有 VLAN 标记的帧。因此主机发送和接收的帧是不带 VLAN 标记的帧。

干道链路（Trunk Link）：通常用于交换机间的连接。干道链路可以承载多个不同 VLAN 数据，数据帧在干道链路传输时，干道链路的两端设备需要能够识别数据帧属于哪个 VLAN，所以在干道链路上传输的帧通常是带 VLAN 标记的帧。

（4）VLAN 的划分方法。VLAN 的划分方法有多种，例如基于接口划分、基于 MAC 地址划分、基于协议划分等，其中根据交换机的接口来划分 VLAN 是常用的 VLAN 划分方式。网络管理员可以给交换机的每个接口配置不同的 PVID。当一个普通数据帧进入配置了 PVID 的交换机接口时，该数据帧就会被打上该接口的 PVID 标记。对 VLAN 帧的处理由接口类型决定。

（5）接口类型。在 IEEE 802.1Q 中定义 VLAN 后，设备的有些接口可以识别 VLAN 帧，有些接口不能识别 VLAN 帧。根据对 VLAN 帧的识别情况，将接口分为 4 类：

1）Access 接口。Access 接口是交换机上用来连接用户主机的接口，它只能连接接入链路。仅允许唯一的 VLAN ID 通过本接口，这个 VLAN ID 与接口的缺省 VLAN ID 相同，Access 接口在向对端设备发出以太网帧时，会去掉 VLAN 标记。

2）Trunk 接口。Trunk 接口是交换机上用来和其他交换机连接的接口，它只能连接干道链路，允许多个 VLAN 的帧（带 VLAN 标记）通过。

3）Hybrid 接口。Hybrid 接口是交换机上既可以连接用户主机，又可以连接其他交换机的接口。Hybrid 接口既可以连接接入链路又可以连接干道链路。Hybrid 接口允许多个 VLAN 的帧通过，并可以在出接口方向指定是否去掉数据帧的 VLAN 标记。

4）QinQ 接口。QinQ（802.1Q-in-802.1Q）接口是使用 QinQ 协议的接口。QinQ 接口可以给帧加上双重 VLAN 标记，即在原来标记的基础上，给帧加上一个新的标记，从而可以支持多达 4094

×4094个VLAN（不同的产品支持不同的规格），满足网络对VLAN数量的需求。

6. 路由交换机

（1）为什么需要路由交换机？由于应用需求或者地域管理等因素，一个园区网络通常需要划分成多个小的局域网，从而实现广播包隔离，这就使得VLAN技术在园区网建设中得以大量应用。普通的二层交换机只能实现同一VLAN内部主机的互相访问，而不同VLAN间的通信则要通过第三层路由功能来完成转发，在实际应用中，通常使用路由交换机实现VLAN间的通信。

　　　　　　单纯使用路由器也可以实现VLAN间的互访，鉴于篇幅有限，本书不再具体介绍，请读者自行查询有关资料。

（2）路由交换机的特点。路由交换机又被称作三层交换机，就是具有部分路由器功能的交换机。路由交换机的最重要目的是加快大型局域网内部的数据交换，其所具有的路由功能也是为这一目的服务的。对于数据包转发等规律性的过程由硬件高速实现，而像路由表维护、路由计算、路由确定等功能，则由其中的三层路由模块实现。除了必要的路由决定过程外，大部分数据转发过程由二层交换模块处理，提高了数据包转发的效率。因此，路由交换机既有三层路由的功能，又具有二层交换的网络速度。

路由交换机有一个非常重要的特点，即"一次路由，多次交换"。当其收到第一个需要通过路由进行转发的数据包时，它除了执行和路由器同样的操作，通过路由表查找到出口之外，还会将此数据的特征记录下来，当相同数据流的后续数据包到来时，它就不必再像路由器一样重新花费时间查找路由表后再转发，而是直接通过记录下的信息转发出去，从而提高了转发的效率。

（3）路由交换机的应用。在园区网中，一般会将路由交换机部署在网络的核心层，用路由交换机上的千兆接口或百兆接口连接不同的子网或VLAN（即不同的广播域）。虽然路由交换机在局域网中由于转发效率的原因可以部分取代路由器的寻径功能，但其接口类型有限，协议支持的种类也无法达到路由器的水平，因此在进行协议转换的场合，还是一定要路由器的参与才能够实现需求。

（4）交换机虚拟接口（Switch Virtual Interface，SVI）。交换机虚拟接口，与交换机上的VLAN相对应，即VLAN的接口，只不过它是虚拟的，并且一个VLAN仅可以有一个SVI。对于二层交换机，只能给其默认VLAN（通常是VLAN1）配置SVI，对于路由交换机，其中建立的每个VLAN都可以配置SVI。

SVI是一种三层逻辑接口，当需要在VLAN之间进行路由通信，或者提供IP主机到交换机的远程访问的时候，就需要起用交换机上相关VLAN的SVI，即为该VLAN的SVI配置IP地址、子网掩码。

在实现VLAN间通信时，需要在路由交换机上创建相应的VLAN，并为每个VLAN配置一个VLAN接口（也就是SVI），然后为每个SVI配置一个IP地址，并将该IP地址作为相应VLAN内主机的默认网关地址。不同VLAN内的主机通信时，需要先将数据包发给默认网关，然后进行转发，从而实现VLAN间互访。由于这是路由交换机的路由功能所实现的，所以此时必须在路由交换机上启用路由功能（即执行启用路由功能的命令）。

7. 路由器

（1）什么是路由器。路由器工作在 OSI 模型的网络层，是不同网络之间互相连接的枢纽，是互联网的主要节点设备。路由器的基本作用就是实现数据包在不同网络之间的转发，转发策略称为路由选择（routing），这也是路由器名称的由来。路由器进行路由选择的关键是其内部有一个保存路由信息的数据库——路由表。路由器依据路由表来决定数据包的转发。

（2）路由表。每台路由设备都会将去往各个网络的路由记录在一个数据表中，当它发送数据包时，就会查询这个数据表，尝试将数据包的目的 IP 地址与这个数据表中的条目进行匹配，以此来判断该从哪个接口转发数据包，这个数据表就叫作路由表。

（3）路由协议。在默认情况下，一台路由器只知道其接口直接连接的网络的路由，当网络中具有多个路由器时，由于路由器之间屏蔽了各自独立连接的网络分段，因此路由器无法直接获取除直连网络以外的其他网络分段的位置信息，此时为了实现路由通信，必须为路由器添加必要的对远端网络位置的认知信息，这时就需要用到路由协议。

路由协议是路由器之间共同遵循的、相互分享路由信息的一种标准。借助路由协议，路由器之间可以相互交换自己掌握的路由，以此获得其他路由设备所拥有的路径信息。这样就可以让遵循这个路由协议的转发设备有能力向其他设备直连而自己并不直连的网络转发数据包。由于去往某些目的网络的路径不是独一的，因此路由协议中还定义了标准来标识各条路径的优劣，以便路由器可以根据相应路由协议的算法，计算出该协议认定的最佳路径并添加到路由表中。

根据路由算法能否自适应网络拓扑的变化，可将路由协议分为静态路由协议和动态路由协议。静态路由是管理员手动配置在路由设备上的去往某个网络的路由，当网络拓扑结构发生变化时，静态路由不会自动改变，必须由管理员手工修改。静态路由一般适用于较为简单的网络环境。动态路由协议有多种，例如 RIP、OSPF、IS-IS 等。当网络拓扑结构发生变化时，动态路由会自动调整变化。

（4）路由器的工作过程。

对数据包执行解封装：当路由器接收到一个数据包时，它会通过解封装数据链路层封装，来查看数据包的网络层头部封装信息，以便获得数据包的目的 IP 地址。

在路由表中查找匹配项：得到数据包的目的 IP 地址后，路由器用数据包的目的 IP 地址与路由表中各个条目的网络地址依次执行二进制 AND（与）运算，然后将运算的结果与路由表中相应路由条目的目的网络地址进行比较，如果一致，表示该条目与目的地址相匹配。例如，某数据包的目的 IP 地址是 192.168.64.8，路由表中有一条路由的目的网络为 192.168.64.0/24，那么这两个地址执行 AND 运算的结果为 192.168.64.0，这说明该条路由匹配这个数据包。

> 执行 AND（与）运算的方法是将两个二进制数逐位相与，只要对应的两个位的数值有一个为 0，则该位与运算的结果就为 0；只有两个位的数值都是 1，该位与运算的结果才是 1。

从多个匹配项中选择掩码最长的路由条目：如果路由表中有多条路由都匹配数据包的目的 IP 地址，则路由器会选择掩码长度最长的路由条目，这种匹配方式称为最长匹配原则。掩码越长，代表这条路由与数据包的目的 IP 地址匹配的位数越长，这也就代表这条路由与数据包目的 IP 地址的匹配度越高，其指示的路径往往也更加精确。

将数据包按照相应路由条目发送出去：当路由器找到了最终用来转发数据包的那条路由后，它会根据该路由条目提供的下一跳地址和对应的接口，将数据包从相应的接口转发给下一跳设备。

8．OSPF 协议工作原理

（1）OSPF 的基本概念。在开放最短路径优先（Open Shortest Path First，OSPF）出现前，网络上广泛使用 RIP（Routing Information Protocol）作为内部网关协议。由于 RIP 是基于距离矢量算法的路由协议，存在着收敛慢、路由环路、可扩展性差等问题，所以逐渐被 OSPF 协议取代。

OSPF 是 IETF（The Internet Engineering Task Force，国际互联网工程任务组）组织开发的一个基于链路状态的内部网关协议（Interior Gateway Protocol，IGP），是目前网络中应用最广泛的路由协议之一。和 RIP 相比，OSPF 协议能够适应多种规模网络环境。

OSPF 路由协议通过洪泛法（flooding）向全网（即整个自治系统）中的所有路由器发送信息，扩散本设备的链路状态信息，使网络中每台路由器最终都能建立一个全网链路状态数据库 LSDB（Link State Database），这个数据库实际上就是全网的拓扑结构图。每个路由器都使用链路状态数据库中的数据，采用最短路径算法，通过链路状态通告（Link State Advertisement，LSA）描述网络拓扑，并以自己为根，依据网络拓扑生成一棵最短路径树（Shortest Path Tree，SPT），计算到达其他网络的最短路径，构造出自己的路由表，最终形成全网路由信息。

OSPF 属于无类路由协议，支持可变长子网掩码（Variable Length Subnet Mask，VLSM）。

（2）OSPF 的分组。OSPF 共有以下五种分组类型：

● 问候（Hello）分组：用来发现和维持邻站的可达性；

● 数据库描述（Database Description，DD）分组：向邻站给出自己的链路状态数据库中的所有链路状态项目的摘要信息；

● 链路状态请求（Link State Request，LSR）分组：向对方请求发送某些链路状态项目的详细信息；

● 链路状态更新（Link State Update，LSU）分组：用洪泛法对全网更新链路状态；

● 链路状态确认（Link State Acknowledgement，LSA）分组：对链路更新分组的确认。

OSPF 规定，每两个相邻路由器每隔 10 秒要交换一次问候分组，这样就能确定哪些邻站可达。正常情况下网络中传送的 OSPF 分组都是问候分组。若有 40 秒没有收到某个相邻路由器发来的问候分组，则可认为该相邻路由不可达，会立即修改链路状态数据库，并重新计算路由表。

（3）OSPF 的区域。OSPF 协议通过将自治系统划分为不同的区域（Area）来解决路由表过大以及路由计算过于复杂、消耗资源过多等问题，如图 1-0-4 所示，将整个 OSPF 覆盖的范围分为 5 个区域。通过划分区域利用洪泛法把交换链路状态信息的范围局限在每一个区域而不是整个自治系统，减少了整个网络上的通信量。区域（Area）从逻辑上将自治系统内的路由器划分为不同的组，每个区域都有一个 32 位（用点分十进制表示）的区域标识符（Area ID）。

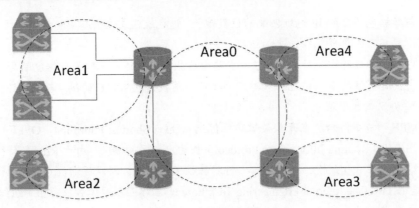

图 1-0-4　OSPF 区域

OSPF 划分区域后，其中有一个区域是与众不同的，被称为骨干区域（Backbone Area），其标识符（Area ID）为 0.0.0.0。所有非骨干区域必须与骨干区域连通，非骨干区域之间路由必须通过骨干区域转发。

一台路由器可以属于不同区域，但一个网段（链路）只能属于一个区域，或者说每个运行 OSPF 的网络接口必须指明属于哪一个区域。划分区域后，骨干区域和某一非骨干区域是通过一台路由器进行通信的，这台路由器既属于骨干区域又属于该非骨干区域（也就是说一部分接口属于骨干区域，其他接口属于非骨干区域），被称为区域边界路由器。

9. 无线局域网

9.1　无线局域网简介

无线局域网（Wireless Local Area Network，WLAN），是指部分或全部采用无线电波、激光、红外线等作为传输介质的局域网。

本项目介绍的是基于 IEEE 802.11 标准体系，利用高频信号（如 2.4GHz 频段、5GHz 频段）作为传输介质的无线局域网。IEEE 802.11 是无线网络通信的工业标准体系，包括 802.11、802.11a、802.11b、802.11e、802.11g、802.11i、802.11n、802.11ac 等。

有线局域网以有线电缆或光纤作为传输介质，存在传输介质铺设成本高、接入位置固定、可移动性差的问题，不能满足人们对网络日益增强的便携性和移动性需求。无线局域网技术可以让用户摆脱有线网络的束缚，方便地接入到局域网并在无线网络覆盖区域内自由移动。

9.2　WLAN 的基本概念

（1）工作站 STA。工作站 STA（Station）是支持 802.11 标准的终端设备，例如带无线网卡的电脑、支持 WLAN 的手机等。

（2）接入点 AP。AP（Access Point），即无线接入点，为 STA 提供基于 IEEE 802.11 标准的无线接入服务，起到有线网络和无线网络的桥接作用，是 WLAN 网络中的重要组成部分。AP 的工作机制类似有线网络中的集线器（HUB），无线终端可以通过 AP 进行终端之间的数据传输，也可以通过 AP 与有线网络互通。

按照工作原理和功能，可以将无线 AP 分为胖 AP（FAT AP）和瘦 AP（FIT AP）两类。

胖 AP（FAT AP）：胖 AP 通常有自带的完整操作系统，除了前面提到的无线接入功能外，一般还同时具备 WAN 端口、LAN 端口，是可以独立工作、实现自我管理的网络设备。胖 AP 可以独立提供 SSID、认证、DHCP 功能，可以给绑定到该 AP 的主机提供 IP 地址等上网参数，实现 802.11（无线接口）协议与 802.3（有线接口）协议转换，可以通过 console 本地管理或 SSH 远程管理。胖 AP 普遍应用于家庭网络或小型无线局域网，有线网络入户后，可以部署胖 AP 进行室内覆盖，室内无线终端可以通过胖 AP 访问 Internet。

瘦 AP（FIT AP）：可以理解为胖 AP 的瘦身，去掉路由、DNS、DHCP 服务器等诸多加载的功能，仅保留无线接入的部分。我们常说的 AP 就是指这类瘦 AP，它相当于无线交换机或者集线器，仅提供一个有线/无线信号转换和无线信号接收/发射的功能。瘦 AP 作为无线局域网的一个部件，是不能独立工作的，必须配合无线控制器（即 AC）的管理才能成为一个完整的系统。瘦 AP 只能充当一个被管理者的角色，首先通过 DHCP 动态获得 IP 地址等参数，然后通过广播、组播、单播等方式发现 AC 之后，自动从 AC 下载配置文件，完成自我配置。

（3）无线控制器（Access Controller，AC）。无线控制器用于集中式网络架构，对无线局域网中的所有 AP 进行控制和管理。如果没有 AC，对于需要部署成百上千的 AP 的场景，每个设备都需要手工配置，工作量将非常巨大，而通过 AC 的集中管理配置，可以快速便捷地完成任务。

（4）无线接入点控制与规范。无线接入点控制与规范（Control And Provisioning of Wireless Access Points，CAPWAP）是实现 AP 和 AC 之间互通的一个通用封装和传输机制。

（5）虚拟接入点。虚拟接入点（Virtual Access Point，VAP）是 AP 设备上虚拟出来的业务功能实体。用户可以在一个 AP 上创建不同的 VAP 来为不同的用户群体提供无线接入服务。

（6）射频信号。射频信号是提供基于 802.11 标准的 WLAN 技术传输介质，具有远距离传输能力的高频电磁波。本项目中射频信号指 2.4GHz 频段或 5GHz 频段的电磁波。

（7）服务集标识符。服务集标识符（Service Set Identifier，SSID）表示无线网络的标识，用来区分不同的无线网络。例如，我们在手机上搜索可接入无线网络所得到网络名称就是 SSID。

（8）基本服务集。基本服务集（Basic Service Set，BSS）是一个 AP 所覆盖的范围。在一个 BSS 的服务区域范围内的 STA（工作站）可以相互通信。

（9）扩展服务集。扩展服务集（Extend Service Set，ESS）是指由多个使用相同 SSID 的 BSS 组成的集合。

9.3　WLAN 网络架构

WLAN 网络架构分有线侧和无线侧两部分。有线侧是指接入点 AP 上行到 Internet 的网络，使用以太网协议；无线侧是指 STA（工作站）到 AP 之间的网络，使用 802.11 协议。

无线侧接入的 WLAN 网络架构分为自治式网络架构和集中式架构两种。

（1）自治式网络架构。自治式网络架构又称胖 AP（FAT AP）架构，用 AP 实现所有无线接入功能，不需要 AC（无线控制器）设备。

（2）集中式架构。集中式架构又分为瘦接入点（FIT AP）架构和敏捷分布 Wi-Fi 方案架构。

- 瘦接入点（FIT AP）架构下，AC 集中管理和控制多个 AP。
- 敏捷分布 Wi-Fi 方案架构下，通过 AC 集中管理和控制多个中心 AP，每个中心 AP 集中管理和控制多个 RU。

## 9.4　WLAN 中的报文与 VLAN 划分

（1）WLAN 中的报文。WLAN 网络中的报文包括管理报文和业务数据报文。管理报文用来传送 AC 与 AP 之间的管理数据，存在于 AC 和 AP 之间。业务数据报文主要是传送 WLAN 客户端上网时的数据，存在于 STA 和上层网络之间。

管理报文必须采用 CAPWAP 隧道进行转发，而业务数据报文除了可以采用 CAPWAP 隧道转发之外，还可以采用直接转发方式和 Soft-GRE 转发方式。

在 WLAN 网络中，STA 和 AP 间的报文为 802.11 协议报文，AP 和有线网络间的报文为 802.3 协议报文，AP 作为 STA 和有线网络间的桥梁，将 802.11 协议报文终结并转换为 802.3 报文，然后转发到有线网络。

（2）WLAN 中的 VLAN 划分。在 WLAN 网络中，通常划分管理 VLAN 和业务 VLAN。

管理 VLAN：主要用来传送 AC 与 AP 之间的管理报文，如 AP 的 CAPWAP 报文、AP 的 ARP 报文、AP 的 DHCP 报文。

业务 VLAN：主要用来传递 WLAN 客户端上网时的数据报文，从同一 AP 的 SSID 接入的 WLAN 客户端属于同一业务 VLAN。

## 9.5　AP 的管理

（1）AP 发现 AC。如果 AP 上预配置了 AC 的静态 IP，则 AP 直接连接指定 AC，否则，AP 通过 DHCP、DNS 服务器获取 AC 的 IP 列表，然后选择 AC 进行连接。

AP 发现 AC 有静态发现和动态发现两种方式。

静态发现：AP 静态配置了 AC 的 IP 地址列表，AP 首先会向列表中 AC 单播发送"发现请求"报文，然后根据 AC 的回复，选择优先级最高的 AC 待连接。当出现多个 AC 优先级相同时，比较 AC 的负载，选择负载小的 AC 来连接。如果多个 AC 优先级、负载均相同，则选择 IP 地址小的 AC 连接。

动态发现：当 AP 上没有配置 AC 的 IP 地址时，AP 采用 DHCP 方式、DNS 方式和广播方式发现 AC。

- DHCP 方式：AP 查看获取 IP 地址阶段中 DHCP 服务器回复的 ACK 报文的 option43 字段是否存在 AC 的 IP 地址，若存在，则向该地址单播发送"发现请求"报文。若 AC 和网络正常，AP 会收到回应报文，AC 的发现过程结束。
- DNS 方式：AP 查看获取 IP 地址阶段中 DHCP 服务器回复的 ACK 报文的 option15 字段是否存在 AC 的域名。若存在，AP 先获取域名，通过 DNS 解析获得 AC 的 IP 地址，然后向 AC 单播发送"发现请求"报文。若 AC 和网络正常，AP 会收到回应报文，AC 的发现过程结束。

- 广播方式：当 AP 上没有静态 AC 地址、DHCP 的 ACK 报文中不存在 AC 信息或 AP 向 AC 单播发送的报文无响应时，AP 通过广播报文发现 AC，和 AP 在同一网段的 AC 会响应该请求。与静态发现相同，AP 按照优先级、负载、IP 地址大小选择待连接的 AC。

（2）AP 接入控制。AP 接入控制是指 AP 上电后，AC 判断是否允许该 AP 上线的过程。AP 发现 AC 后，向 AC 发送上线请求，AC 收到 AP 的上线请求后，判断是否允许 AP 接入，然后对 AP 进行回应。

9.6　WLAN 业务配置流程

（1）WLAN 基本业务配置流程。WLAN 基本业务配置流程包括 3 个部分：配置网络互通、配置 AC 系统参数、通过 AC 配置 WLAN 业务参数，并下发给 AP，如图 1-0-5 所示。

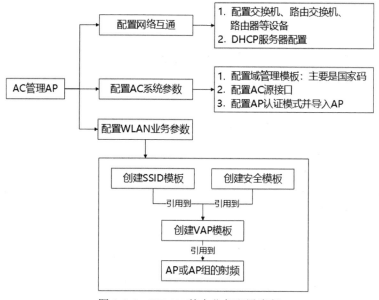

图 1-0-5　WLAN 基本业务配置流程

（2）DHCP 服务配置。DHCP 服务的常用工作模式有中继模式、接口地址池模式和全局地址池模式。

- 中继模式：DHCP 中继位于 DHCP 客户端与 DHCP 服务器之间，进行 DHCP 报文的转发，可接收来自 DHCP 客户端的请求报文，并转发给 DHCP 服务器；接收 DHCP 服务器返回的报文，并转发给 DHCP 客户端。DHCP 中继通常配置在路由交换机或路由器上，需配置 DHCP 服务器地址，使处于不同网络的 DHCP 客户端共用一台 DHCP 服务器。
- 接口地址池模式：以接口地址所属地址范围为地址池，为 DHCP 客户端分配 IP 地址。
- 全局地址池模式：DHCP 服务器的全局地址池包含多个地址池，DHCP 服务器将全局地址池中的地址分配给 DHCP 客户端。对来自 DHCP 中继的 DHCP 请求，DHCP 服务器选择和 DHCP 中继在同一网段的地址池为 DHCP 客户端分配地址。

（3）AC 系统参数配置。配置 AC 源接口，用于 AC 与 AP 之间建立隧道通信。

配置 AP 认证模式：AP 认证模式有三种，分别为不认证（no-auth）、MAC 地址认证（mac-auth）和 SN 认证（sn-auth），本项目采用 MAC 地址认证模式。

（4）WLAN 业务参数配置。WLAN 业务参数配置包括安全模板配置、SSID 模板配置和 VAP 模板配置，各模板主要配置内容如下：

- 安全模板：配置安全策略，本项目配置为 WPA/WPA2-PSK 的安全策略，接入密码为 "abcd1111"。
- SSID 模板：主要配置 SSID 名称。
- VAP 模板：主要设置业务数据报文转发方式、业务 VLAN，引用 SSID 模板、引用安全模板。本项目报文转发方式为直接转发（direct-forward）。

9.7　WLAN 模板

（1）域管理模板。域管理模板用来进行 AP 的国家码、调优信道集合和调优带宽的配置。

国家码是 AP 射频所在国家的标识，规定了 AP 射频特性，包括 AP 的发送功率、支持的信道等。国家码的配置使 AP 的射频特性符合不同国家或区域的法律法规要求。

（2）安全模板。安全模板用来配置 WLAN 安全策略，对无线终端接入进行身份验证，对用户报文进行加密，为 WLAN 网络和用户提供安全保障。WLAN 安全策略包括开放认证、WEP、WPA/WPA2-PSK、WPA/WPA2-802.1X、WAPI-PSK 和 WAPI-证书，配置安全模板时可选择其中一种。

（3）SSID 模板。SSID 模板主要用来配置 SSID 名称，无线终端通过 SSID 名称来识别不同的无线网络并接入。

（4）VAP 模板。在 VAP 模板中配置各项参数、引用模板，然后引用到 AP 或 AP 组，AP 上就会创建 VAP，为 STA 提供无线接入服务。通过 VAP 模板中的各项参数配置可以实现 AP 的管理。例如：可以在 VAP 模板中设置业务数据报文转发方式、业务 VLAN，引用 SSID 模板、安全模板。

# 任务一　在 eNSP 中部署网络

【任务介绍】

根据【拓扑规划】和【网络规划】，在 eNSP 中选取相应的设备，完成整个网络的部署。

【任务目标】

在 eNSP 中完成整个网络的部署。

【操作步骤】

　　**步骤 1：新建拓扑。**

　　（1）启动 eNSP，单击【新建拓扑】按钮，打开一个空白的拓扑界面。

　　（2）根据【拓扑规划】中的网络拓扑及设备相关说明，在 eNSP 中选取相应的设备，将其拖动到空白拓扑中，并完成设备间的连线。

　　eNSP 中的网络拓扑如图 1-1-1 所示。

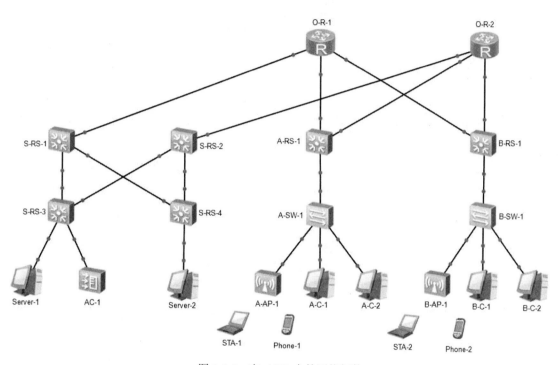

图 1-1-1　在 eNSP 中的网络拓扑

　　**步骤 2：保存拓扑。**

　　单击【保存】按钮，保存刚刚建立好的网络拓扑。

　　为方便读者进行配置，现将各网络设备的接口名称以及各路由接口地址等信息标注到拓扑图上，如图 1-1-2 所示。

项目一

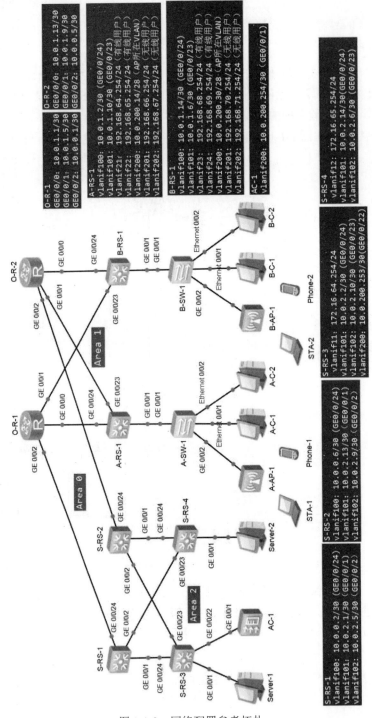

O-R-1
GE0/0/0: 10.0.1.1/30
GE0/0/1: 10.0.1.5/30
GE0/0/2: 10.0.0.1/30

O-R-2
GE0/0/0: 10.0.1.13/30
GE0/0/1: 10.0.1.9/30
GE0/0/2: 10.0.0.5/30

A-RS-1:
vlanif100: 10.0.1.2/30 (GE0/0/24)
vlanif21: 192.168.64.254/24 (有线用户)
vlanif22: 192.168.65.254/24 (有线用户)
vlanif200: 10.0.200.14/28 (AP所在VLAN)
vlanif201: 192.168.66.254/24 (无线用户)
vlanif202: 192.168.67.254/24 (无线用户)

B-RS-1:
vlanif100: 10.0.1.14/30 (GE0/0/24)
vlanif23: 192.168.68.254/24 (有线用户)
vlanif24: 192.168.69.254/24 (有线用户)
vlanif200: 10.0.200.30/28 (AP所在VLAN)
vlanif201: 192.168.70.254/24 (无线用户)
vlanif202: 192.168.71.254/24 (无线用户)

AC-1:
vlanif200: 10.0.200.254/30 (GE0/0/1)

S-RS-4:
vlanif12: 172.16.65.254/24
vlanif101: 10.0.2.14/30 (GE0/0/23)
vlanif102: 10.0.2.6/30 (GE0/0/1)

S-RS-3:
vlanif11: 172.16.64.254/24
vlanif101: 10.0.2.13/30 (GE0/0/23)
vlanif102: 10.0.2.10/30 (GE0/0/1)
vlanif200: 10.0.200.253/30 (GE0/0/22)

S-RS-2:
vlanif100: 10.0.0.6/30 (GE0/0/24)
vlanif101: 10.0.2.1/30 (GE0/0/1)
vlanif102: 10.0.2.9/30 (GE0/0/2)

S-RS-1:
vlanif100: 10.0.0.2/30 (GE0/0/24)
vlanif101: 10.0.2.1/30 (GE0/0/1)
vlanif102: 10.0.2.5/30 (GE0/0/2)

图 1-1-2　网络配置参考拓扑

# 任务二　实现用户区域内有线网络的通信

## 【任务介绍】

根据前面【网络规划】中的相关信息，完成用户区域内用户主机和交换机的配置，并且通过对核心路由器的配置，实现用户区域内有线网络用户之间的通信。

> **注意**　本任务不包括无线网络的有关配置。

## 【任务目标】

1. 完成交换机 A-RS-1 和 B-RS-1 的配置。
2. 完成交换机 A-SW-1 和 B-SW-1 的配置。
3. 完成用户主机的网络配置。

## 【操作步骤】

**步骤 1**：配置用户主机的网络参数。

双击 A-C-1 的图标，打开 A-C-1 的配置窗口，在【基础配置】选项中配置 IP 地址，如图 1-2-1 所示，地址配置完成后，单击【应用】按钮使配置生效。

图 1-2-1　配置 A-C-1 的 IP 地址等信息

同理，根据前面的【网络规划】，给用户主机 A-C-2、B-C-1、B-C-2 配置 IP 地址等信息，并启动每台主机。

**步骤 2**：配置交换机 A-SW-1。

```
//进入系统视图，关闭信息中心，修改设备名称
<Huawei>system-view
Enter system view, return user view with Ctrl+Z.
[Huawei]undo info-center enable
Info: Information center is disabled.
[Huawei]sysname A-SW-1

//创建有线用户所在的 VLAN21、VLAN22，并添加相应的接口
[A-SW-1]vlan batch 21 22
Info: This operation may take a few seconds. Please wait for a moment...done.
[A-SW-1]interface Ethernet0/0/1
[A-SW-1-Ethernet0/0/1]port link-type access
[A-SW-1-Ethernet0/0/1]port default vlan 21
[A-SW-1-Ethernet0/0/1]quit
[A-SW-1]interface Ethernet0/0/2
[A-SW-1-Ethernet0/0/2]port link-type access
[A-SW-1-Ethernet0/0/2]port default vlan 22
[A-SW-1-Ethernet0/0/2]quit
//将连接三层交换机 A-RS-1 的接口 GE 0/0/1 设置成 Trunk 类型，并允许 VLAN21、VLAN22 的数据帧通过
[A-SW-1]interface GigabitEthernet 0/0/1
[A-SW-1-GigabitEthernet0/0/1]port link-type trunk
[A-SW-1-GigabitEthernet0/0/1]port trunk allow-pass vlan 21 22
[A-SW-1-GigabitEthernet0/0/1]quit
[A-SW-1]quit
<A-SW-1>save
```

**步骤 3**：配置交换机 A-RS-1。

配置 A-RS-1 与路由器 O-R-1 和 O-R-2 互连的三层虚拟接口，配置所接入用户所在 VLAN 的默认网关，并配置 OSPF 协议。

```
//进入系统视图，关闭信息中心，修改设备名称
<Huawei>system-view
Enter system view, return user view with Ctrl+Z.
[Huawei]undo info-center enable
Info: Information center is disabled.
[Huawei]sysname A-RS-1

//配置与路由器 O-R-1 相连的三层虚拟接口，包括创建 VLAN、配置该 VLAN 的接口地址、在该 VLAN
中添加 Access 接口
[A-RS-1]vlan 100
[A-RS-1-vlan100]quit
[A-RS-1]interface vlanif 100
[A-RS-1-Vlanif100]ip address 10.0.1.2 30
```

[A-RS-1-Vlanif100]quit
[A-RS-1]interface GigabitEthernet 0/0/24
[A-RS-1-GigabitEthernet0/0/24]port link-type access
[A-RS-1-GigabitEthernet0/0/24]port default vlan 100
[A-RS-1-GigabitEthernet0/0/24]quit

**提醒**　　配置三层交换机的三层虚拟接口时，分为三步：一是在三层交换机上创建一个 VLAN（例如此处的 VLAN100）；二是给该 VLAN 配置接口地址；三是将连接其他路由设备的接口（例如此处的 GE0/0/24）配置成 Access 模式，并划入该 VLAN（即 VLAN100）中。
可以通过 display ip routing-table 命令，显示路由表信息。

//配置与路由器 O-R-2 相连的三层虚拟接口，包括创建 VLAN、配置该 VLAN 的接口地址、在该 VLAN 中添加 Access 接口
[A-RS-1]vlan 101
[A-RS-1-vlan101]quit
[A-RS-1]interface vlanif 101
[A-RS-1-Vlanif101]ip address 10.0.1.10 30
[A-RS-1-Vlanif101]quit
[A-RS-1]interface GigabitEthernet 0/0/23
[A-RS-1-GigabitEthernet0/0/23]port link-type access
[A-RS-1-GigabitEthernet0/0/23]port default vlan 101
[A-RS-1-GigabitEthernet0/0/23]quit

//配置有线用户所在的 VLAN21、VLAN22 的默认网关接口
[A-RS-1]vlan batch 21 22
Info: This operation may take a few seconds. Please wait for a moment...done.
[A-RS-1]interface vlanif 21
[A-RS-1-Vlanif21]ip address 192.168.64.254 24
[A-RS-1-Vlanif21]quit
[A-RS-1]interface vlanif 22
[A-RS-1-Vlanif22]ip address 192.168.65.254 24
[A-RS-1-Vlanif22]quit

//将连接交换机 A-SW-1 的接口配置成 Trunk 类型，并允许 VLAN21、VLAN22 的数据帧通过
[A-RS-1]interface GigabitEthernet 0/0/1
[A-RS-1-GigabitEthernet0/0/1]port link-type trunk
[A-RS-1-GigabitEthernet0/0/1]port trunk allow-pass vlan 21 22
[A-RS-1-GigabitEthernet0/0/1]quit

//创建 OSPF 进程 1，并在 OSPF 区域 1 内宣告直连网段
[A-RS-1]ospf 1
[A-RS-1-ospf-1]area 1

```
[A-RS-1-ospf-1-area-0.0.0.1]network 192.168.64.0 0.0.0.255
[A-RS-1-ospf-1-area-0.0.0.1]network 192.168.65.0 0.0.0.255
[A-RS-1-ospf-1-area-0.0.0.1]network 10.0.1.0 0.0.0.3
[A-RS-1-ospf-1-area-0.0.0.1]network 10.0.1.8 0.0.0.3
[A-RS-1-ospf-1-area-0.0.0.1]quit
[A-RS-1-ospf-1]quit
[A-RS-1]quit
<A-RS-1>save
```

**步骤 4**：配置交换机 B-SW-1。

```
//进入系统视图，关闭信息中心，修改设备名称
<Huawei>system-view
Enter system view, return user view with Ctrl+Z.
[Huawei]undo info-center enable
Info: Information center is disabled.
[Huawei]sysname B-SW-1


//创建有线用户所在的 VLAN23、VLAN24，并添加相应的 Access 接口
[B-SW-1]vlan batch 23 24
Info: This operation may take a few seconds. Please wait for a moment...done.
[B-SW-1]interface Ethernet0/0/1
[B-SW-1-Ethernet0/0/1]port link-type access
[B-SW-1-Ethernet0/0/1]port default vlan 23
[B-SW-1-Ethernet0/0/1]quit
[B-SW-1]interface Ethernet0/0/2
[B-SW-1-Ethernet0/0/2]port link-type access
[B-SW-1-Ethernet0/0/2]port default vlan 24
[B-SW-1-Ethernet0/0/2]quit


//将上联三层交换机 B-RS-1 的接口 GE 0/0/1 设置成 Trunk 类型，并允许 VLAN23、VLAN24 的数据帧通过
[B-SW-1]interface GigabitEthernet 0/0/1
[B-SW-1-GigabitEthernet0/0/1]port link-type trunk
[B-SW-1-GigabitEthernet0/0/1]port trunk allow-pass vlan 23 24
[B-SW-1-GigabitEthernet0/0/1]quit
[B-SW-1]quit
<B-SW-1>save
```

**步骤 5**：配置交换机 B-RS-1。

配置 B-RS-1 与路由器 O-R-1 和 O-R-2 互连的三层虚拟接口，配置所接入用户所在 VLAN 的默认网关，并配置 OSPF 协议。

```
<Huawei>system-view
Enter system view, return user view with Ctrl+Z.
[Huawei]undo info-center enable
```

Info: Information center is disabled.
[Huawei]sysname B-SW-1

//配置与路由器相连的接口 GE0/0/24、GE0/0/23
[B-RS-1]vlan batch 100 101
Info: This operation may take a few seconds. Please wait for a moment...done.
[B-RS-1]interface vlanif 100
[B-RS-1-Vlanif100]ip address 10.0.1.14 30
[B-RS-1-Vlanif100]quit
[B-RS-1]interface GigabitEthernet 0/0/24
[B-RS-1-GigabitEthernet0/0/24]port link-type access
[B-RS-1-GigabitEthernet0/0/24]port default vlan 100
[B-RS-1-GigabitEthernet0/0/24]quit
[B-RS-1]interface vlanif 101
[B-RS-1-Vlanif101]ip address 10.0.1.6 30
[B-RS-1-Vlanif101]quit
[B-RS-1]interface GigabitEthernet 0/0/23
[B-RS-1-GigabitEthernet0/0/23]port link-type access
[B-RS-1-GigabitEthernet0/0/23]port default vlan 101
[B-RS-1-GigabitEthernet0/0/23]quit

//配置有线用户所在的 VLAN23、VLAN24 的默认网关接口
[B-RS-1]vlan batch 23 24
Info: This operation may take a few seconds. Please wait for a moment...done.
[B-RS-1]interface vlanif 23
[B-RS-1-Vlanif23]ip address 192.168.68.254 24
[B-RS-1-Vlanif23]quit
[B-RS-1]interface vlanif 24
[B-RS-1-Vlanif24]ip address 192.168.69.254 24
[B-RS-1-Vlanif24]quit

//将与交换机 B-SW-1 相连的接口 GE 0/0/1 设置为 Trunk 类型，并允许 VLAN23、VLAN24 的数据帧通过
[B-RS-1]interface GigabitEthernet 0/0/1
[B-RS-1-GigabitEthernet0/0/1]port link-type trunk
[B-RS-1-GigabitEthernet0/0/1]port trunk allow-pass vlan 23 24
[B-RS-1-GigabitEthernet0/0/1]quit

//创建 OSPF 进程 1，并在 OSPF 区域 1 内宣告直连网段
[B-RS-1]ospf 1
[B-RS-1-ospf-1]area 1
[B-RS-1-ospf-1-area-0.0.0.1]network 10.0.1.4 0.0.0.3
[B-RS-1-ospf-1-area-0.0.0.1]network 10.0.1.12 0.0.0.3
[B-RS-1-ospf-1-area-0.0.0.1]network 192.168.68.0 0.0.0.255
[B-RS-1-ospf-1-area-0.0.0.1]network 192.168.69.0 0.0.0.255

```
[B-RS-1-ospf-1-area-0.0.0.1]quit
[B-RS-1-ospf-1]quit
[B-RS-1]quit
<B-RS-1>save
```

步骤 6：配置核心层路由器。

根据【网络规划】，在路由器 O-R-1 和 O-R-2 上配置接口 IP 地址，并配置 OSPF 协议。

（1）配置 O-R-1。

```
//进入系统视图，关闭信息中心，修改设备名称
<Huawei>system-view
Enter system view, return user view with Ctrl+Z.
[Huawei]undo info-center enable
Info: Information center is disabled.
[Huawei]sysname O-R-1

//配置路由器各接口的 IP 地址
[O-R-1]interface GigabitEthernet 0/0/0
[O-R-1-GigabitEthernet0/0/0]ip address 10.0.1.1 30
[O-R-1-GigabitEthernet0/0/0]quit
[O-R-1]interface GigabitEthernet 0/0/1
[O-R-1-GigabitEthernet0/0/1]ip address 10.0.1.5 30
[O-R-1-GigabitEthernet0/0/1]quit
[O-R-1]interface GigabitEthernet 0/0/2
[O-R-1-GigabitEthernet0/0/2]ip address 10.0.0.1 30
[O-R-1-GigabitEthernet0/0/2]quit

//创建 OSPF 进程 1，并分别在 OSPF 区域 0 和区域 1 内宣告直连网段
[O-R-1]ospf 1
[O-R-1-ospf-1]area 0
[O-R-1-ospf-1-area-0.0.0.0]network 10.0.0.0 0.0.0.3
[O-R-1-ospf-1-area-0.0.0.0]quit
[O-R-1-ospf-1]area 1
[O-R-1-ospf-1-area-0.0.0.1]network 10.0.1.0 0.0.0.3
[O-R-1-ospf-1-area-0.0.0.1]network 10.0.1.4 0.0.0.3
[O-R-1-ospf-1-area-0.0.0.1]quit
[O-R-1-ospf-1]quit
[O-R-1]
```

（2）配置 O-R-2。

```
//进入系统视图，关闭信息中心，修改设备名称
<Huawei>system-view
Enter system view, return user view with Ctrl+Z.
[Huawei]undo info-center enable
```

```
Info: Information center is disabled.
[Huawei]sysname O-R-2

//配置路由器各接口的 IP 地址
[O-R-2]interface GigabitEthernet 0/0/0
[O-R-2-GigabitEthernet0/0/0]ip address 10.0.1.13 30
[O-R-2-GigabitEthernet0/0/0]quit
[O-R-2]interface GigabitEthernet 0/0/1
[O-R-2-GigabitEthernet0/0/1]ip address 10.0.1.9 30
[O-R-2-GigabitEthernet0/0/1]quit
[O-R-2]interface GigabitEthernet 0/0/2
[O-R-2-GigabitEthernet0/0/2]ip address 10.0.0.5 30
[O-R-2-GigabitEthernet0/0/2]quit

//创建 OSPF 进程 1，并分别在 OSPF 区域 0 和区域 1 内宣告直连网段
[O-R-2]ospf 1
[O-R-2-ospf-1]area 0
[O-R-2-ospf-1-area-0.0.0.0]network 10.0.0.4 0.0.0.3
[O-R-2-ospf-1-area-0.0.0.0]quit
[O-R-2-ospf-1]area 1
[O-R-2-ospf-1-area-0.0.0.1]network 10.0.1.8 0.0.0.3
[O-R-2-ospf-1-area-0.0.0.1]network 10.0.1.12 0.0.0.3
[O-R-2-ospf-1-area-0.0.0.1]quit
[O-R-2-ospf-1]quit
[O-R-2]quit
<O-R-2>save
```

**步骤 7：** 用户区域内部通信测试。

使用 Ping 命令测试用户区域内部有线有户之间的通信情况，测试结果见表 1-2-1。可以看出，此时用户区域内部已经可以正常通信。

表 1-2-1　用户区域内部有线用户之间通信测试结果

| 序号 | 源主机 | 目的主机 | 通信结果 |
|---|---|---|---|
| 1 | A-C-1 | A-C-2 | 通 |
| 2 | A-C-1 | B-C-1 | 通 |
| 3 | A-C-1 | B-C-2 | 通 |

**步骤 8：** 测试容灾效果。

测试一下当路由器 O-R-1 和 O-R-2 当中有一台出现故障，用户主机之间是否仍然可以相互访问，从而验证网络规划中的容灾效果。

（1）查看 A-C-1 访问 B-C-1 的路径。在用户主机 A-C-1 上，执行命令 tracert 192.168.68.10，

查看 A-C-1 访问 B-C-1 的路径。

可以看到，此时 A-C-1 访问 B-C-1 的路径为 A-C-1→A-RS-1→O-R-1→B-RS-1→B-C-1（192.168.68.10），如图 1-2-2 所示。

```
PC>tracert 192.168.68.10

traceroute to 192.168.68.10, 8 hops max
(ICMP), press Ctrl+C to stop
 1  192.168.64.254   31 ms   47 ms   47 ms
 2  10.0.1.1    62 ms   63 ms   78 ms
 3  10.0.1.6    78 ms   110 ms   62 ms
 4  192.168.68.10    109 ms   110 ms   125 ms
```

图 1-2-2  A-C-1 访问 B-C-1 的路径信息

（2）关闭路由器 O-R-2 并查看通信结果及路径变化。在 A-C-1 上执行命令 ping 192.168.68.10 -t，在看到能正常访问 B-C-1（192.168.68.10）之后，将核心路由器区域中的 O-R-2 停止，继续观察 ping 命令的结果。可以看到经过短暂中断以后，A-C-1 访问 B-C-1 又自动恢复正常，如图 1-2-3 所示。

```
PC>ping 192.168.68.10 -t

Ping 192.168.68.10: 32 data bytes, Press Ctrl_C to break
From 192.168.68.10: bytes=32 seq=1 ttl=125 time=109 ms
From 192.168.68.10: bytes=32 seq=2 ttl=125 time=94 ms
From 192.168.68.10: bytes=32 seq=3 ttl=125 time=125 ms
Request timeout!
From 192.168.68.10: bytes=32 seq=5 ttl=125 time=125 ms
From 192.168.68.10: bytes=32 seq=6 ttl=125 time=94 ms
From 192.168.68.10: bytes=32 seq=7 ttl=125 time=110 ms
```

图 1-2-3  A-C-1 访问 B-C-1 的通信结果变化

由于园区网用户区域园中各路由器以及三层交换机配置了动态路由协议 OSPF，因此当网络拓扑发生变化时，OSPF 协议会自动更新路由表，并重新确定 A-C-1 到达 B-C-1 的路径。此时，在用户主机 A-C-1 上，再次执行命令 tracert 192.168.68.10，可以看到，此处 A-C-1 访问 B-C-1 的路径自动变更为 A-C-1→A-RS-1→O-R-2→B-RS-1→B-C-1（192.168.68.10），如图 1-2-4 所示。

```
PC>tracert 192.168.68.10

traceroute to 192.168.68.10, 8 hops max
(ICMP), press Ctrl+C to stop
 1  192.168.64.254   47 ms   32 ms   46 ms
 2  10.0.1.9    63 ms   62 ms   63 ms
 3  10.0.1.14   78 ms   63 ms   62 ms
 4  192.168.68.10    125 ms   125 ms   109 ms
```

图 1-2-4  A-C-1 访问 B-C-1 的路径信息（路由更新后）

结论：当路由器 O-R-1 和 O-R-2 当中有一台出现故障，用户主机之间仍然可以相互访问。

# 任务三　实现数据中心区域网络的通信

## 【任务介绍】

根据前面【网络规划】中的相关信息，对数据中心区域网络内的三层交换机和服务器进行配置，并且将数据中心网络接入核心路由器，实现用户对数据中心服务器的访问。

 **本任务不包括无线网络的有关配置。**

## 【任务目标】

1. 完成服务器 IP 地址的配置。
2. 完成三层交换机 S-RS-1～S-RS-4 的配置。
3. 实现用户对数据中心服务器的访问。

## 【操作步骤】

**步骤 1：** 配置服务器的网络参数。

本项目中，数据中心内的服务器（此处为 Server-1 和 Server-2）都使用 PC 替代，仅仅用来测试网络通信效果。根据前面的【网络规划】给服务器配置 IP 地址等信息，如图 1-3-1 所示。

图 1-3-1　配置 Server-1 的 IP 地址等信息

**步骤 2：** 配置交换机 S-RS-1。

配置 S-RS-1 与其他路由设备（包括路由器 O-R-1 和交换机 S-RS-3、S-RS-4）互连的三层虚拟接口，并配置 OSPF 协议。

```
//进入系统视图，关闭信息中心，修改设备名称
<Huawei>system-view
Enter system view, return user view with Ctrl+Z.
[Huawei]undo info-center enable
Info: Information center is disabled.
[Huawei]sysname S-RS-1

//配置与路由器 O-R-1 相连的三层虚拟接口，包括创建 VLAN、配置 VLANIF 地址、添加接口
[S-RS-1]vlan 100
[S-RS-1-vlan100]quit
[S-RS-1]interface vlanif 100
[S-RS-1-Vlanif100]ip address 10.0.0.2 30
[S-RS-1-Vlanif100]quit
[S-RS-1]interface GigabitEthernet 0/0/24
[S-RS-1-GigabitEthernet0/0/24]port link-type access
[S-RS-1-GigabitEthernet0/0/24]port default vlan 100
[S-RS-1-GigabitEthernet0/0/24]quit

//配置与路由交换机 S-RS-3 相连的三层虚拟接口，包括创建 VLAN、配置 VLANIF 地址、添加接口
[S-RS-1]vlan 101
[S-RS-1-vlan101]quit
[S-RS-1]interface vlanif 101
[S-RS-1-Vlanif101]ip address 10.0.2.1 30
[S-RS-1-Vlanif101]quit
[S-RS-1]interface GigabitEthernet 0/0/1
[S-RS-1-GigabitEthernet0/0/1]port link-type access
[S-RS-1-GigabitEthernet0/0/1]port default vlan 101
[S-RS-1-GigabitEthernet0/0/1]quit

//配置与路由交换机 S-RS-4 相连的三层虚拟接口，包括创建 VLAN、配置 VLANIF 地址、添加接口
[S-RS-1]vlan 102
[S-RS-1-vlan102]quit
[S-RS-1]interface vlanif 102
[S-RS-1-Vlanif102]ip address 10.0.2.5 30
[S-RS-1-Vlanif102]quit
[S-RS-1]interface GigabitEthernet 0/0/2
[S-RS-1-GigabitEthernet0/0/2]port link-type access
[S-RS-1-GigabitEthernet0/0/2]port default vlan 102
[S-RS-1-GigabitEthernet0/0/2]quit

//配置 OSPF 协议，包括创建 OSPF 进程、创建 OSPF 区域、宣告直连的网络
[S-RS-1]ospf 1
[S-RS-1-ospf-1]area 0
[S-RS-1-ospf-1-area-0.0.0.0]network 10.0.0.0 0.0.0.3
```

```
[S-RS-1-ospf-1-area-0.0.0.0]quit
[S-RS-1-ospf-1]area 2
[S-RS-1-ospf-1-area-0.0.0.2]network 10.0.2.0 0.0.0.3
[S-RS-1-ospf-1-area-0.0.0.2]network 10.0.2.4 0.0.0.3
[S-RS-1-ospf-1-area-0.0.0.2]quit
[S-RS-1-ospf-1]quit
[S-RS-1]quit
<S-RS-1>save
```

**步骤 3：配置 S-RS-2。**

配置 S-RS-2 与其他路由设备（包括路由器 O-R-2 和交换机 S-RS-3、S-RS-4）互连的三层虚拟接口，并配置 OSPF 协议。

```
//进入系统视图，关闭信息中心，修改设备名称
<Huawei>system-view
Enter system view, return user view with Ctrl+Z.
[Huawei]undo info-center enable
Info: Information center is disabled.
[Huawei]sysname S-RS-2

//配置与路由器 O-R-1 相连的三层接口，包括创建 VLAN、配置 VLANIF 地址、添加接口
[S-RS-2]vlan 100
[S-RS-2-vlan100]quit
[S-RS-2]interface vlanif 100
[S-RS-2-Vlanif100]ip address 10.0.0.6 30
[S-RS-2-Vlanif100]quit
[S-RS-2]interface GigabitEthernet 0/0/24
[S-RS-2-GigabitEthernet0/0/24]port link-type access
[S-RS-2-GigabitEthernet0/0/24]port default vlan 100
[S-RS-2-GigabitEthernet0/0/24]quit

//配置与三层交换机 S-RS-4 相连的三层虚拟接口，包括创建 VLAN、配置 VLANIF 地址、添加接口
[S-RS-2]vlan 101
[S-RS-2-vlan101]quit
[S-RS-2]interface vlanif 101
[S-RS-2-Vlanif101]ip address 10.0.2.13 30
[S-RS-2-Vlanif101]quit
[S-RS-2]interface GigabitEthernet 0/0/1
[S-RS-2-GigabitEthernet0/0/1]port link-type access
[S-RS-2-GigabitEthernet0/0/1]port default vlan 101
[S-RS-2-GigabitEthernet0/0/1]quit

//配置与三层交换机 S-RS-3 相连的三层虚拟接口，包括创建 VLAN、配置 VLANIF 地址、添加接口
[S-RS-2]vlan 102
[S-RS-2-vlan102]quit
```

项目一

```
[S-RS-2]interface vlanif 102
[S-RS-2-Vlanif102]ip address 10.0.2.9 30
[S-RS-2-Vlanif102]quit
[S-RS-2]interface GigabitEthernet 0/0/2
[S-RS-2-GigabitEthernet0/0/2]port link-type access
[S-RS-2-GigabitEthernet0/0/2]port default vlan 102
[S-RS-2-GigabitEthernet0/0/2]quit
```

//配置 OSPF 协议，包括创建 OSPF 进程、创建 OSPF 区域、宣告直连的网络
```
[S-RS-2]ospf 1
[S-RS-2-ospf-1]area 0
[S-RS-2-ospf-1-area-0.0.0.0]network 10.0.0.4 0.0.0.3
[S-RS-2-ospf-1-area-0.0.0.0]quit
[S-RS-2-ospf-1]area 2
[S-RS-2-ospf-1-area-0.0.0.2]network 10.0.2.8 0.0.0.3
[S-RS-2-ospf-1-area-0.0.0.2]network 10.0.2.12 0.0.0.3
[S-RS-2-ospf-1-area-0.0.0.2]quit
[S-RS-2-ospf-1]quit
[S-RS-2]quit
<S-RS-2>save
```

**步骤 4：配置 S-RS-3。**

配置 S-RS-3 与 S-RS-1 和 S-RS-2 互连的三层虚拟接口，配置所接入服务器所在 VLAN 的默认网关，并配置 OSPF 协议。

//进入系统视图，关闭信息中心，修改设备名称
```
<Huawei>system-view
Enter system view, return user view with Ctrl+Z.
[Huawei]undo info-center enable
Info: Information center is disabled.
[Huawei]sysname S-RS-3
```

//配置 VLAN11（接入服务器 Server-1）的默认网关地址，并添加 Access 接口
```
[S-RS-3]vlan 11
[S-RS-3-vlan11]quit
[S-RS-3]interface vlanif 11
[S-RS-3-Vlanif11]ip address 172.16.64.254 24
[S-RS-3-Vlanif11]quit
[S-RS-3]interface GigabitEthernet 0/0/1
[S-RS-3-GigabitEthernet0/0/1]port link-type access
[S-RS-3-GigabitEthernet0/0/1]port default vlan 11
[S-RS-3-GigabitEthernet0/0/1]quit
```

//配置与 S-RS-1 相连的三层虚拟接口，包括创建 VLAN、配置 VLANIF 地址、添加接口

```
[S-RS-3]vlan 101
[S-RS-3-vlan101]quit
[S-RS-3]interface vlanif 101
[S-RS-3-Vlanif101]ip address 10.0.2.2 30
[S-RS-3-Vlanif101]quit
[S-RS-3]interface GigabitEthernet 0/0/24
[S-RS-3-GigabitEthernet0/0/24]port link-type access
[S-RS-3-GigabitEthernet0/0/24]port default vlan 101
[S-RS-3-GigabitEthernet0/0/24]quit
```

//配置与 S-RS-2 相连的三层虚拟接口，包括创建 VLAN、配置 VLANIF 地址、添加接口

```
[S-RS-3]vlan 102
[S-RS-3-vlan102]quit
[S-RS-3]interface vlanif 102
[S-RS-3-Vlanif102]ip address 10.0.2.10 30
[S-RS-3-Vlanif102]quit
[S-RS-3]interface GigabitEthernet 0/0/23
[S-RS-3-GigabitEthernet0/0/23]port link-type access
[S-RS-3-GigabitEthernet0/0/23]port default vlan 102
[S-RS-3-GigabitEthernet0/0/23]quit
```

//配置 OSPF 协议，包括创建 OSPF 进程、创建 OSPF 区域、宣告直连的网络

```
[S-RS-3]ospf 1
[S-RS-3-ospf-1]area 2
[S-RS-3-ospf-1-area-0.0.0.2]network 10.0.2.0 0.0.0.3
[S-RS-3-ospf-1-area-0.0.0.2]network 10.0.2.8 0.0.0.3
[S-RS-3-ospf-1-area-0.0.0.2]network 172.16.64.0 0.0.0.255
[S-RS-3-ospf-1-area-0.0.0.2]quit
[S-RS-3-ospf-1]quit
[S-RS-3]quit
<S-RS-3>save
```

步骤 5：配置 S-RS-4。

配置 S-RS-4 与 S-RS-1 和 S-RS-2 互连的三层虚拟接口，配置所接入服务器所在 VLAN 的默认网关，并配置 OSPF 协议。

```
//进入系统视图，关闭信息中心，修改设备名称
<Huawei>system-view
Enter system view, return user view with Ctrl+Z.
[Huawei]undo info-center enable
Info: Information center is disabled.
[Huawei]sysname S-RS-4
```

//配置 VLAN12（接入服务器 Server-2）的默认网关地址，并添加 Access 接口

```
[S-RS-4]vlan 12
```

```
[S-RS-4-vlan12]quit
[S-RS-4]interface vlanif 12
[S-RS-4-Vlanif12]ip address 172.16.65.254 24
[S-RS-4-Vlanif12]quit
[S-RS-4]interface GigabitEthernet 0/0/1
[S-RS-4-GigabitEthernet0/0/1]port link-type access
[S-RS-4-GigabitEthernet0/0/1]port default vlan 12
[S-RS-4-GigabitEthernet0/0/1]quit

//配置与路由交换机 S-RS-2 相连的三层虚拟接口，包括创建 VLAN、配置 VLANIF 地址、添加接口
[S-RS-4]vlan 101
[S-RS-4-vlan101]quit
[S-RS-4]interface vlanif 101
[S-RS-4-Vlanif101]ip address 10.0.2.14 30
[S-RS-4-Vlanif101]quit
[S-RS-4]interface GigabitEthernet 0/0/24
[S-RS-4-GigabitEthernet0/0/24]port link-type access
[S-RS-4-GigabitEthernet0/0/24]port default vlan 101
[S-RS-4-GigabitEthernet0/0/24]quit

//配置与路由交换机 S-RS-1 相连的三层虚拟接口，包括创建 VLAN、配置 VLANIF 地址、添加接口
[S-RS-4]vlan 102
[S-RS-4-vlan102]quit
[S-RS-4]interface vlanif 102
[S-RS-4-Vlanif102]ip address 10.0.2.6 30
[S-RS-4-Vlanif102]quit
[S-RS-4]interface GigabitEthernet 0/0/23
[S-RS-4-GigabitEthernet0/0/23]port link-type access
[S-RS-4-GigabitEthernet0/0/23]port default vlan 102
[S-RS-4-GigabitEthernet0/0/23]quit

//配置 OSPF 协议，包括创建 OSPF 进程、创建 OSPF 区域、宣告直连的网络
[S-RS-4]ospf 1
[S-RS-4-ospf-1]area 2
[S-RS-4-ospf-1-area-0.0.0.2]network 10.0.2.4 0.0.0.3
[S-RS-4-ospf-1-area-0.0.0.2]network 10.0.2.12 0.0.0.3
[S-RS-4-ospf-1-area-0.0.0.2]network 172.16.65.0 0.0.0.255
[S-RS-4-ospf-1-area-0.0.0.2]quit
[S-RS-4-ospf-1]quit
[S-RS-4]quit
<S-RS-4>save
```

**步骤 6**：测试网络通信效果。

使用 Ping 命令测试当前的通信情况，测试结果见表 1-3-1。可以看出，此时各个用户主机可以正常访问数据中心的服务器。

表 1-3-1　测试用户主机访问数据中心服务器的通信

| 序号 | 源主机 | 目的主机 | 通信结果 |
|---|---|---|---|
| 1 | A-C-1 | Server-1 | 通 |
| 2 | A-C-2 | Server-2 | 通 |
| 3 | B-C-1 | Server-1 | 通 |
| 4 | B-C-2 | Server-2 | 通 |

**步骤 7：**测试容灾效果。

测试一下当数据中心里的交换机 S-RS-1 和 S-RS-2 当中有一台出现故障，用户主机之间是否仍然可以访问到服务器，从而验证数据中心网络规划中的容灾效果。

（1）查看 A-C-1 访问 Server-1 服务器的路径。在用户主机 A-C-1 上，执行命令 tracert 172.16.64.10，查看 A-C-1 访问服务器 Server-1 的路径，如图 1-3-2 所示。可以看到，此时 A-C-1 访问服务器 Server-1 的路径为 A-C-1→A-RS-1→O-R-2→S-RS-2→S-RS-3→Server-1（172.16.64.10）。

```
PC>tracert 172.16.64.10

traceroute to 172.16.64.10, 8 hops max
(ICMP), press Ctrl+C to stop
 1  192.168.64.254   62 ms   47 ms   47 ms
 2  10.0.2.9        110 ms   62 ms   78 ms
 3  10.0.0.6         78 ms   94 ms  141 ms
 4  10.0.1.10       140 ms  125 ms  141 ms
 5  172.16.64.10    187 ms  125 ms  125 ms
```

图 1-3-2　A-C-1 访问 Server-1 服务器的路径信息

（2）关闭 S-RS-2 并查看通信结果及路径变化。在 A-C-1 上执行命令 Ping 172.16.64.10 -t，在看到能正常访问服务器 Server-1（172.16.64.10）之后，将数据中心区域中的三层交换机 S-RS-2 停止，然后继续观察 Ping 命令的结果。可以看到经过短暂中断以后，A-C-1 访问服务器 Server-1 又自动恢复正常，如图 1-3-3 所示。

```
PC>ping 172.16.64.10 -t

Ping 172.16.64.10: 32 data bytes, Press Ctrl_C to break
From 172.16.64.10: bytes=32 seq=1 ttl=124 time=156 ms
From 172.16.64.10: bytes=32 seq=2 ttl=124 time=110 ms
Request timeout!
Request timeout!
Request timeout!
Request timeout!
Request timeout!
From 172.16.64.10: bytes=32 seq=8 ttl=124 time=156 ms
From 172.16.64.10: bytes=32 seq=9 ttl=124 time=110 ms
From 172.16.64.10: bytes=32 seq=10 ttl=124 time=140 ms
```

图 1-3-3　A-C-1 访问 DNS 服务器的通信结果变化

由于园区网中各路由设备配置了动态路由协议 OSPF，因此当网络拓扑发生变化时，动态路由协议会自动更新路由表，并重新确定 A-C-1 到达服务器 Server-1（172.16.64.0）的路径。此时，在用户主机 A-C-1 上，再次执行命令 tracert 172.16.64.10，可以看到，此处 A-C-1 访问服务器 Server-1 的路径自动变更为 A-C-1→A-RS-1→O-R-1→S-RS-1→S-RS-3→Server-1（172.16.64.10），如图 1-3-4 所示。

```
PC>tracert 172.16.64.10

traceroute to 172.16.64.10, 8 hops max
(ICMP), press Ctrl+C to stop
1  192.168.64.254   31 ms   47 ms   47 ms
2  10.0.2.1    62 ms   78 ms   94 ms
3  10.0.0.2    94 ms   78 ms   94 ms
4  10.0.1.2    78 ms   62 ms   110 ms
5  172.16.64.10    171 ms   110 ms   109 ms
```

图 1-3-4　A-C-1 访问 DNS 服务器的路径信息（路由更新后）

结论：当数据中心里的交换机 S-RS-1 和 S-RS-2 当中有一台出现故障，用户主机之间仍然可以正常访问服务器。

# 任务四　实现无线园区网通信

## 【任务介绍】

本任务是在前面任务中已经建设好的有线园区网配置的基础上实现的，主要包括添加无线控制器（AC）、无线接入点（AP）以及移动终端，完成无线局域网的部署，并通过无线局域网的相关配置，实现整个园区网中的无线通信。

## 【任务目标】

1．完成无线网络设备的部署和自身配置。
2．在当前有线网络的设备上，完成无线设备的接入配置。
3．实现无线网络和有线网络的相互通信。

## 【操作步骤】

此处配置无线网络时，主要包括两个方面：一是通过对交换机、三层交换机或路由器的配置，实现网络互通，例如从无线移动终端发出的报文能够通过园区网主干网络被传送到目的主机；二是通过无线控制器（AC）对无线接入点（AP）进行配置，实现无线移动终端的安全接入。

**步骤 1**：在用户区域内配置无线网络。

对用户区域中的交换机进行配置，实现无线网络的路由互通。主要包括创建无线网络所使用的

VLAN、配置无线网络 VLAN 的默认网关地址、配置无线网络所需要的 DHCP 中继服务以及配置 AP 接入等，具体命令如下。

（1）在交换机 A-SW-1 上配置无线网络。

//创建无线网络所使用的 VLAN，其中 VLAN200 是管理 VLAN，用于 AP（此处是 A-AP-1）与 AC-1 之间的通信，VLAN201 和 VLAN202 是业务 VLAN，用于无线移动终端（如手机）的访问；

[A-SW-1]vlan batch 200 201 202

Info: This operation may take a few seconds. Please wait for a moment...done.

//将下联 A-AP-1 的接口 GE 0/0/2 设为 Trunk 类型，PVID 值设为 200，并允许无线业务 VLAN（此处是 VLAN201 和 VLAN202）和无线管理 VLAN（此处是 VLAN200）的数据帧通过

[A-SW-1]interface GigabitEthernet 0/0/2

[A-SW-1-GigabitEthernet0/0/2]port link-type trunk

[A-SW-1-GigabitEthernet0/0/2]port trunk pvid vlan 200

[A-SW-1-GigabitEthernet0/0/2]port trunk allow-pass vlan 200 201 202

[A-SW-1-GigabitEthernet0/0/2]quit

//配置上联三层交换机 A-RS-1 的接口 GE 0/0/1，允许无线网络相关 VLAN（即 VLAN200、VLAN201、VLAN202）的数据帧通过。注意：若前期已经将 GE 0/0/1 配置成允许所有（all）VLAN 的数据帧通过，则此步操作可省略

[A-SW-1]interface GigabitEthernet 0/0/1

[A-SW-1-GigabitEthernet0/0/1]port trunk allow-pass vlan 200 201 202

[A-SW-1-GigabitEthernet0/0/1]quit

[A-SW-1]quit

<A-SW-1>save

说明　　通过无线接入点 A-AP-1 发送给交换机 A-SW-1 的数据帧包括管理数据帧（A-AP-1 发往 AC-1 的帧）和业务数据帧（无线移动终端通过 AP 登录后所发出的帧）。

根据本项目的网络规划，此处的管理数据帧属于 VLAN200，业务数据帧分别属于 VLAN201 和 VLAN202，且它们都需要经过交换机 A-SW-1 的 GE 0/0/2 接口进行后续的网络通信，因此，此处将 A-SW-1 的 GE0/0/2 接口（连接 A-AP-1）设置为 Trunk 模式，以便多个 VLAN 的数据帧可以通过。

此处将交换机 A-SW-1 上连接 A-AP-1 的接口（即 GE 0/0/2），其 PVID 值设为 200，目的是使得 A-AP-1 发出的管理数据帧到达 A-SW-1 后，被接口打上 VLAN200 的标记，从而实现后续通信。

交换机 B-SW-1 上的相关配置同理。

（2）在交换机 B-SW-1 上配置无线网络。

//创建无线网络所使用的 VLAN，其中 VLAN200 是管理 VLAN，用于 AP（此处是 B-AP-1）与 AC-1 之间的通信，VLAN201 和 VLAN202 是业务 VLAN，用于无线移动终端（如手机）的访问；

[B-SW-1]vlan batch 200 201 202

Info: This operation may take a few seconds. Please wait for a moment...done.

//将下联 B-AP-1 的接口 GE0/0/2 设为 Trunk 类型，PVID 值设为 200，并允许无线网络相关 VLAN（此处包括 VLAN200、VLAN201 和 VLAN202）的数据帧通过

[B-SW-1]interface GigabitEthernet 0/0/2
[B-SW-1-GigabitEthernet0/0/2]port link-type trunk
[B-SW-1-GigabitEthernet0/0/2]port trunk pvid vlan 200
[B-SW-1-GigabitEthernet0/0/2]port trunk allow-pass vlan 200 201 202
[B-SW-1-GigabitEthernet0/0/2]quit
[B-SW-1]quit
<B-SW-1>save

//配置上联路由交换机 B-RS-1 的接口 GE 0/0/1，增加允许无线网络相关 VLAN（即 VLAN200、VLAN201、VLAN202）的数据帧通过。注意：若 GE 0/0/1 已经配置成允许所有（all）VLAN 的数据帧通过，则此步操作可省略

[B-SW-1]interface GigabitEthernet 0/0/1
[B-SW-1-GigabitEthernet0/0/1]port trunk allow-pass vlan 200 201 202
[B-SW-1-GigabitEthernet0/0/1]quit

（3）在三层交换机 A-RS-1 上配置无线网络。此处主要配置无线网络数据的路由转发，包括无线网络各 VLAN 的默认网关接口。此外，由于无线终端需要通过 DHCP 获取 IP 地址，此处还要配置 DHCP 中继。

//创建无线网络相关 VLAN，即 VLAN200、VLAN201、VLAN202
[A-RS-1]vlan batch 200 201 202
Info: This operation may take a few seconds. Please wait for a moment...done.

//配置各 VLAN 的默认网关接口，用于无线网络用户的通信
[A-RS-1]interface vlanif 200
[A-RS-1-Vlanif200]ip address 10.0.200.14 28
[A-RS-1-Vlanif200]quit
[A-RS-1]interface vlanif 201
[A-RS-1-Vlanif201]ip address 192.168.66.254 24
[A-RS-1-Vlanif201]quit
[A-RS-1]interface vlanif 202
[A-RS-1-Vlanif202]ip address 192.168.67.254 24
[A-RS-1-Vlanif202]quit

此处将 VLAN200 的接口的地址掩码设置为/28（即 255.255.255.240），表示三层交换机 A-RS-1 的 VLAN200 所在网段的 IP 地址范围为 10.0.200.0 ～ 10.0.200.15，包含 14 个有效的单播 IP 地址（其中最后一个有效单播 IP 地址 10.0.200.14 被用作默认网关地址），其用意是考虑到实际组网时，三层交换机 A-RS-1 下联的二层交换机 A-SW-1 上有可能接入多台无线接入点（即 AP），所以此处预留了 13 个 IP 地址给其他 AP。

//配置下联交换机 A-SW-1 的接口 GE0/0/1，增加允许无线网络相关 VLAN（即 VLAN200、VLAN201、

VLAN202）的数据帧通过。注意：若 GE 0/0/1 已经配置成允许所有（all）VLAN 的数据帧通过，则此步操作可省略

 [A-RS-1]interface GigabitEthernet 0/0/1

 [A-RS-1-GigabitEthernet0/0/1]port trunk allow-pass vlan 200 201 202

 [A-RS-1-GigabitEthernet0/0/1]quit


 //配置 OSPF，宣告无线网络所在网段

 [A-RS-1]ospf 1

 [A-RS-1-ospf-1]area 1

 [A-RS-1-ospf-1-area-0.0.0.1]network 192.168.66.0 0.0.0.255

 [A-RS-1-ospf-1-area-0.0.0.1]network 192.168.67.0 0.0.0.255

 [A-RS-1-ospf-1-area-0.0.0.1]network 10.0.200.0 0.0.0.15

 [A-RS-1-ospf-1-area-0.0.0.1]quit

 [A-RS-1-ospf-1]quit


 //开启 A-RS-1 的 DHCP 功能

 [A-RS-1]dhcp enable

Info: The operation may take a few seconds. Please wait for a moment.done.


 //配置 VLAN200 的 DHCP 中继，使 VLAN200 中的 AP（此处指 A-AP-1）可以通过位于数据中心区域的无线控制器 AC-1 所提供的 DHCP 服务获取 IP 地址。AC-1 的 IP 地址是 10.0.200.254

 [A-RS-1]interface vlanif 200

 [A-RS-1-Vlanif200]dhcp select relay

 [A-RS-1-Vlanif200]dhcp relay server-ip 10.0.200.254

 [A-RS-1-Vlanif200]quit


 //配置 VLAN201 的 DHCP 中继，使 VLAN201 中的无线移动终端可以通过位于数据中心区域的无线控制器 AC-1 所提供的 DHCP 服务获取 IP 地址。AC-1 的 IP 地址是 10.0.200.254

 [A-RS-1]interface vlanif 201

 [A-RS-1-Vlanif201]dhcp select relay

 [A-RS-1-Vlanif201]dhcp relay server-ip 10.0.200.254

 [A-RS-1-Vlanif201]quit


 //配置 VLAN202 的 DHCP 中继，使 VLAN202 中的无线移动终端，可以通过位于数据中心区域的无线控制器 AC-1 所提供的 DHCP 服务获取 IP 地址。AC-1 的 IP 地址是 10.0.200.254

 [A-RS-1]interface vlanif 202

 [A-RS-1-Vlanif202]dhcp select relay

 [A-RS-1-Vlanif202]dhcp relay server-ip 10.0.200.254

 [A-RS-1-Vlanif202]quit

 [A-RS-1]quit

 <A-RS-1>save

  （4）在三层交换机 B-RS-1 上配置无线网络。此处主要配置无线网络数据的路由转发，包括

无线网络各 VLAN 的默认网关接口。此外，由于无线终端通过 DHCP 获取 IP 地址，此处还要配置 DHCP 中继。

```
//创建无线网络相关的 VLAN，即 VLAN200、VLAN201、VLAN202
[B-RS-1]vlan batch 200 201 202
Info: This operation may take a few seconds. Please wait for a moment...done.

//配置各 VLAN 的默认网关接口
[B-RS-1]interface vlanif 200
[B-RS-1-Vlanif200]ip address 10.0.200.30 28
[B-RS-1-Vlanif200]quit
[B-RS-1]interface vlanif 201
[B-RS-1-Vlanif201]ip address 192.168.70.254 24
[B-RS-1-Vlanif201]quit
[B-RS-1]interface vlanif 202
[B-RS-1-Vlanif202]ip address 192.168.71.254 24
[B-RS-1-Vlanif202]quit
```

//配置下联交换机 B-SW-1 的接口 GE 0/0/1，增加允许无线网络相关 VLAN（即 VLAN200、VLAN201、VLAN202）的数据帧通过。注意：若 GE 0/0/1 已经配置成允许所有（all）VLAN 的数据帧通过，则此步操作可省略

```
[B-RS-1]interface GigabitEthernet 0/0/1
[B-RS-1-GigabitEthernet0/0/1]port trunk allow-pass vlan 200 201 202
[B-RS-1-GigabitEthernet0/0/1]quit
```

//配置 OSPF，宣告无线网络所在网段

```
[A-RS-1]ospf 1
[B-RS-1-ospf-1]area 1
[B-RS-1-ospf-1-area-0.0.0.1]network 10.0.200.16 0.0.0.15
[B-RS-1-ospf-1-area-0.0.0.1]network 192.168.70.0 0.0.0.255
[B-RS-1-ospf-1-area-0.0.0.1]network 192.168.71.0 0.0.0.255
[B-RS-1-ospf-1-area-0.0.0.1]quit
[B-RS-1-ospf-1]quit
```

//开启 B-RS-1 的 DHCP 功能

```
[B-RS-1]dhcp enable
Info: The operation may take a few seconds. Please wait for a moment.done.
```

//配置 VLAN200 的 DHCP 中继，使 VLAN200 中的 AP（此处指 A-AP-1）可以通过位于数据中心区域的无线控制器 AC-1 所提供的 DHCP 服务获取 IP 地址。AC-1 的 IP 地址是 10.0.200.254

```
[B-RS-1]interface vlanif 200
[B-RS-1-Vlanif200]dhcp select relay
```

[B-RS-1-Vlanif200]dhcp relay server-ip 10.0.200.254
[B-RS-1-Vlanif200]quit

//配置 VLAN201 的 DHCP 中继，使 VLAN201 中的无线移动终端可以通过位于数据中心区域的无线控制器 AC-1 所提供的 DHCP 服务获取 IP 地址。AC-1 的 IP 地址是 10.0.200.254
[B-RS-1]interface vlanif 201
[B-RS-1-Vlanif201]dhcp select relay
[B-RS-1-Vlanif201]dhcp relay server-ip 10.0.200.254
[B-RS-1-Vlanif201]quit

//配置 VLAN202 的 DHCP 中继，使 VLAN202 中的无线移动终端可以通过位于数据中心区域的无线控制器 AC-1 所提供的 DHCP 服务获取 IP 地址。AC-1 的 IP 地址是 10.0.200.254
[B-RS-1]interface vlanif 202
[B-RS-1-Vlanif202]dhcp select relay
[B-RS-1-Vlanif202]dhcp relay server-ip 10.0.200.254
[B-RS-1-Vlanif202]quit
[B-RS-1]quit
<B-RS-1>save

**步骤 2**：在数据中心的 S-RS-3 交换机上配置无线网络。

本项目通过无线控制器 AC-1 来统一管理 AP，AC-1 接入到数据中心的交换机 S-RS-3 上。因此，需要对 S-RS-3 进行配置，实现 AC-1 的接入。具体命令如下。

//配置与无线控制器 AC-1 相连的三层虚拟接口，包括创建 VLAN、配置 VLANIF 地址、添加接口
[S-RS-3]vlan 200
[S-RS-3-vlan200]quit
[S-RS-3]interface vlanif 200
[S-RS-3-Vlanif200]ip address 10.0.200.253 30
[S-RS-3-Vlanif200]quit
[S-RS-3]interface GigabitEthernet 0/0/22
[S-RS-3-GigabitEthernet0/0/22]port link-type access
[S-RS-3-GigabitEthernet0/0/22]port default vlan 200
[S-RS-3-GigabitEthernet0/0/22]quit

//配置 OSPF，宣告 VLAN200 所在网络
[S-RS-3]ospf 1
[S-RS-3-ospf-1]area 2
[S-RS-3-ospf-1-area-0.0.0.2]network 10.0.200.252 0.0.0.3
[S-RS-3-ospf-1-area-0.0.0.2]quit
[S-RS-3-ospf-1]quit
[S-RS-3]quit
<S-RS-3>save

步骤 3：配置无线控制器 AC-1 的基本通信参数。

在 AC-1 上配置基本通信参数，包括配置与交换机 S-RS-3 通信的三层虚拟接口、配置 capwap 隧道，同时还需要在 AC-1 上配置静态路由，使得从 AC-1 发出或返回的报文能够到达交换机 S-RS-3，并进一步被路由到目的网络。具体配置如下。

```
//进入系统视图，关闭信息中心，修改设备名称为 AC-1
<AC6605>system-view
Enter system view, return user view with Ctrl+Z.
[AC6605]undo info-center enable
Info: Information center is disabled.
[AC6605]sysname AC-1

//配置 AC-1 与交换机 S-RS-3 通信的三层虚拟接口，包括创建 VLAN、配置 VLANIF 接口地址、添加 access 接口
[AC-1]vlan 200
Info: This operation may take a few seconds. Please wait for a moment...done.
[AC-1-vlan200]quit
[AC-1]interface vlanif 200
[AC-1-Vlanif200]ip address 10.0.200.254 30
[AC-1-Vlanif200]quit
[AC-1]interface GigabitEthernet 0/0/1
[AC-1-GigabitEthernet0/0/1]port link-type access
[AC-1-GigabitEthernet0/0/1]port default vlan 200
[AC-1-GigabitEthernet0/0/1]quit

//为 capwap 隧道绑定 VLAN，此处是 VLAN200（即配置 AC 的源接口为 Vlanif200），
[AC-1]capwap source interface vlanif 200
```

 **提醒**  无线接入点控制与规范（Control And Provisioning of Wireless Access Points，CAPWAP）实现 AP 和 AC 之间互通的一个通用封装和传输机制。

```
//配置静态路由，用于 AC-1 和 10.0.200.0 网段中的 AP（A-AP-1、B-AP-1）通信
[AC-1]ip route-static 10.0.200.0 27 10.0.200.253
//配置静态路由，用于 AC-1 与无线移动终端之间的通信。
[AC-1]ip route-static 192.168.66.0 23 10.0.200.253
[AC-1]ip route-static 192.168.70.0 23 10.0.200.253
```

**说明**  由于 A-AP-1 所在地址段是 10.0.200.0/28，B-AP-1 所在地址段是 10.0.200.16/28，这两个地址段可聚合为 10.0.200.0/27，所以只需要配置一条目的网络地址为 10.0.200.0/27 的静态路由。

同理，192.168.66.0/24 和 192.168.67.0/24 可以聚合为 192.168.66.0/23，192.168.70.0/24 和 192.168.71.0/24 可以聚合为 192.168.70.0/23。

10.0.200.253 是 AC-1 所接入的交换机 S-RS-3 上三层虚拟接口地址。

**步骤 4：** 在无线控制器 AC-1 上配置 DHCP 服务。

本项目中，使用 AC-1 为 AP 和无线移动终端提供 DHCP 服务，因此，要在 AC-1 上开启 DHCP 服务，并且针对用户区域中 AP 以及无线移动终端所在的 VLAN，创建不同的 IP 地址池。

（1）开启 AC-1 的 DHCP 服务。

```
[AC-1]dhcp enable
Info: The operation may take a few seconds. Please wait for a moment…done.
```

（2）在 AC-1 上为无线网络的每个 VLAN 创建地址池。

//创建名称为 pool-A-vlan200 的地址池，用于为 A 用户区域中的 AP（此处指 A-AP-1）分配 IP 地址，并设置地址块（10.0.200.0/28）和默认网关地址（10.0.200.14）
```
[AC-1]ip pool pool-A-vlan200
Info: It is successful to create an IP address pool.
[AC-1-ip-pool-pool-A-vlan200]network 10.0.200.0 mask 28
[AC-1-ip-pool-pool-A-vlan200]gateway-list 10.0.200.14
```
//通过华为自定义选项 option 43 为 AP 指定无线控制器（即 AC-1）的地址（即 10.0.200.254），使 AP 与 AC 之间能够保持正常的管理通信。
```
[AC-1-ip-pool-pool-A-vlan200]option 43 sub-option 2 ip-address 10.0.200.254
[AC-1-ip-pool-pool-A-vlan200]quit
```

//创建名称为 pool-A-vlan201 的地址池，用于为 A 用户区域里 VLAN201 中的移动终端分配 IP 地址，并设置地址块（192.168.66.0/24）和默认网关地址（192.168.66.254）
```
[AC-1]ip pool pool-A-vlan201
Info: It is successful to create an IP address pool.
[AC-1-ip-pool-pool-A-vlan201]network 192.168.66.0 mask 24
[AC-1-ip-pool-pool-A-vlan201]gateway-list 192.168.66.254
[AC-1-ip-pool-pool-A-vlan201]quit
```

//创建名称为 pool-A-vlan202 的地址池，用于为 A 用户区域里 VLAN202 中的移动终端分配 IP 地址，并设置地址块（192.168.67.0/24）和默认网关地址（192.168.67.254）
```
[AC-1]ip pool pool-A-vlan202
Info: It is successful to create an IP address pool.
[AC-1-ip-pool-pool-A-vlan202]network 192.168.67.0 mask 24
[AC-1-ip-pool-pool-A-vlan202]gateway-list 192.168.67.254
[AC-1-ip-pool-pool-A-vlan202]quit
```

//创建名称为 pool-B-vlan200 的地址池，用于为 B 用户区域中的 AP（此处是 B-AP-1）分配 IP 地址，并设置地址块（10.0.200.16/28）和默认网关地址（10.0.200.30）
```
[AC-1]ip pool pool-B-vlan200
Info: It is successful to create an IP address pool.
[AC-1-ip-pool-pool-B-vlan200]network 10.0.200.16 mask 28
[AC-1-ip-pool-pool-B-vlan200]gateway-list 10.0.200.30
[AC-1-ip-pool-pool-B-vlan200]option 43 sub-option 2 ip-address 10.0.200.254
[AC-1-ip-pool-pool-B-vlan200]quit
```

//创建名称为 pool-B-vlan201 的地址池，用于为 B 用户区域里 VLAN201 中的移动终端分配 IP 地址，并设置地址块（192.168.70.0/24）和默认网关地址（192.168.70.254）

```
[AC-1]ip pool pool-B-vlan201
Info: It is successful to create an IP address pool.
[AC-1-ip-pool-pool-B-vlan201]network 192.168.70.0 mask 24
[AC-1-ip-pool-pool-B-vlan201]gateway-list 192.168.70.254
[AC-1-ip-pool-pool-B-vlan201]quit
```

//创建名称为 pool-B-vlan202 的地址池，用于为 B 用户区域里 VLAN202 中的移动终端分配 IP 地址，并设置地址块（192.168.71.0/24）和默认网关地址（192.168.71.254）

```
[AC-1]ip pool pool-B-vlan202
Info: It is successful to create an IP address pool.
[AC-1-ip-pool-pool-B-vlan202]network 192.168.71.0 mask 24
[AC-1-ip-pool-pool-B-vlan202]gateway-list 192.168.71.254
[AC-1-ip-pool-pool-B-vlan202]quit
```

（3）将 AC-1 的 VLANIF200 接口设置为全局地址池模式。

```
[AC-1]interface vlanif 200
[AC-1-Vlanif200]dhcp select global
[AC-1-Vlanif200]quit
```

说明

　　将 AC-1 的 VLANIF200 接口设置为全局地址池模式后，当 AC-1 通过 VLANIF200 接口接收到某个 DHCP 中继转发的客户端（包括 AP 和无线移动终端）的 DHCP 请求报文时，会从 AC-1 上的全部地址池中选择与该 DHCP 中继在同一网段的地址池中的 IP 地址分配给客户端。

　　举例：假设无线移动终端 STA-1 通过 A-AP-1 的 VLAN201 接入网络，它发出的 DHCP 请求会被发送至 A-RS-1 上 VLAN201 的 DHCP 中继，该中继（其 IP 地址是 192.168.66.254）将 DHCP 请求报文发送至 AC-1 的 VLANIF200(三层虚拟接口)，AC-1 会从 pool-A-vlan201 地址池（即 192.168.66.0/24）中选择一个 IP 地址分配给 STA-1。

**步骤 5：** 在无线控制器 AC-1 上配置 AP 上线。

//创建域管理模板：进入 wlan 视图，创建名称为 domain-cfg 的域管理模板，配置国家码为 cn

```
[AC-1]wlan
[AC-1-wlan-view]regulatory-domain-profile name domain-cfg
[AC-1-wlan-regulate-domain-domain-cfg]country-code cn
Info: The current country code is same with the input country code.
[AC-1-wlan-regulate-domain-domain-cfg]quit
```

//配置 AP 认证模式：在 wlan 视图下设置 AP 认证模式为 MAC 认证

```
[AC-1-wlan-view]ap auth-mode mac-auth
```

右击无线接入点 A-AP-1，单击【设置】，然后单击【配置】标签，此时可以查看 AP 的 MAC 地址信息，如图 1-4-1 所示。

A-AP-1

视图　　配置

串口配置

串口号：　2011

AP基础配置

MAC 地址：　00-E0-FC-C0-05-D0

SN：　210235448310C66C4C36

图 1-4-1　查看 AP 的 MAC 地址

//创建 AP 组：本项目中各 AP 的安全模板、SSID 模板、VAP 模板、业务 VLAN 名称等配置相同，所以创建名称为 ap-group-cfg 的 AP 组，并引用域管理模板 domain-cfg，用于对多个 AP 进行批量配置

[AC-1-wlan-view]ap-group name ap-group-cfg

[AC-1-wlan-ap-group-ap-group-cfg]regulatory-domain-profile domain-cfg

Warning: Modifying the country code will clear channel, power and antenna gain configurations of the radio and reset the AP. Continue?[Y/N]:y

[AC-1-wlan-ap-group-ap-group-cfg]quit

//在 AC-1 中离线（即 AP 处于关机）导入第 1 个 AP：在 wlan 视图下，通过 MAC 地址导入第 1 个 AP（ap-id 值是 1），命名为 A-AP-1，并将该 AP 加入 AP 分组 ap-group-cfg

[AC-1-wlan-view]ap-id 1 ap-mac 00e0-fcc0-05d0

[AC-1-wlan-ap-1]ap-name A-AP-1

[AC-1-wlan-ap-1]ap-group **ap-group-cfg**

//警告：该操作会造成 AP 重置，如果国家码改变，射频的配置信息会清空，是否继续？这里需继续，输入 y，按 enter 键即可

Warning: This operation may cause AP reset. If the country code changes, it will clear channel, power and antenna gain configurations of the radio, Whether to continue? [Y/N]:y

Info: This operation may take a few seconds. Please wait for a moment.. done.

[AC-1-wlan-ap-1]quit

//在 AC-1 中离线导入第 2 个 AP：在 wlan 视图下，通过 MAC 地址导入第 2 个 AP（ap-id 值是 2），命名为 B-AP-1，并将该 AP 加入 AP 分组 ap-group-cfg

[AC-1-wlan-view]ap-id 2 ap-mac 00e0-fc7f-2870

[AC-1-wlan-ap-2]ap-name B-AP-1

```
[AC-1-wlan-ap-2]ap-group ap-group-cfg
[AC-1-wlan-ap-2]quit
[AC-1-wlan-view]quit
```

//查看 AP 上线情况：启动 A-AP-1 和 B-AP-1，然后在 AC-1 中查看 AP 上线情况，操作如下。其中 State 字段为 nor 时，表示 AP 正常上线。可以看到，AP 在启动后自动从 AC-1 上对应的地址池中获取 IP 地址。

```
[AC-1]display ap all
Info: This operation may take a few seconds. Please wait for a moment.done.
Total AP information:
nor   : normal            [2]
--------------------------------------------------------------------------------
ID    MAC         Name   Group       IP          Type     State  STA  Uptime
--------------------------------------------------------------------------------
1   00e0-fcc0-05d0 A-AP-1 ap-group-cfg 10.0.200.1   AP3030DN  nor   0    1s
2   00e0-fc7f-2870 B-AP-1 ap-group-cfg 10.0.200.22  AP3030DN  nor   0    1s
--------------------------------------------------------------------------------
Total: 2
[AC-1]
```

**步骤 6：**通过无线控制器 AC-1 配置 AP 的安全模板。

//创建安全模板 wifi-sef-cfg，并配置无线终端登录时的安全策略

```
[AC-1]wlan
[AC-1-wlan-view]security-profile name sec-cfg
[AC-1-wlan-sec-prof-sec-cfg]security wpa-wpa2 psk pass-phrase abcd1111 aes
[AC-1-wlan-sec-prof-sec-cfg]quit
```

　　此处配置 WPA/WPA2-PSK 的安全策略，密码为"abcd1111"，读者可根据实际情况，配置符合实际要求的安全策略。
　　根据前面的【网络规划】，2.4GHz 频段和 5GHz 频段的安全模板相同，因此此处只创建了一个安全模板，即 sec-cfg。

**步骤 7：**通过无线控制器 AC-1 配置 AP 的 SSID 模板。
分别创建对应 2.4GHz 频段和对应 5GHz 频段的 SSID 模板。

//在 wlan 视图下，创建名称为 ssid-cfg-1 的 SSID 模板，对应 2.4GHz 频段的射频信号（即射频 0）

```
[AC-1-wlan-view]ssid-profile name ssid-cfg-1
```
//在 ssid-cfg-1 模板中，设置 SSID 名称为 wifi-2.4G
```
[AC-1-wlan-ssid-prof-ssid-cfg-1]ssid wifi-2.4G
Info: This operation may take a few seconds, please wait.done.
[AC-1-wlan-ssid-prof-ssid-cfg-1]quit
```

//在 wlan 视图下，创建名称为 ssid-cfg-2 的 SSID 模板，对应 5GHz 频段的射频信号（即射频 1）
```
[AC-1-wlan-view]ssid-profile name ssid-cfg-2
```
//在 ssid-cfg-2 中，设置 SSID 名称为 wifi-5G

[AC-1-wlan-ssid-prof-ssid-cfg-2]ssid **wifi-5G**

Info: This operation may take a few seconds, please wait.done.

[AC-1-wlan-ssid-prof-ssid-cfg-2]quit

[AC-1-wlan-view]

**步骤**8：通过无线控制器 AC-1 配置 VAP 模板。

分别创建对应 2.4GHz 频段的 VAP 模板和对应 5GHz 频段的 VAP 模板，并分别在两个 VAP 模板视图下，配置业务数据转发模式、引用安全模板（策略）、指定业务 VLAN、引用 SSID 模板。

//在 wlan 视图下，创建名称为 vap-cfg-1 的 VAP 模板，对应 2.4GHz 频段的射频信号（即射频 0）

[AC-1-wlan-view]vap-profile name **vap-cfg-1**

//在 VAP 模板视图下，设置业务数据转发模式为 direct-forward（即直接转发）

[AC-1-wlan-vap-prof-vap-cfg-1]forward-mode direct-forward

//设置业务 VLAN 为 201，通过引用此模板的射频信道接入 WLAN 的设备将被划分到 VLAN201 中

[AC-1-wlan-vap-prof-vap-cfg-1]service-vlan vlan-id **201**

Info: This operation may take a few seconds, please wait.done.

//引用安全模板 sec-cfg，安全模板指定了设备接入 WLAN 的认证方式以及密码

[AC-1-wlan-vap-prof-vap-cfg-1]security-profile sec-cfg

Info: This operation may take a few seconds, please wait.done.

//引用 SSID 模板 ssid-cfg-1，对应 SSID 名称 wifi-2.4G

[AC-1-wlan-vap-prof-vap-cfg-1]ssid-profile **ssid-cfg-1**

Info: This operation may take a few seconds, please wait.done.

[AC-1-wlan-vap-prof-vap-cfg-1]quit

[AC-1-wlan-view]


//在 wlan 视图下，创建名称为 vap-cfg-2 的 VAP 模板，对应 5GHz 频段的射频信号（即射频 0）

[AC-1-wlan-view]vap-profile name **vap-cfg-2**

//在 VAP 模板视图下，设置业务数据转发模式为 direct-forward（即直接转发）

[AC-1-wlan-vap-prof-vap-cfg-2]forward-mode direct-forward

//设置业务 VLAN 为 202，通过引用此模板的射频信道接入 WLAN 的设备将被划分到 VLAN202 中

[AC-1-wlan-vap-prof-vap-cfg-2]service-vlan vlan-id **202**

Info: This operation may take a few seconds, please wait.done.

//引用安全模板 sec-cfg-1，安全模板指定了设备接入 WLAN 的认证方式以及密码

[AC-1-wlan-vap-prof-vap-cfg-2]security-profile sec-cfg

Info: This operation may take a few seconds, please wait.done.

//引用 SSID 模板 ssid-cfg-2，对应 SSID 名称 wifi-5G

[AC-1-wlan-vap-prof-vap-cfg-2]ssid-profile **ssid-cfg-2**

Info: This operation may take a few seconds, please wait.done.

[AC-1-wlan-vap-prof-vap-cfg-2]quit

[AC-1-wlan-view]

**步骤**9：通过无线控制器 AC-1 配置 AP 的射频参数。

在无线控制器 AC-1 上，通过 AP 组 ap-group-cfg 统一配置组中 AP（此处包括 A-AP-1 和 B-AP-1），配置射频 0 引用 vap-cfg-1 模板，射频 1 引用 vap-cfg-2 模板。

```
//进入 AP 组 ap-group-cfg
[AC-1-wlan-view]ap-group name ap-group-cfg
//配置射频 0 引用 vap-cfg-1 模板，即 AP 组中的所有 AP，其射频 0（2.4GHz 频段）引用是 vap-cfg-1 模
板，该模板中，SSID 名称是 wifi-1，登录密码都是"abcd1111"，对应 VLAN201
[AC-1-wlan-ap-group-ap-group-cfg]vap-profile vap-cfg-1 wlan 1 radio 0
Info: This operation may take a few seconds, please wait...done.
//配置射频 1 引用 vap-cfg-2 模板，即 AP 组中的所有 AP，其射频 1（5GHz 频段）引用是 vap-cfg-2 模板，
该模板中，SSID 名称是 wifi-2，登录密码都是"abcd1111"，对应 VLAN202
[AC-1-wlan-ap-group-ap-group-cfg]vap-profile vap-cfg-2 wlan 1 radio 1
Info: This operation may take a few seconds, please wait...done.
[AC-1-wlan-ap-group-ap-group-cfg] quit
[AC-1-wlan-view]quit
[AC-1]quit
<AC-1>save
```

此时可以看到 A-AP-1 和 B-AP-1 上出现圆环状无线信号范围，如图 1-4-2 所示。

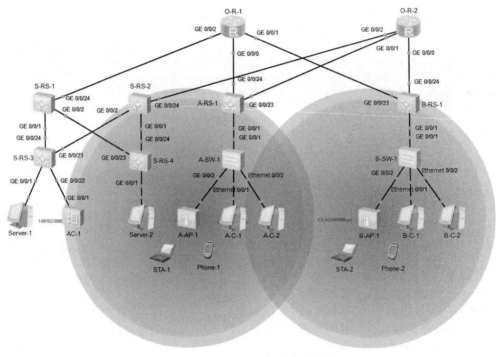

图 1-4-2　AP 上显示无线信号范围

步骤 10：将无线移动终端接入无线局域网。

（1）将 STA-1 接入无线网络。

启动 STA-1，然后双击 STA-1 打开设备管理窗口。在【Vap 列表】选项的下方，可以看到此时 STA-1 已经发现了 A-AP-1 上的名为 wifi-2.4G 和 wifi-5G 的 SSID，如图 1-4-3 所示。

图 1-4-3　STA-1 发现 A-AP-1 上的 SSID

 提醒　　　由于 STA-1 目前处在 A-AP-1 的信号覆盖范围，因此 STA-1 只能发现 A-AP-1 上的 SSID，并通过 A-AP-1 接入无线网络。

　　单击选择名为 wifi-2.4G 的 SSID，然后单击右侧的【连接】按钮，则弹出"账户"框，输入 A-AP-1 中名为 wifi-2.4G 的 SSID 的接入密码，此处是"abcd1111"，然后单击【确定】按钮，如图 1-4-4 所示。

图 1-4-4　输入名为 wifi-2.4G 的 SSID 的接入密码

　　可以看到，此时 STA-1 的【状态】值变为"已连接"，并且网络拓扑中也显示出连接状态，如图 1-4-5 所示。此时单击 STA-1 的【命令行】选项，在命令行界面中输入 ipconfig 命令，可以查看到 STA-1 获取到的 IP 地址信息，如图 1-4-6 所示。

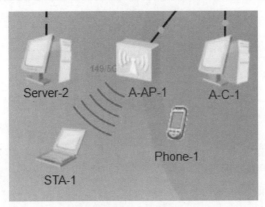

图 1-4-5  STA-1 接入 A-AP-1

图 1-4-6  使用 ipconfig 命令查看无线终端获取的 IP 地址

（2）将其他无线移动终端设备接入无线网络。参照 STA-1 的接入操作，将其他无线移动终端接入无线局域网。注意，各移动终端在接入无线网络，密码都是 abcd1111。

**步骤 11：**无线局域网通信测试。

使用 Ping 命令测试无线移动终端之间，以及无线移动终端与有线网络内主机的通信情况，测试结果见表 1-4-1。

表 1-4-1  无线局域网通信测试

| 序号 | 源设备 | 目的设备 | 通信结果 |
|------|--------|----------|----------|
| 1 | STA-1 | STA-2 | 通 |
| 2 | STA-1 | Phone-1 | 通 |
| 3 | STA-1 | Phone-2 | 通 |

续表

| 序号 | 源设备 | 目的设备 | 通信结果 |
|------|--------|----------|----------|
| 4 | STA-1 | Server-1 | 通 |
| 5 | STA-1 | Server-2 | 通 |
| 6 | STA-1 | A-C-1 | 通 |
| 7 | STA-1 | A-C-1 | 通 |
| 8 | STA-1 | B-C-1 | 通 |
| 9 | STA-1 | B-C-2 | 通 |

**步骤 12**：移动终端漫游通信测试。

待 STA-1 接入 A-AP-1 以后，将 STA-1 从 A-AP-1 的信号范围移出，并移动到 B-AP-1 的信号范围内，可以看到 STA-1 自动接入 B-AP-1。此时查看 STA-1 的 IP 地址，可以发现 STA-1 已经自动获取了新的 IP 地址（192.168.70.7），该 IP 地址属于 B-AP-1 的 VLAN201 所在网段，如图 1-4-7 所示。

图 1-4-7　STA-1 移动到 B-AP-1 信号范围后，自动获得新的 IP 地址

由于 A-AP-1 和 B-AP-1 的 SSID 配置相同，接入密码也相同，因此当 STA-1 脱离 A-AP-1 的范围，移动到 B-AP-1 的范围时，会自动接入 B-AP-1，实现漫游通信。

# 任务五 在 eNSP 仿真环境中抓取通信报文

## 【任务介绍】

在 eNSP 中利用第三方抓包软件 WinPcap 和网络数据报文分析工具 Wireshark，抓取网络中指定位置的数据包并分析，从而掌握通过抓取报文分析网络通信过程的方法。

## 【任务目标】

1. 完成 OSPF 协议报文的抓取和分析。
2. 完成 IEEE 802.1Q 协议报文的抓取和分析。
3. 完成 DHCP 协议报文的抓取和分析。
4. 完成无线通信报文的抓取和分析。

## 【操作步骤】

**步骤 1**：确定网络拓扑与抓包位置。

在本项目所建设的园区网基础上进行抓包分析，确定①～④四个抓包位置，如图 1-5-1 所示。

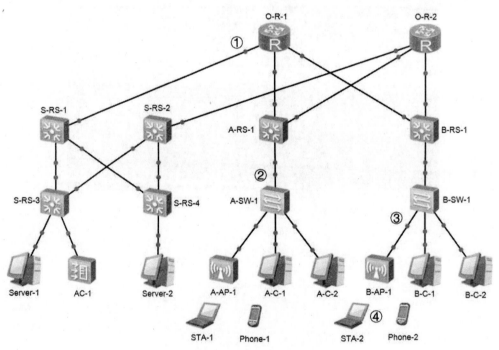

图 1-5-1 确定抓包位置①～④

启动所有设备，并确保所有主机、路由器、交换机和无线设备（包括 AC 和 AP）已经完成了相关配置，可正常通信。

**步骤 2：**实现 OSPF 协议报文的抓取和分析。

（1）启动抓包程序。在①处（O-R-1 的 GE 0/0/2 接口）启动抓包程序。右击 O-R-1→【数据抓包】→选择【GE 0/0/2】，如图 1-5-2 所示，即可启动 Wireshark 软件。

（2）在 Wireshark 中过滤所显示的报文。由于抓取到的报文可能有很多，为了便于有针对性地查看，可以在 Wireshark 的过滤表达式框中输入过滤条件，只显示符合条件的报文。例如此处在表达式框中输入 "ospf"，仅显示 ospf 协议报文，如图 1-5-3 所示。

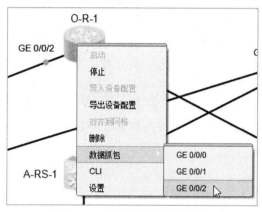

图 1-5-2　在①处启动抓包程序

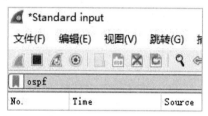

图 1-5-3　在 Wireshark 中输入报文过滤条件

（3）更改网络拓扑，查看并分析 OSPF 报文的变化。从抓取的报文中可以看到，OSPF 会定期发送 Hello 报文，Hello 报文用来发现和维持邻站的可达性。如图 1-5-4 中的 14 号和 16 号报文。

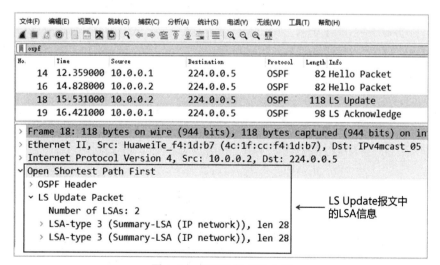

图 1-5-4　OSPF 报文及分析

关闭数据中心区域中的 S-RS-2 交换机，可以看到当拓扑结构发生变化时，与 O-R-1 相邻的 S-RS-1 交换机（10.0.0.2）以组播的方式发送 OSPF 的链路状态更新（Link State Update，LSU）分组，LSU 分组中包括 LSA 的具体信息，告诉路由器路由信息的变化，如图 1-5-4 中第 18 号报文所示。

> 链路状态广播（Link-State Advertisement，LSA）是链接状态协议使用的一个分组，它包括有关邻居和通道成本的信息。LSA 被路由器接收用于维护它们的路由表。

**步骤 3**：实现 IEEE 802.1Q 协议报文的抓取和分析。

（1）启动抓包程序并设置过滤条件。在②处（A-SW-1 的 GE 0/0/1 接口）启动抓包程序。右击 A-SW-1→【数据抓包】→选择【GE 0/0/1】，在 Wireshark 的过滤表达式框中输入过滤条件。此处在表达式框中输入"icmp"，仅显示 ICMP 协议报文。

（2）执行通信操作。在 A-C-1 的命令行中执行命令"ping 192.168.68.10"，即 A-C-1 访问 B-C-1。

（3）查看并分析②处抓取的报文。可以看到，在②处抓取到了 ping 命令所产生的 ICMP 协议报文，如图 1-5-5 所示。查看图中的第 4 号报文，可以看到该报文的首部添加了 IEEE 802.1Q 的标记，VLAN ID 是 21。

项目一

| 文件(F) | 编辑(E) | 视图(V) | 跳转(G) | 捕获(C) | 分析(A) | 统计(S) | 电话(Y) | 无线(W) | 工具(T) | 帮助(H) |

```
icmp
```

| No. | Time | Source | Destination | Protocol | Length | Info |
|-----|------|--------|-------------|----------|--------|------|
| → 4 | 4.313000 | 192.168.64.10 | 192.168.68.10 | ICMP | 78 | Echo (ping) req |
| ← 5 | 4.406000 | 192.168.68.10 | 192.168.64.10 | ICMP | 78 | Echo (ping) rep |

> Frame 4: 78 bytes on wire (624 bits), 78 bytes captured (624 bits) on i
> Ethernet II, Src: HuaweiTe_1f:18:05 (54:89:98:1f:18:05), Dst: HuaweiTe_
> 802.1Q Virtual LAN, PRI: 0, DEI: 0, ID: 21
> Internet Protocol Version 4, Src: 192.168.64.10, Dst: 192.168.68.10
> Internet Control Message Protocol

图 1-5-5　在②处抓取到的添加了 802.1Q 标记的 ICMP 报文

> 图 1-5-5 中的 4 号报文，是从 A-C-1（192.168.64.10）发出，进入 A-SW-1 的 1 号接口，被添加上 VLAN21 的标记。该报文从 A-SW-1 的 GE 0/0/1 接口发出，由于 GE 0/0/1 是 Trunk 接口，因此保留了 VLAN21 的标记。

**步骤 4**：完成 DHCP 协议报文的抓取和分析。

（1）启动抓包程序并设置过滤条件。在③处（B-SW-1 的 GE 0/0/2 接口）启动抓包程序。右击 B-SW-1→【数据抓包】→选择【GE 0/0/2】，在 Wireshark 的过滤表达式框中输入过滤条件。此处在表达式框中输入"bootp"，仅显示 DHCP 协议报文

（2）将 STA-2 接入无线网络。双击无线移动终端 STA-2，在【Vap 列表】中选择名为 wifi-2.4G

的 SSID，然后单击右侧的【连接】按钮，在弹出的"账户"框中输入该 SSID 的接入密码，此处是"abcd1111"，单击【确定】按钮。此时可以看到提示"正在获取 ip..."，然后显示"已连接"，说明 STA-2 已经接入无线网络。

（3）查看并分析③处抓取的报文。可以看到，在③处抓取到了 STA-2 在接入无线网络时，通过 DHCP 服务获取 IP 地址的报文，包括 Discover 报文、Offer 报文、Request 报文和 ACK 报文，如图 1-5-6 所示。

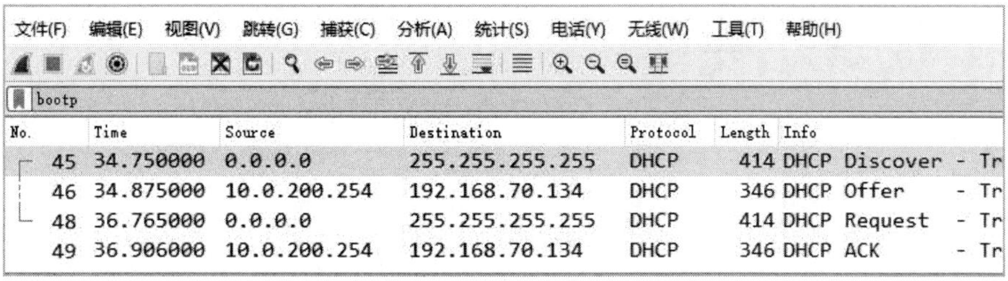

图 1-5-6　在③处抓取到的 DHCP 协议报文

**步骤 5**：完成无线通信报文的抓取和分析。

（1）启动抓包程序并设置过滤条件。在④处启动抓包程序。右击无线终端 STA-2，单击【数据抓包】→【wifi】，在 Wireshark 的过滤表达式框中输入过滤条件。此处在表达式框中输入"icmp"，仅显示 ICMP 协议报文。

（2）执行通信操作。在 STA-1 的命令行中执行命令"ping 172.16.64.10"，即 STA-2 访问 Server-1。

（3）查看并分析④处抓取的报文。查看图 1-5-7 中的 1 号报文，它是从无线终端 STA-2 发出的报文。在图中的下半部分，可以看到 IEEE 802.11 Data 的详细内容。

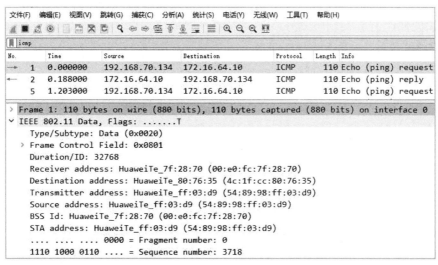

图 1-5-7　在④处抓取到的无线通信报文

# 项目二
## 接入互联网

### ● 项目介绍

在项目一中，已经完成了园区网的建设，但是目前只能实现园区网内部的通信。如何将园区网接入互联网，实现园区网内部主机访问互联网资源呢？本项目介绍了 NAT（网络地址转换）的应用，并基于项目一中所建成的园区网，实现双链路 NAT 接入互联网。

### ● 项目目的

- 理解接入互联网的基本概念。
- 了解接入互联网的方法。
- 掌握 NAT 的基本工作原理。
- 掌握在华为路由器上配置 NAT 服务的方法。
- 掌握园区网接入互联网的方法。

### ● 项目讲堂

1. 基本概念

1.1　互连网与互联网

互连网（以小写字母 i 开始的 internet）是一个通用名词，它泛指由多个计算机网络互连而成的计算机网络。在这些网络之间的通信协议可以任意选择。

互联网（以大写字母 I 开始的 Internet）是一个专用名词，它指当前全球最大的、开放的、由众多网络互相连接而成的特定互连网，它采用 TCP/IP 协议族作为通信规则，且其前身是美国的 ARPANET。

## 1.2　接入

此处的"接入"是指用户计算机通过本地网络连入上级网络并实现通信的过程及相关技术。

## 1.3　接入互联网

接入互联网是指用户计算机通过本地网络连入上级网络，进而通过上级网络连入互联网，从而访问互联网所提供的各类服务与信息资源的过程及相关技术。

此处所谓的"上级网络"，通常指互联网服务提供商（Internet Service Provider，ISP）所建设的公共网络。ISP 的网络是用户访问互联网的入口点，是用户和互联网之间的桥梁，它位于互联网的边缘，用户首先通过某种通信方式（即接入技术）连接到 ISP 的网络，然后借助 ISP 网络与互联网的连接通道接入互联网，如图 2-0-1 所示。因此，通常把 ISP 的网络称为接入网络，申请互联网接入服务的单位或用户称为接入用户。

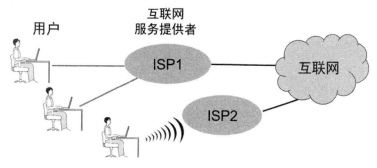

图 2-0-1　用户通过 ISP 接入互联网

## 2.　ISP

## 2.1　认识 ISP

互联网服务提供商（Internet Service Provider，ISP），指的是面向公众提供下列信息服务的经营者：一是接入服务，即帮助用户接入 Internet；二是导航服务，即帮助用户在 Internet 上找到所需要的信息；三是信息服务，即建立数据服务系统，收集、加工、存储信息，定期维护更新，并通过网络向用户提供信息内容服务。

ISP 可以从互联网管理机构申请到的很多 IP 地址，同时拥有通信线路（大的 ISP 自己建造通信线路，小的 ISP 则向电信公司租用通信线路）和路由器等连网设备。因此，任何机构或个人，只要向某个 ISP 交纳规定的费用，就可以从该 ISP 获得 IP 地址的使用权，并可通过该 ISP 接入到互联网。IP 地址的管理机构不会把一个单个的 IP 地址分配给单个用户，而是把一批 IP 地址有偿分配给经审查合格的 ISP。形象地说，就是只"批发"IP 地址，不"零售"。由此可见，现在的互联网已不是某个单个组织所拥有，而是全世界无数个大大小小的 ISP 所共同拥有的。

根据提供服务的覆盖面积大小以及所拥有的 IP 地址数目的不同，ISP 也分为不同层次，包括主干 ISP、地区 ISP 和本地 ISP。

主干 ISP 由几个专门的公司创建和维持，服务面积最大（一般都能够覆盖国家范围），并且还拥有高速主干网（例如 10 Gb/s 或更高）。

地区 ISP 是一些较小的 ISP。这些地区 ISP 通过一个或多个主干 ISP 连接起来。它们位于等级中的第二层，数据率也低一些。

本地 ISP 给用户提供直接的服务。绝大多数的用户都是连接到本地 ISP 的。本地 ISP 可以是一个仅仅提供因特网服务的公司，也可以是一个拥有网络并向自己的雇员提供服务的企业，或者是一个运行自己的网络的非营利机构（如学院或大学）。

### 2.2 中国的主干 ISP

1994 年 4 月，我国用 64kbit/s 专线正式连入互联网。到目前为止，我国陆续建造了基于互联网技术的并能够和互联网互连的多个全国范围的公用计算机网络，其中规模最大的就是下面这五个：

（1）中国电信互联网 CHINANET（也就是原来的中国公用计算机互联网）。

（2）中国联通互联网 UNINET。

（3）中国移动互联网 CMNET。

（4）中国教育和科研计算机网 CERNET。

（5）中国科学技术网 CSTNET。

国内用户通常通过接入这些主干 ISP（或它们的下属机构）网络，进一步接入互联网。

### 3. 接入互联网的方法

由于用户是先接入 ISP 网络，然后通过 ISP 网络接入互联网的，因此此处所谓的接入互联网的方法，实际上指的是用户接入 ISP 网络的方法。

### 3.1 通过公共交换电话网接入互联网

所谓通过公共交换电话网（Public Switched Telephone Network，PSTN）接入互联网，是指用户计算机使用调制解调器通过普通电话与互联网服务提供商（ISP）相连接，再通过 ISP 接入互联网。用户的计算机与 ISP 的远程接入服务器（Remote Access Server，RAS）均通过调制解调器与互联网相连。用户在访问互联网时通过拨号方式与 ISP 的 RAS 建立连接，通过 ISP 的路由器访问互联网。

### 3.2 通过综合业务数字网接入互联网

综合业务数字网（Integrated Services Digital Network，ISDN）俗称"一线通"，它是在传统电话网的基础上发展起来的，其目标是在传统的电话网上开展数据、多媒体通信等增值服务。用户通过 ISDN 网络既能进行数据传输和图像传输，又能进行语音传送。

### 3.3 通过非对称数字用户线接入互联网

非对称数字用户线（Asymmetric Digital Subscriber Line，ADSL）是 xDSL 家族中的一员，使用普通电话线作为传输介质。考虑到用户访问 Internet 时，主要是获取信息服务，而上传信息相对较少。ADSL 技术在这种交互式通信中，它的下行线路可提供比上行线路更高的带宽，即上、下行带宽不相等，这也就是 ADSL 为什么叫非对称数字用户线的原因。同时，ADSL 采用频分复用技术，可将电话语音和数据流一起传输，用户只需加装一个 ADSL 用户端设备，通过分流器（语音与数据分离器）与电话并联，便可在一条普通电话线上同时通话和上网且两者互不干扰。

### 3.4　局域网以路由方式接入互联网

所谓通过局域网接入互联网是指用户首先接入局域网，局域网通过路由器与 ISP 的接入网络连接，然后再通过 ISP 网络接入互联网。例如，某大学的校园网（局域网），通过边界路由器，接入到中国教育和科研计算机网络（CERNET），进而接入互联网，如图 2-0-2 所示。

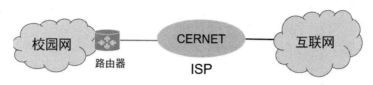

图 2-0-2　校园网（局域网）通过路由器接入互联网

### 3.5　局域网以 NAT 方式接入互联网

#### 3.5.1　认识 NAT

网络地址转换（Network Address Translation，NAT）是将 IP 数据报文首部中的 IP 地址转换为另一个 IP 地址的过程。

随着 Internet 的发展和网络应用的增多，IPv4 地址枯竭已成为制约网络发展的瓶颈。尽管 IPv6 可以从根本上解决 IPv4 地址空间不足问题，但目前众多网络设备和网络应用大多是基于 IPv4 的。因此在 IPv6 广泛应用之前，一些过渡技术（如 CIDR、私有 IP 地址等）的使用是解决这个问题最主要的技术手段。

为了节约公有 IP 地址，园区网内部通常使用私有 IP 地址配置用户主机。但是由于互联网上的路由器不转发目的 IP 地址是私有 IP 地址的数据包，因此配置私有 IP 地址的园区网主机是不能直接访问互联网的。解决这一问题的方法就是使用 NAT。

#### 3.5.2　NAT 类型与应用

（1）源 NAT。源 NAT 是指对报文中的源地址进行转换。通过源 NAT 技术将私网 IP 地址转换成公网 IP 地址，使私网用户可以利用公网地址访问 Internet 资源。例如，当内网中的主机访问互联网上的 Web Server 时，内网的边界防火墙（配置 NAT）的处理过程如下：

1）当私网地址用户访问 Internet 的报文到达防火墙时，防火墙将报文的源 IP 地址由私网地址转换为公网地址。

2）当回程报文返回至防火墙时，防火墙再将报文的目的地址由公网地址转换为私网地址。

根据转换源地址时是否同时转换端口，源 NAT 分为仅源地址转换的 NAT，源地址和源端口同时转换的 NAT（例如 NAPT、Easy IP 等）。

本项目中采用源 NAT 中的 Easy IP 方式进行源地址转换。Easy IP 是一种利用出接口的公网 IP 地址作为 NAT 转后的地址，同时转换地址和端口的地址转换方式。

对于接口 IP 是动态获取的场景，Easy IP 也一样支持。当防火墙的公网接口通过拨号方式动态获取公网地址时，如果只想使用这一个公网 IP 地址进行地址转换，此时不能在 NAT 地址池中配置固定的地址，因为公网 IP 地址是动态变化的。此时，可以使用 Easy IP 方式，即使出接口上获取的公网 IP 地址发生变化，防火墙也会按照新的公网 IP 地址来进行地址转换。

（2）目的 NAT。通常情况下，出于安全的考虑，不允许外部网络主动访问内部网络。但是在某些情况下，还是希望能够为外部网络访问内部网络提供一种途径。例如，公司需要将内部网络中的资源提供给外部网络中的客户和出差员工访问。

目的 NAT 是指对报文中的目的地址和端口进行转换。当外网用户访问内部服务器时，防火墙（配置 NAT）的处理过程如下：

1）当外网用户访问内网服务器的报文到达防火墙时，防火墙将报文的目的 IP 地址由公网地址转换为私网地址。

2）当回程报文返回至防火墙时，防火墙再将报文的源地址由私网地址转换为公网地址。

根据转换后的目的地址是否固定，目的 NAT 分为静态目的 NAT 和动态目的 NAT。静态目的 NAT 在进行地址转换时，转换前后的地址存在一种固定的映射关系，即公网地址与私网地址一对一进行映射。动态目的 NAT 是一种动态转换报文目的 IP 地址的方式，转换前后的地址不存在一种固定的映射关系。

（3）双向 NAT。双向 NAT 指的是在转换过程中同时转换报文的源信息和目的信息。双向 NAT 不是一个单独的功能，而是源 NAT 和目的 NAT 的组合。双向 NAT 是针对同一条数据流，在其经过防火墙时同时转换报文的源地址和目的地址。双向 NAT 主要应用在以下两个场景。

1）外网用户访问内部服务器：当外部网络中的用户访问内部服务器时，使用该双向 NAT 功能同时转换该报文的源和目的地址可以避免在内部服务器上设置网关，简化配置。

2）私网用户访问内部服务器：私网用户与内部服务器在同一安全区域同一网段时，私网用户希望像外网用户一样，通过公网地址来访问内部服务器的场景。

# 任务一　在路由器上实现 NAT 服务

## 【任务介绍】

为了节约 IP 地址资源，园区网内的用户通常配置的是私有 IP 地址，但由于互联网上的路由器并不转发目的 IP 是私有地址的数据包，因此具有私有 IP 地址的计算机是无法直接访问互联网的。为解决这一问题，通常在园区网的边界设备（例如路由器）上配置 NAT（网络地址转换）服务，实现私有 IP 地址与公有 IP 地址的转换，从而使得配置私有 IP 地址的园区网内部主机可以访问互联网。

NAT 的主要功能是实现内网和外网之间的 IP 地址转换。本任务在 eNSP 中构建两个网络，分别用来表示内部网和外部网。在内部网边界路由器上配置 NAT 服务，使得内部网中配置私有 IP 地址的主机可以通过 NAT 访问外部网中的主机。

## 【任务目标】

1. 完成路由器上 NAT 服务的配置。
2. 实现内部网主机通过 NAT 访问外部网中的主机。

## 【拓扑规划】

1. 网络拓扑

任务一的网络拓扑如图 2-1-1 所示。

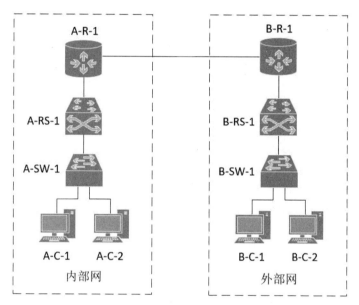

图 2-1-1　任务一的网络拓扑

2. 拓扑说明

网络拓扑说明见表 2-1-1。

表 2-1-1　网络拓扑说明

| 序号 | 设备名称 | 设备类型 | 设备型号 | 备注 |
|---|---|---|---|---|
| 1 | A-R-1、B-R-1 | 路由器 | AR2220 | 作为边界路由器 |
| 2 | A-RS-1、B-RS-1 | 交换机 | S5700 | 作为三层汇聚交换机 |
| 3 | A-SW-1、B-SW-1 | 交换机 | S3700 | 作为二层接入交换机 |
| 4 | A-C-1、A-C-2 | 计算机 | PC | 内部网用户主机 |
| 5 | B-C-1、B-C-2 | 计算机 | PC | 外部网用户主机 |

【网络规划】

1. 交换机接口与 VLAN

交换机接口与 VLAN 规划见表 2-1-2。

表 2-1-2　交换机接口与 VLAN 规划

| 序号 | 交换机 | 接口名称 | VLAN ID | 接口类型 |
|------|--------|----------|---------|----------|
| 1 | A-SW-1 | Ethernet 0/0/1 | 11 | Access |
| 2 | A-SW-1 | Ethernet 0/0/2 | 12 | Access |
| 3 | A-SW-1 | GE 0/0/1 | 11、12 | Trunk |
| 4 | B-SW-1 | Ethernet 0/0/1 | 11 | Access |
| 5 | B-SW-1 | Ethernet 0/0/2 | 12 | Access |
| 6 | B-SW-1 | GE 0/0/1 | 11、12 | Trunk |
| 7 | A-RS-1 | GE 0/0/1 | 11、12 | Trunk |
| 8 | A-RS-1 | GE 0/0/24 | 100 | Access |
| 9 | B-RS-1 | GE 0/0/1 | 11、12 | Trunk |
| 10 | B-RS-1 | GE 0/0/24 | 100 | Access |

2. 主机 IP 地址

主机 IP 地址规划见表 2-1-3。

表 2-1-3　主机 IP 地址规划

| 序号 | 设备名称 | IP 地址/子网掩码 | 默认网关 | 备注 |
|------|----------|------------------|----------|------|
| 1 | A-C-1 | 192.168.64.10 /24 | 192.168.64.254 | 内部网用户，使用私有 IP 地址 |
| 2 | A-C-2 | 192.168.65.10 /24 | 192.168.65.254 | 内部网用户，使用私有 IP 地址 |
| 3 | B-C-1 | 33.33.33.10 /24 | 33.33.33.254 | 外部网用户，使用公有 IP 地址 |
| 4 | B-C-2 | 44.44.44.10 /24 | 44.44.44.254 | 外部网用户，使用公有 IP 地址 |

此处的内部网使用私有 IP 地址，外部网使用公有 IP 地址，从而模拟园区网（配置私有 IP 地址）接入互联网（配置共有 IP 地址）的情况。

3. 路由接口 IP 地址

路由接口 IP 地址规划见表 2-1-4。

表 2-1-4    路由接口 IP 地址规划

| 序号 | 设备名称 | 接口名称 | 接口地址 | 备注 |
|---|---|---|---|---|
| 1 | A-RS-1 | Vlanif100 | 10.0.0.2 /30 | 与内部网路由器 A-R-1 通信的虚拟接口 |
| 2 | A-RS-1 | Vlanif11 | 192.168.64.254 /24 | 作为内部网用户 VLAN11 的默认网关 |
| 3 | A-RS-1 | Vlanif12 | 192.168.65.254 /24 | 作为内部网用户 VLAN12 的默认网关 |
| 4 | B-RS-1 | Vlanif100 | 22.22.22.2 /30 | 与内部网路由器 A-R-1 通信的虚拟接口 |
| 5 | B-RS-1 | Vlanif11 | 33.33.33.254 /24 | 作为外部网用户 VLAN11 的默认网关 |
| 6 | B-RS-1 | Vlanif12 | 44.44.44.254 /24 | 作为外部网用户 VLAN12 的默认网关 |
| 7 | A-R-1 | GE 0/0/0 | 11.11.11.1 /24 | 公有 IP 地址，用于与外部网的连接 |
| 8 | A-R-1 | GE 0/0/1 | 10.0.0.1 /30 | 私有 IP 地址，用于与内部网的连接 |
| 9 | B-R-1 | GE 0/0/0 | 11.11.11.2 /24 | 公有 IP 地址，作为内部网路由器的下一跳 |
| 10 | B-R-1 | GE 0/0/1 | 22.22.22.1 /24 | 公有 IP 地址，用于与外部网的连接 |

本任务中，内部网边界路由器 A-R-1 的 GE 0/0/0 接口连接外部网，并且配置公有 IP 地址（11.11.11.1），A-R-1 的 GE 0/0/1 接口连接内部网，并且配置私有 IP 地址（10.0.0.1）。在 A-R-1 上配置 NAT，使得内部网中各主机在访问外部网时，NAT 服务会将报文的源 IP 地址（私有 IP 地址）转换成 A-R-1 的 GE 0/0/0 接口的公有 IP 地址（即 11.11.11.1/24）发送出去，从而使得该报文能够被外部网上的路由器转发。

4．路由规划

路由规划见表 2-1-5。

表 2-1-5    路由规划

| 序号 | 路由设备 | 目的网络 | 下一跳地址 | 备注 |
|---|---|---|---|---|
| 1 | A-RS-1 | 内部网 | 配置 OSPF | 实现内部网内部的通信 |
| 2 | A-R-1 | 内部网 | 配置 OSPF | 实现内部网内部的通信 |
| 3 | A-R-1 | 0.0.0.0 /0 | 11.11.11.2 | 所有对外部网的访问，下一跳是外部网路由器 B-R-1 |
| 4 | B-RS-1 | 外部网 | 配置 OSPF | 实现外部网中各设备的通信 |
| 5 | B-R-1 | 外部网 | 配置 OSPF | 实现外部网中各设备的通信 |

 注意

此处设计的内部网和外部网，相互之间并不知道对方内部的拓扑结构（即路由信息），因此内部网边界路由器 A-R-1 只需要知道发往外部网的报文下一跳去往何处即可，所以在 A-R-1 上配置一条默认路由，下一跳地址是 11.11.11.2。

由于外部网路由器 B-R-1 不可能（也不应该）知道内部网内部的网络拓扑结构，即外部网路由器没有到达内部网内部各网络（段）的路由信息。但是，外部网路由器必须具有到达内部网边界路由器 A-R-1 的外部网接口（即 GE 0/0/0）所在网络的路由信息（用于内部网用户访问外部网的返回报文），即外部网路由器必须知道前往 11.11.11.0/24 网络该怎么走。

5. OSPF 的区域规划

本任务中内部网和外部网的 OSPF 区域规划如图 2-1-2 所示。

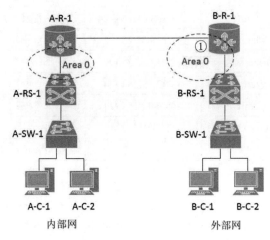

图 2-1-2　OSPF 的区域规划

> 　　由于内部网边界路由器 A-R-1 不需要知道外部网的拓扑结构（只需要知道下一跳即可），并且 A-R-1 也不能将内部网内部使用私有 IP 地址的网络信息发送到外部网上，所以 A-R-1 和 B-R-1 之间不能使用 OSPF。但是，为了让外部网上的路由器知道前往 11.11.11.0/24 网络（即 A-R-1 的外部网接口所在网络）该怎么走，B-R-1 在宣告自身网络时，要宣告①处接口所在网络信息。此处内部网和外部网中的 OSPF 区域都可以是 Area 0，相互没有影响。

注意

6. NAT 方式规划

NAT 是将 IP 数据报文首部的 IP 地址转换为另一个 IP 地址的过程，主要用于实现内部网络（私有 IP 地址）访问外部网络（通常是公有 IP 地址）的功能。NAT 可以实现一对一的 IP 地址转换方式，也可以实现多个私有 IP 地址映射到同一个公有 IP 地址上。

NAPT（Network Address Port Translation）属于多对一的地址转换，它通过使用"IP 地址+端口号"的形式进行转换，使多个私网用户可共用一个公网 IP 地址访问外网。

本任务采用 NAPT 方式进行地址转换，即内部网主机共用边界路由器 A-R-1 的 GE 0/0/0 接口（与外部网连接的接口）的 IP 地址（11.11.11.1/24）访问外部网。

【操作步骤】

**步骤 1**：在 eNSP 中部署网络。

启动 eNSP，根据本任务的【拓扑规划】添加网络设备并连线，启动全部设备。

本任务在 eNSP 中的拓扑图如图 2-1-3 所示。

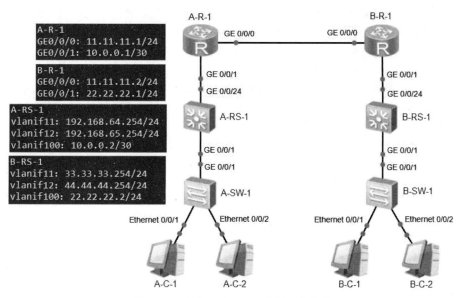

A-R-1
GE0/0/0: 11.11.11.1/24
GE0/0/1: 10.0.0.1/30

B-R-1
GE0/0/0: 11.11.11.2/24
GE0/0/1: 22.22.22.1/24

A-RS-1
vlanif11: 192.168.64.254/24
vlanif12: 192.168.65.254/24
vlanif100: 10.0.0.2/30

B-RS-1
vlanif11: 33.33.33.254/24
vlanif12: 44.44.44.254/24
vlanif100: 22.22.22.2/24

图 2-1-3　任务一在 eNSP 中的网络拓扑

**步骤 2**：配置内部网。

对内部网中的主机、交换机和路由器进行配置，实现内部网内部的通信。

（1）配置用户主机地址参数。根据【网络规划】，给用户主机 A-C-1、A-C-2 配置 IP 地址等信息。

（2）配置 A-SW-1。

```
//进入系统视图，关闭信息中心，修改设备名称
<Huawei>system-view
Enter system view, return user view with Ctrl+Z.
[Huawei]undo info-center enable
Info: Information center is disabled.
[Huawei]sysname A-SW-1

//创建内部网用户所在的 VLAN11、VLAN12，并添加相应的接口
[A-SW-1]vlan batch 11 12
Info: This operation may take a few seconds. Please wait for a moment...done.
[A-SW-1]interface Ethernet0/0/1
[A-SW-1-Ethernet0/0/1]port link-type access
[A-SW-1-Ethernet0/0/1]port default vlan 11
[A-SW-1-Ethernet0/0/1]quit
[A-SW-1]interface Ethernet0/0/2
[A-SW-1-Ethernet0/0/2]port link-type access
[A-SW-1-Ethernet0/0/2]port default vlan 12
[A-SW-1-Ethernet0/0/2]quit
```

//将连接三层交换机 A-RS-1 的接口 GE0/0/1 设置成 Trunk 类型
[A-SW-1]interface GigabitEthernet 0/0/1
[A-SW-1-GigabitEthernet0/0/1]port link-type trunk
[A-SW-1-GigabitEthernet0/0/1]port trunk allow-pass vlan 11 12
[A-SW-1-GigabitEthernet0/0/1]quit
[A-SW-1]quit
<A-SW-1>save

（3）配置 A-RS-1。

//进入系统视图，关闭信息中心，修改设备名称
<Huawei>system-view
Enter system view, return user view with Ctrl+Z.
[Huawei]undo info-center enable
Info: Information center is disabled.
[Huawei]sysname A-RS-1

//配置与路由器 A-R-1 相连的三层虚拟接口，包括创建 VLAN、配置 SVI 地址、添加接口
[A-RS-1]vlan 100
[A-RS-1-vlan100]quit
[A-RS-1]interface vlanif 100
[A-RS-1-Vlanif100]ip address 10.0.0.2 30
[A-RS-1-Vlanif100]quit
[A-RS-1]interface GigabitEthernet 0/0/24
[A-RS-1-GigabitEthernet0/0/24]port link-type access
[A-RS-1-GigabitEthernet0/0/24]port default vlan 100
[A-RS-1-GigabitEthernet0/0/24]quit

//配置内部网用户所在的 VLAN11、VLAN12 的默认网关接口
[A-RS-1]vlan batch 11 12
Info: This operation may take a few seconds. Please wait for a moment...done.
[A-RS-1]interface vlanif 11
[A-RS-1-Vlanif11]ip address 192.168.64.254 24
[A-RS-1-Vlanif11]quit
[A-RS-1]interface vlanif 12
[A-RS-1-Vlanif12]ip address 192.168.65.254 24
[A-RS-1-Vlanif12]quit

//将连接交换机 A-SW-1 的接口配置成 Trunk 类型
[A-RS-1]interface GigabitEthernet 0/0/1
[A-RS-1-GigabitEthernet0/0/1]port link-type trunk
[A-RS-1-GigabitEthernet0/0/1]port trunk allow-pass vlan 11 12
[A-RS-1-GigabitEthernet0/0/1]quit

项目二

//配置 OSPF 协议
[A-RS-1]ospf 1
[A-RS-1-ospf-1]area 0
[A-RS-1-ospf-1-area-0.0.0.0]network 192.168.64.0 0.0.0.255
[A-RS-1-ospf-1-area-0.0.0.0]network 192.168.65.0 0.0.0.255
[A-RS-1-ospf-1-area-0.0.0.0]network 10.0.0.0 0.0.0.3
[A-RS-1-ospf-1-area-0.0.0.0]quit
[A-RS-1-ospf-1]quit
[A-RS-1]quit
<A-RS-1>save

（4）配置路由器 A-R-1。

//进入系统视图，关闭信息中心，修改设备名称
<Huawei>system-view
Enter system view, return user view with Ctrl+Z.
[Huawei]undo info-center enable
Info: Information center is disabled.
[Huawei]sysname A-R-1

//配置与外部网相连的接口的 IP 地址
[A-R-1]interface GigabitEthernet 0/0/0
[A-R-1-GigabitEthernet0/0/0]ip address 11.11.11.1 24
[A-R-1-GigabitEthernet0/0/0]quit
//配置与内部网内部相连的接口的 IP 地址
[A-R-1]interface GigabitEthernet 0/0/1
[A-R-1-GigabitEthernet0/0/1]ip address 10.0.0.1 30
[A-R-1-GigabitEthernet0/0/1]quit

//配置默认路由，此处用于对外部网的访问，其下一跳为外部网上的路由器 B-R-1。
[A-R-1] ip route-static 0.0.0.0 0.0.0.0 11.11.11.2

//创建 OSPF 进程 1
[A-R-1]ospf 1
//引入默认路由，并发布到整个普通 OSPF 区域
[A-R-1-ospf-1]default-route-advertise always
//在 OSPF 进程 1 中创建区域 0，并宣告直连网段
[A-R-1-ospf-1]area 0
[A-R-1-ospf-1-area-0.0.0.0]network 10.0.0.0 0.0.0.3
[A-R-1-ospf-1-area-0.0.0.0]quit
[A-R-1-ospf-1]quit
[A-R-1]quit
<A-R-1>save

此处配置 OSPF 时不需要宣告 11.11.11.0 网段，因为内部网用户不能直接访问外部网。

**提醒**

default-route-advertise 命令用来将缺省路由通告到普通 OSPF 区域中，这样内部网中的其他路由器也会学习到该默认路由，并自动修改下一跳地址。例如图 2-1-4 显示了此时三层交换机 A-RS-1 的路由表，其第 1 条记录中的 O_ASE 表示本记录是通过 OSPF 引入的外部路由协议的路由信息。

undo default-route-advertise 命令用来取消通告缺省路由到普通 OSPF 区域。

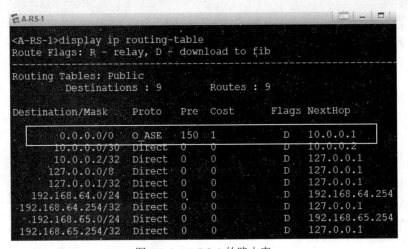

```
<A-RS-1>display ip routing-table
Route Flags: R - relay, D - download to fib

Routing Tables: Public
        Destinations : 9        Routes : 9

Destination/Mask    Proto   Pre  Cost     Flags NextHop

       0.0.0.0/0    O_ASE   150  1            D   10.0.0.1
      10.0.0.0/30   Direct  0    0            D   10.0.0.2
      10.0.0.2/32   Direct  0    0            D   127.0.0.1
     127.0.0.0/8    Direct  0    0            D   127.0.0.1
     127.0.0.1/32   Direct  0    0            D   127.0.0.1
   192.168.64.0/24  Direct  0    0            D   192.168.64.254
  192.168.64.254/32 Direct  0    0            D   127.0.0.1
   192.168.65.0/24  Direct  0    0            D   192.168.65.254
  192.168.65.254/32 Direct  0    0            D   127.0.0.1
```

图 2-1-4　A-RS-1 的路由表

**步骤 3：配置外部网。**

对外部网中的主机、交换机和路由器进行配置，实现外部网中各设备的通信。

（1）配置用户主机地址参数。根据【网络规划】，给外部网用户主机 B-C-1、B-C-2 配置 IP 地址等信息。

（2）配置 B-SW-1。

```
<Huawei>system-view
Enter system view, return user view with Ctrl+Z.
[Huawei]undo info-center enable
Info: Information center is disabled.
[Huawei]sysname B-SW-1

//创建外部网用户所在的 VLAN11、VLAN12，并添加相应的接口
[B-SW-1]vlan batch 11 12
Info: This operation may take a few seconds. Please wait for a moment...done.
[B-SW-1]interface Ethernet0/0/1
[B-SW-1-Ethernet0/0/1]port link-type access
```

[B-SW-1-Ethernet0/0/1]port default vlan 11
[B-SW-1-Ethernet0/0/1]quit
[B-SW-1]interface Ethernet0/0/2
[B-SW-1-Ethernet0/0/2]port link-type access
[B-SW-1-Ethernet0/0/2]port default vlan 12
[B-SW-1-Ethernet0/0/2]quit

//将连接三层交换机 B-RS-1 的接口 GE0/0/1 设置成 Trunk 类型，并允许用户 VLAN 的数据帧通过
[B-SW-1]interface GigabitEthernet 0/0/1
[B-SW-1-GigabitEthernet0/0/1]port link-type trunk
[B-SW-1-GigabitEthernet0/0/1]port trunk allow-pass vlan 11 12
[B-SW-1-GigabitEthernet0/0/1]quit
[B-SW-1]quit
<B-SW-1>save

（3）配置 B-RS-1。

//进入系统视图，关闭信息中心，修改设备名称
<Huawei>system-view
Enter system view, return user view with Ctrl+Z.
[Huawei]undo info-center enable
Info: Information center is disabled.
[Huawei]sysname B-RS-1

//配置与路由器 B-R-1 相连的三层虚拟接口，包括创建 VLAN、配置 SVI 地址、添加接口
[B-RS-1]vlan 100
[B-RS-1-vlan100]quit
[B-RS-1]interface vlanif 100
[B-RS-1-Vlanif100]ip address 22.22.22.2 24
[B-RS-1-Vlanif100]quit
[B-RS-1]interface GigabitEthernet 0/0/24
[B-RS-1-GigabitEthernet0/0/24]port link-type access
[B-RS-1-GigabitEthernet0/0/24]port default vlan 100
[B-RS-1-GigabitEthernet0/0/24]quit

//配置外部网用户所在的 VLAN11、VLAN12 的默认网关接口
[B-RS-1]vlan batch 11 12
Info: This operation may take a few seconds. Please wait for a moment...done.
[B-RS-1]interface vlanif 11
[B-RS-1-Vlanif11]ip address 33.33.33.254 24
[B-RS-1-Vlanif11]quit
[B-RS-1]interface vlanif 12
[B-RS-1-Vlanif12]ip address 44.44.44.254 24
[B-RS-1-Vlanif12]quit

//将连接交换机 B-SW-1 的接口配置成 Trunk 类型
[B-RS-1]interface GigabitEthernet 0/0/1
[B-RS-1-GigabitEthernet0/0/1]port link-type trunk
[B-RS-1-GigabitEthernet0/0/1]port trunk allow-pass vlan 11 12
[B-RS-1-GigabitEthernet0/0/1]quit

//配置 OSPF 协议，其目的是实现外部网内部主机之间的通信
[B-RS-1]ospf 1
[B-RS-1-ospf-1]area 0
[B-RS-1-ospf-1-area-0.0.0.0]network 22.22.22.0 0.0.0.255
[B-RS-1-ospf-1-area-0.0.0.0]network 33.33.33.0 0.0.0.255
[B-RS-1-ospf-1-area-0.0.0.0]network 44.44.44.0 0.0.0.255
[B-RS-1-ospf-1-area-0.0.0.0]quit
[B-RS-1-ospf-1]quit
[B-RS-1]quit
<B-RS-1>save

（4）配置路由器 B-R-1。

//进入系统视图，关闭信息中心，修改设备名称
<Huawei>system-view
Enter system view, return user view with Ctrl+Z.
[Huawei]undo info-center enable
Info: Information center is disabled.
[Huawei]sysname B-R-1

//配置路由器各接口的 IP 地址
[B-R-1]interface GigabitEthernet 0/0/0
[B-R-1-GigabitEthernet0/0/0]ip address 11.11.11.2 24
[B-R-1-GigabitEthernet0/0/0]quit
[B-R-1]interface GigabitEthernet 0/0/1
[B-R-1-GigabitEthernet0/0/1]ip address 22.22.22.1 24
[B-R-1-GigabitEthernet0/0/1]quit

//配置 OSPF 协议
[B-R-1]ospf 1
[B-R-1-ospf-1]area 0
[B-R-1-ospf-1-area-0.0.0.0]network 11.11.11.0 0.0.0.255
[B-R-1-ospf-1-area-0.0.0.0]network 22.22.22.0 0.0.0.255
[B-R-1-ospf-1-area-0.0.0.0]quit
[B-R-1-ospf-1]quit
[B-R-1]quit
<B-R-1>save

步骤 4：配置 NAT 之前的通信测试。

在当前状态下（尚未配置 NAT），使用 Ping 命令测试内部网和外部网的通信情况，测试结果见表 2-1-6。

表 2-1-6　配置 NAT 之前内部网和外部网的通信情况

| 序号 | 源设备 | 目的设备 | 通信结果 |
|---|---|---|---|
| 1 | A-C-1 | A-C-2 | 通 |
| 2 | B-C-1 | B-C-2 | 通 |
| 3 | A-C-1 | B-C-1 | 不通 |
| 4 | B-C-1 | A-C-1 | 不通 |

从测试结果可以看出，内部网内部各主机间可以相互通信，外部网内部各主机间可以相互通信。

此时内部网主机还无法正常访问外部网主机。以 A-C-1（192.168.64.10）访问 B-C-1（33.33.33.10）为例，从 A-C-1 发出的报文（其目的 IP 是 33.33.33.10）虽然能够到达内部网的边界路由器 A-R-1，并根据 A-R-1 上的默认路由传送到下一跳外部网路由器 B-R-1，然后被路由到目的主机 B-C-1（注意，路由器是依据报文中的目的 IP 地址进行转发），但是，由于外部网路由器不能转发目的 IP 地址是私有 IP 地址的报文，因此从 B-C-1 返回的报文（其目的 IP 地址变为 192.168.64.10）无法正确返回 A-C-1，访问失败。

此时外部网主机无法正常访问内部网内部主机，其原因也是由于外部网路由器不能转发目的 IP 是私有 IP 地址的报文。

步骤 5：在 A-R-1 上配置 NAT。

在内部网的边界路由器 A-R-1 配置 NAT，使得内部网用户可以通过 NAT 访问外部网。

```
<A-R-1>system
Enter system view, return user view with Ctrl+Z.
//创建访问控制规则，其编号是 2000，进入 ACL 视图
[A-R-1]acl 2000
//创建规则，该规则仅允许（permit）来自 192.168.64.0/23 地址段的用户使用 NAT 服务
[A-R-1-acl-basic-2000]rule permit source 192.168.64.0 0.0.1.255
[A-R-1-acl-basic-2000]quit
//在边界路由器连接外部网的接口上配置 NAT，使得符合 ACL 2000 规则的报文被进行地址转换
[A-R-1]interface GigabitEthernet 0/0/0
[A-R-1-GigabitEthernet0/0/0]nat outbound 2000
[A-R-1-GigabitEthernet0/0/0]quit
[A-R-1]quit
<A-R-1>save
```

步骤 6：配置 NAT 之后的通信测试。

在配置完 NAT 以后，使用 Ping 命令测试内部网和外部网的通信情况，结果见表 2-1-7。

表 2-1-7　配置 NAT 之后内部网和外部网的通信情况

| 序号 | 源设备 | 目的设备 | 通信结果 |
|------|--------|----------|----------|
| 1 | A-C-1 | A-C-2 | 通 |
| 2 | B-C-1 | B-C-2 | 通 |
| 3 | A-C-1 | B-C-1 | 通 |
| 4 | B-C-1 | A-C-1 | 不通 |

从测试结果可以看出，此时内部网主机可以正常访问外部网主机。但是，外部网主机仍然无法正常访问内部网内部主机，其原因仍是因为外部网路由器不能转发目的 IP 是私有 IP 地址的报文。

**步骤 7**：抓包分析 NAT 通信的报文。

本任务采用 NAPT 方式（多对一方式）进行地址转换，即内部网主机发往外部网的数据包在经过边界路由器 A-R-1 时，通过 GE 0/0/0 接口（与外部网连接的接口）的 NAT 服务，报文首部中的源 IP 地址（私有 IP 地址）会被转换为 GE 0/0/0 接口的 IP 地址，即公有 IP 地址 11.11.11.1/24，然后访问外部网。外部网主机收到数据包后，会认为该数据包是从 11.11.11.1 发来的，因此会把返回数据包发往 11.11.11.1。当内部网的边界路由器 A-R-1 收到返回数据包时，通过 NAT，又将报文首部中的目的 IP 地址（11.11.11.1）转换为内部网主机的 IP 地址，即变为私有 IP 地址。

下面通过抓包，分析验证上述 NAT 通信过程。

（1）设计抓包位置。分别在①处和②处启动抓包程序，如图 2-1-5 所示。

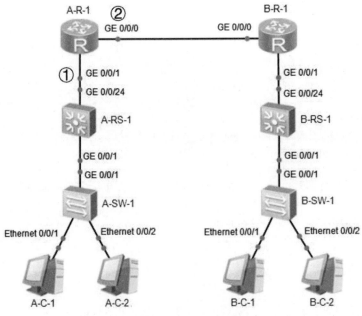

图 2-1-5　设计抓包位置

（2）执行 A-C-1 访问 B-C-1。在内部网主机 A-C-1 上执行命令：ping 33.33.33.10，即访问外部网主机 B-C-1。

（3）查看①处报文。在①处抓取的报文如图 2-1-6 所示，在②处抓取的报文如图 2-1-7 所示。注意，在 Wireshark 的过滤框中输入“icmp”，只显示 ICMP 协议报文。

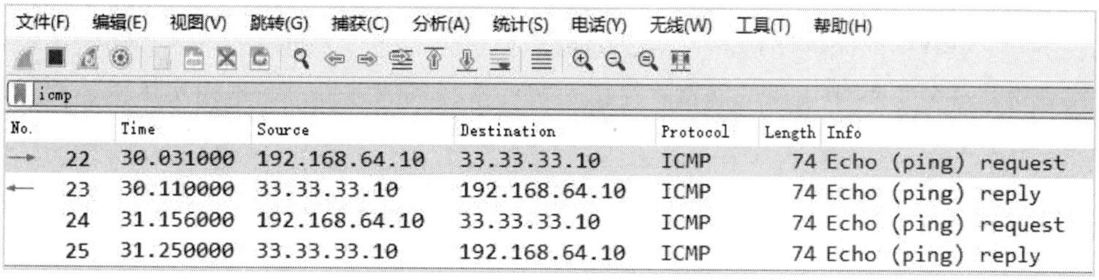


| No. | Time | Source | Destination | Protocol | Length | Info |
|---|---|---|---|---|---|---|
| 22 | 30.031000 | 192.168.64.10 | 33.33.33.10 | ICMP | 74 | Echo (ping) request |
| 23 | 30.110000 | 33.33.33.10 | 192.168.64.10 | ICMP | 74 | Echo (ping) reply |
| 24 | 31.156000 | 192.168.64.10 | 33.33.33.10 | ICMP | 74 | Echo (ping) request |
| 25 | 31.250000 | 33.33.33.10 | 192.168.64.10 | ICMP | 74 | Echo (ping) reply |

图 2-1-6　在①处抓取的 ICMP 报文

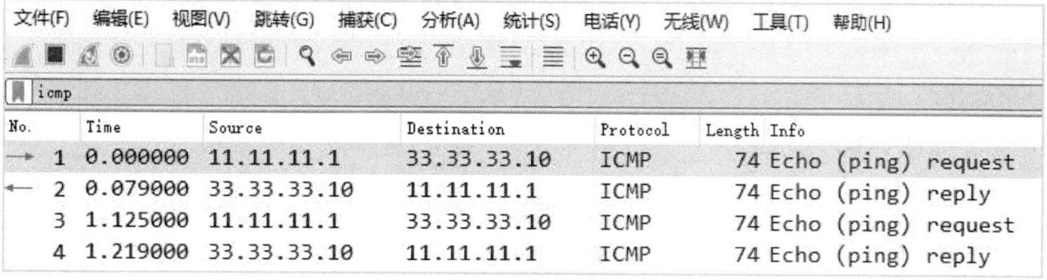


| No. | Time | Source | Destination | Protocol | Length | Info |
|---|---|---|---|---|---|---|
| 1 | 0.000000 | 11.11.11.1 | 33.33.33.10 | ICMP | 74 | Echo (ping) request |
| 2 | 0.079000 | 33.33.33.10 | 11.11.11.1 | ICMP | 74 | Echo (ping) reply |
| 3 | 1.125000 | 11.11.11.1 | 33.33.33.10 | ICMP | 74 | Echo (ping) request |
| 4 | 1.219000 | 33.33.33.10 | 11.11.11.1 | ICMP | 74 | Echo (ping) reply |

图 2-1-7　在②处抓取的 ICMP 报文

（4）分析报文。图 2-1-6 中（即①处）的 22 号报文：这是从 A-C-1（192.168.64.10）发往外部网主机 B-C-1（33.33.33.10）的报文。可以看到在经过 NAT 之前，报文的源 IP 地址是私有 IP 地址 192.168.64.10。

图 2-1-7 中（即②处）的 1 号报文：这是从路由器 A-R-1 的 GE 0/0/0 接口（11.11.11.1）发往外部网主机 B-C-1（33.33.33.10）的报文。可以看到在经过 NAT 之后，从 A-C-1 发出的报文被重新封装，其目的 IP 保持不变，仍然是 33.33.33.10，但是源 IP 地址被转换为公有 IP 地址 11.11.11.1，该地址是内部网边界路由器连接外部网的接口的 IP 地址。

图 2-1-7 中（即②处）的 2 号报文：这是从外部网主机 B-C-1（33.33.33.10）返回内部网主机 A-C-1 的报文。可以看到该报文的目的 IP 地址不是 A-C-1 的私有 IP 地址 192.168.64.10，而是内部网边界路由器连接外部网的接口的 IP 地址，即公有 IP 地址 11.11.11.1，该地址可以被外部网上的路由器转发。

图 2-1-6 中（即①处）的 23 号报文：这是从外部网主机 B-C-1（33.33.33.10）返回内部网主机 A-C-1（192.168.64.10）的报文。可以看到返回的报文在经过 NAT 之后，报文的源 IP 地址不变，而目的 IP 变为 A-C-1 的 IP 地址，即私有 IP 地址 192.168.64.10。

# 任务二    NAT 接入互联网

## 【任务介绍】

本任务在 eNSP 中的园区网边界路由器上配置 NAT，并通过本地主机（实体机）接入真实互联网，实现对真实互联网中主机的访问。注意，实现本任务的前提，是本地实体机能够正常访问互联网。

## 【任务目标】

1. 完成园区网边界路由器的 NAT 配置。
2. 实现 eNSP 中园区网 NAT 接入真实互联网。

## 【拓扑规划】

1. 网络拓扑

网络拓扑如图 2-2-1 所示。

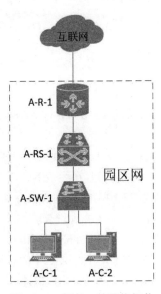

图 2-2-1    任务二的网络拓扑

2. 拓扑说明

在 eNSP 中，通过云设备（Cloud）绑定本地实体主机连接互联网的网卡，然后将园区网边界路由器 A-R-1 的互联网接口与云设备连接。

园区网中各设备的含义与任务一中的园区网设备相同，读者可自行参见本项目的任务一。

本任务中，必须保证读者的计算机（即本地实体主机）能够正常访问互联网。通过 eNSP 的云设备（Cloud）绑定本地实体主机的网卡时，要绑定有线网卡，若绑定无线网卡可能无法访问互联网。

【网络规划】

1. 交换机接口与 VLAN

交换机接口与 VLAN 规划见表 2-2-1。

表 2-2-1　交换机接口与 VLAN 规划

| 序号 | 交换机 | 接口名称 | VLAN ID | 接口类型 |
|------|--------|----------|---------|----------|
| 1 | A-SW-1 | Ethernet 0/0/1 | 11 | Access |
| 2 | A-SW-1 | Ethernet 0/0/2 | 12 | Access |
| 3 | A-SW-1 | GE 0/0/1 | 11、12 | Trunk |
| 4 | A-RS-1 | GE 0/0/1 | 11、12 | Trunk |
| 5 | A-RS-1 | GE 0/0/24 | 100 | Access |

2. 主机 IP 地址

主机 IP 地址规划见表 2-2-2。

表 2-2-2　主机 IP 地址规划

| 序号 | 设备名称 | IP 地址/子网掩码 | 默认网关 | 备注 |
|------|----------|------------------|----------|------|
| 1 | A-C-1 | 192.168.64.10 /24 | 192.168.64.254 | 园区网用户，使用私有 IP 地址 |
| 2 | A-C-2 | 192.168.65.10 /24 | 192.168.65.254 | 园区网用户，使用私有 IP 地址 |

3. 路由接口 IP 地址

路由接口 IP 地址规划见表 2-2-3。

表 2-2-3　路由接口 IP 地址规划

| 序号 | 设备名称 | 接口名称 | 接口地址 | 备注 |
|------|----------|----------|----------|------|
| 1 | A-RS-1 | Vlanif100 | 10.0.0.2 /30 | 与园区网路由器 A-R-1 通信的虚拟接口 |
| 2 | A-RS-1 | Vlanif11 | 192.168.64.254 /24 | 作为园区网用户 VLAN11 的默认网关 |
| 3 | A-RS-1 | Vlanif12 | 192.168.65.254 /24 | 作为园区网用户 VLAN12 的默认网关 |
| 4 | A-R-1 | GE 0/0/0 | 192.168.31.100 /24 | 连接 eNSP 云设备 |
| 5 | A-R-1 | GE 0/0/1 | 10.0.0.1 /30 | 私有 IP 地址，连接三层交换机 A-RS-1 |

本任务中，将 eNSP 中的云设备与作者计算机（即本地实体主机）上连接互联网的网卡绑定，该网卡是有线网卡，所使用的 IP 地址是 192.168.31.160/24，默认网关是 192.168.31.1。因此，此处

园区网边界路由器 A-R-1 的互联网接口（即 GE 0/0/0），必须配置与本地实体主机在同一网段（即 192.168.31.0 /24）的 IP 地址，且不能和本地实体主机的 IP 地址冲突。

此处作者的计算机首先通过网线接入一台无线路由器，然后接入互联网。192.168.31.0 /24（私有 IP 地址）是作者的计算机接入互联网时所使用的 IP 地址段，这与作者所用的无线路由器有关，无线路由器自身也有 NAT 功能。

读者在配置 A-R-1 的互联网接口 IP 地址时，要使用与本地实体主机在同一网段的 IP 地址，或者根据实际网络环境而定。

4. 路由规划

路由规划见表 2-2-4。

表 2-2-4　路由规划

| 序号 | 路由设备 | 目的网络 | 下一跳地址 | 备注 |
|---|---|---|---|---|
| 1 | A-RS-1 | 园区网 | 配置 OSPF | 实现园区网内部的通信 |
| 2 | A-R-1 | 园区网 | 配置 OSPF | 实现园区网内部的通信 |
| 3 | A-R-1 | 0.0.0.0 /0 | 192.168.31.1 | 添加一条默认路由，用于访问互联网，192.168.31.1 是作者计算机的默认网关 |

园区网边界路由器并不需要知道互联网的拓扑结构，只需要知道发往互联网的报文下一跳去往何处即可，所以在 A-R-1 上配置了一条默认路由。

在实际应用中，园区网边界路由器所配置的默认路由中，其下一跳地址通常由所接入的互联网运营商提供，该地址通常是公有 IP 地址。

此处边界路由器的默认路由中，下一跳地址是作者计算机的默认网关 192.168.31.1（私有 IP 地址），这与作者所用的无线路由器有关。读者在配置下一跳地址时，可使用自己的计算机（实体主机）的默认网关地址，或者根据实际网络环境而定。

5. OSPF 的区域规划

本任务中，园区网 OSPF 区域规划与任务一完全相同，A-R-1 和 A-RS-1 之间配置区域 0。

6. NAT 方式规划

本任务采用 NAPT 方式进行地址转换，即园区网主机共用边界路由器 A-R-1 的 GE0/0/0 接口（与互联网连接的接口）的 IP 地址（192.168.31.100 /24）访问互联网。

【操作步骤】

步骤 1：在 eNSP 中部署网络。

启动 eNSP，根据本任务的【拓扑规划】添加网络设备并连线。

双击 Cloud-1 设备图标，打开 IO 配置窗口，绑定本地实体主机连接互联网的网卡（注意是有线网卡），此处是【以太网—IP：192.168.31.160】，如图 2-2-2 所示。

图 2-2-2　在云设备（Cloud）中绑定作者计算机的有线网卡

本任务在 eNSP 中的拓扑图如图 2-2-3 所示。

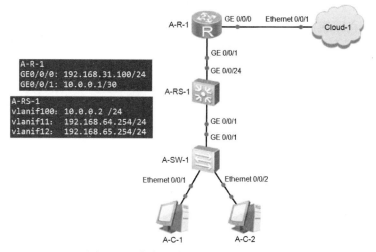

图 2-2-3　任务二在 eNSP 中的网络拓扑

**步骤 2**：配置园区网用户主机的地址参数。

根据【网络规划】，给园区网用户主机 A-C-1、A-C-2 配置 IP 地址等信息。

**步骤 3**：配置 A-SW-1。

```
//进入系统视图，关闭信息中心，修改设备名称
<Huawei>system-view
[Huawei]undo info-center enable
[Huawei]sysname A-SW-1

//创建园区网用户所在的 VLAN11、VLAN12，并添加相应的接口
[A-SW-1]vlan batch 11 12
```

Info: This operation may take a few seconds. Please wait for a moment...done.
[A-SW-1]interface Ethernet0/0/1
[A-SW-1-Ethernet0/0/1]port link-type access
[A-SW-1-Ethernet0/0/1]port default vlan 11
[A-SW-1-Ethernet0/0/1]quit
[A-SW-1]interface Ethernet0/0/2
[A-SW-1-Ethernet0/0/2]port link-type access
[A-SW-1-Ethernet0/0/2]port default vlan 12
[A-SW-1-Ethernet0/0/2]quit

//将连接三层交换机 A-RS-1 的接口 GE0/0/1 设置成 Trunk 类型
[A-SW-1]interface GigabitEthernet 0/0/1
[A-SW-1-GigabitEthernet0/0/1]port link-type trunk
[A-SW-1-GigabitEthernet0/0/1]port trunk allow-pass vlan 11 12
[A-SW-1-GigabitEthernet0/0/1]quit
[A-SW-1]quit
<A-SW-1>save

步骤 4：配置 A-RS-1。

//进入系统视图，关闭信息中心，修改设备名称
<Huawei>system-view
[Huawei]undo info-center enable
[Huawei]sysname A-RS-1

//配置与路由器 A-R-1 相连的三层虚拟接口，包括创建 VLAN、配置 SVI 地址、添加接口
[A-RS-1]vlan 100
[A-RS-1-vlan100]quit
[A-RS-1]interface vlanif 100
[A-RS-1-Vlanif100]ip address 10.0.0.2 30
[A-RS-1-Vlanif100]quit
[A-RS-1]interface GigabitEthernet 0/0/24
[A-RS-1-GigabitEthernet0/0/24]port link-type access
[A-RS-1-GigabitEthernet0/0/24]port default vlan 100
[A-RS-1-GigabitEthernet0/0/24]quit

//配置园区网用户所在的 VLAN11、VLAN12 的默认网关接口
[A-RS-1]vlan batch 11 12
Info: This operation may take a few seconds. Please wait for a moment...done.
[A-RS-1]interface vlanif 11
[A-RS-1-Vlanif11]ip address 192.168.64.254 24
[A-RS-1-Vlanif11]quit
[A-RS-1]interface vlanif 12
[A-RS-1-Vlanif12]ip address 192.168.65.254 24
[A-RS-1-Vlanif12]quit

//将连接交换机 A-SW-1 的接口配置成 Trunk 类型
[A-RS-1]interface GigabitEthernet 0/0/1
[A-RS-1-GigabitEthernet0/0/1]port link-type trunk
[A-RS-1-GigabitEthernet0/0/1]port trunk allow-pass vlan 11 12
[A-RS-1-GigabitEthernet0/0/1]quit

//配置 OSPF 协议
[A-RS-1]ospf 1
[A-RS-1-ospf-1]area 0
[A-RS-1-ospf-1-area-0.0.0.0]network 192.168.64.0 0.0.0.255
[A-RS-1-ospf-1-area-0.0.0.0]network 192.168.65.0 0.0.0.255
[A-RS-1-ospf-1-area-0.0.0.0]network 10.0.0.0 0.0.0.3
[A-RS-1-ospf-1-area-0.0.0.0]quit
[A-RS-1-ospf-1]quit
[A-RS-1]quit
<A-RS-1>save

步骤 5：配置路由器 A-R-1。

//进入系统视图，关闭信息中心，修改设备名称
<Huawei>system-view
[Huawei]undo info-center enable
[Huawei]sysname A-R-1

//配置与互联网相连的接口的 IP 地址
[A-R-1]interface GigabitEthernet 0/0/0
[A-R-1-GigabitEthernet0/0/0]ip address 192.168.31.100 24
//配置与园区网内部相连的接口的 IP 地址
[A-R-1]interface GigabitEthernet 0/0/1
[A-R-1-GigabitEthernet0/0/1]ip address 10.0.0.1 30
[A-R-1-GigabitEthernet0/0/1]quit

//配置默认路由，此处用于对互联网的访问，其下一跳为本地实体主机网卡的默认网关地址
[A-R-1] ip route-static 0.0.0.0 0.0.0.0 192.168.31.1

//创建 OSPF 进程 1，并将引入的默认路由发布到整个普通 OSPF 区域
[A-R-1]ospf 1
[A-R-1-ospf-1]default-route-advertise always
//在 OSPF 进程 1 中创建区域 0，并宣告直连网段
[A-R-1-ospf-1]area 0
[A-R-1-ospf-1-area-0.0.0.0]network 10.0.0.0 0.0.0.3
[A-R-1-ospf-1-area-0.0.0.0]quit
[A-R-1-ospf-1]quit

```
//以下进行 NAT 配置
//创建访问控制规则，其编号是 2000，进入 ACL 视图
[A-R-1]acl 2000
//创建规则，该规则仅允许（permit）来自 192.168.64.0/23 地址段的用户使用 NAT 服务
[A-R-1-acl-basic-2000]rule permit source 192.168.64.0 0.0.1.255
[A-R-1-acl-basic-2000]quit
//在连接互联网的接口上配置 NAT，使得符合 ACL 2000 规则的报文被进行地址转换
[A-R-1]interface GigabitEthernet 0/0/0
[A-R-1-GigabitEthernet0/0/0]nat outbound 2000
[A-R-1-GigabitEthernet0/0/0]quit
[A-R-1]quit
<A-R-1>save
```

**步骤 6：**配置 NAT 之后的通信测试。

配置完 NAT 以后，在园区网主机 A-C-1 上通过 Ping 命令访问互联网上的公共 DNS 服务器 114.114.114.114，其结果如图 2-2-4 所示，可见 eNSP 中的园区网主机（私有 IP 地址）可以正常访问互联网。

```
PC>ping 114.114.114.114

Ping 114.114.114.114: 32 data bytes, Press Ctrl_C to break
From 114.114.114.114: bytes=32 seq=1 ttl=67 time=94 ms
From 114.114.114.114: bytes=32 seq=2 ttl=77 time=78 ms
From 114.114.114.114: bytes=32 seq=3 ttl=84 time=78 ms
From 114.114.114.114: bytes=32 seq=4 ttl=86 time=78 ms
From 114.114.114.114: bytes=32 seq=5 ttl=76 time=94 ms
```

图 2-2-4　园区网主机可以正常访问互联网主机（114.114.114.114）

# 任务三　双链路 NAT 接入互联网

## 【任务介绍】

如果园区网只有一条出口链路，一旦该链路出现问题，则会造成全网无法访问互联网。因此，园区网通常建设多条出口链路，并分别接入不同的电信运营商，从而更好地保障园区网对互联网的访问。本任务在 eNSP 中的园区网出口构建双链路，通过本地实体主机实现双链路 NAT 接入互联网，达到对真实互联网的访问。注意，实现本任务的前提，是本地实体主机能够正常访问互联网。

## 【任务目标】

1. 完成双链路出口的配置。
2. 实现双链路 NAT 接入互联网。

【拓扑规划】

1. 网络拓扑

双链路接入互联网拓扑如图 2-3-1 所示。

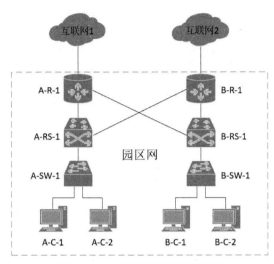

图 2-3-1　双链路接入互联网拓扑

2. 拓扑说明

如图 2-3-1 所示，在园区网出口设置 A-R-1 和 B-R-1 两台边界路由器，配置 NAT 并分别接入"互联网 1"和"互联网 2"，从而形成双链路接入互联网。此处的"互联网 1"和"互联网 2"可以理解为接入不同的电信运营商，例如中国电信、中国移动等。

正常情况下，园区网用户可以分别从两条出口链路访问互联网。当一条出口链路出现问题时（例如 A-R-1 故障），园区网用户可以自动全部通过另一条链路（例如 B-R-1）访问互联网。

【网络规划】

1. 交换机接口与 VLAN

交换机接口与 VLAN 规划见表 2-3-1。

表 2-3-1　交换机接口与 VLAN 规划

| 序号 | 交换机 | 接口名称 | VLAN ID | 接口类型 |
|---|---|---|---|---|
| 1 | A-SW-1 | Ethernet 0/0/1 | 11 | Access |
| 2 | A-SW-1 | Ethernet 0/0/2 | 12 | Access |
| 3 | A-SW-1 | GE 0/0/1 | 11、12 | Trunk |
| 4 | B-SW-1 | Ethernet 0/0/1 | 11 | Access |

续表

| 序号 | 交换机 | 接口名称 | VLAN ID | 接口类型 |
|---|---|---|---|---|
| 5 | B-SW-1 | Ethernet 0/0/2 | 12 | Access |
| 6 | B-SW-1 | GE 0/0/1 | 11、12 | Trunk |
| 7 | A-RS-1 | GE 0/0/1 | 11、12 | Trunk |
| | A-RS-1 | GE 0/0/24 | 100 | Access |
| 8 | A-RS-1 | GE 0/0/23 | 101 | Access |
| 9 | B-RS-1 | GE 0/0/1 | 11、12 | Trunk |
| 10 | B-RS-1 | GE 0/0/24 | 100 | Access |
| | B-RS-1 | GE 0/0/23 | 101 | Access |

2. 主机 IP 地址

主机 IP 地址规划见表 2-3-2。

表 2-3-2　主机 IP 地址规划

| 序号 | 设备名称 | IP 地址/子网掩码 | 默认网关 | 备注 |
|---|---|---|---|---|
| 1 | A-C-1 | 192.168.64.10 /24 | 192.168.64.254 | 园区网用户，使用私有 IP 地址 |
| 2 | A-C-2 | 192.168.65.10 /24 | 192.168.65.254 | 园区网用户，使用私有 IP 地址 |
| 3 | B-C-1 | 192.168.66.10 /24 | 192.168.66.254 | 园区网用户，使用私有 IP 地址 |
| 4 | B-C-2 | 192.168.67.10 /24 | 192.168.67.254 | 园区网用户，使用私有 IP 地址 |

3. 路由接口 IP 地址

路由接口 IP 地址规划见表 2-3-3。

表 2-3-3　路由接口 IP 地址规划

| 序号 | 设备名称 | 接口名称 | 接口地址 | 备注 |
|---|---|---|---|---|
| 1 | A-RS-1 | Vlanif100 | 10.0.0.2 /30 | 与园区网路由器 A-R-1 通信的虚拟接口 |
| 2 | A-RS-1 | Vlanif101 | 10.0.0.10 /30 | 与园区网路由器 B-R-1 通信的虚拟接口 |
| 3 | A-RS-1 | Vlanif11 | 192.168.64.254 /24 | 作为 A-RS-1 下联 VLAN11 用户的默认网关 |
| 4 | A-RS-1 | Vlanif12 | 192.168.65.254 /24 | 作为 A-RS-1 下联 VLAN12 用户的默认网关 |
| 5 | B-RS-1 | Vlanif100 | 10.0.0.14 /30 | 与园区网路由器 B-R-1 通信的虚拟接口 |
| 6 | B-RS-1 | Vlanif101 | 10.0.0.6 /30 | 与园区网路由器 A-R-1 通信的虚拟接口 |
| 7 | B-RS-1 | Vlanif11 | 192.168.66.254 /24 | 作为 B-RS-1 下联 VLAN11 用户的默认网关 |
| 8 | B-RS-1 | Vlanif12 | 192.168.67.254 /24 | 作为 B-RS-1 下联 VLAN12 用户的默认网关 |
| 9 | A-R-1 | GE 0/0/1 | 10.0.0.1 /30 | 与园区网三层交换机 A-R-1 通信的虚拟接口 |

续表

| 序号 | 设备名称 | 接口名称 | 接口地址 | 备注 |
|---|---|---|---|---|
| 10 | A-R-1 | GE 0/0/2 | 10.0.0.5 /30 | 与园区网三层交换机 B-R-1 通信的虚拟接口 |
| 11 | B-R-1 | GE 0/0/1 | 10.0.0.13 /30 | 与园区网三层交换机 B-R-1 通信的虚拟接口 |
| 12 | B-R-1 | GE 0/0/2 | 10.0.0.9 /30 | 与园区网三层交换机 A-R-1 通信的虚拟接口 |
| 13 | A-R-1 | GE 0/0/0 | 192.168.31.100 /24 | 连接 eNSP 云设备 |
| 14 | B-R-1 | GE 0/0/0 | 192.168.31.101 /24 | 连接 eNSP 云设备 |

本任务中，eNSP 园区网中的主机要通过本地实体主机访问互联网，所以要将 eNSP 中的云设备与作者计算机（即本地实体主机）上连接互联网的网卡绑定。该网卡是有线网卡，所使用的 IP 地址是 192.168.31.160 /24，默认网关是 192.168.31.1。因此，此处园区网边界路由器 A-R-1 和 B-R-1 连接互联网的接口必须配置 192.168.31.0 /24 网段的 IP 地址，且不能和本地实体主机的 IP 地址冲突。

提醒

在实际应用中，园区网的两个出口链路通常分别接入不同的电信运营商，因此两台边界路由器的互联网接口 IP 地址应该属于不同的网段（由所接入的电信运营商提供）。

由于作者计算机所在网络环境的限制，此处将 A-R-1 和 B-R-1 的互联网接口 IP 地址设置为同一网段，即 192.168.31.0/24，仅用来验证 NAT 接入互联网以及出口链路的冗余效果。读者在具体实践时，要根据自己所处的网络环境来确定两个边界路由器互联网接口的 IP 地址。

4. 路由规划

路由规划见表 2-3-4。

表 2-3-4　路由规划

| 序号 | 路由设备 | 目的网络 | 下一跳地址 | 备注 |
|---|---|---|---|---|
| 1 | A-RS-1 | 园区网 | 配置 OSPF | 实现园区网的通信 |
| 2 | B-RS-1 | 园区网 | 配置 OSPF | 实现园区网的通信 |
| 3 | A-R-1 | 园区网 | 配置 OSPF | 实现园区网的通信 |
| 4 | A-R-1 | 0.0.0.0 /0 | 192.168.31.1 | 添加一条默认路由，用于访问互联网，192.168.31.1 是作者计算机的默认网关 |
| 5 | B-R-1 | 园区网 | 配置 OSPF | 实现园区网的通信 |
| 6 | B-R-1 | 0.0.0.0 /0 | 192.168.31.1 | 添加一条默认路由，用于访问互联网，192.168.31.1 是作者计算机的默认网关 |

园区网边界路由器并不需要知道互联网的拓扑结构，只需要知道发往互联网的报文下一跳去往何处即可，所以在 A-R-1 和 B-R-1 上都配置了一条默认路由。

**提醒**  由于此处园区网边界路由器 A-R-1 和 B-R-1 的互联网接口 IP 地址属于同一网段，即 192.168.31.0/24，因此所配置的默认路由中，下一跳地址也相同。

### 5. OSPF 的区域规划

本任务中，园区网的 OSPF 区域规划如图 2-3-2 所示。

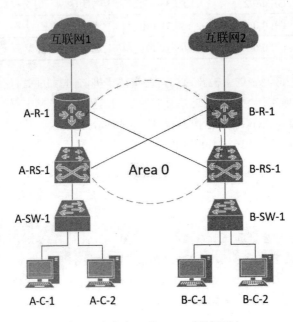

图 2-3-2　任务三的 OSPF 区域规划

### 6. NAT 方式规划

本任务采用"多对一"的 NAPT 方式进行地址转换。当园区网主机通过边界路由器 A-R-1 访问互联网时，共用 A-R-1 的互联网接口 IP 地址（即 192.168.31.100 /24）访问互联网；当园区网主机通过边界路由器 B-R-1 访问互联网时，共用 B-R-1 的互联网接口 IP 地址（即 192.168.31.101 /24）访问互联网。

### 【操作步骤】

**步骤 1：**在 eNSP 中部署网络。

启动 eNSP，根据本任务的【拓扑规划】添加网络设备并连线。

本任务在 eNSP 中的拓扑图如图 2-3-3 所示，其中云设备 Cloud-1 和 Cloud-2 绑定的都是本地实体主机连接互联网的网卡（注意是有线网卡），此处是【以太网—IP：192.168.31.160】。

**步骤 2：**配置园区网用户主机的地址参数。

根据【网络规划】，给园区网内各用户主机配置 IP 地址等信息。

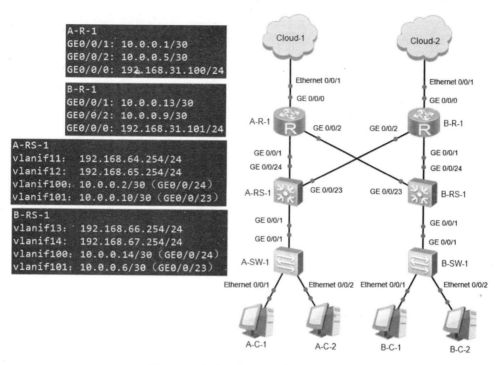

图 2-3-3　任务三在 eNSP 中的网络拓扑

步骤 3：配置 A-SW-1 和 B-SW-1。

//进入系统视图，关闭信息中心，修改设备名称
<Huawei>system-view
[Huawei]undo info-center enable
[Huawei]sysname A-SW-1

//创建园区网用户所在的 VLAN11、VLAN12，并添加相应的接口
[A-SW-1]vlan batch 11 12
Info: This operation may take a few seconds. Please wait for a moment...done.
[A-SW-1]interface Ethernet0/0/1
[A-SW-1-Ethernet0/0/1]port link-type access
[A-SW-1-Ethernet0/0/1]port default vlan 11
[A-SW-1-Ethernet0/0/1]quit
[A-SW-1]interface Ethernet0/0/2
[A-SW-1-Ethernet0/0/2]port link-type access
[A-SW-1-Ethernet0/0/2]port default vlan 12
[A-SW-1-Ethernet0/0/2]quit

//将连接三层交换机 A-RS-1 的接口 GE0/0/1 设置成 Trunk 类型
[A-SW-1]interface GigabitEthernet 0/0/1

```
[A-SW-1-GigabitEthernet0/0/1]port link-type trunk
[A-SW-1-GigabitEthernet0/0/1]port trunk allow-pass vlan 11 12
[A-SW-1-GigabitEthernet0/0/1]quit
[A-SW-1]quit
<A-SW-1>save
```

B-SW-1 的 VLAN 和接口配置与 A-SW-1 完全一样，此处略。

步骤 4：配置 A-RS-1。

```
//进入系统视图，关闭信息中心，修改设备名称
<Huawei>system-view
[Huawei]undo info-center enable
[Huawei]sysname A-RS-1

//配置与路由器 A-R-1 相连的三层虚拟接口，包括创建 VLAN、配置 SVI 地址、添加接口
[A-RS-1]vlan 100
[A-RS-1-vlan100]quit
[A-RS-1]interface vlanif 100
[A-RS-1-Vlanif100]ip address 10.0.0.2 30
[A-RS-1-Vlanif100]quit
[A-RS-1]interface GigabitEthernet 0/0/24
[A-RS-1-GigabitEthernet0/0/24]port link-type access
[A-RS-1-GigabitEthernet0/0/24]port default vlan 100
[A-RS-1-GigabitEthernet0/0/24]quit

//配置与路由器 B-R-1 相连的三层虚拟接口，包括创建 VLAN、配置 SVI 地址、添加接口
[A-RS-1]vlan 101
[A-RS-1-vlan101]quit
[A-RS-1]interface vlanif 101
[A-RS-1-Vlanif101]ip address 10.0.0.10 30
[A-RS-1-Vlanif101]quit
[A-RS-1]interface GigabitEthernet 0/0/23
[A-RS-1-GigabitEthernet0/0/23]port link-type access
[A-RS-1-GigabitEthernet0/0/23]port default vlan 101
[A-RS-1-GigabitEthernet0/0/23]quit

//配置 A-RS-1 下联的园区网用户所在的 VLAN11、VLAN12 的默认网关接口
[A-RS-1]vlan batch 11 12
Info: This operation may take a few seconds. Please wait for a moment...done.
[A-RS-1]interface vlanif 11
[A-RS-1-Vlanif11]ip address 192.168.64.254 24
[A-RS-1-Vlanif11]quit
[A-RS-1]interface vlanif 12
[A-RS-1-Vlanif12]ip address 192.168.65.254 24
[A-RS-1-Vlanif12]quit
```

//将连接交换机 A-SW-1 的接口配置成 Trunk 类型
[A-RS-1]interface GigabitEthernet 0/0/1
[A-RS-1-GigabitEthernet0/0/1]port link-type trunk
[A-RS-1-GigabitEthernet0/0/1]port trunk allow-pass vlan 11 12
[A-RS-1-GigabitEthernet0/0/1]quit

//配置 OSPF 协议
[A-RS-1]ospf 1
[A-RS-1-ospf-1]area 0
[A-RS-1-ospf-1-area-0.0.0.0]network 192.168.64.0 0.0.0.255
[A-RS-1-ospf-1-area-0.0.0.0]network 192.168.65.0 0.0.0.255
[A-RS-1-ospf-1-area-0.0.0.0]network 10.0.0.0 0.0.0.3
[A-RS-1-ospf-1-area-0.0.0.0]network 10.0.0.8 0.0.0.3
[A-RS-1-ospf-1-area-0.0.0.0]quit
[A-RS-1-ospf-1]quit
[A-RS-1]quit
<A-RS-1>save

步骤 5：配置 B-RS-1。

//进入系统视图，关闭信息中心，修改设备名称
<Huawei>system-view
[Huawei]undo info-center enable
[Huawei]sysname B-RS-1

//配置与路由器 B-R-1 相连的三层虚拟接口，包括创建 VLAN、配置 SVI 地址、添加接口
[B-RS-1]vlan 100
[B-RS-1-vlan100]quit
[B-RS-1]interface vlanif 100
[B-RS-1-Vlanif100]ip address 10.0.0.14 30
[B-RS-1-Vlanif100]quit
[B-RS-1]interface GigabitEthernet 0/0/24
[B-RS-1-GigabitEthernet0/0/24]port link-type access
[B-RS-1-GigabitEthernet0/0/24]port default vlan 100
[B-RS-1-GigabitEthernet0/0/24]quit

//配置与路由器 A-R-1 相连的三层虚拟接口，包括创建 VLAN、配置 SVI 地址、添加接口
[B-RS-1]vlan 101
[B-RS-1-vlan101]quit
[B-RS-1]interface vlanif 101
[B-RS-1-Vlanif101]ip address 10.0.0.6 30
[B-RS-1-Vlanif101]quit
[B-RS-1]interface GigabitEthernet 0/0/23
[B-RS-1-GigabitEthernet0/0/23]port link-type access

[B-RS-1-GigabitEthernet0/0/23]port default vlan 101
[B-RS-1-GigabitEthernet0/0/23]quit

//配置互联网用户所在的 VLAN11、VLAN12 的默认网关接口
[B-RS-1]vlan batch 11 12
Info: This operation may take a few seconds. Please wait for a moment...done.
[B-RS-1]interface vlanif 11
[B-RS-1-Vlanif11]ip address 192.168.66.254 24
[B-RS-1-Vlanif11]quit
[B-RS-1]interface vlanif 12
[B-RS-1-Vlanif12]ip address 192.168.67.254 24
[B-RS-1-Vlanif12]quit

//将连接交换机 B-SW-1 的接口配置成 Trunk 类型
[B-RS-1]interface GigabitEthernet 0/0/1
[B-RS-1-GigabitEthernet0/0/1]port link-type trunk
[B-RS-1-GigabitEthernet0/0/1]port trunk allow-pass vlan 11 12
[B-RS-1-GigabitEthernet0/0/1]quit

//配置 OSPF 协议，其目的是实现互联网内部主机之间的通信
[B-RS-1]ospf 1
[B-RS-1-ospf-1]area 0
[B-RS-1-ospf-1-area-0.0.0.0]network 192.168.66.0 0.0.0.255
[B-RS-1-ospf-1-area-0.0.0.0]network 192.168.67.0 0.0.0.255
[B-RS-1-ospf-1-area-0.0.0.0]network 10.0.0.4 0.0.0.3
[B-RS-1-ospf-1-area-0.0.0.0]network 10.0.0.12 0.0.0.3
[B-RS-1-ospf-1-area-0.0.0.0]quit
[B-RS-1-ospf-1]quit
[B-RS-1]quit
<B-RS-1>save

步骤 6：配置路由器 A-R-1。

//进入系统视图，关闭信息中心，修改设备名称
<Huawei>system-view
[Huawei]undo info-center enable
[Huawei]sysname A-R-1

//配置与互联网相连的接口的 IP 地址
[A-R-1]interface GigabitEthernet 0/0/0
[A-R-1-GigabitEthernet0/0/0]ip address 192.168.31.100 24
//配置与三层交换机 A-RS-1 相连的接口的 IP 地址
[A-R-1]interface GigabitEthernet 0/0/1
[A-R-1-GigabitEthernet0/0/1]ip address 10.0.0.1 30
[A-R-1-GigabitEthernet0/0/1]quit

//配置与三层交换机 B-RS-1 相连的接口的 IP 地址
[A-R-1]interface GigabitEthernet 0/0/2
[A-R-1-GigabitEthernet0/0/2]ip address 10.0.0.5 30
[A-R-1-GigabitEthernet0/0/2]quit

//配置默认路由，此处用于对互联网的访问，其下一跳地址是本地实体主机的默认网关地址
[A-R-1] ip route-static 0.0.0.0 0.0.0.0 192.168.31.1

//创建 OSPF 进程 1
[A-R-1]ospf 1
//引入默认路由，并发布到整个普通 OSPF 区域
[A-R-1-ospf-1]default-route-advertise always
//在 OSPF 进程 1 中创建区域 0，并宣告直连网段
[A-R-1-ospf-1]area 0
[A-R-1-ospf-1-area-0.0.0.0]network 10.0.0.0 0.0.0.3
[A-R-1-ospf-1-area-0.0.0.0]network 10.0.0.4 0.0.0.3
[A-R-1-ospf-1-area-0.0.0.0]quit
[A-R-1-ospf-1]quit

//以下进行 NAT 配置
//创建访问控制规则，其编号是 2000，进入 ACL 视图
[A-R-1]acl 2000
//创建规则，该规则仅允许（permit）来自 192.168.64.0/22 地址段的用户使用 NAT 服务
[A-R-1-acl-basic-2000]rule permit source 192.168.64.0 0.0.3.255
[A-R-1-acl-basic-2000]quit
//在连接互联网的接口上配置 NAT，使得符合 ACL 2000 规则的报文被进行地址转换
[A-R-1]interface GigabitEthernet 0/0/0
[A-R-1-GigabitEthernet0/0/0]nat outbound 2000
[A-R-1-GigabitEthernet0/0/0]quit
[A-R-1]quit
<A-R-1>save

提醒　　　此处设置 ACL 2000 的规则时，所允许( permit )的来源地址段是 192.168.64.0 ~ 192.168.67.255，其目的是一旦另外一条出口链路（即 B-R-1）出现故障，则所有的园区网内部主机都可以通过本出口链路（即 A-R-1）NAT 访问互联网。

步骤 7：配置路由器 B-R-1。

//进入系统视图，关闭信息中心，修改设备名称
<Huawei>system-view
[Huawei]undo info-center enable
[Huawei]sysname B-R-1

//配置与互联网相连的接口的 IP 地址
[B-R-1]interface GigabitEthernet 0/0/0

[B-R-1-GigabitEthernet0/0/0]ip address 192.168.31.101 24
//配置与三层交换机 B-RS-1 相连的接口的 IP 地址
[B-R-1]interface GigabitEthernet 0/0/1
[B-R-1-GigabitEthernet0/0/1]ip address 10.0.0.13 30
[B-R-1-GigabitEthernet0/0/1]quit
//配置与三层交换机 A-RS-1 相连的接口的 IP 地址
[B-R-1]interface GigabitEthernet 0/0/2
[B-R-1-GigabitEthernet0/0/2]ip address 10.0.0.9 30
[B-R-1-GigabitEthernet0/0/2]quit

//配置默认路由，此处用于对互联网的访问，其下一跳地址是本地实体主机的默认网关地址
[B-R-1] ip route-static 0.0.0.0 0.0.0.0 192.168.31.1

//创建 OSPF 进程 1
[B-R-1]ospf 1
//引入默认路由，并发布到整个普通 OSPF 区域
[B-R-1-ospf-1]default-route-advertise always
//在 OSPF 进程 1 中创建区域 0，并宣告直连网段
[B-R-1-ospf-1]area 0
[B-R-1-ospf-1-area-0.0.0.0]network 10.0.0.8 0.0.0.3
[B-R-1-ospf-1-area-0.0.0.0]network 10.0.0.12 0.0.0.3
[B-R-1-ospf-1-area-0.0.0.0]quit
[B-R-1-ospf-1]quit

//以下进行 NAT 配置
//创建访问控制规则，其编号是 2000，进入 ACL 视图
[B-R-1]acl 2000
//创建规则，该规则仅允许（permit）来自 192.168.64.0/22 地址段的用户使用 NAT 服务
[B-R-1-acl-basic-2000]rule permit source 192.168.64.0 0.0.3.255
[B-R-1-acl-basic-2000]quit
//在连接互联网的接口上配置 NAT，使得符合 ACL 2000 规则的报文被进行地址转换
[B-R-1]interface GigabitEthernet 0/0/0
[B-R-1-GigabitEthernet0/0/0]nat outbound 2000
[B-R-1-GigabitEthernet0/0/0]quit
[B-R-1]quit
<B-R-1>save

> 提醒
> 此处设置 ACL 2000 的规则时，所允许( permit)的来源地址段是 192.168.64.0～192.168.67.255，其目的是一旦另外一条出口链路（即 A-R-1）出现故障，则所有的园区网内部主机都可以通过本出口链路（即 B-R-1）NAT 访问互联网。
> 此处由于作者计算机所在网络环境的限制，A-R-1 和 B-R-1 的互联网接口配置的都是 192.168.31.0/24 网段的地址，即与作者计算机的 IP 地址在同一网段。仅用来验证 NAT 接入互联网以及出口链路的冗余效果。

**步骤 8**：园区网主机 NAT 访问互联网通信测试。

使用 Ping 命令测试园区网通过 NAT 访问互联网上的公共 DNS 服务器（114.114.114.114）的情况，结果见表 2-3-5。可以看出，此时园区网内部主机可以正常访问互联网主机。

表 2-3-5　园区网主机 NAT 访问互联网通信情况

| 序号 | 源设备 | 目的设备 | 通信结果 |
|---|---|---|---|
| 1 | A-C-1 | 114.114.114.114 | 通 |
| 2 | A-C-2 | 114.114.114.114 | 通 |
| 3 | B-C-1 | 114.114.114.114 | 通 |
| 4 | B-C-2 | 114.114.114.114 | 通 |

**步骤 9**：双链路出口的容灾效果测试。

在园区网内部主机 B-C-2 上执行命令"ping 114.114.114.114 -t"，即 B-C-2 通过 ping 命令持续访问公有 IP 地址 114.114.114.114，在通信正常时，关闭园区网边界路由器 B-R-1，可以看到访问首先出现中断，然后又自动恢复正常，如图 2-3-4 所示。

图 2-3-4　双链路出口的容灾效果

结论：具有双链路出口的园区网，当其中一条出口链路出现问题时（例如此处的 B-R-1），园区网内部用户可以自动通过另外一条出口链路（此处是 A-R-1）访问互联网。

# 任务四　园区网接入互联网

## 【任务介绍】

以本书项目一所建设的园区网为基础，在边界路由器上增加 NAT 配置，构建双链路出口，实现园区网双链路 NAT 接入互联网。注意，实现本任务的前提是本地实体主机能够正常访问互联网。

项目二

## 【任务目标】

1. 完成园区网双链路出口配置。
2. 实现园区网双链路 NAT 接入互联网。

## 【拓扑规划】

1. 网络拓扑

网络拓扑如图 2-4-1 所示。

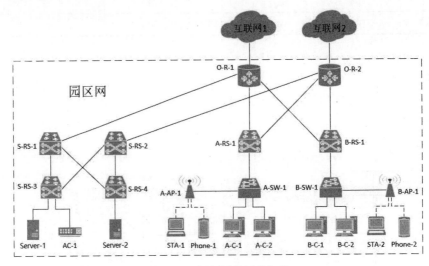

图 2-4-1　任务四的网络拓扑

2. 拓扑说明

如图 2-4-1 所示，本任务以本书项目一所建设的园区网为基础，在园区网的边界路由器 O-R-1 和 O-R-2 上增加 NAT 相关配置，并分别接入"互联网 1"和"互联网 2"，从而形成双链路 NAT 接入互联网。

关于网络中其他设备的说明，请参见本书项目一。

## 【网络规划】

1. 交换机接口与 VLAN

本任务中各交换机上的 VLAN 设置及接口划分设计，请参见本书项目一。

2. 主机 IP 地址

本任务中园区网各主机（含无线移动终端）的 IP 地址配置，请参见本书项目一。

3. 路由接口 IP 地址

由于本任务在是本书项目一的基础上完成的，所以本任务中园区网内部各路由接口的配置，请参见本书项目一。此处由于增加了双链路出口，因此需要在边界路由器 O-R-1 和 O-R-2 上分别增加一个互联网接口，其 IP 地址设计见表 2-4-1。

表 2-4-1　新增加的互联网接口 IP 地址规划

| 序号 | 设备名称 | 接口名称 | 接口地址 | 备注 |
|------|----------|----------|----------|------|
| 1 | O-R-1 | GE 2/0/0 | 192.168.31.100 /24 | 连接 eNSP 云设备 |
| 2 | O-R-2 | GE 2/0/0 | 192.168.31.101 /24 | 连接 eNSP 云设备 |

**注意**　由于本任务中的园区网是通过本地实体主机访问互联网的，因此园区网边界路由器互联网接口的 IP 地址要与本地实体主机的 IP 地址在同一网段，且相互之间不能冲突。此处作者计算机的 IP 地址是 192.168.31.160 /24，默认网关是 192.168.31.1。

4．路由表规划

本任务在本书项目一的基础上增加了双链路 NAT 接入互联网，因此需要在边界路由器 O-R-1 和 O-R-2 上分别增加一条默认路由，其下一跳地址为 192.168.31.1，即本地实体主机的默认网关，其设计见表 2-4-2。

表 2-4-2　新增加的默认路由

| 序号 | 路由设备 | 目的网络 | 下一跳地址 | 备注 |
|------|----------|----------|------------|------|
| 1 | O-R-1 | 0.0.0.0 /0 | 192.168.31.1 | 添加一条默认路由，用于访问互联网，192.168.31.1 是作者计算机的默认网关 |
| 2 | O-R-2 | 0.0.0.0 /0 | 192.168.31.1 | 添加一条默认路由，用于访问互联网，192.168.31.1 是作者计算机的默认网关 |

本任务中其他路由表规划，请参见本书项目一。

5．OSPF 的区域规划

本任务中的 OSPF 区域规划，请参见本书项目一。

6．NAT 方式规划

本任务采用"多对一"的 NAPT 方式进行地址转换。当园区网主机通过边界路由器 O-R-1 访问互联网时，共用 O-R-1 的互联网接口 IP 地址（即 192.168.31.100 /24）访问互联网；当园区网主机通过边界路由器 O-R-2 访问互联网时，共用 O-R-2 的互联网接口 IP 地址（即 192.168.31.101 /24）访问互联网。

【操作步骤】

步骤 1：添加路由器接口。

本任务使用的路由器是 AR2220，其默认情况下只有三个接口，即 GE 0/0/0～GE 0/0/2。由于在部署园区网时，这三个接口已经全部被使用，没有多余的接口作为连接互联网的接口，因此此处首先要添加路由器接口模块。

在路由器处于关闭状态下时，右击 O-R-1，单击【设置】选项，打开设置窗口。选择【视图】选项卡，在设备面板下方的【eNSP 支持的接口卡】区域选择要添加的接口卡，如图 2-4-2 所示。

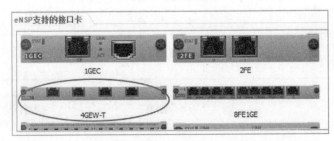

图 2-4-2　在【eNSP 支持的接口卡】中选择 4GEW-T 接口卡

此处选择【4GEW-T】，即 4 端口-GE 电口 WAN 接口卡，将其直接拖至设备面板右上方的槽位中即可（不同槽位，接口的编号不同），如图 2-4-3 所示。

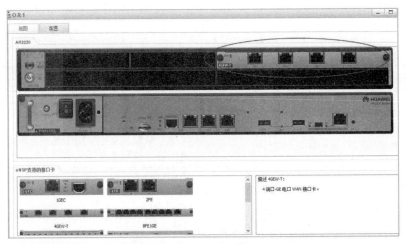

图 2-4-3　将【4GEW-T】接口卡拖至设备面板右上角槽位中

　　设备电源处于关闭状态下才能进行添加或删除接口卡操作。

　　如需删除接口卡，则直接将要删除的接口卡拖回到【eNSP 支持的接口卡】区域即可。

**步骤 2**：在 eNSP 中部署网络。

启动 eNSP，根据本任务的【拓扑规划】添加网络设备并连线。其中云设备 Cloud-1 和 Cloud-2 绑定的都是本地实体主机连接互联网的网卡（注意是有线网卡），此处是【以太网—IP：192.168.31.160】。

为方便读者进行配置，现将各网络设备的接口名称以及路由接口 IP 地址等信息标注到在拓扑图上，如图 2-4-4 所示。

项目二

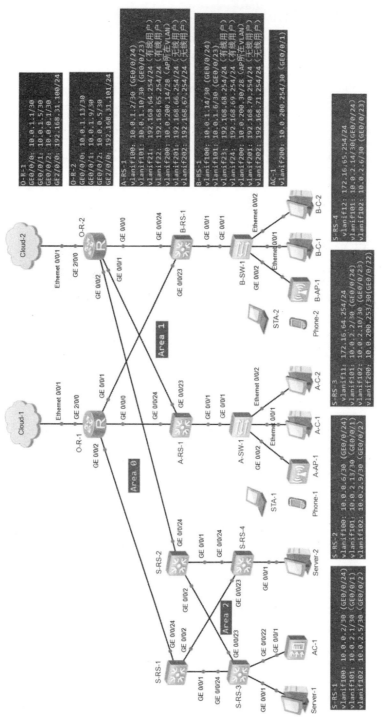

图 2-4-4　任务四的网络拓扑（含路由接口 IP 地址列表）

步骤 3：实现园区网内部的通信。

根据【网络规划】，给园区网内各主机配置 IP 地址，配置各交换机、路由器以及 AC-1，实现园区网内部有线网络和无线网络的混合组网，并实现整个园区网内部的正常通信。

　　由于本任务是在本书项目一所构建的综合园区网的基础上进行的，所以此处步骤 3 的所有配置与本书项目一完全相同，具体配置过程请参见本书项目一。

步骤 4：配置园区网边界路由器 O-R-1。

此步骤用来完成 NAT 相关配置，主要包括配置路由器 O-R-1 的互联网接口 IP 地址，添加并通告默认路由、配置 NAT 服务等。

```
//配置与互联网相连的接口的 IP 地址
<O-R-1>system-view
[O-R-1]interface GigabitEthernet 2/0/0
[O-R-1-GigabitEthernet2/0/0]ip address 192.168.31.100 24
[O-R-1-GigabitEthernet2/0/0]quit

//添加一条默认路由，此处用于对互联网的访问，其下一跳地址是本地实体主机的默认网关地址
[O-R-1] ip route-static 0.0.0.0 0.0.0.0 192.168.31.1

//在 OSPF 中引入默认路由，并发布到整个普通 OSPF 区域
[O-R-1]ospf 1
[O-R-1-ospf-1]default-route-advertise always
[O-R-1-ospf-1]quit

//以下进行 NAT 配置
//创建访问控制规则，其编号是 2000，进入 ACL 视图
[O-R-1]acl 2000
//创建规则，该规则仅允许（permit）来自 192.168.64.0/21 地址段的用户使用 NAT 服务
[O-R-1-acl-basic-2000]rule permit source 192.168.64.0 0.0.7.255
//创建规则，该规则仅允许（permit）来自 172.16.64.0/23 地址段的用户使用 NAT 服务
[O-R-1-acl-basic-2000]rule permit source 172.16.64.0 0.0.1.255
[O-R-1-acl-basic-2000]quit
//在连接互联网的接口上配置 NAT，使得符合 ACL 2000 规则的报文被进行地址转换
[O-R-1]interface GigabitEthernet 2/0/0
[O-R-1-GigabitEthernet2/0/0]nat outbound 2000
[O-R-1-GigabitEthernet2/0/0]quit
[O-R-1]quit
<O-R-1>save
```

　　此处设置 ACL 2000 时，第 1 条规则所允许的来源地址段范围是 192.168.64.0 ～ 192.168.71.255，该范围包含用户区域中的有线网络用户和无线网络用户；第 2 条规则所允许的来源地址段范围是 172.16.64.0 ～ 172.16.65.255，该范围包含数据中心区域的服务器。

**步骤 5**：配置园区网边界路由器 O-R-2。

此步骤用来完成 NAT 相关配置，主要包括配置路由器 O-R-2 的互联网接口 IP 地址，添加并通告默认路由、配置 NAT 服务等。

```
//配置与互联网相连的接口的 IP 地址
<O-R-2>system-view
[O-R-2]interface GigabitEthernet 2/0/0
[O-R-2-GigabitEthernet2/0/0]ip address 192.168.31.101 24
[O-R-2-GigabitEthernet2/0/0]quit

//添加一条默认路由，此处用于对互联网的访问，其下一跳地址是本地实体主机的默认网关地址
[O-R-2] ip route-static 0.0.0.0 0.0.0.0 192.168.31.1

//在 OSPF 中引入默认路由，并发布到整个普通 OSPF 区域
[O-R-2]ospf 1
[O-R-2-ospf-1]default-route-advertise always
[O-R-2-ospf-1]quit


//以下进行 NAT 配置
//创建访问控制规则，其编号是 2000，进入 ACL 视图
[O-R-2]acl 2000
//创建规则，该规则仅允许（permit）来自 192.168.64.0/21 地址段的用户使用 NAT 服务
[O-R-2-acl-basic-2000]rule permit source 192.168.64.0 0.0.7.255
//创建规则，该规则仅允许（permit）来自 172.16.64.0/23 地址段的用户使用 NAT 服务
[O-R-2-acl-basic-2000]rule permit source 172.16.64.0 0.0.1.255
[O-R-2-acl-basic-2000]quit
//在连接互联网的接口上配置 NAT，使得符合 ACL 2000 规则的报文被进行地址转换
[O-R-2]interface GigabitEthernet 2/0/0
[O-R-2-GigabitEthernet2/0/0]nat outbound 2000
[O-R-2-GigabitEthernet2/0/0]quit
[O-R-2]quit
<O-R-2>save
```

**步骤 6**：园区网 NAT 访问互联网通信测试。

使用 Ping 命令测试园区网内各主机通过 NAT 访问互联网上的公共 DNS 服务器（114.114.114.114）的情况，结果见表 2-4-3。可以看出，此时园区网内部主机可以正常访问互联网主机。

表 2-4-3　园区网主机 NAT 访问互联网通信情况

| 序号 | 源设备 | 目的设备 | 通信结果 | 备注 |
|---|---|---|---|---|
| 1 | A-C-1 | 114.114.114.114 | 通 | 有线网用户访问互联网 |
| 2 | A-C-2 | 114.114.114.114 | 通 | 有线网用户访问互联网 |
| 3 | B-C-1 | 114.114.114.114 | 通 | 有线网用户访问互联网 |

| 序号 | 源设备 | 目的设备 | 通信结果 | 备注 |
|------|--------|----------|----------|------|
| 4 | B-C-2 | 114.114.114.114 | 通 | 有线网用户访问互联网 |
| 5 | STA-1 | 114.114.114.114 | 通 | 无线网用户访问互联网 |
| 6 | STA-2 | 114.114.114.114 | 通 | 无线网用户访问互联网 |
| 7 | Server-1 | 114.114.114.114 | 通 | 服务器访问互联网 |
| 8 | Server-2 | 114.114.114.114 | 通 | 服务器访问互联网 |

项目二

# 项目三
## 园区网设备的集中远程管理

### ◉ 项目介绍

在实际的园区网管理工作中，对于部署在园区内部各个地方的网络设备，管理员通常是通过远程登录的方式，实现对网络中设备（例如交换机、路由器等）的远程维护以及集中统一管理，从而降低管理成本。本项目在项目二的基础上，讲解园区网设备集中远程管理的方法以及具体实施。

### ◉ 项目目的

- 掌握通过 Telnet 远程登录网络设备的方法。
- 掌握通过 SSH 远程登录网络设备的方法。
- 掌握通过 SSH 对园区网设备集中远程管理的方法。

### ◉ 项目讲堂

1. 用户界面

1.1　简介

华为网络设备支持的用户界面（User-interface，UI）有 Console 用户界面和 VTY 用户界面。

每个用户界面有对应的用户界面视图。用户界面视图是系统提供的一种命令行视图，用来配置和管理所有工作在异步交互方式下的物理接口和逻辑接口，从而达到统一管理各种用户界面的目的。

1.2　目前系统支持的用户界面

（1）Console（CON）界面。Console 用户界面，用来管理和监控通过 Console 口登录的用户。

控制口（Console Port）是一种通信串行端口，由设备的主控板提供。一块主控板提供一个 Console 口，端口类型为 EIA/TIA-232 DCE。用户终端（即管理机）的串行端口可以与设备 Console 口直接连接，实现对设备的本地访问。

（2）VTY 界面。虚拟类型终端（Virtual Type Terminal，VTY）用户界面用来管理和监控通过 Telnet 或 SSH 方式登录的用户。

虚拟类型终端是一种虚拟线路端口。用户通过终端与设备建立 Telnet 或 SSH 连接后，即建立了一条 VTY，即用户可以通过 VTY 方式登录设备进行本地或远程访问。最多支持 15 个用户同时通过 VTY 方式访问设备。

### 1.3 用户界面的编号

当用户登录设备时，系统会根据此用户的登录方式，自动分配一个当前空闲且编号最小的相应类型的用户界面给这个用户。用户界面的编号有两种方式：相对编号方式和绝对编号方式。

（1）相对编号方式。

相对编号方式的形式是：用户界面类型＋编号。

此种编号方式只能唯一指定某种类型的用户界面中的一个或一组，而不能跨类型操作。相对编号方式遵守的规则如下：

控制口的编号：CON 0。

虚拟线路的编号：第一个为 VTY 0，第二个为 VTY 1，依此类推。

（2）绝对编号方式。绝对编号可以唯一指定一个用户界面或一组用户界面。

绝对编号的起始编号是 0，并按照 CON、VTY 的顺序依次分配。

每个主控板上 CON 口只有一个，但 VTY 类型的用户界面有 20 个（其中 0 ~ 14 用户提供给普通 Telnet/SSH 用户的用户接口，16 ~ 20 是预留给网管用户的接口），可以在系统视图下使用 user-interface maximum-vty 命令设置最大用户界面个数，其缺省值为 5。

### 1.4 用户界面的用户验证

配置用户界面的用户验证方式后，用户登录设备时，网络设备对用户的身份进行验证。

对用户的验证有两种方式：password 验证和 AAA 验证。这两种验证方式分别描述如下：

（1）password 验证：只需要口令，不需要用户名。

（2）AAA 验证：需要用户提供用户名和口令，对 Telnet 用户一般采用 AAA 验证。

### 1.5 用户界面的用户优先级

系统支持对登录用户进行分级管理。与命令的优先级一样，用户的优先级分为 16 个级别，级别标识为 0 ~ 15，标识越高则优先级越高。用户所能访问命令的级别由用户的级别决定。

如果对用户采用 password 验证，登录到设备的用户所能访问的命令级别由登录时的用户界面级别决定；如果对用户采用 AAA 验证，登录到设备的用户所能访问的命令级别由 AAA 配置信息中本地用户的优先级级别决定。

### 2. 用户登录

可以把园区网中的网络设备看作是服务器，用户可通过 Console 口、Telnet、STelnet 或者 Web 方式登录该设备，从而实现对设备的配置与管理。

### 2.1 用户登录的不同方式

用户对设备的管理方式有命令行方式和 Web 网管方式。

命令行方式：通过 Console 口、Telnet 或 STelnet 方式登录设备后，使用设备提供的命令行对设备进行管理和配置。此种方式需要配置相应登录方式的用户界面。

Web 网管方式：通过 HTTP 或 HTTPS 方式登录设备，设备内置一个 Web 服务器，用户从终端通过 Web 浏览器登录到设备，使用设备提供的图形界面，从而非常直观地管理和维护设备。此种方式必须确保设备上已经加载了 Web 网页文件。

Web 网管方式虽然是通过图形界面直观地管理设备，便于用户操作，但提供的是对设备日常维护及管理的基本功能，如果需要对设备进行较复杂或精细的管理，仍然需要使用命令行方式。

2.2　Console 口的应用

网络设备（例如交换机、路由器、防火墙等）的主控板通常都提供一个 Console 口（接口类型为 EIA/TIA-232 DCE），如图 3-0-1 所示。该接口用于管理人员对网络设备进行初始配置时使用。网络管理员可以利用专门的 Console 线缆（图 3-0-2），将计算机上的串行接口（COM 接口）与网络设备的 Console 口连接起来（图 3-0-3），通过远程登录软件（例如本项目中用到的 PuTTY）登录到网络设备，以命令行的方式对设备进行配置。

图 3-0-1　交换机上的 Console 接口

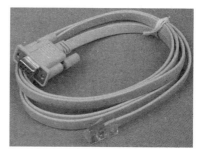

图 3-0-2　Console 线缆

计算机的COM口

图 3-0-3　计算机的 COM 口通过 Console 线缆与交换机的 Console 口连接

使用 Console 口登录网络设备时，由于采用的是串行通信协议，不需要使用 IP 地址，所以，对网络设备进行初次配置时，由于此时网络设备通常没有 IP 地址，这就需要通过 Console 口来登录网络设备并进行配置。

初次配置网络设备时，需要给网络设备配置 IP 地址，这样当该设备部署到园区网中以后，就可以通过远程登录方式（例如 Telnet、SSH）对设备进行远程登录管理了。

### 2.3 Telnet 概述

Telnet 协议在 TCP/IP 协议族中属于应用层协议，通过网络提供远程登录和虚拟终端功能。以服务器/客户端（Server/Client）模式工作，Telnet 客户端向 Telnet 服务器发起请求，Telnet 服务器提供 Telnet 服务。网络设备支持 Telnet 客户端和 Telnet 服务器功能，既可以作为 Telnet 服务器，也提供 Telnet 客户端服务。

### 2.4 STelnet 概述

Telnet 传输过程采用 TCP 协议进行明文传输，缺少安全的认证方式，容易招致 DoS（Denial of Service）、主机 IP 地址欺骗和路由欺骗等恶意攻击，存在很大的安全隐患。

相对于 Telnet，STelnet 基于 SSH2 协议，客户端和服务器端之间经过协商，建立安全连接，客户端可以像操作 Telnet 一样登录服务器端。SSH 通过以下措施实现在不安全网络上提供安全的远程登录：

支持 RSA（Revest-Shamir-Adleman Algorithm）认证方式。客户端需要创建一对密钥（公用密钥和私用密钥），并把公用密钥发送到需要登录的服务器上。服务器使用预先配置的该客户端的公用密钥，与报文中携带的客户端公用密钥进行比较。如果两个公用密钥不一致，服务器断开与客户端的连接。如果两个公用密钥一致，客户端继续使用自己本地密钥对的私用密钥部分，对特定报文进行摘要运算，将所得的结果（即数字签名）发送给服务器，向服务器证明自己的身份。服务器使用预先配置的该客户端的公用密钥，对客户端发送过来的数字签名进行验证。

支持用加密算法 DES（Data Encryption Standard）、3DES、AES128（Advanced Encryption Standard 128）对用户名密码以及传输数据进行加密。

网络设备支持 SSH 服务器功能，可以接收多个 SSH 客户端的连接。同时，设备还支持 SSH 客户端功能，可以与支持 SSH 服务器功能的设备建立 SSH 连接，从而实现从本地设备通过 SSH 登录到远程设备。设备作为 SSH 服务器端时，支持 SSH2 和 SSH1 两个版本。设备作为 SSH 客户端时，只支持 SSH2 版本。

SSH 支持本地连接和广域网连接。

### 2.5 命令行界面下不同登录方式的对比

表 3-0-1 列出了在命令行界面下，Console 口、Telnet 和 STelnet 三种登录方式的对比。

表 3-0-1　命令行界面下不同登录方式的对比

| 登录方式 | 优点 | 缺点 | 应用场景 | 说明 |
|---|---|---|---|---|
| Console 口登录 | 使用专门的 Console 通信线缆连接，保证可以对设备有效控制 | 不能远程登录维护设备 | 当对设备进行第一次配置时，可以通过 Console 口登录设备进行配置。当用户无法进行远程登录设备时，可通过 Console 口进行本地登录 | 通过 Console 口进行本地登录是登录设备最基本的方式，也是其他登录方式的基础。缺省情况下，用户可以直接通过 Console 口本地登录设备，不需要 IP 地址 |

续表

| 登录方式 | 优点 | 缺点 | 应用场景 | 说明 |
|---|---|---|---|---|
| Telnet 登录 | 便于对设备进行远程管理和维护，不需要为每一台设备都连接一个管理终端，方便了用户的操作 | 传输过程采用 TCP 协议进行明文传输，存在安全隐患 | 可将用户终端（即管理机）连接到网络上，使用 Telnet 方式登录设备，进行本地或远程的配置。应用在对安全性要求不高的网络 | 缺省情况下，用户不能通过 Telnet 方式直接登录设备，若需要通过 Telnet 方式登录，可先通过 Console 口本地登录设备，并完成以下配置：确保终端和登录的设备之间路由可达（缺省情况下，设备上没有配置 IP 地址）。配置 Telnet 服务器功能及参数。配置 Telnet 用户登录的用户界面 |
| STelnet 登录 | STelnet 协议实现在不安全网络上提供安全的远程登录，保证了数据的完整性和可靠性，保证了数据的安全传输 | 配置较复杂 | 如果网络对于安全性要求较高，可以通过 STelnet 方式登录设备。STelnet 基于 SSH（Secure Shell）协议，提供安全的信息保障和强大认证功能，保护设备不受 IP 欺骗等攻击 | 缺省情况下，用户不能通过 STelnet 方式直接登录设备。若需要通过 STelnet 方式登录设备，可以先通过 Console 口本地登录或 Telnet 远程登录设备，并完成以下配置：确保终端和登录的设备之间路由可达（缺省情况下，设备上没有配置 IP 地址）。配置 STelnet 服务器功能及参数。配置 SSH 用户登录的用户界面。配置 SSH 用户 |

### 2.6　Web 网管概述

为了方便用户对设备的维护和使用，网络设备通常支持 Web 网管功能。设备内置一个 Web 服务器，与设备相连的终端（即管理机）可以通过 Web 浏览器访问设备。

管理机可以通过 HTTP 或 HTTPS 从终端登录至设备，实现通过图形化界面对设备进行管理和维护。配置 HTTPS 和 HTTP 方式，需要在作为服务器的设备上部署 SSL 策略，并加载数字证书，数字证书主要用来实现客户端对服务器端身份的验证。用户可以直接使用设备提供的 SSL 证书和默认的 SSL 策略。

如果需要通过 HTTP 或 HTTPS 方式登录设备，需要完成以下配置：

（1）确保网络设备已加载了 Web 网页文件。

（2）配置使能 HTTP/HTTPS 服务（缺省情况下，HTTP 及 HTTPS 服务功能未使能）。

（3）配置 HTTP 用户，包括用户名和登录密码。

# 任务一　通过 Telnet 登录交换机

## 【任务介绍】

通过 Telnet 方式从用户终端登录到交换机，实现对网络中交换机的远程维护。

【任务目标】

1. 完成交换机管理地址的配置。

2. 实现用户终端（管理机）通过 Telnet 登录交换机。

【拓扑规划】

1. 网络拓扑

任务一的拓扑如图 3-1-1 所示。

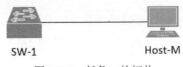

SW-1          Host-M

图 3-1-1  任务一的拓扑

2. 拓扑说明

网络拓扑说明见表 3-1-1。

表 3-1-1  网络拓扑说明

| 序号 | 设备名称 | 设备类型 | 规格型号 |
|------|----------|----------|----------|
| 1 | SW-1 | 交换机 | S3700 |
| 2 | Host-M | 用户终端（管理机） | 本地实体机 |

将 eNSP 中的云设备与本地计算机（实体机）上的虚拟网卡绑定以后，可以实现本地主机与 eNSP 中模拟的网络设备（例如交换机、路由器）之间的通信。所以此处使用本地实体机作为管理机。

【网络规划】

1. 交换机接口与 VLAN

交换机接口与 VLAN 规划见表 3-1-2。

表 3-1-2  交换机接口与 VLAN 规划

| 序号 | 交换机 | 接口 | VLAN ID | PVID | 备注 |
|------|--------|------|---------|------|------|
| 1 | SW-1 | Ethernet 0/0/1 | 1000 | 1000 | 配置成管理 VLAN |

说明：当用户远程管理交换机时，需要在交换机上设置 Vlanif 接口并配置 IP 地址作为设备管理 IP。通过管理 IP 可以 Telnet 到交换机上进行管理操作。但是，若交换机上其他接口相连的用户也加入 Vlanif 接口所对应的 VLAN，并配置相应的 IP 地址，则也可以访问该交换机，从而增加了交换机的不安全因素。

这种情况下可以将 Vlanif 接口对应的 VLAN 设置为管理 VLAN（使用 management-vlan 命令）。

管理 VLAN 只允许 Trunk 和 Hybrid 类型接口加入，不允许 Access 类型和 Dot1q-tunnel 类型接口加入。由于 Access 类型和 Dot1q-tunnel 类型通常用于连接用户，限制这两种类型接口加入管理。

2. IP 地址

IP 地址规划见表 3-1-3。

表 3-1-3　IP 地址规划

| 序号 | 设备接口名称 | IP 地址/子网掩码 | 备注 |
|---|---|---|---|
| 1 | Host-M（虚拟网卡） | 10.0.255.253 /24 | 本地主机新增的虚拟网卡 |
| 2 | SW-1 Vlanif1000 | 10.0.255.254 /24 | SW-1 的虚拟接口 |

说明：

（1）此处保留本地主机上原有的虚拟网卡，通过 VirtualBox 新增一个虚拟网卡。

（2）因为 Host-M 与 SW-1 直接相连，即 Host-M 的虚拟网卡与 SW-1 的 VLANIF1000（虚拟接口）处于同一个广播域内，所以它们的 IP 地址属于同一网段。

（3）本任务可以不考虑本地主机上实体网卡的 IP 地址配置。

3. 登录用户及密码

用户及密码规划见表 3-1-4。

表 3-1-4　用户及密码规划

| 序号 | 用户 | 密码 |
|---|---|---|
| 1 | user_tel | abc@123 |

【操作步骤】

**步骤 1**：配置本地主机上的虚拟网卡。

（1）查看本地主机的虚拟网卡。本任务中，通过本地机（实体机）的虚拟网卡与 eNSP 中的云设备绑定，实现本地主机对 eNSP 中网络设备的访问。本书中，本地主机安装的是 Windows 10（64 位）操作系统。单击屏幕左下角的【开始】→【设置】→【网络和 Internet】→【以太网】→【更改适配器选项】，打开【网络连接】窗口，可以看到本地主机上的网卡信息。其中【VirtualBox Host-Only Network #2】就是虚拟网卡，如图 3-1-2 所示。

图 3-1-2　本地机中的虚拟网卡

安装 eNSP 之前，必须先安装虚拟化软件 VirtualBox。该虚拟网卡是在安装 VirtualBox 软件时，自动安装在本地主机上的。此处虚拟网卡名字后面的"#2"是作者计算机上的配置，读者在实践时可能有所不同。

（2）增加一个新的虚拟网卡。启动 VirtualBox 软件，单击右上方的【全局工具】，如图 3-1-3 所示，然后再单击【创建】即可创建新的虚拟网卡，如图 3-1-4 所示。注意不要启用虚拟网卡的 DHCP 服务器。

图 3-1-3  在 VirtualBox 软件界面中单击【全局工具】

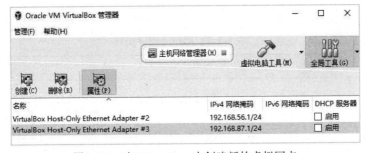

图 3-1-4  在 VirtualBox 中创建新的虚拟网卡

安装 VirtualBox 时自动安装的虚拟网卡（此处指 VirtualBox Host-Only Network #2），其 IP 地址是 192.168.56.1 /24，如果改动该网卡信息，可能会造成 eNSP 中的路由器等设备无法正常启动，因此本项目保持原虚拟网卡不变，新增一个虚拟网卡。

新创建的虚拟网卡会顺序编号，并被自动分配一个 192.168.0.0 /24 网段的 IP 地址，此处为 192.168.87.1/24。

（3）修改虚拟网卡的 IP 地址。根据 IP 地址的规划，将虚拟机网卡【VirtualBox Host-Only Network #3】的 IP 地址修改为 10.0.255.253，子网掩码为 255.255.255.0，由于 Host-M 的虚拟网卡 IP 和 SW-1 的管理 IP 在同一网段，因此此处可不配置默认网关的 IP 地址。

（4）重启计算机。此处必须重启计算机，否则在配置 eNSP 中的 Cloud（云）设备时，不显示新增加的虚拟网卡。

**步骤 2**：将管理机接入 eNSP 网络。

（1）在 eNSP 中部署交换机设备和 Cloud 设备。启动 eNSP，新建网络拓扑，添加 1 台 S3700 交换机并将其命名为 SW-1。添加一个 Cloud 设备并将其命名为 Cloud-1，如图 3-1-5 所示。注意，由于此时尚未配置 Cloud-1，所以交换机 SW-1 与 Cloud-1 暂时无法连接。

（2）配置 eNSP 中的 Cloud 设备。eNSP 中提供了一种特殊的设备：Cloud。Cloud 仿佛是一座桥梁，将 VirtualBox 中的虚拟机或本地实体机接入到 eNSP 的仿真网络中，实现网络通信。Cloud 具体配置方式如下。

图 3-1-5　在 eNSP 中部署交换机设备和云设备

双击 Cloud 设备图标，打开 IO 配置窗口，如图 3-1-6 所示。

图 3-1-6　双击打开 Cloud 设备的 IO 配置窗口

首先添加一个 UDP 端口。在【绑定信息】下拉框中选择"UDP"，【端口类型】选择"Ethernet"，然后单击右侧的【增加】按钮，即可在端口列表中显示第一个端口信息，如图 3-1-7 所示。

图 3-1-7　在 IO 配置窗口中绑定 UDP 端口

接下来添加本地机上的虚拟网卡接口。在【绑定信息】下拉框中选择"VirtualBox Host-Only Network #3- IP：10.0.255.253"，【端口类型】选择"Ethernet"，然后单击右侧的【增加】按钮，即可在端口列表中显示第二个端口信息，如图 3-1-8 所示。

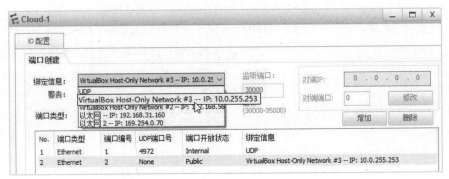

图 3-1-8　在 IO 配置窗口中绑定虚拟网卡接口

在下方的【端口映射设置】中，将【入端口编号】和【出端口编号】分别设置为 1 和 2，【端口类型】保持不变，并将【双向通道】的复选框中打上对勾，然后单击【增加】，则右侧的【端口映射表】中可显示出端口映射信息，如图 3-1-9 所示。关闭该窗口。

图 3-1-9　设置端口映射

（3）完成 SW-1 与 Cloud-1 之间的连接。Cloud 配置结束后，就可以将交换机 SW-1 的 Ethernet 0/0/1 与 Cloud-1 的 Ethernet 0/0/1 接口连接，完成后的网络拓扑，如图 3-1-10 所示。单击【保存】按钮，保存刚刚建立好的网络拓扑。

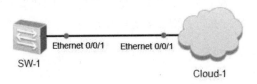

图 3-1-10　Cloud 设备与交换机连接

**步骤 3**：配置交换机 SW-1 的管理 VLAN 及 IP 地址。

```
//进入系统视图，关闭信息中心，修改设备名称为 SW-1
<Huawei>system-view
Enter system view, return user view with Ctrl+Z.
```

```
[Huawei]undo info-center enable
Info: Information center is disabled.
[Huawei]sysname SW-1

//创建 VLAN1000，并将其设置为管理 VLAN，并配置 VLANIF1000 的 IP 地址
[SW-1]vlan 1000
[SW-1-vlan1000]management-vlan
[SW-1-vlan1000]quit
[SW-1]interface vlanif 1000
[SW-1-Vlanif1000]ip address 10.0.255.254 24
[SW-1-Vlanif1000]quit

//将 Ethernet0/0/1 接口设置为 Trunk 模式并划入 VLAN1000，其 PVID 值设置为 1000
[SW-1]interface Ethernet0/0/1
[SW-1-Ethernet0/0/1]port link-type trunk
[SW-1-Ethernet0/0/1]port trunk pvid vlan 1000
[SW-1-Ethernet0/0/1]port trunk allow-pass vlan 1000
[SW-1-Ethernet0/0/1]quit
```

> 配置二层交换机的管理 IP 时，包括 3 步：创建管理 VLAN、配置管理 VLAN 的 Vlanif 接口 IP 地址、在管理 VLAN 中添加接口并且该接口必须连接一个已经启动的设备。
>
> 因为此处 VLAN1000 被配置成管理 VLAN，所以 Ethernet0/0/1 接口需要设置成 Trunk 或 Hybrid 模式。
>
> Ethernet0/0/1 的 PVID 值设置为 1000，是为了 Host-M 发出的数据帧进入 SW-1 时被添加上 VLAN1000 标记，从而能够访问 SW-1 的 Vlanif 接口。

**步骤 4：**在 SW-1 上进行 Telnet 登录相关配置

当用户通过 Telnet 协议登录远程交换机时，需要在交换机上启用 Telnet 服务，设置用户认证方式（此处为 AAA 认证）并创建用户及登录密码。具体操作命令如下：

```
//启动 Telnet 服务
[SW-1]telnet server enable
Info: The Telnet server has been enabled.

//进入虚拟终端（vty）视图，并进行相关配置，此处默认有 0~4 共 5 个虚拟终端。
[SW-1]user-interface vty 0 4
//设置用户登录验证方式为 aaa
[SW-1-ui-vty0-4]authentication-mode aaa
//配置 VTY 用户界面支持 Telnet 协议。
[SW-1-ui-vty0-4]protocol inbound telnet
[SW-1-ui-vty0-4]quit
```

```
//进入 aaa 视图，并进行登录验证相关配置
[SW-1]aaa
//添加用户 user_tel，并设置密码为 abc@123，密码设置方式是密文
[SW-1-aaa]local-user user_tel password cipher abc@123
Info: Add a new user.
//设置 xcg 用户的优先级为 15
[SW-1-aaa]local-user user_tel privilege level 15
//设置 xcg 用户的服务模式是 telnet
[SW-1-aaa]local-user user_tel service-type telnet
[SW-1-aaa]quit
[SW-1]quit
<SW-1>save
```

**步骤 5**：通过 Telnet 登录交换机 SW-1。

（1）测试管理机与交换机之间的网络连通性。Telnet 登录交换机之前，必须保证管理机与被管理设备之间网络可达。在本地主机执行"ping 10.0.255.254"命令，可以看出，此时本地主机可以访问交换机 SW-1，如图 3-1-11 所示。

图 3-1-11　测试本地主机与被管理设备之间的网络连通性

（2）在管理机上安装远程登录软件 PuTTY。PuTTY 是一个远程登录客户端软件，支持 Telnet、SSH、rlogin、纯 TCP 以及串行接口连接。本任务在本地主机上安装 PuTTY 软件，并通过 PuTTY 的 Telnet 功能登录交换机 SW-1。

（3）通过 Telnet 登录 SW-1。在本地主机上启动 PuTTY，在右侧的连接类型中选择【Telnet】，然后输入交换机 SW-1 的管理 IP 地址"10.0.255.254"，如图 3-1-12 所示，然后单击下方的【Open】按钮。

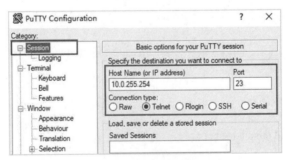

图 3-1-12　PuTTY 的连接界面

在 PuTTY 的 Telnet 登录界面中，输入用户名"user_tel"和密码"abc@123"，实现登录交换机，如图 3-1-13 所示。

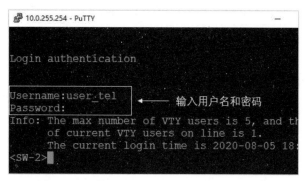

图 3-1-13　输入 Telnet 用户名和密码完成登录

　输入密码时，屏幕上不显示密码内容。

**步骤 6：** 增加远程登录的安全管理。

网络管理员可以根据使用需求或出于对设备安全性的考虑，配置 VTY 用户界面的相关安全属性。此处在 SW-1 上进行登录安全相关配置，在前面配置的基础上，限制只允许 10.0.255.251 这个 IP 地址的用户登录交换机，并且登录后，如果用户连续超过 3 分钟未对交换机进行操作，将自动断开与交换机的连接。

```
//制定访问控制（ACL）规则，其编号为 2000，并进入 ACL 视图
[SW-1]acl 2000
//限制只允许 IP 地址为 10.0.255.251 用户登录交换机，地址后面的"0"表示单个主机
[SW-1-acl-basic-2000]rule permit source 10.0.255.251 0
[SW-1-acl-basic-2000]quit
//进入虚拟终端（vty）视图，此处默认有 0～4 共 5 个虚拟终端
[SW-1]user-interface vty 0 4
//在登录交换机时启用 acl 2000 规则
[SW-1-ui-vty0-4]acl 2000 inbound
//如果用户超过 3 分钟未对交换机进行操作，将断开与交换机的连接
[SW-1-ui-vty0-4]idle-timeout 3
[SW-1-ui-vty0-4]quit
[SW-1]quit
<SW-1>save
```

配置完成后，可以看到此时本地主机仍然可以 Ping 通交换机 SW-1，但无法通过 Telnet 登录。

将本地主机的虚拟网卡（注意不是实体网卡！）【VirtualBox Host-Only Network #3】的 IP 地址改为 10.0.255.251/24，然后再次以 Telnet 方式登录 SW-1，可以发现此时本地主机又能够正常登录。

也可以限制只允许某个网段的 IP 地址登录，例如在上面的 ACL 2000 视图中，执行命令 rule permit source 10.0.255.248 0.0.0.7（0.0.0.7 表示子网掩码为 255.255.255.248），表示只允许 10.0.255.248～10.0.255.254 范围内的 IP 登录。

步骤 7：抓包分析 Telnet 登录报文。

先在 SW-1 的 Ethernet 0/0/1 接口处启动抓包程序，然后再次通过 PuTTY 软件以 Telnet 方式登录。查看所抓取的 Telnet 登录过程报文，注意，在 Wireshark 的过滤框中输入"telnet"，只显示 telnet 报文，如图 3-1-14 所示。下面对其中部分报文内容进行分析。

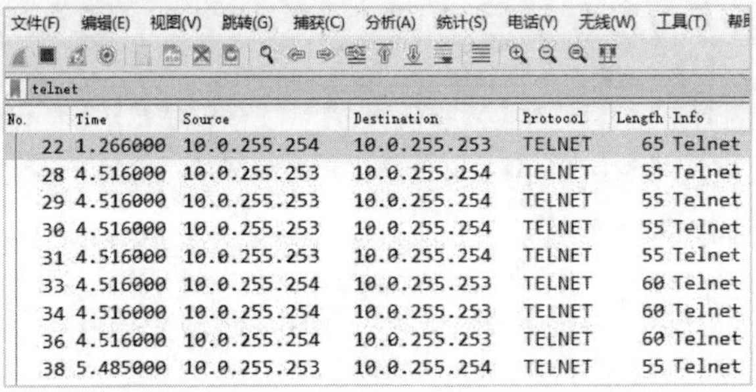

图 3-1-14　在 SW-1 的 Ethernet0/0/1 接口处抓取的 telnet 登录报文

（1）第 22 号报文：这是 SW-1（10.0.255.254）发往本地主机（10.0.255.253）的报文。单击查看该报文的内容，可以看到在【Telnet】项中显示"Data：Username"，如图 3-1-15 所示。表明这是 SW-1 在要求管理机输入登录用户名。

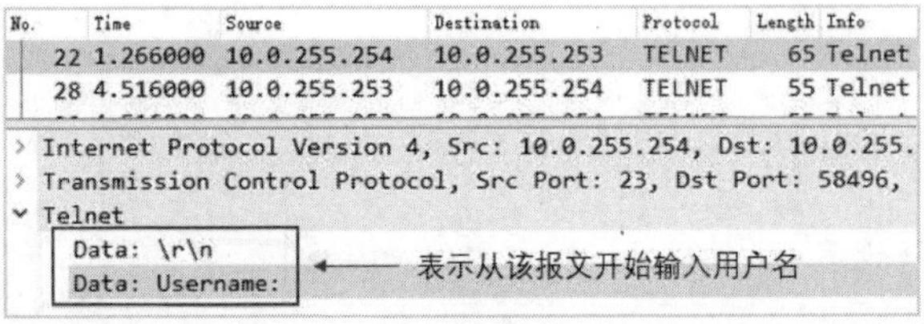

图 3-1-15　报文中显示输入用户名"Username："

（2）第 28 号报文：这是本地主机（10.0.255.253）发往 SW-1（10.0.255.254）的报文。单击查看该报文的内容，可以看到在【Telnet】项中显示"Data：u"，如图 3-1-16 所示。"u"是登录用户名"user_tel"的第 1 个字母。

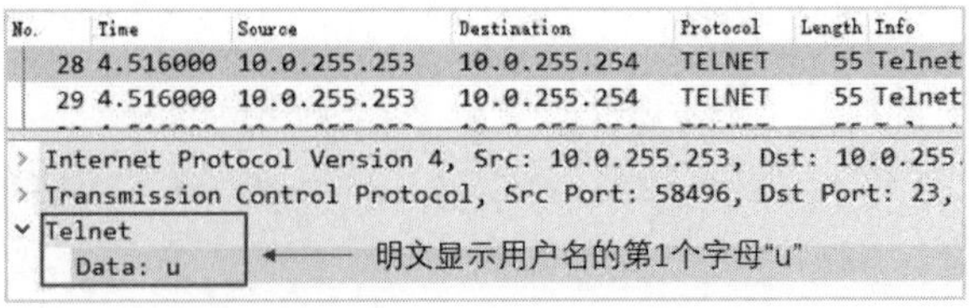

图 3-1-16　报文中以明文方式显示用户名的第 1 个字母"u"

（3）第 29 号报文：这是本地主机（10.0.255.253）发往 SW-1（10.0.255.254）的报文。可以看到在【Telnet】项中显示"Data：s"，如图 3-1-17 所示。"s"是登录用户名"user_tel"的第 2 个字母。

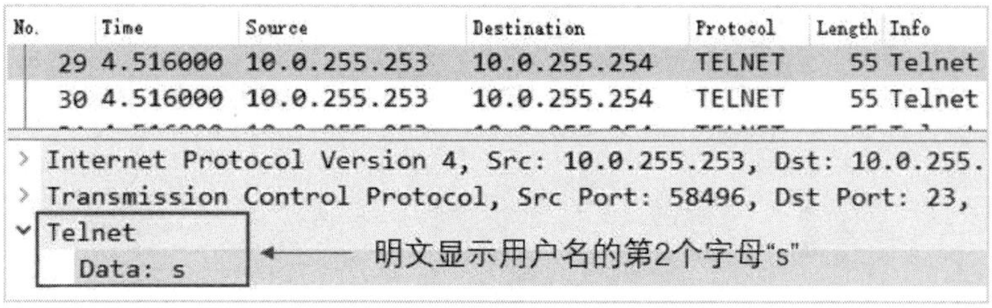

| No. | Time | Source | Destination | Protocol | Length | Info |
|---|---|---|---|---|---|---|
| 29 | 4.516000 | 10.0.255.253 | 10.0.255.254 | TELNET | 55 | Telnet |
| 30 | 4.516000 | 10.0.255.253 | 10.0.255.254 | TELNET | 55 | Telnet |

> Internet Protocol Version 4, Src: 10.0.255.253, Dst: 10.0.255.
> Transmission Control Protocol, Src Port: 58496, Dst Port: 23,
∨ Telnet
　　Data: s　　←── 明文显示用户名的第2个字母"s"

图 3-1-17　报文中以明文方式显示用户名的第 2 个字母"s"

继续查看后续报文的内容，可以看到用户在通过 Telnet 登录 SW-1 时所输入的用户名和密码的完整内容，而且都是以明文方式显示。

结论：由上述抓包分析可以看出，使用 Telnet 方式登录，其报文传输过程采用明文传输（包括用户名和密码），存在安全隐患。

# 任务二　通过 SSH 登录网络设备

【任务介绍】

Telnet 在传输过程采用 TCP 进行明文传输，存在很大的安全隐患。与 Telnet 相比，SSH 提供了在一个传统不安全的网络环境中，服务器通过对客户端的认证及双向的数据加密，为网络终端访问提供了安全的服务。本任务通过 SSH 协议从用户终端（管理机）登录到网络中的交换机，实现对网络设备的安全访问。

【任务目标】

1．完成交换机管理地址的配置。
2．实现用户终端（管理机）通过 SSH 跨网络登录交换机。

【拓扑规划】

1．网络拓扑
任务二的拓扑如图 3-2-1 所示。

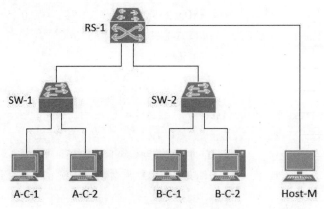

图 3-2-1　任务二的拓扑

2. 拓扑说明

网络拓扑说明见表 3-2-1。

表 3-2-1　网络拓扑说明

| 序号 | 设备名称 | 设备类型 | 规格型号 |
|------|---------|---------|---------|
| 1 | SW-1～SW-2 | 二层交换机 | S3700 |
| 2 | RS-1 | 三层交换机 | S5700 |
| 3 | A-C-1～A-C-2 | 用户主机 | PC |
| 4 | B-C-1～B-C-2 | 用户主机 | PC |
| 5 | Host-M | 用户终端（管理机） | 本地实体机 |

【网络规划】

1. 交换机接口与 VLAN

交换机接口与 VLAN 规划见表 3-2-2。

表 3-2-2　交换机接口与 VLAN 规划

| 序号 | 交换机 | 接口名称 | VLAN ID | 接口类型 |
|------|--------|---------|---------|---------|
| 1 | SW-1 | Ethernet 0/0/1 | 11 | Access |
| 2 | SW-1 | Ethernet 0/0/2 | 12 | Access |
| 3 | SW-1 | GE 0/0/1 | 11、12、1000 | Trunk |
| 4 | SW-1 | Vlanif1000 | 1000 | 虚拟接口 |
| 5 | SW-2 | Ethernet 0/0/1 | 13 | Access |
| 6 | SW-2 | Ethernet 0/0/2 | 14 | Access |

续表

| 序号 | 交换机 | 接口名称 | VLAN ID | 接口类型 |
|---|---|---|---|---|
| 7 | SW-2 | GE 0/0/1 | 13、14、1000 | Trunk |
| 8 | SW-2 | Vlanif1000 | 1000 | 虚拟接口 |
| 9 | RS-1 | GE 0/0/1 | 11、12、1000 | Trunk |
| 10 | RS-1 | GE 0/0/2 | 13、14、1000 | Trunk |
| 11 | RS-1 | GE 0/0/24 | 1001 | Trunk / PVID=1001 |
| 12 | RS-1 | Vlanif11 | 11 | 虚拟接口 |
| 13 | RS-1 | Vlanif12 | 12 | 虚拟接口 |
| 14 | RS-1 | Vlanif13 | 13 | 虚拟接口 |
| 15 | RS-1 | Vlanif14 | 14 | 虚拟接口 |
| 16 | RS-1 | Vlanif1000 | 1000 | 虚拟接口 |
| 17 | RS-1 | Vlanif1001 | 1001 | 虚拟接口 |

**提醒**　　本任务中，管理机 Host-M 接入三层交换机 RS-1，与其 Vlanif1001（虚拟接口）进行通信。为加强安全管理，将 RS-1 的 VLAN1001 设置为管理 VLAN（使用 management-vlan 命令），将 GE 0/0/24 接口设置为 Trunk 类型且其 PVID 值=1001，这样 Host-M 发出的数据帧进入 RS-1 的 GE0/0/24 接口时被添加上 VLAN1001 标记，从而能够访问 RS-1 的 Vlanif1001 接口。

2. IP 地址

IP 地址规划见表 3-2-3。

表 3-2-3　IP 地址规划

| 序号 | 设备接口名称 | IP 地址/子网掩码 | 备注 |
|---|---|---|---|
| 1 | A-C-1 | 192.168.64.10 /24 | 用户主机 IP |
| 2 | A-C-2 | 192.168.65.10 /24 | 用户主机 IP |
| 3 | B-C-1 | 192.168.66.10 /24 | 用户主机 IP |
| 4 | B-C-1 | 192.168.67.10 /24 | 用户主机 IP |
| 5 | SW-1　Vlanif1000 | 10.0.255.1 /28 | 虚拟接口，二层交换机 SW-1 的管理 IP |
| 6 | SW-2　Vlanif1000 | 10.0.255.2 /28 | 虚拟接口，二层交换机 SW-2 的管理 IP |
| 7 | RS-1　Vlanif11 | 192.168.64.254 /24 | 虚拟接口，作为 VLAN11 的默认网关 |
| 8 | RS-1　Vlanif12 | 192.168.65.254 /24 | 虚拟接口，作为 VLAN12 的默认网关 |
| 9 | RS-1　Vlanif13 | 192.168.66.254 /24 | 虚拟接口，作为 VLAN13 的默认网关 |

项目三

续表

| 序号 | 设备接口名称 | | IP 地址/子网掩码 | 备注 |
|---|---|---|---|---|
| 10 | RS-1 | Vlanif14 | 192.168.67.254 /24 | 虚拟接口，作为 VLAN14 的默认网关 |
| 11 | RS-1 | Vlanif1000 | 10.0.255.14 /28 | 虚拟接口，作为 RS-1 下联交换机管理 IP 的默认网关 |
| 12 | RS-1 | Vlanif1001 | 10.0.255.254 /30 | 虚拟接口，与 Host-M 互联通信 |
| 13 | RS-1 | LoopBack0 | 10.0.255.64 /32 | 虚拟接口，三层交换机 RS-1 的管理 IP |
| 14 | Host-M（虚拟网卡） | | 10.0.255.253 /30 | 本地主机新增的虚拟网卡 |

说明：

（1）本任务中，园区网中的用户分别属于 VLAN11～VLAN14，IP 地址分别使用 192.168.64.0/24～192.168.67.0/24 网段，各 VLAN 的默认网关设置在三层交换机 RS-1 上。

（2）三层交换机 RS-1 下联的各二层交换机，其管理 IP 地址使用 10.0.255.0/28 网段，IP 地址范围是 10.0.255.1～10.0.255.13，10.0.255.14/28 作为二层交换机的默认网关，配置在三层交换机 RS-1 上，即 VLANIF1000。

（3）在三层交换机 RS-1 上配置 Vlanif1001 接口，作为 RS-1 与管理机连接并通信的接口，其 IP 地址与管理机（即本地主机的虚拟网卡）的 IP 地址在同一网段 10.0.255.252/30。

（4）在三层交换机 RS-1 上配置 LoopBack 接口，作为 RS-1 的管理 IP 地址。

LoopBack 接口又被称为本地环回接口，是一个类似物理接口的逻辑虚接口。它的特点是始终是 up 状态，除了用于线路的环回测试外，通常还将此类接口作为路由器的管理 IP 地址。网络管理员完成网络规划之后，为了方便管理，通常会为每一台路由器创建一个 LoopBack 接口，并在该接口上单独指定一个 IP 地址作为管理地址，并使用该地址对路由器进行远程登录（例如 Telnet、SSH）管理。

通常每台路由器上存在众多接口和地址，管理机只要路由可达这些接口，就可以登录路由器。之所以通常不从这些接口的 IP 地址当中选取一个作为路由器的管理 IP，是因为若这个接口由于故障 down 掉了（接口所连接的设备故障或关闭，也会造成该接口 down 掉），管理机就无法通过该接口访问路由器。但是，LoopBack 接口是永远不会 down 掉的，因此只要管理机能够路由可达路由器（不论通过路由器的哪个接口），都可以访问到 LoopBack 接口并通过 LoopBack 接口登录路由器。同时，由于 LoopBack 接口没有与对端设备互联互通的需求，所以为了节约地址资源，LoopBack 接口的地址通常指定 32 位地址掩码。

三层交换机上（例如此处的 S5700）也存在 LoopBack 接口，与路由器相同，也可配置 IP 地址并作为三层交换机的管理 IP。

3. 登录用户及密码

用户及密码规划见表 3-2-4。

表 3-2-4　用户及密码规划

| 序号 | 用户 | 密码 |
|---|---|---|
| 1 | user_ssh | abc@123 |

【操作步骤】

步骤 1：配置本地主机上的虚拟网卡。

本任务中，在配置 eNSP 的 Cloud 设备时，绑定本项目任务一中通过 VirtualBox 新增的虚拟网卡【VirtualBox Host-Only Network #3】。安装 VirtualBox 时自动生成的虚拟网卡保留不变。

根据 IP 地址的规划，将虚拟网卡【VirtualBox Host-Only Network #3】的 IP 地址设置为 10.0.255.253，子网掩码为 255.255.255.252。

> **注意**　由于本任务中要远程登录的各交换机的 IP 地址不在同一网段，因此必须给该虚拟网卡配置默认网关，此处将三层交换机 RS-1 上的 VLANIF1001 接口地址（即 10.0.255.254）作为本地主机虚拟网卡的默认网关地址。

步骤 2：配置本地主机的实体网卡。

本任务中并不需要用到本地主机的实体网卡，但是由于本地主机上的虚拟网卡和实体网卡都配置了默认网关，相当于在本地主机上配置了两条默认路由，并且下一跳地址很可能是不相同的，从而造成管理机（即本地主机）无法正常访问 eNSP 网络中与本地主机虚拟网卡的 IP 地址不在同一网段的那些网络设备。此处可采用以下任意一种方法解决该问题。

方法 1：将本地主机实体网卡禁用。

方法 2：将本地主机实体网卡配置的默认网关删掉。

这两种方法会造成本地主机无法正常访问 Internet。

方法 3：保持本地主机实体网卡的原有配置不变（即保持正常上网连接），在本地主机上添加一条静态路由，用来替代虚拟网卡的默认网关。在本地主机（Windows 10 操作系统）上添加静态路由的操作如下：

单击屏幕左下角的【开始】按钮，在【开始】菜单中找到【Windows 系统】→【命令提示符】，右击【命令提示符】，然后单击【更多】→【以管理员身份运行】，打开命令提示符窗口，如图 3-2-2 所示。

在命令提示符窗口中输入命令"route add 10.0.255.0 mask 255.255.255.0 10.0.255.254"（其含义：到达 10.0.255.0/24 这个网络，其下一跳地址是 10.0.255.254）。添加完成后，使用"route print"命令查看本地主机路由表，可以看到增加了一条到达 10.0.255.0 网络的静态路由，其下一跳（网关）是 10.0.255.254，如图 3-2-3 所示。

图 3-2-2　以管理员身份运行命令提示符程序

图 3-2-3　增加了一条到达 10.0.255.0 /24 的静态路由

**步骤 3**：在 eNSP 中部署网络并接入管理机。

启动 eNSP，根据本任务的【拓扑规划】添加网络设备并连线，启动全部设备。

双击 Cloud-1 设备图标，打开 IO 配置窗口，绑定本项目任务一中通过 VirtualBox 新增的虚拟网卡【VirtualBox Host-Only Network #3】，然后将 Cloud-1 接入三层交换机 RS-1。

本任务在 eNSP 中的拓扑图如图 3-2-4 所示。

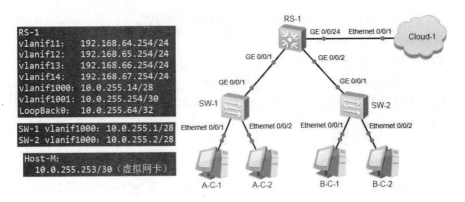

图 3-2-4　任务二在 eNSP 中的网络拓扑

**步骤 4**：配置网络用户的 IP 地址。

根据 IP 地址的规划，配置用户主机 A-C-1、A-C-2、B-C-1、B-C-2 的 IP 地址、子网掩码、默认网关信息。

提醒

　　对网络设备进行远程登录管理之前要做到两点：一是给各网络设备配置管理 IP 并实现管理机与各网络设备之间网络可达；二是网络设备上已经配置好相应的登录服务（例如 SSH 或 Telnet）。在实际组网中，上述操作可通过网络设备的 Console 接口完成。

　　下面的步骤 5～步骤 8，用来实现用户之间以及管理机与网络设备之间的网络可达，步骤 9～步骤 12 用来实现网络设备上的 SSH 登录服务配置。

**步骤 5：**配置交换机 SW-1 的网络通信参数。

```
//进入系统视图，关闭信息中心，修改设备名称为 SW-1
<Huawei>system-view
[Huawei]undo info-center enable
[Huawei]sysname SW-1

//创建用户 VLAN，包括 VLAN11、VLAN12，在各 VLAN 中添加接口
[SW-1]vlan batch 11 12
Info: This operation may take a few seconds. Please wait for a moment...done.
[SW-1]interface Ethernet0/0/1
[SW-1-Ethernet0/0/1]port link-type access
[SW-1-Ethernet0/0/1]port default vlan 11
[SW-1-Ethernet0/0/1]quit
[SW-1]interface Ethernet0/0/2
[SW-1-Ethernet0/0/2]port link-type access
[SW-1-Ethernet0/0/2]port default vlan 12
[SW-1-Ethernet0/0/2]quit

//创建交换机 SW-1 的管理 VLAN（此处是 VLAN1000），并配置管理 IP
[SW-1]vlan 1000
[SW-1-vlan1000]management-vlan
[SW-1-vlan1000]quit
[SW-1]interface vlanif 1000
[SW-1-Vlanif1000]ip address 10.0.255.1 28
[SW-1-Vlanif1000]quit

//将连接 RS-1 的接口配置成 Trunk 类型，允许 VLAN11、VLAN12、VLAN1000 的数据帧通过
[SW-1]interface GigabitEthernet 0/0/1
[SW-1-GigabitEthernet0/0/1]port link-type trunk
[SW-1-GigabitEthernet0/0/1]port trunk allow-pass vlan 11 12 1000
[SW-1-GigabitEthernet0/0/1]quit

//配置默认路由，使得从 SW-1 返回管理机的报文能够到达上联的三层交换机 RS-1，进而被路由到管理
机。此处的 10.0.255.14 是三层交换机 RS-1 的 VLANIF1000 的 IP 地址（也可以理解为 SW-1 的默认网关）
[SW-1] ip route-static 0.0.0.0 0.0.0.0 10.0.255.14
```

```
[SW-1]quit
<SW-1>save
```

**步骤 6**：配置交换机 SW-2 的网络通信参数。

```
//进入系统视图，关闭信息中心，修改设备名称为 SW-2
<Huawei>system-view
[Huawei]undo info-center enable
[Huawei]sysname SW-2

//创建用户 VLAN，包括 VLAN13、VLAN14，在各 VLAN 中添加接口
[SW-2]vlan batch 13 14
Info: This operation may take a few seconds. Please wait for a moment...done.
[SW-2]interface Ethernet0/0/1
[SW-2-Ethernet0/0/1]port link-type access
[SW-2-Ethernet0/0/1]port default vlan 13
[SW-2-Ethernet0/0/1]quit
[SW-2]interface Ethernet0/0/2
[SW-2-Ethernet0/0/2]port link-type access
[SW-2-Ethernet0/0/2]port default vlan 14
[SW-2-Ethernet0/0/2]quit

//创建交换机 SW-2 的管理 VLAN（此处是 VLAN1000），并配置管理 IP
[SW-2]vlan 1000
[SW-2-vlan1000]management-vlan
[SW-2-vlan1000]quit
[SW-2]interface vlanif 1000
[SW-2-Vlanif1000]ip address 10.0.255.2 28
[SW-2-Vlanif1000]quit

//将连接 RS-1 的接口配置成 Trunk 类型，允许 VLAN13、VLAN14、VLAN1000 的数据帧通过
[SW-2]interface GigabitEthernet 0/0/1
[SW-2-GigabitEthernet0/0/1]port link-type trunk
[SW-2-GigabitEthernet0/0/1]port trunk allow-pass vlan 13 14 1000
[SW-2-GigabitEthernet0/0/1]quit

//配置默认路由，使得从 SW-2 返回管理机的报文能够到达上联的三层交换机 RS-1，进而被路由到管理
机。此处的 10.0.255.14 是三层交换机 RS-1 的 VLANIF1000 的 IP 地址（也可以理解为 SW-2 的默认网关）
[SW-2] ip route-static 0.0.0.0 0.0.0.0 10.0.255.14
[SW-2]quit
<SW-2>save
```

**步骤 7**：配置三层交换机 RS-1 的网络通信参数。

```
//进入系统视图，关闭信息中心，修改设备名称为 RS-1
<Huawei>system-view
```

```
[Huawei]undo info-center enable
[Huawei]sysname RS-1

//创建 VLAN，并配置各 VLAN 的 Vlanif 接口地址
[RS-1]vlan batch 11 12 13 14 1000 1001
Info: This operation may take a few seconds. Please wait for a moment...done.
[RS-1]interface vlanif 11
[RS-1-Vlanif11]ip address 192.168.64.254 24
[RS-1-Vlanif11]quit
[RS-1]interface vlanif 12
[RS-1-Vlanif12]ip address 192.168.65.254 24
[RS-1-Vlanif12]quit
[RS-1]interface vlanif 13
[RS-1-Vlanif13]ip address 192.168.66.254 24
[RS-1-Vlanif13]quit
[RS-1]interface vlanif 14
[RS-1-Vlanif14]ip address 192.168.67.254 24
[RS-1-Vlanif14]quit
[RS-1]interface vlanif 1000
[RS-1-Vlanif1000]ip address 10.0.255.14 28
[RS-1-Vlanif1000]quit
[RS-1]interface vlanif 1001
[RS-1-Vlanif1001]ip address 10.0.255.254 29
[RS-1-Vlanif1001]quit

//配置 LoopBack0 接口的 IP 地址，该地址被作为三层交换机 RS-1 的管理 IP
[RS-1]interface LoopBack 0
[RS-1-LoopBack0]ip address 10.0.255.64 32
[RS-1-LoopBack0]quit

//将连接 SW-1 的接口配置成 Trunk 类型，允许 VLAN11、VLAN12、VLAN1000 的数据帧通过
[RS-1]interface GigabitEthernet 0/0/1
[RS-1-GigabitEthernet0/0/1]port link-type trunk
[RS-1-GigabitEthernet0/0/1]port trunk allow-pass vlan 11 12 1000
[RS-1-GigabitEthernet0/0/1]quit
//将连接 SW-2 的接口配置成 Trunk 类型，允许 VLAN13、VLAN14、VLAN1000 的数据帧通过
[RS-1]interface GigabitEthernet 0/0/2
[RS-1-GigabitEthernet0/0/2]port link-type trunk
[RS-1-GigabitEthernet0/0/2]port trunk allow-pass vlan 13 14 1000
[RS-1-GigabitEthernet0/0/2]quit

//将 VLAN1001 配置成管理 VLAN，连接 Host-M（管理机）的接口配置成 Trunk 类型，允许 VLAN1001
的数据帧通过，PVID=1001
[RS-1]vlan 1001
```

```
[RS-1-vlan1001]management-vlan
[RS-1-vlan1001]quit
[RS-1]interface GigabitEthernet 0/0/24
[RS-1-GigabitEthernet0/0/24]port link-type trunk
[RS-1-GigabitEthernet0/0/24]port trunk allow-pass vlan 1001
[RS-1-GigabitEthernet0/0/24]port trunk pvid vlan 1001
[RS-1-GigabitEthernet0/0/24]quit
[RS-1]quit
<RS-1>save
```

**步骤 8：** 管理机与网络设备之间通信测试。

使用 Ping 命令测试管理机与网络设备之间的通信情况，测试结果见表 3-2-5。

表 3-2-5　管理机与网络设备之间通信测试

| 序号 | 源设备 | 目的设备/接口 | 管理 IP | 通信结果 |
|------|--------|----------------|----------|----------|
| 1 | Host-M | RS-1 / LoopBack | 10.0.255.64 /32 | 通 |
| 2 | Host-M | SW-1 / VLANIF1000 | 10.0.255.1 /28 | 通 |
| 3 | Host-M | SW-2 / VLANIF1000 | 10.0.255.2 /28 | 通 |

**步骤 9：** 在 SW-1 上进行 SSH 登录相关配置。

//使能 STelnet 服务。STelnet 基于 SSH（Secure Shell）协议，是一种安全的 Telnet 服务。SSH 用户可以像使用 Telnet 服务一样操作 STelnet 服务。
```
[SW-1]stelnet server enable
Info: Succeeded in starting the Stelnet server.
```

//制定访问控制（ACL）规则，其编号为 2000，并进入 ACL 视图
```
[SW-1]acl 2000
```
//限制只允许 IP 地址为 10.0.255.253 的主机登录交换机
```
[SW-1-acl-basic-2000]rule permit source 10.0.255.253 0
[SW-1-acl-basic-2000]quit
```

//进入 VTY 用户界面视图
```
[SW-1]user-interface vty 0 4
```
//设置用户验证方式为 AAA 验证
```
[SW-1-ui-vty0-4]authentication-mode aaa
```
//需要配置 VTY 用户界面支持 SSH 协议。缺省情况下，用户界面支持的协议是 Telnet。如果不配置某个或某几个用户界面支持 SSH 协议，则用户不能通过 STelnet 方式登录设备
```
[SW-1-ui-vty0-4]protocol inbound ssh
```
//在登录交换机时启用 acl 2000 规则
```
[SW-1-ui-vty0-4]acl 2000 inbound
```
//如果用户超过 3 分钟未对交换机进行操作，将断开与交换机的连接
```
[SW-1-ui-vty0-4]idle-timeout 3
```

[SW-1-ui-vty0-4]quit

//创建 SSH 用户
[SW-1]ssh user user_ssh
Info: Succeeded in adding a new SSH user.
//配置 SSH 用户认证方式，此处使用 password 验证
[SW-1]ssh user user_ssh authentication-type password
//配置 SSH 用户的服务方式为 STelnet
[SW-1]ssh user user_ssh service-type stelnet

//创建 RSA 密钥对。如果 SSH 用户使用 password 认证，则需要在 SSH 服务器端生成本地 RSA 密钥。密钥对的最小长度均为 512 位，最大长度均为 2048 位。此处设置为 2048 位。
[SW-1]rsa local-key-pair create
The key name will be: SW-1_Host
The range of public key size is (512 ~ 2048).
NOTES: If the key modulus is greater than 512,
　　　　it will take a few minutes.
Input the bits in the modulus[default = 512]:2048
Generating keys...
...............................................................
...............................................................
....................................................+++
.................+++
...................++++++++
..........................++++++++

//进入 AAA 视图
[SW-1]aaa
//创建本地用户并设置密码。因为 SSH 用户的 password 认证依靠 AAA 实现，所以还需要在 AAA 视图下创建与 SSH 用户同名的本地用户
[SW-1-aaa]local-user user_ssh password cipher abc@123
Info: Add a new user.
//设置本地用户的优先级，此处设为 15
[SW-1-aaa]local-user user_ssh privilege level 15
//配置本地用户的接入类型为 SSH
[SW-1-aaa]local-user user_ssh service-type ssh
[SW-1-aaa]quit
[SW-1]quit
<SW-1>save

**步骤 10**：在 SW-2 上进行 SSH 登录相关配置。
配置过程同 SW-1。

**步骤 11**：在 RS-1 上进行 SSH 登录相关配置。

配置过程同 SW-1。

**步骤 12**：通过 SSH 登录网络设备。

（1）通过 SSH 登录 SW-1。在本地主机上启动 PuTTY，在右侧的连接类型中选择【SSH】，然后输入交换机 SW-1 的管理 IP 地址 "10.0.255.1"，如图 3-2-5 所示，然后单击下方的【Open】按钮。

通过 SSH 第一次登录 SW-1 时，会出现如图 3-2-6 所示的警告信息。该信息的含义如下：

服务器的主机密钥未缓存在本地主机的注册表中，你不能保证该服务器就是你认为的计算机。该服务器的 rsa2 密钥指纹是：ssh-rsa 2048 36:8c:e4:0c:19:7d:a7:d4:c3:6d:5f:c2:cf:64:b9:3e。

如果你信任此主机，请单击【是】将其密钥添加到 PuTTY 的缓存中（记录在注册表中）并继续连接。如果你仅仅想连接一次并且不将密钥添加到 PuTTY 缓存中，请单击【否】。如果你不信任此主机，请按【取消】放弃连接。

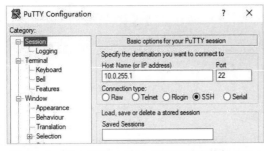

图 3-2-5  在 PuTTY 中通过 SSH 登录交换机 SW-1

图 3-2-6  通过 SSH 第一次登录时的安全警告信息

在本任务中，所谓的服务器即指被管理的网络设备（例如此处的交换机 SW-1）。PuTTY 在使用 SSH 协议登录网络设备时，会将网络设备的主机密钥（初始密钥或者用户后期更新的密钥）与本地主机注册表里 PuTTY 缓存键值中的主机密钥（HKEY_CURRENT_USER\Software\SimonTatham\PuTTY\SshHostKeys）相对比，若不一致，就发出警告信息，从而提高登录的安全性。

由于此处我们是第一次登录交换机 SW-1，因此在本地主机注册表中尚未保存 SW-1 的主机密钥，即出现了不一致的情况。此处单击 "是" 按钮，将 SW-1 的主机密钥添加进本地主机的注册表中，下次再通过 SSH 登录 SW-1 时就不会出现该提示了（除非又一次出现密钥不匹配的情况）。

在接下来 PuTTY 的 SSH 登录界面中，输入用户名 "user_ssh" 和密码 "abc@123"，实现登录交换机。

（2）通过 SSH 登录其他网络设备。参考登录 SW-1 的过程，通过 SSH 登录 SW-2（管理 IP 是 10.0.255.2）和 RS-1（管理 IP 是 10.0.255.64），可以看到各网络设备已可以正常登录。

# 任务三　以 SSH 方式实现园区网设备的集中远程管理

## 【任务介绍】

在本书项目二的任务四中所建设的园区网基础上，添加一台管理机，并给各网络设备（包括路由器、交换机）配置管理 IP，通过 SSH 方式实现园区网设备的集中远程管理。

## 【任务目标】

1. 完成交换机管理地址的配置。
2. 实现管理机通过 SSH 跨网络登录交换机。

## 【拓扑规划】

1. 网络拓扑

任务三的网络拓扑如图 3-3-1 所示。

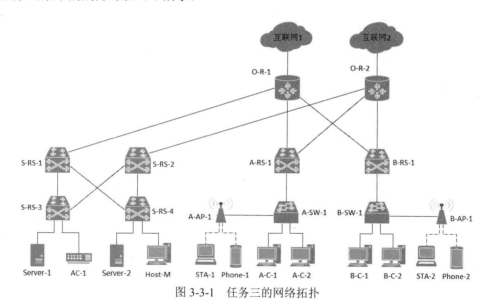

图 3-3-1　任务三的网络拓扑

2. 拓扑说明

网络拓扑说明见表 3-3-1。

表 3-3-1　网络拓扑说明

| 序号 | 设备线路 | 设备类型 | 备注 |
|------|----------|----------|------|
| 1 | Host-M | 本地主机 | 管理机 |

如图 3-3-1 所示,在本书项目一所建设的园区网基础上,将管理机 Host-M(此处使用本地实体主机)接入到数据中心中的交换机 S-RS-4 上。通过 Host-M 登录园区网中的各网络设备(以 SSH 方式),从而实现对园区网设备的集中远程管理。

关于网络中其他设备的说明,请参见本书项目一。

【网络规划】

1. 交换机接口与 VLAN

交换机接口与 VLAN 规划见表 3-3-2。

表 3-3-2　交换机接口与 VLAN 规划

| 序号 | 交换机 | 接口名称 | VLAN ID | 接口类型 |
|---|---|---|---|---|
| 1 | A-SW-1 | GE 0/0/1 | 增加 1000 | Trunk |
| 2 | A-SW-1 | Vlanif1000 | 1000 | 虚拟接口 |
| 3 | B-SW-1 | GE 0/0/1 | 增加 1000 | Trunk |
| 4 | B-SW-1 | Vlanif1000 | 1000 | 虚拟接口 |
| 5 | A-RS-1 | Vlanif1000 | 1000 | 虚拟接口 |
| 6 | B-RS-1 | Vlanif1000 | 1000 | 虚拟接口 |
| 7 | S-RS-4 | Vlanif1000 | 1000 | 虚拟接口 |
| 8 | S-RS-4 | GE 0/0/22 | 1000 | Trunk / PVID=1000 |

2. 主机 IP 地址

主机 IP 地址规划见表 3-3-3。

表 3-3-3　主机 IP 地址规划

| 序号 | 设备接口名称 | IP 地址/子网掩码 | 备注 |
|---|---|---|---|
| 1 | Host-M(虚拟网卡) | 10.0.255.253 /30 | 本地主机新增的虚拟网卡 |

其他主机的 IP 地址规划,请参见本书项目一。

3. 网络设备的管理 IP 地址

网络设备的管理 IP 地址见表 3-3-4。

表 3-3-4　网络设备的管理 IP 地址

| 序号 | 设备名称 | IP 地址/子网掩码 | 默认网关 | 备注 |
|---|---|---|---|---|
| 1 | A-SW-1 | 10.0.255.1 /28 | 10.0.255.14 | 虚拟接口 VLANIF1000 的地址 |
| 2 | B-SW-1 | 10.0.255.17 /28 | 10.0.255.30 | 虚拟接口 VLANIF1000 的地址 |
| 3 | S-RS-1 | 10.0.255.64 /32 | —— | 虚拟接口 LoopBack 0 的地址 |

续表

| 序号 | 设备名称 | IP 地址/子网掩码 | 默认网关 | 备注 |
|------|---------|----------------|---------|------|
| 4 | S-RS-2 | 10.0.255.65 /32 | —— | 虚拟接口 LoopBack 0 的地址 |
| 5 | S-RS-3 | 10.0.255.66 /32 | —— | 虚拟接口 LoopBack 0 的地址 |
| 6 | S-RS-4 | 10.0.255.67 /32 | —— | 虚拟接口 LoopBack 0 的地址 |
| 7 | O-R-1 | 10.0.255.68 /32 | —— | 虚拟接口 LoopBack 0 的地址 |
| 8 | O-R-2 | 10.0.255.69 /32 | —— | 虚拟接口 LoopBack 0 的地址 |
| 9 | A-RS-1 | 10.0.255.70 /32 | —— | 虚拟接口 LoopBack 0 的地址 |
| 10 | B-RS-1 | 10.0.255.71 /32 | —— | 虚拟接口 LoopBack 0 的地址 |

4. 路由接口 IP 地址

路由接口 IP 地址规划见表 3-3-5。

表 3-3-5　路由接口 IP 地址规划

| 序号 | 设备名称 | 接口名称 | 接口地址 | 备注 |
|------|---------|---------|---------|------|
| 1 | S-RS-4 | Vlanif1000 | 10.0.255.254 /30 | 与管理机 Host-M 通信的虚拟接口 |
| 2 | A-RS-1 | Vlanif1000 | 10.0.255.14 /30 | 作为 A-SW-1 管理 IP 的默认网关 |
| 3 | B-RS-1 | Vlanif1000 | 10.0.255.30 /30 | 作为 B-SW-1 管理 IP 的默认网关 |

其他路由接口的 IP 地址规划，请参见本书项目一。

5. 路由规划

路由规划见表 3-3-6。

表 3-3-6　路由规划

| 序号 | 路由设备 | 目的网络 | 下一跳地址 | 下一跳接口 |
|------|---------|---------|-----------|-----------|
| 1 | A-SW-1 | 0.0.0.0 /0 | 10.0.255.14 | A-RS-1 的 Vlanif1000 |
| 2 | B-SW-1 | 0.0.0.0 /0 | 10.0.255.30 | B-RS-1 的 Vlanif1000 |

此处在 A-SW-1 上设置的默认路由，使得管理机访问 A-SW-1 时，其返回的报文能够到达默认网关，即配置在 A-RS-1 上的 Vlanif1000 虚拟接口，从而进一步通过 OSPF 转发至管理机。B-SW-1 上设置的默认路由同理。

其他路由表规划，请参见本书项目一。

6. OSPF 的区域规划

本项目采用 OSPF 协议，OSPF 的区域规划参见本书项目一。

7. 登录用户及密码规划

各个网络设备的 SSH 用户名设置为 user_ssh，密码为 abc@123，见表 3-3-7。

表 3-3-7　用户及密码规划

| 序号 | 用户 | 密码 |
|---|---|---|
| 1 | user_ssh | abc@123 |

【操作步骤】

**步骤 1**：配置本地主机的虚拟网卡。

本任务使用本地实体主机作为管理机（Host-M），对 eNSP 园区网中的网络设备进行 SSH 登录管理。因此，需要在本地实体主机上，通过 VirtualBox 创建一个虚拟机网卡，该网卡的 IP 地址应该和所接入的交换机 S-RS-4 的 22 接口所在的 Vlanif1000 地址在同一网段。

也可直接使用本项目任务二中创建的虚拟网卡（VirtualBox Host-Only Network #3），注意本地主机的实体网卡的配置与本项目任务二完全相同。

**步骤 2**：在 eNSP 中部署园区网并接入管理机。

　　本任务是在本书项目二的任务四中所构建的综合园区网的基础上进行的。即此处已经按照项目二任务四的设计完成了园区网建设，并实现了内部各主机之间的通信。

在原有园区网中，添加 Cloud 设备并命名为 Host-M。双击 Host-M 设备图标，绑定本项目任务一中通过 VirtualBox 新增的虚拟网卡【VirtualBox Host-Only Network #3】，然后将 Host-M 接入三层交换机 S-RS-4 的 GE 0/0/22 接口。eNSP 中的网络拓扑如图 3-3-2 所示。

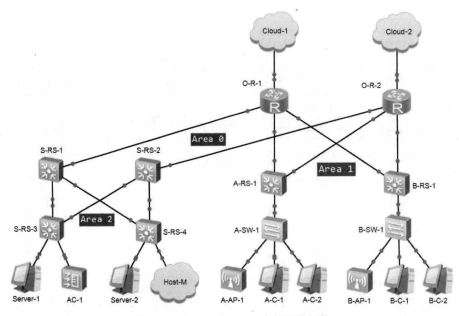

图 3-3-2　任务三在 eNSP 中的网络拓扑

为方便读者进行配置，现将各网络设备的接口名称以及管理 IP 等信息标注到拓扑图上，如图 3-3-3 所示。

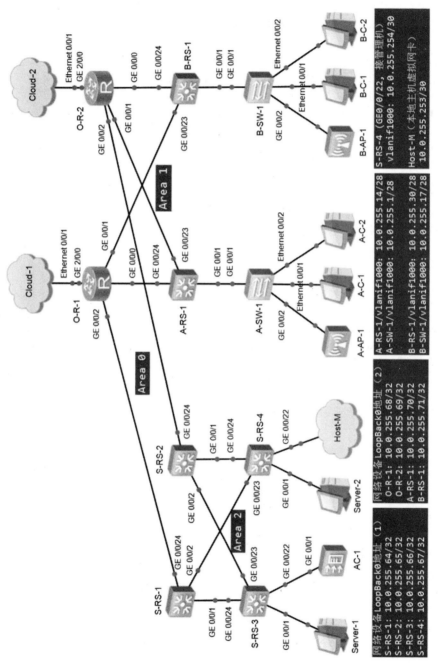

图 3-3-3 任务三网络拓扑图（含管理 IP 地址列表）

提醒　　　　下面的步骤 3 ~ 步骤 13，用来实现管理机与网络设备之间网络可达，步骤 14 ~ 步骤 24 用来实现网络设备上的 SSH 登录服务配置。

**步骤 3：**配置管理机 Host-M 与 S-RS-1 之间网络可达。

```
<S-RS-1>system-view
Enter system view, return user view with Ctrl+Z.
//配置虚接口 LoopBack 的 IP 地址，该地址作为 S-RS-1 的管理 IP
[S-RS-1]interface LoopBack 0
[S-RS-1-LoopBack0]ip address 10.0.255.64 32
[S-RS-1-LoopBack0]quit
//通过 OSPF 协议，宣告管理 IP 的网段
[S-RS-1]ospf 1
[S-RS-1-ospf-1]area 2
[S-RS-1-ospf-1-area-0.0.0.2]network 10.0.255.64 0.0.0.0
[S-RS-1-ospf-1-area-0.0.0.2]quit
[S-RS-1-ospf-1]quit
[S-RS-1]quit
<S-RS-1>save
```

**步骤 4：**配置管理机与 S-RS-2 之间网络可达。

```
<S-RS-2>system-view
Enter system view, return user view with Ctrl+Z.
//配置虚接口 LoopBack 的 IP 地址，该地址作为 S-RS-2 的管理 IP
[S-RS-2]interface LoopBack 0
[S-RS-2-LoopBack0]ip address 10.0.255.65 32
[S-RS-2-LoopBack0]quit
//通过 OSPF 协议，宣告管理 IP 的网段
[S-RS-2]ospf 1
[S-RS-2-ospf-1]area 2
[S-RS-2-ospf-1-area-0.0.0.2]network 10.0.255.65 0.0.0.0
[S-RS-2-ospf-1-area-0.0.0.2]quit
[S-RS-2-ospf-1]quit
[S-RS-2]quit
<S-RS-2>save
```

**步骤 5：**配置管理机与 S-RS-3 之间网络可达。

```
<S-RS-3>system-view
Enter system view, return user view with Ctrl+Z.
//配置虚接口 LoopBack 的 IP 地址，该地址作为 S-RS-3 的管理 IP
[S-RS-3]interface LoopBack 0
[S-RS-3-LoopBack0]ip address 10.0.255.66 32
[S-RS-3-LoopBack0]quit
//通过 OSPF 协议，宣告管理 IP 的网段
```

项目三

```
[S-RS-3]ospf 1
[S-RS-3-ospf-1]area 2
[S-RS-3-ospf-1-area-0.0.0.2]network 10.0.255.66 0.0.0.0
[S-RS-3-ospf-1-area-0.0.0.2]quit
[S-RS-3-ospf-1]quit
[S-RS-3]quit
<S-RS-3>save
```

**步骤** 6：配置管理机与 S-RS-4 之间网络可达。

```
<S-RS-4>system-view
Enter system view, return user view with Ctrl+Z.
//创建 VLAN1000 并将其作为管理 VLAN
[S-RS-4]vlan 1000
[S-RS-4-vlan1000]management-vlan
[S-RS-4-vlan1000]quit
//配置 VLANIF1000 的接口地址，该接口与 Host-M 的虚拟网卡通信
[S-RS-4]interface vlanif 1000
[S-RS-4-Vlanif1000]ip address 10.0.255.254 30
[S-RS-4-Vlanif1000]quit
//将连接 Host-M 的接口配置成 Trunk 类型，PVID=1000，允许 VLAN1000 的数据帧通过
[S-RS-4]interface GigabitEthernet 0/0/22
[S-RS-4-GigabitEthernet0/0/22]port link-type trunk
[S-RS-4-GigabitEthernet0/0/22]port trunk pvid vlan 1000
[S-RS-4-GigabitEthernet0/0/22]port trunk allow-pass vlan 1000
[S-RS-4-GigabitEthernet0/0/22]quit
//配置虚接口 LoopBack 的 IP 地址，该地址作为 S-RS-4 的管理 IP
[S-RS-4]interface LoopBack 0
[S-RS-4-LoopBack0]ip address 10.0.255.67 32
[S-RS-4-LoopBack0]quit
//通过 OSPF 协议，宣告管理 IP 的网段以及 VLANIF1000 接口所在的网段
[S-RS-4]ospf 1
[S-RS-4-ospf-1]area 2
[S-RS-4-ospf-1-area-0.0.0.2]network 10.0.255.67 0.0.0.0
[S-RS-4-ospf-1-area-0.0.0.2]network 10.0.255.252 0.0.0.3
[S-RS-4-ospf-1-area-0.0.0.2]quit
[S-RS-4-ospf-1]quit
[S-RS-4]quit
<S-RS-4>save
```

**步骤** 7：配置管理机与 O-R-1 之间网络可达。

```
<O-R-1>system-view
Enter system view, return user view with Ctrl+Z.
//配置虚接口 LoopBack 的 IP 地址，该地址作为 O-R-1 的管理 IP
[O-R-1]interface LoopBack 0
```

```
[O-R-1-LoopBack0]ip address 10.0.255.68 32
[O-R-1-LoopBack0]quit
//通过 OSPF 协议，宣告管理 IP 的网段
[O-R-1]ospf 1
[O-R-1-ospf-1]area 1
[O-R-1-ospf-1-area-0.0.0.1]network 10.0.255.68 0.0.0.0
[O-R-1-ospf-1-area-0.0.0.1]quit
[O-R-1-ospf-1]quit
[O-R-1]quit
<O-R-1>save
```

**步骤 8**：配置管理机与 O-R-2 之间网络可达。

```
<O-R-2>system-view
Enter system view, return user view with Ctrl+Z.
//配置虚接口 LoopBack 的 IP 地址，该地址作为 O-R-2 的管理 IP
[O-R-2]interface LoopBack 0
[O-R-2-LoopBack0]ip address 10.0.255.69 32
[O-R-2-LoopBack0]quit
//通过 OSPF 协议，宣告管理 IP 的网段
[O-R-2]ospf 1
[O-R-2-ospf-1]area 1
[O-R-2-ospf-1-area-0.0.0.1]network 10.0.255.69 0.0.0.0
[O-R-2-ospf-1-area-0.0.0.1]quit
[O-R-2-ospf-1]quit
[O-R-2]quit
<O-R-2>save
```

**步骤 9**：配置管理机与 A-RS-1 之间网络可达。

```
<A-RS-1>system-view
Enter system view, return user view with Ctrl+Z.
//配置三层虚拟接口 Vlanif1000，该接口作为二层交换机 A-SW-1 管理 IP 的默认网关，用于 A-SW-1 与管
理机之间的通信
[A-RS-1]vlan 1000
[A-RS-1-vlan1000]quit
[A-RS-1]interface vlanif 1000
[A-RS-1-Vlanif1000]ip address 10.0.255.14 28
[A-RS-1-Vlanif1000]quit
//配置 GE0/0/1 接口（连接 A-SW-1），增加允许 VLAN1000 的数据帧通过。注意：若在前面的操作中已
经将 GE 0/0/1 配置成允许所有（all）VLAN 的数据帧通过，则此步操作可省略
[A-RS-1]interface GigabitEthernet 0/0/1
[A-RS-1-GigabitEthernet0/0/1]port trunk allow-pass vlan 1000
[A-RS-1-GigabitEthernet0/0/1]quit
//配置虚接口 LoopBack 的 IP 地址，该地址被作为三层交换机 A-RS-1 的管理 IP
[A-RS-1]interface LoopBack 0
```

```
[A-RS-1-LoopBack0]ip address 10.0.255.70 32
[A-RS-1-LoopBack0]quit
//通过 OSPF 协议，宣告管理 IP 和 Vlanif1000 接口所在的网段
[A-RS-1]ospf 1
[A-RS-1-ospf-1]area 1
[A-RS-1-ospf-1-area-0.0.0.1]network 10.0.255.0 0.0.0.15
[A-RS-1-ospf-1-area-0.0.0.1]network 10.0.255.70 0.0.0.0
[A-RS-1-ospf-1-area-0.0.0.1]quit
[A-RS-1-ospf-1]quit
[A-RS-1]quit
<A-RS-1>save
```

**步骤 10**：配置管理机与 B-RS-1 之间网络可达。

```
<B-RS-1>system-view
Enter system view, return user view with Ctrl+Z.
//配置三层虚拟接口 Vlanif1000，该接口作为二层交换机 B-SW-1 管理 IP 的默认网关，用于 B-SW-1 与管
理机之间的通信
[B-RS-1]vlan 1000
[B-RS-1-vlan1000]quit
[B-RS-1]interface vlanif 1000
[B-RS-1-Vlanif1000]ip address 10.0.255.30 28
[B-RS-1-Vlanif1000]quit
//配置 GE 0/0/1 接口（连接 B-SW-1），增加允许 VLAN1000 的数据帧通过。注意：若在前面的操作中已
经将 GE0/0/1 配置成允许所有（all）VLAN 的数据帧通过，则此步操作可省略
[B-RS-1]interface GigabitEthernet 0/0/1
[B-RS-1-GigabitEthernet0/0/1]port trunk allow-pass vlan 1000
[B-RS-1-GigabitEthernet0/0/1]quit
//配置虚接口 LoopBack 的 IP 地址，该地址被作为三层交换机 B-RS-1 的管理 IP
[B-RS-1]interface LoopBack 0
[B-RS-1-LoopBack0]ip address 10.0.255.71 32
[B-RS-1-LoopBack0]quit
//通过 OSPF 协议，宣告管理 IP 和 VLANIF1000 接口所在的网段
[B-RS-1]ospf 1
[B-RS-1-ospf-1]area 1
[B-RS-1-ospf-1-area-0.0.0.1]network 10.0.255.16 0.0.0.15
[B-RS-1-ospf-1-area-0.0.0.1]network 10.0.255.71 0.0.0.0
[B-RS-1-ospf-1-area-0.0.0.1]quit
[B-RS-1-ospf-1]quit
[B-RS-1]quit
<B-RS-1>save
```

**步骤 11**：配置管理机与 A-SW-1 之间网络可达。

```
//创建交换机 A-SW-1 的管理 VLAN（此处是 VLAN1000），并配置管理 IP
[A-SW-1]vlan 1000
```

[A-SW-1-vlan1000]management-vlan
[A-SW-1-vlan1000]quit
[A-SW-1]interface vlanif 1000
[A-SW-1-Vlanif1000]ip address 10.0.255.1 28
[A-SW-1-Vlanif1000]quit

//配置 GE0/0/1 接口（连接 A-RS-1），添加允许 VLAN1000 的数据帧通过。注意：若在前面的操作中已经将 GE0/0/1 配置成允许所有（all）VLAN 的数据帧通过，则此步操作可省略
[A-SW-1]interface GigabitEthernet 0/0/1
[A-SW-1-GigabitEthernet0/0/1]port trunk allow-pass vlan 1000
[A-SW-1-GigabitEthernet0/0/1]quit

//配置默认路由，使得从 A-SW-1 返回管理机的报文能够到达上联的三层交换机 A-RS-1，进而被路由到管理机。此处的 10.0.255.14 是三层交换机 A-RS-1 的 VLANIF1000 的 IP 地址（也可以理解为 A-SW-1 的默认网关）
[A-SW-1] ip route-static 0.0.0.0 0.0.0.0 10.0.255.14
[A-SW-1]quit
<A-SW-1>save

**步骤 12**：配置管理机与 B-SW-1 之间网络可达。

//创建交换机 B-SW-1 的管理 VLAN（此处是 VLAN1000），并配置管理 IP
[B-SW-1]vlan 1000
[B-SW-1-vlan1000]management-vlan
[B-SW-1-vlan1000]quit
[B-SW-1]interface vlanif 1000
[B-SW-1-Vlanif1000]ip address 10.0.255.17 28
[B-SW-1-Vlanif1000]quit

//配置 GE0/0/1 接口（连接 B-RS-1），添加允许 VLAN1000 的数据帧通过。注意：若在前面的操作中已经将 GE 0/0/1 配置成允许所有（all）VLAN 的数据帧通过，则此步操作可省略
[B-SW-1]interface GigabitEthernet 0/0/1
[B-SW-1-GigabitEthernet0/0/1]port trunk allow-pass vlan 1000
[B-SW-1-GigabitEthernet0/0/1]quit

//配置默认路由，使得从 B-SW-1 返回管理机的报文能够到达上联的三层交换机 B-RS-1，进而被路由到管理机。此处的 10.0.255.14 是三层交换机 A-RS-1 的 Vlanif1000 的 IP 地址（也可以理解为 B-SW-1 的默认网关）。
[B-SW-1] ip route-static 0.0.0.0 0.0.0.0 10.0.255.30
[B-SW-1]quit
<B-SW-1>save

**步骤 13**：管理机与网络设备之间通信测试。
使用 Ping 命令测试管理机与网络设备之间的通信情况，测试结果见表 3-3-8。

表 3-3-8　管理机与网络设备之间通信测试

| 序号 | 源设备 | 目的设备/接口 | 管理 IP | 通信结果 |
|---|---|---|---|---|
| 1 | Host-M | S-RS-1 / LoopBack | 10.0.255.64 /32 | 通 |
| 2 | Host-M | S-RS-2 / LoopBack | 10.0.255.65 /32 | 通 |
| 3 | Host-M | S-RS-3 / LoopBack | 10.0.255.66 /32 | 通 |
| 4 | Host-M | S-RS-4 / LoopBack | 10.0.255.67 /32 | 通 |
| 5 | Host-M | O-R-1 / LoopBack | 10.0.255.68 /32 | 通 |
| 6 | Host-M | O-R-2 / LoopBack | 10.0.255.69 /32 | 通 |
| 7 | Host-M | A-RS-1 / LoopBack | 10.0.255.70 /32 | 通 |
| 8 | Host-M | B-RS-1 / LoopBack | 10.0.255.71 /32 | 通 |
| 9 | Host-M | A-SW-1 / Vlanif1000 | 10.0.255.1 /28 | 通 |
| 10 | Host-M | B-SW-1 / Vlanif1000 | 10.0.255.17 /28 | 通 |

**步骤 14：** 在 S-RS-1 上进行 SSH 登录相关配置。

```
//使能 STelnet 服务。STelnet 基于 SSH（Secure Shell）协议，是一种安全的 Telnet 服务。SSH 用户可以像使用 Telnet 服务一样操作 STelnet 服务
<S-RS-1>system-view
[S-RS-1]stelnet server enable
Info: Succeeded in starting the Stelnet server.

//制定访问控制（ACL）规则，其编号为 2000，并进入 ACL 视图
[S-RS-1]acl 2000
//限制只允许 IP 地址为 10.0.255.253 的主机登录交换机
[S-RS-1-acl-basic-2000]rule permit source 10.0.255.253 0
[S-RS-1-acl-basic-2000]quit

//进入 VTY 用户界面视图
[S-RS-1]user-interface vty 0 4
//设置用户验证方式为 AAA 验证
[S-RS-1-ui-vty0-4]authentication-mode aaa
//配置 VTY 用户界面支持 SSH 协议。缺省情况下，用户界面支持的协议是 Telnet
[S-RS-1-ui-vty0-4]protocol inbound ssh
//在登录交换机时启用 acl 2000 规则
[S-RS-1-ui-vty0-4]acl 2000 inbound
//如果用户超过 3 分钟未对交换机进行操作，将断开与交换机的连接
[S-RS-1-ui-vty0-4]idle-timeout 3
[S-RS-1-ui-vty0-4]quit

//创建 SSH 用户
```

```
[S-RS-1]ssh user user_ssh
Info: Succeeded in adding a new SSH user.
```
//配置 SSH 用户认证方式，此处使用 password 验证
```
[S-RS-1]ssh user user_ssh authentication-type password
```
//配置 SSH 用户的服务方式为 STelnet
```
[S-RS-1]ssh user user_ssh service-type stelnet
```

//创建 RSA 密钥对。如果 SSH 用户使用 password 认证，则需要在 SSH 服务器端生成本地 RSA 密钥。密钥对的最小长度均为 512 位，最大长度均为 2048 位。此处设置为 2048 位。
```
[S-RS-1]rsa local-key-pair create
The key name will be: S-RS-1_Host
The range of public key size is (512 ~ 2048).
NOTES: If the key modulus is greater than 512,
       it will take a few minutes.
Input the bits in the modulus[default = 512]:2048
Generating keys...
.........................................................
.........................................................
..................................................+++
...................+++
.................++++++++
...................+++++++
```

//进入 AAA 视图
```
[S-RS-1]aaa
```
//创建本地用户并设置密码。因为 SSH 用户的 password 认证依靠 AAA 实现，所以还需要在 AAA 视图下创建与 SSH 用户同名的本地用户
```
[S-RS-1-aaa]local-user user_ssh password cipher abc@123
Info: Add a new user.
```
//设置本地用户的优先级，此处设为 15
```
[S-RS-1-aaa]local-user user_ssh privilege level 15
```
//配置本地用户的接入类型为 SSH
```
[S-RS-1-aaa]local-user user_ssh service-type ssh
[S-RS-1-aaa]quit
[S-RS-1]quit
<S-RS-1>save
```

**步骤 15：** 在 S-RS-2 上进行 SSH 登录相关配置。

配置过程同 S-RS-1。

**步骤 16：** 在 S-RS-3 上进行 SSH 登录相关配置。

配置过程同 S-RS-1。

**步骤 17：** 在 S-RS-4 上进行 SSH 登录相关配置。

配置过程同 S-RS-1。

**步骤 18**：在 A-RS-1 上进行 SSH 登录相关配置。

配置过程同 S-RS-1。

**步骤 19**：在 B-RS-1 上进行 SSH 登录相关配置。

配置过程同 S-RS-1。

**步骤 20**：在 A-SW-1 上进行 SSH 登录相关配置。

配置过程同 S-RS-1。

**步骤 21**：在 B-SW-1 上进行 SSH 登录相关配置。

配置过程同 S-RS-1。

**步骤 22**：在 O-R-1 上进行 SSH 登录相关配置。

```
//使能 STelnet 服务。STelnet 基于 SSH（Secure Shell）协议，是一种安全的 Telnet 服务。
<O-R-1>system-view
[O-R-1]stelnet server enable
Info: Succeeded in starting the Stelnet server.

//制定访问控制（ACL）规则，其编号为 2000，并进入 ACL 视图
[O-R-1]acl 2000
//限制只允许 IP 地址为 10.0.255.253 的主机登录交换机
[O-R-1-acl-basic-2000]rule permit source 10.0.255.253 0
[O-R-1-acl-basic-2000]quit

//进入 VTY 用户界面视图
[O-R-1]user-interface vty 0 4
//设置用户验证方式为 AAA 验证
[O-R-1-ui-vty0-4]authentication-mode aaa
//配置 VTY 用户界面支持 SSH 协议。缺省情况下，用户界面支持的协议是 Telnet。
[O-R-1-ui-vty0-4]protocol inbound ssh
//在登录交换机时启用 acl 2000 规则
[O-R-1-ui-vty0-4]acl 2000 inbound
//如果用户超过 3 分钟未对交换机进行操作，将断开与交换机的连接
[O-R-1-ui-vty0-4]idle-timeout 3
[O-R-1-ui-vty0-4]quit

//进入 AAA 视图
[O-R-1]aaa
//创建本地用户并设置密码。因为 SSH 用户的 password 认证依靠 AAA 实现，所以需要在 AAA 视图下创
建与 SSH 用户同名的本地用户
[O-R-1-aaa]local-user user_ssh password cipher abc@123
Info: Add a new user.
//设置本地用户的优先级，此处设为 15
[O-R-1-aaa]local-user user_ssh privilege level 15
//配置本地用户的接入类型为 SSH
```

```
[O-R-1-aaa]local-user user_ssh service-type ssh
[O-R-1-aaa]quit
```

//创建 SSH 用户并配置 SSH 用户认证方式，此处使用 password 验证
```
[O-R-1]ssh user user_ssh authentication-type password
Authentication type setted, and will be in effect next time
```

//创建 RSA 密钥对。如果 SSH 用户使用 password 认证，则需要在 SSH 服务器端生成本地 RSA 密钥。密钥对的最小长度均为 512 位，最大长度均为 2048 位。此处设置为 1024 位。
```
[O-R-1]rsa local-key-pair create
The key name will be: Host
% RSA keys defined for Host already exist.
Confirm to replace them? (y/n)[n]:y
The range of public key size is (512 ~ 2048).
NOTES: If the key modulus is greater than 512,
        It will take a few minutes.
Input the bits in the modulus[default = 512]:1024
Generating keys...
.................................++++++
.........................++++++
.......................++++++++
...++++++++
[O-R-1]quit
<O-R-1>save
```

提醒

配置路由器的 SSH 登录信息时，先在 AAA 视图中创建本地用户，然后再创建 SSH 用户。

不同的网络设备的 SSH 登录配置略有不同，读者可参见相关设备的官方文档。

**步骤 23**：在 O-R-2 上进行 SSH 登录相关配置。

配置过程同 O-R-1。

**步骤 24**：通过 SSH 登录网络设备。

在本地主机上启动 PuTTY，在右侧的连接类型中选择【SSH】，然后在主机地址框中输入交换机 S-RS-1 的管理 IP 地址 "10.0.255.64"，可以看到此时本地主机可以登录 S-RS-1。

同上，测试本地主机以 SSH 方式登录其他网络设备，也可以正常登录，即实现了本任务的目标：通过本地主机以 SSH 方式集中远程管理网络设备。

# 项目四
## 提供本地 DNS 服务

**项目介绍**

域名服务（即 DNS 服务）是园区网内一项重要的网络服务，它为园区网内的业务系统（例如 Web 服务、FTP 服务等）提供了必需的域名解析和查询。本项目是在本书项目三的园区网基础上实现的。基于 CentOS 操作系统通过 BIND 创建 DNS 服务器，将其部署在园区网内，为园区网内的主机提供 DNS 查询、域名解析服务，并通过抓包分析 DNS 报文结构和 DNS 服务器进行 DNS 查询的通信过程。

**项目目的**

- 了解 DNS 和 DNS 服务器。
- 了解域名和域名记录。
- 熟悉使用 BIND 实现 DNS 服务器的方法。
- 掌握主、从 DNS 查询服务的配置方法。
- 掌握主、从域名解析服务的配置方法。
- 掌握 DNS 查询通信过程。

## 拓扑规划

1. 网络拓扑

拓扑规划如图 4-0-1 所示。

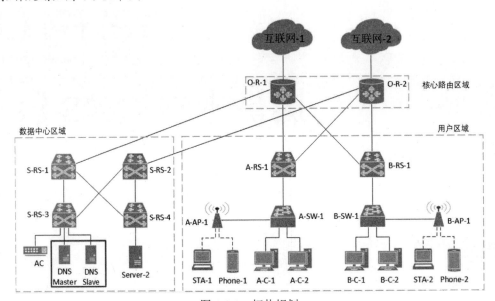

图 4-0-1　拓扑规划

2. 拓扑说明

网络设备说明见表 4-0-1。

表 4-0-1　网络设备说明

| 序号 | 设备线路 | 设备类型 | 规格型号 | 备注 |
| --- | --- | --- | --- | --- |
| 1 | DNS-Master | DNS 服务器 | VirtualBox 虚拟机 | 通过 Cloud 接入 |
| 2 | DNS-Slave | DNS 服务器 | VirtualBox 虚拟机 | 通过 Cloud 接入 |

将 DNS-Master、DNS-Slave 接入到数据中心交换机 S-RS-3，以主从模式提供本地 DNS 查询和内部域名解析服务。

关于网络中其他设备的说明，请参见本书项目二。

## 网络规划

提醒

　　本项目是在本书项目二任务四的园区网基础上实现的，有关园区网的基础设计，此处不再赘述，读者可参考项目二的任务四。

1. 交换机接口与 VLAN

交换机接口与 VLAN 规划见表 4-0-2。

表 4-0-2　交换机接口与 VLAN 规划

| 序号 | 交换机 | 接口 | VLAN ID | 连接设备 | 接口类型 |
|------|--------|------|---------|----------|----------|
| 1 | S-RS-3 | GE 0/0/1 | 11 | DNS-Master | Access |
| 2 | S-RS-3 | GE 0/0/2 | 11 | DNS-Slave | Access |

2. 主机 IP 地址

主机 IP 地址规划见表 4-0-3。

表 4-0-3　主机 IP 地址规划

| 序号 | 设备名称 | IP 地址/子网掩码 | 默认网关 | 接入位置 | VLAN ID |
|------|----------|------------------|----------|----------|---------|
| 1 | DNS-Master | 172.16.64.10 /24 | 172.16.64.254 | S-RS-3 GE 0/0/1 | 11 |
| 2 | DNS-Slave | 172.16.64.11 /24 | 172.16.64.254 | S-RS-3 GE 0/0/2 | 11 |

3. 域名和域名记录规划表

域名规划见表 4-0-4。

表 4-0-4　域名规划

| 域名 | 缓存有效期 | SOA | |
|------|------------|-----|---|
| domain.com | 1 天 | 权威域名 | ns.domain.com. |
| | | 管理员邮箱 | root.domain.com. |
| | | 版本号（serial） | 0 |
| | | 主辅同步周期（refresh） | 1 天 |
| | | 主辅同步重试间隔（retry） | 1 小时 |
| | | 同步数据存活期（expire） | 1 周 |
| | | 最小缓存有效期（minimum） | 3 小时 |

域名记录规划见表 4-0-5。

表 4-0-5　domain.com 记录规划

| 记录类型 | 记录值 | 解析地址 |
|----------|--------|----------|
| NS | ns.domain.com | -- |
| A | ns.domain.com | 172.16.64.10 |
| A | www.domain.com | 172.16.65.10 |
| CNAME | web.domain.com | www.domain.com |

◎ 项目讲堂

1. DNS

DNS（Domain Name System）是互联网的一项重要服务，其主要功能是提供域名解析和 DNS 查询。DNS 作为将域名和 IP 地址相互映射的一个分布式数据库，能够使网络用户更方便地访问互联网。DNS 客户端与 DNS 服务端进行请求—响应的通信时，遵循 DNS 协议规范。

安装 DNS 服务端程序的主机叫作 DNS 服务器。由于整个互联网域名体系的庞大，使得互联网中 DNS 服务器不止一台。DNS 服务器中保存着域名和 IP 地址的对应关系，被称作 DNS 记录。根据请求把域名转换成为 IP 地址的过程叫作域名解析。DNS 客户端发起域名解析请求并得到查询结果的过程叫作 DNS 查询。

2. DNS 查询

（1）什么是 DNS 查询。在 DNS 系统里，提供 DNS 服务的主机被称为 DNS 服务器或域名服务器，而提出"域名查询"请求的主机，被称为 DNS 客户端。

本地主机访问一个网站时，通常是输入域名地址，而不是 IP 地址。本地主机会首先调用 DNS 客户端软件查询本地 hosts 文件，如果里面有对应的域名记录则直接使用，如果没有则会把域名解析请求发送到本地主机所设置的本地域名服务器进行查询。本地域名服务器查询自身的资源记录（通常放在 DNS 缓存中）并将查询结果反馈给本地主机。若本地域名服务器无法解析则将查询请求发送互联网上的 DNS 系统（包括根域名服务器、顶级域名服务器、权限域名服务器等），进行进一步查询，最后把结果返回给本地主机的 DNS 客户端软件。本地主机获得网站域名对应的 IP 地址后，便通过该 IP 地址向网站服务器发送访问网站的请求。

（2）递归查询与迭代查询。DNS 客户端软件向本地域名服务器的查询一般采用递归查询。DNS 客户端软件向本地域名服务器发出 DNS 查询请求，如果本地域名服务器能够解析就直接返回结果，如果不能，本地域名服务器就代替 DNS 客户端去其他的域名服务器进行查询（其他的域名服务器是递归查询还是迭代查询由其自身决定），最终将查询到的结果返回给主机。

本地域名服务器向其他的域名服务器发出的查询通常采用迭代查询，即本地域名服务器向其他域名服务器进行 DNS 查询，其他域名服务器告诉本地域名服务器去哪里查询能够得到结果，而不是替本地域名服务器进行查询。

（3）本地域名服务器。本地域名服务器一般是指 DNS 客户端上网时 IPv4 或者 IPv6 设置中填写的首选 DNS，是手工指定的或者是 DHCP 自动分配的。

如果 DNS 客户端是直连运营商网络，一般情况下默认设置 DNS 为 DHCP 分配的运营商的域名服务器地址。如果 DNS 客户端和运营商之间有无线路由器，通常无线路由器本身内置 DNS 转发器，其作用是将收到的所有 DNS 请求转发到上层 DNS 服务器，此时主机的本地域名服务器地址配置为无线路由器的地址。无线路由器的 DNS 转发器将请求转发到上层 ISP 的 DNS 服务器或无线路由器内设定的 DNS 服务器。

3. 域名解析

（1）什么是域名解析。域名到 IP 地址的解析是由分布在因特网上的许多域名服务器程序共同完成的。域名服务器程序在专设的服务器上运行，通常把运行域名服务器程序的机器称为域名服务器。

域名服务器是一个分布式的提供域名查询服务的数据库，域名解析实质就是在数据库中建立域名和 IP 地址之间联系的过程。只有在数据库中建立了解析记录，其他的客户机才能通过 DNS 服务器查询到与域名相对应的 IP 地址，进而访问目的主机。

（2）域名服务器。域名服务器分为根域名服务器、顶级域名服务器、权限域名服务器和本地域名服务器四种，其结构如图 4-0-2 所示。

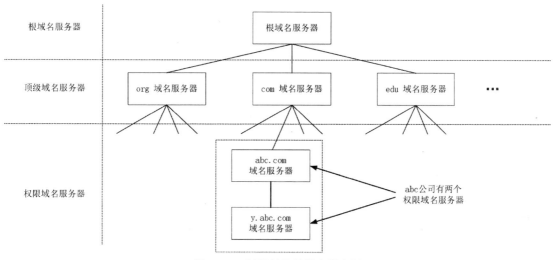

图 4-0-2　树状结构的域名服务器

理论上，所有域名查询都必须先查询根域名，所有的顶级域名和 IP 地址对应关系都保存在 DNS 根区文件中，保存 DNS 根区文件的服务器叫作根域名服务器。

同样，顶级域名服务器保存下设的二级域名和 IP 地址对应关系，而每一个二级域名都设有权限域名服务器，保存了这个域名下所有子域名和主机名对应的 IP 地址。

本地域名服务器并不属于图 4-0-2 所示的域名服务器层次结构，但它对域名系统非常重要。当一个主机发出 DNS 查询请求时，查询请求报文就发送给本地域名服务器，由本地域名服务器作下一步处理。

4. 常用域名记录类型

（1）NS 记录。名称服务器（Name Server，NS）资源记录定义了该域名由哪个 DNS 服务器负责解析，NS 资源记录定义的服务器称为权限域名服务器。权限域名服务器负责维护和管理所管辖区域中的数据，它被其他服务器或客户端当作权威的来源，为 DNS 客户端提供数据查询，并且能肯定应答区域内所含名称的查询。

（2）SOA 记录。SOA 是 Start of Authority（起始授权机构）的缩写，是主要名称区域文件中必须设定的资源记录，表示创建它的 DNS 服务器是主要名称服务器。SOA 资源记录定义了域名数据的基本信息和属性（更新或过期间隔）。通常应将 SOA 资源记录放在区域文件的第一行或紧跟在 $ttl 选项之后。

（3）A 记录（Address，主机地址）。A 记录是最常用的记录，定义域名记录对应 IP 地址的信息。其格式如下：

| | | | |
|---|---|---|---|
| dns | IN | A | 192.168.16.15 |
| www.test.com. | IN | A | 192.168.16.243 |
| mail.test.com. | IN | A | 192.168.16.156 |

在上面的例子中，使用了两种方式定义 A 资源记录：一种是使用相对名称；另一种是使用完全规范域名（Fully Qualified Domain Name，FQDN）。这两种方式只是书写形式不同而已，在使用上没有任何区别。

（4）AAAA 记录。AAAA 记录（AAAA record）是用来定义域名记录对应 IPv6 地址的记录。用户可以将一个域名记录解析为 IPv6 地址，也可以将子域名解析为 IPv6 地址。

（5）MX 记录。邮件交换器（Mail eXchanger，MX）记录指向一个邮件服务器，用于电子邮件系统发邮件时根据收件人邮件地址后缀来定位邮件服务器。例如，当一个邮件要发送到地址 network@test.com 时，邮件服务器通过 DNS 服务查询 test.com 域名的 MX 资源记录，如果 MX 资源记录存在，邮件就会发送到 MX 资源记录所指向的邮件服务器上。

可以设置多个 MX 资源记录，指明多个邮件服务器，优先级别由 MX 后的 0~99 的数字决定，数字越小，邮件服务器的优先级别越高。优先级别高的邮件服务器是邮件传送的主要对象，当邮件传送给优先级高的邮件服务器失败时，再依次传送给优先级别低的邮件服务器。

由于 MX 资源记录值登记了邮件服务器的域名，而在邮件实际传输时，是通过邮件服务器的 IP 地址进行通信的，因此邮件服务器还必须在区域文件中有一个 A 资源记录，以指明邮件服务器的 IP 地址，否则会导致传输邮件失败。

（6）PTR 记录。PTR（Pointer Record）通过 IP 查询域名的解析。原则上，PTR 记录与 A 记录是相匹配的，一条 A 记录对应一条 PTR 记录，两者不匹配或者遗漏 PTR 记录会导致依赖域名的业务系统服务性能降低。

（7）CNAME 记录。别名（Canonical Name，CNAME）记录也被称为规范名字资源记录。CNAME 资源记录允许将多个名称映射到同一台计算机上。例如，对于同时提供 Web、Samba 和 BBS 服务的计算机（假设 IP 地址为 192.168.16.9），可以建立一条 A 记录 "www.test.com. IN A 192.168.16.9"，并设置两个别名 bbs 和 samba，即建立两条 CNAME 记录 "samba IN CNAME www" 和 "bbs IN CNAME www"，实现不同服务对应不同域名记录，但访问的是同一个 IP 地址。

# 任务一　创建 DNS 服务器

## 【任务介绍】

在 VirtualBox 中创建两台虚拟机，安装 CentOS 8 操作系统并安装 BIND，完成 DNS 服务器的创建。

## 【任务目标】

1．完成虚拟机的创建以及 CentOS 8 的安装。

2．完成 BIND 的安装与管理。

3．完成 named 服务状态查看及开机启动设置。

## 【操作步骤】

**步骤 1：创建虚拟机。**

（1）虚拟机配置见表 4-1-1。

表 4-1-1　虚拟机配置

| 配置项 | 配置内容 |
| --- | --- |
| 虚拟机名 | VM-CentOS |
| 内存 | 1024MB |
| CPU | 1 颗 1 核 |
| 虚拟硬盘 | 10GB |
| 网卡 | 1 块，NAT（默认） |

（2）启动 VirtualBox 进入软件主界面，单击【新建】按钮，启动新建虚拟机操作对话框，按引导提示创建新的虚拟机，如图 4-1-1 至图 4-1-7 所示。

图 4-1-1　选择操作系统类型与版本

图 4-1-2　设置虚拟机内存

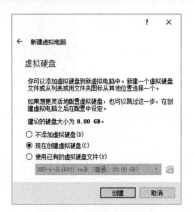

图 4-1-3　新建虚拟硬盘

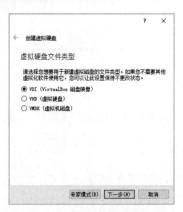

图 4-1-4　选择虚拟硬盘类型

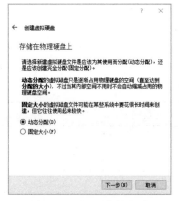

图 4-1-5　设置存储方式

图 4-1-6　设置文件位置和大小

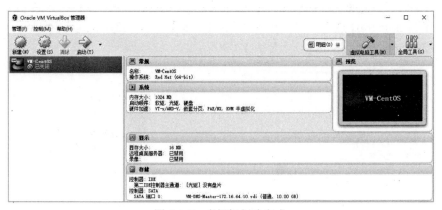

图 4-1-7　虚拟机创建完成

**步骤 2：获取 CentOS。**

本书选用 CentOS Linux DVD，选用版本为 8.1.1911-x86_64-dvd，该版本的版本号是 8.1.1911，

x86_64 代表面向 x86 架构的 CPU，其镜像可通过官网下载。

CentOS 8.1.1911-x86_64-dvd 版本的 ISO 文件大小为 7.04GB，读者可根据自身网络情况，选择较快的镜像点进行下载。

**步骤 3**：安装 CentOS 8 操作系统

（1）在新建的虚拟机上右击，选择【设置】，打开虚拟机设置窗口，如图 4-1-8 所示。

图 4-1-8　打开虚拟机设置窗口

（2）将操作系统的镜像文件导入虚拟机。在虚拟机设置窗口左侧选项中选择【存储】，然后单击最右侧的光驱图标→【选择一个虚拟光盘文件】，将硬盘上的 CentOS 镜像文件导入虚拟机，如图 4-1-9 所示，单击【OK】完成导入操作，并回到 VirtualBox 主界面，如图 4-1-10 所示。

图 4-1-9　将操作系统的镜像文件导入虚拟机

图 4-1-10　完成操作系统镜像文件导入

（3）在 VirtualBox 主界面单击【启动】按钮，启动虚拟机并安装操作系统，安装过程如图 4-1-11 至图 4-1-17 所示。注意，在设置所使用的语言时，选择"简体中文（中国）"，在设置【时间和日期】选项时，选择城市为"上海"。

图 4-1-11　选择"Install CentOS Linux 8"

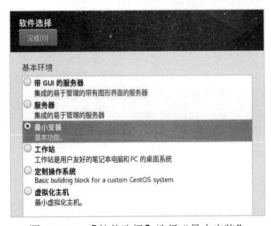

图 4-1-12　【软件选择】选择"最小安装"

图 4-1-13　【安装目标位置】直接单击【完成】

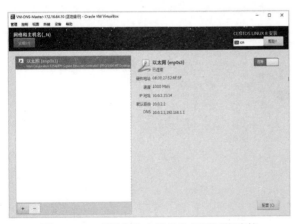

图 4-1-14　【网络和主机名】打开网络连接

图 4-1-15　开始安装

图 4-1-16　在安装过程中设置根密码　　　　　　　图 4-1-17　完成安装过程

（4）在虚拟机设置窗口左侧选项中选择【存储】，然后单击最右侧的光驱图标→【移除虚拟盘】，移除操作系统镜像文件，单击【OK】回到 VirtualBox 主界面，如图 4-1-18 所示。

图 4-1-18　移除操作系统光盘镜像文件

（5）在 VirtualBox 主界面虚拟机右键菜单中单击【重启】，重新启动虚拟机，进入登录界面，如图 4-1-19 所示。

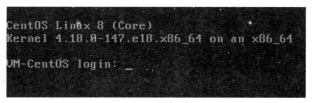

图 4-1-19　重启虚拟机并开始使用

> 在初始设置中，建议直接开启网络（图 4-1-14），否则安装 CentOS 8 完成后，还需要更改网卡配置文件中的参数。
>
> 安装 CentOS 8 过程中，需要设置根用户（即 root 用户）密码，此处设为 Centos123。
>
> 如果安装完成后不移除虚拟盘，则再次启动时会再一次进入安装状态。
>
> 本任务虚拟机网卡连接方式为"网络地址转换（NAT）"，可访问互联网。
>
> 建议将该虚拟机作为模板，通过虚拟机克隆快速创建 DNS、NTP、监控等服务器。

**步骤 4**：通过虚拟机克隆方式创建 DNS-Master 服务器。

（1）关闭虚拟机 VM-CentOS。

（2）右击虚拟机 VM-CentOS，选择【复制】，打开"复制虚拟电脑"窗口，并设置新虚拟机名称为 VM-DNS-Master，单击【下一步】，如图 4-1-20 所示。

（3）设置副本类型为"完全复制"，单击【复制】，如图 4-1-21 所示。

图 4-1-20　设置虚拟机名称

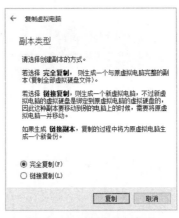
图 4-1-21　设置副本类型

**步骤 5**：在 DNS-Master 服务器上在线安装 BIND。

Linux 操作系统中构建 DNS 服务通常使用 BIND 来实现。BIND 是 Berkeley Internet Name Domain Service 的简写，它是一款实现 DNS 服务的开源免费软件。

BIND 服务有关的软件包有如下几个：

● Bind：BIND 服务器端软件，即 BIND 主程序。

● bind-utils：客户端搜索主机名的相关命令，提供 nslookup 及 dig 等测试工具。

● bind-libs：BIND 相关的库文件。

启动虚拟机 VM-DNS-Master，登录系统，使用 yum 工具安装 BIND，命令如下：

```
[root@VM-CentOS ~]# yum install -y bind bind-utils bind-libs
```

BIND 安装完成后，会显示出所安装的文件名，并显示"Complete！"，如图 4-1-22 所示。

```
Installed:
  bind-32:9.11.20-5.el8_3.1.x86_64
  bind-libs-32:9.11.20-5.el8_3.1.x86_64
  bind-utils-32:9.11.20-5.el8_3.1.x86_64
  bind-libs-lite-32:9.11.20-5.el8_3.1.x86_64
  bind-license-32:9.11.20-5.el8_3.1.noarch
  python3-bind-32:9.11.20-5.el8_3.1.noarch

Complete!
[root@localhost ~]#
```

图 4-1-22　BIND 安装完成

 **提醒**　若无法正常安装 BIND，可查看一下虚拟机是否能够正常访问互联网。BIND 除在线安装外，还可以通过 RPM 包进行安装。

**步骤 6：** 查看 named 服务状态。

BIND 安装完成后将在 CentOS 中创建名为 named 的服务。可通过"systemctl status named"命令查看 named 服务活动状态。

```
[root@VM-CentOS ~]# systemctl status named
● named.service - Berkeley Internet Name Domain (DNS)
    #服务位置；开机自启动状态
    Loaded: loaded (/usr/lib/systemd/system/named.service; disabled; vendor preset: disabled)
    #named 服务的活跃状态，结果值为 active 表示活跃；inactive 表示不活跃
    Active: inactive (dead)
    #按【Q】键退出状态显示
[root@VM-CentOS ~]#
```

可见，此时 named 服务的状态为"inactive（dead）"，即未启动状态。

**步骤 7：** 启动 named 服务。

通过"systemctl start named"命令可以启动 named 服务。

```
[root@VM-CentOS ~]# systemctl start named
```

此时，再次查看 named 服务状态，可以看到此时 named 服务的状态为"active（running）"，即启动状态。

```
[root@VM-CentOS ~]# systemctl status named
● named.service - Berkeley Internet Name Domain (DNS)
Loaded: loaded (/usr/lib/systemd/system/named.service; disabled; vendor preset: disabled)
  Active: active (running) since Sun 2020-08-16 14:48:36 CST; 3s ago
    Process: 9856 ExecStart=/usr/sbin/named -u named -c ${NAMEDCONF} $OPTIONS (code=exited,
status=0/SUCCESS)
    Process: 9853 ExecStartPre=/bin/bash -c if [ ! "$DISABLE_ZONE_CHECKING" == "yes" ]; then
/usr/sbin/named-checkconf -z "$N>
    #主进程 ID 为：9858
    Main PID: 9858 (named)
```

```
#任务数 (最大限制数为: 11099)
Tasks: 4 (limit: 5039)
#占用内存大小为
Memory: 57.9M
CGroup: /system.slice/named.service
        └─9858 /usr/sbin/named -u named -c /etc/named.conf
#BIND 操作日志
8 月  16 14:48:36 VM-CentOS named[9858]: zone 0.in-addr.arpa/IN: loaded serial 0
……
#按【Q】键退出状态显示
```

命令 systemctl status named, 可以查看 named 服务运行状态。

命令 systemctl start named, 可以启动 named 服务

命令 systemctl stop named, 可以停止 named 服务。

命令 systemctl restart named, 可以重启 named 服务。

命令 systemctl reload named, 可以在不中断 named 服务的情况下重新载入 BIND 配置文件。

**步骤 8**: 配置 named 服务开机自启动。

DNS 服务是园区网建设的基础服务, 需要把 named 服务配置为开机自启动, 操作命令如下:

```
[root@VM-CentOS ~]# systemctl enable named
Created symlink /etc/systemd/system/multi-user.target.wants/named.service → /usr/lib/systemd/system/named.service.
```

命令 systemctl disable【服务名称】, 可设置某服务为开机不启动。

**步骤 9**: 通过虚拟机克隆方式创建 DNS-Slave 服务器。

参照步骤 4 操作, 克隆虚拟机 VM-DNS-Master, 创建 VM-DNS-Slave 虚拟机作为 DNS-Slave 服务器。

# 任务二　配置 DNS 服务

## 【任务介绍】

本任务分别配置主 DNS 服务器 (DNS-Master) 和辅 DNS 服务器 (DNS-Slave) 的查询服务和内部域名解析服务, 并将 DNS-Master 与 DNS-Slave 设置成主辅模式, 实现数据同步。

## 【任务目标】

1. 完成 DNS-Master 的 DNS 查询服务和内部域名解析服务配置。

2．完成 DNS-Slave 的 DNS 查询服务和内部域名解析服务配置。

3．完成 DNS-Master 与 DNS-Slave 数据同步配置并进行测试。

【操作步骤】

步骤 1：更改虚拟机的网络连接方式。

本任务要实现主、辅 DNS 服务器的数据同步，所以完成在线安装 BIND 后，还要在 VirtualBox 中对虚拟机 VM-DNS-Master 和 VM-DNS-Slave 的网卡连接方式进行设置，使它们之间可以相互通信。此处将两台虚拟机的网卡连接方式都设置成"仅主机（Host-Only）网络"。

以 DNS-Master 为例，在 VirtualBox 左侧设备列表中右击 VM-DNS-Master 虚拟机，选择【设置】，打开虚拟机设置窗口，在虚拟机设置窗口左侧选项中选择【网络】，在右侧设置网卡 1 的网络连接方式为"仅主机（Host-Only）网络"，然后选择界面名称，这里是"VirtualBox Host-Only Ethernet Adapter #3"，如图 4-2-1 所示。

图 4-2-1　配置 VM-DNS-Master 的网络连接方式

DNS-Slave 的网卡 1 的网络连接方式与 VM-DNS-Master 相同。

此处的【界面名称】使用的是通过 VirtualBox 创建的虚拟网卡。此处虚拟网卡名字后面的"#3"是作者计算机上的配置，读者在实践时可能有所不同；

通过本地实体主机的【设置】→【网络和 Internet】→【以太网】→【更改适配器选项】选项，可以查看到 VirtualBox 创建的虚拟网卡。

步骤 2：在 DNS-Master 服务器上配置 DNS 服务。

（1）配置静态 IP 地址信息。DNS 服务器必须配置静态 IP 地址。根据本项目【网络规划】中 IP 地址的规划，通过编辑虚拟机网卡配置文件（/etc/sysconfig/network-scripts/ifcfg-enp0s3），配置 DNS-Master 的 IP 地址、默认网关、子网掩码等参数。配置命令如下：

```
[root@VM-CentOS ~]# vi /etc/sysconfig/network-scripts/ifcfg-enp0s3
#按【i】键进入编辑模式
```

```
TYPE="Ethernet"
PROXY_METHOD="none"
BROWSER_ONLY="no"
#设置网络配置方式为静态（static）获取
BOOTPROTO="static"
DEFROUTE="yes"
IPV4_FAILURE_FATAL="no"
IPV6INIT="yes"
IPV6_AUTOCONF="yes"
IPV6_DEFROUTE="yes"
IPV6_FAILURE_FATAL="no"
IPV6_ADDR_GEN_MODE="stable-privacy"
NAME="enp0s3"
DEVICE="enp0s3"
#此处的"yes"表明虚拟机启动时自动执行本配置
ONBOOT="yes"
#此处添加 DNS-Master 的 IP 地址、子网掩码、默认网关的相关配置信息
IPADDR=172.16.64.10
NETMASK=255.255.255.0
GATEWAY=172.16.64.254
#按【Esc】退出编辑状态，输入":wq"保存修改并退出
```

网卡的参数配置完成后，还要重新载入新的配置文件，然后再执行重启网卡命令，方能使配置生效，命令如下：

```
#重载 enp0s3 的网络连接配置
[root@VM-CentOS ~]# nmcli c reload enp0s3
#重新应用 enp0s3 网卡配置（重启网卡）
[root@VM-CentOS ~]# nmcli d reapply enp0s3
```

提醒
在 CentOS 8 中，重启网卡服务不能使用 systemctl restart network 命令。
上面命令中的"enp0s3"是网卡名，可以在网卡配置文件中查看到。

（2）配置 53 端口。由于 DNS 协议通过 53 端口进行通信，而 CentOS 系统自带的防火墙默认是关闭 53 端口的，所以此处要配置防火墙，分别开放 UDP 协议的 53 端口和 TCP 协议的 53 端口。

```
#开放 UDP 协议的 53 端口
[root@VM-CentOS ~]# firewall-cmd --zone=public --add-port=53/udp    --permanent
#开放 TCP 协议的 53 端口
[root@VM-CentOS ~]# firewall-cmd --zone=public --add-port=53/tcp    --permanent
#重启防火墙，使配置生效
[root@VM-CentOS ~]# systemctl restart firewalld
#为方便进行 DNS 查询测试，暂时关闭 SELinux
[root@VM-CentOS ~]# setenforce 0
```

> 参数--add-port=53/tcp 表示添加端口，格式为：端口/通信协议
> 参数--permanent 永久生效，没有此参数重启后失效
> 要查询哪些端口开放，可使用命令 firewall-cmd --list-port
> 关闭防火墙：systemctl stop firewalld.service
> 关闭端口的命令与开放端口相同，把 add 改成 remove 即可

（3）修改主配置文件/etc/named.conf。接下来，使用 vi 命令对 DNS-Master 服务器的主配置文件/etc/named.conf 进行编辑修改，主要包括监听 53 端口设置、DNS 授权访问设置、主辅 DNS 同步参数设置等。操作命令如下：

```
[root@VM-CentOS ~]vi /etc/named.conf
#named.conf 配置文件内容较多，此处仅显示需要修改、添加以及与 DNS 查询配置有关的内容，该内容在"options"语句中。
options {
        #修改监听地址，这里设置为 any，允许所有网卡监听本机地址的 53 端口
        listen-on port 53 { any; };
        #IPv6 的监听地址
        listen-on-v6 port 53 { ::1; };
        #定义区域配置文件存储目录
        directory        "/var/named";
        #定义本域名服务器在收到 rndc dump 命令时，转存数据的文件路径
        dump-file        "/var/named/data/cache_dump.db";
        #定义本域名服务器在收到 rndc stats 命令时，追加统计数据的文件路径
        statistics-file "/var/named/data/named_stats.txt";
        #定义本域名服务器在退出时，写入内存统计信息的文件路径
        memstatistics-file "/var/named/data/named_mem_stats.txt";
        #定义本域名服务器在收到 rndc secroots 命令时，转存安全根的文件路径
        secroots-file    "/var/named/data/named.secroots";
        #定义本域名服务器在收到 rndc recursing 命令时，转存当前递归请求的文件路径
        recursing-file   "/var/named/data/named.recursing";
        #修改授权访问范围为允许所有地址可以访问
        #定义哪些主机可以进行 DNS 查询，这里配置为 any，允许所有主机进行 DNS 查询
        allow-query      { any; };
        #添加 allow-transfer 语句，定义哪些辅域名服务器可以从本域名服务器同步数据
        allow-transfer        {172.16.64.11;};
        #添加 also-notify 语句，定义哪些辅域名服务器可以从本域名服务器接收通知
        also-notify           {172.16.64.11;};
        #添加 notify 语句，定义本域名服务器区域文件发生变更后，通知辅域名服务器
        notify yes;
        #添加 masterfile-format 语句，定义区域文件的格式为 text，避免同步时出现乱码
        masterfile-format text;
        ……
};
```

项目四

建议在修改所有配置文件之前先备份，以便出现编辑错误时能够快速恢复。可使用 cp 命令进行备份，例如：cp -p /etc/named.conf /etc/named.conf.bak。

使用 cp 命令时注意加上-p 参数，使得复制的文件保留原有的属性权限。

（4）修改区域声明文件/etc/named.rfc1912.zones。根据本项目【网络规划】中的域名设计，要提供域名 domain.com 的内部解析。所以此处使用 vi 命令修改区域声明文件/etc/named.rfc1912.zones，并在其中增加关于 domain.com 域的正向解析声明信息，具体内容如下：

```
zone "domain.com" IN {
    type master;
    file "domain.com.zone";
    allow-update { none; };
};
```

（5）创建域名 domain.com 的正向解析区域配置文件

根据本项目的【网络规划】，通过 vi 命令，在/var/named 目录中创建域名 domain.com 的正向解析区域配置文件 domain.com.zone，并完成域名和记录信息的填写，配置内容如下：

```
[root@VM-CentOS ~]#vi /var/named/domain.com.zone
;定义从本域名服务器查询的记录，在客户端缓存有效期为 1 天
$TTL 1D
;设置起始授权机构的权威域名和管理员邮箱
@        IN      SOA        ns.domain.com. root.domain.com. (
                      ;定义本配置文件的版本号为 0，该值在同步辅域名服务器时使用
                      0       ; serial
                      ;定义本域名服务器与辅域名服务器同步的时间周期为 1 天
                      1D      ; refresh
                      ;定义辅域名服务器更新失败时，重试间隔时间为 1 小时
                      1H      ; retry
                      ;定义辅域名服务器从本域名服务器同步的数据，存活期为 1 周
                      1W      ; expire
                      ;定义从本域名服务器查询的记录，在客户端缓存有效期为 3 小时
                      ;如果第一行没有定义$TTL，则使用该值
                      3H )    ; minimum
;添加 NS 记录
@                        IN        NS        ns.domain.com.
;添加 A 记录
ns                       IN        A         172.16.64.10
www                      IN        A         172.16.65.10
;添加 CNAME 记录
web                      IN        CNAME     www.domain.com.
```

（6）查看区域配置文件 domain.com.zone 的权限.BIND 安装完成后，会自动创建一个名为 named

的用户，其用户目录为 /var/named，还会创建一个名为 named 的用户组。named 用户通过 named 进程去读取 DNS 配置文件（例如刚刚创建的 domain.com.zone）中的记录，从而实现域名解析。为了实现这一点，以下三个条件必须至少有一个成立，否则 named 用户将无法读取配置文件，从而造成域名解析失败。

1）named 用户有读取该配置文件的权限。

2）named 用户组有读取该配置文件的权限。

3）其他用户有读取该配置文件的权限。

使用 ls 命令（加上-1 参数）查看/var/named 目录中的区域配置文件权限，如图 4-2-2 所示，可以看出，doamin.com.zone 文件是 root 用户新建的，它的属主和属组都是 root，在权限描述中，前面的"rw-"表示属主用户（即 root 用户）对该文件有读和写的权限，中间的"r--"表示属组用户对该文件有读权限，后面的"r--"表示其他用户（包含 named 用户）对该文件有读权限，符合上述的第三个条件，也就是说，named 用户进程可以读取这个文件。

```
[root@localhost ~]# ls /var/named -l
total 20
drwxrwx---. 2 named named   23 Mar  5 14:45 data
-rw-r--r--. 1 root  root   219 Mar  5 15:08 domain.com.zone
drwxrwx---. 2 named named   60 Mar  5 14:45 dynamic
-rw-r-----. 1 root  named 2253 Mar  1 23:21 named.ca
-rw-r-----. 1 root  named  152 Mar  1 23:21 named.empty
-rw-r-----. 1 root  named  152 Mar  5 15:08 named.localhost
-rw-r-----. 1 root  named  168 Mar  1 23:21 named.loopback
drwxrwx---. 2 named named    6 Mar  1 23:20 slaves
[root@localhost ~]#
```

图 4-2-2　查看/var/named 目录中新建的区域配置文件的权限

**提醒**

　　若区域配置文件 domain.com.zone 的操作权限不满足上述三个条件，可通过 chown 命令更改文件的属主和属组，例如将该文件的属主和属组都改为 named，可执行命令 chown named:named /var/named/domain.com.zone;

　　也可通过 chmod 命令更改文件的操作权限，例如将该文件的操作权限设置为 640（权限描述为 rw-r-----），即属主有读写权限，属组只有读权限，其他用户无权限，可执行命令 chmod 640 /var/named/domain.com.zone。

（7）校验 DNS 配置文件。为避免配置文件内容出现语法错误造成 DNS 服务无法启动，DNS 的配置文件撰写完成后，应使用 BIND 内置的 named-checkconf 工具对主配置文件（named.conf）进行校验，使用 BIND 内置的 named-checkzone 工具对区域配置文件（例如此处的 domain.com.zone）进行校验，操作如下：

```
[root@VM-CentOS ~]# named-checkconf /etc/named.conf
[root@VM-CentOS ~]# named-checkzone domain.com /var/named/domain.com.zone
zone domain.com/IN: domain.com/MX 'mail.domain.com' has no address records (A or AAAA)
zone domain.com/IN: loaded serial 0
OK
```

若 named-checkconf 命令执行后不出现错误提示，表明主配置文件校验通过。若 named-checkzone 命令执行后出现 "OK" 字样，说明区域配置文件校验通过。若出现错误信息，应根据错误提示修订相应的配置文件，直至校验通过。

（8）重启 named 服务。校验通过后，还需重启 named 服务，使配置生效，操作如下：

```
[root@VM-CentOS ~]# systemctl restart named
```

**步骤 3**：在 DNS-Slave 上配置 DNS 服务。

（1）配置静态 IP 地址信息。给 DNS-Slave（辅 DNS 服务器）配置静态 IP 地址（172.16.64.11/24），并重载网络配置，使配置生效。具体操作过程与 DNS-Master 相同，此处略。

（2）配置 53 端口。对 DNS-Slave 的防火墙进行配置，分别开放 UDP 协议的 53 端口和 TCP 协议的 53 端口，并重启防火墙使配置生效。具体操作过程与 DNS-Master 相同，此处略。

（3）修改主配置文件/etc/named.conf。使用 vi 命令对 DNS-Slave 服务器的主配置文件 /etc/named.conf 进行编辑修改，主要包括监听 53 端口设置、DNS 授权访问设置、主辅 DNS 同步参数设置等。操作命令如下：

```
[root@VM-CentOS ~]vi /etc/named.conf
#named.conf 配置文件内容较多，此处仅显示需要修改、添加以及与 DNS 查询配置有关的内容，该内容
在 "options" 语句中。
options {
              #修改监听地址，这里设置为 any，允许所有网卡监听本机地址的 53 端口
              listen-on port 53 { any; };
              #IPv6 的监听地址
              listen-on-v6 port 53 { ::1; };
              #定义区域配置文件存储目录
              directory      "/var/named";
              ……
              #定义哪些主机可以进行 DNS 查询，这里配置为 any，允许所有主机进行 DNS 查询
              allow-query { any; };
              #添加 allow-transfer 语句，禁止其他域名服务器从本域名服务器同步数据
              allow-transfer      {none;};
              #添加 masterfile-format 语句，定义区域文件的格式为 text，避免同步时出现乱码
              masterfile-format text;
              ……
};
```

（4）修改区域声明文件/etc/named.rfc1912.zones。辅 DNS 服务器中，不需要用户手工创建区域配置文件。通过数据同步设置，辅 DNS 服务器可以自动从所对应的主 DNS 服务器上复制并更新区域配置文件。

此处对辅 DNS 服务器（DNS-Slave）的区域声明文件/etc/named.rfc1912.zones 进行修改，在其中添加要从主 DNS 服务器（DNS-Master）上进行同步的区域信息。例如要同步 domain.com 域的信息，可在/etc/named.rfc1912.zones 文件中添加关于 domain.com 域的正向解析声明，具体内容如下：

```
zone "domain.com" IN {
    #将类型定义为 slave
    type slave;
    file "domain.com.zone";
    #定义主域名服务器的地址,表明从该服务器进行数据同步
    masters    {172.16.64.10;};
};
```

（5）校验 DNS 配置文件。

此处仅需要对主配置文件（/etc/named.conf）进行语法校验,操作如下:

```
#对主配置文件进行语法校验
[root@VM-CentOS ~]# named-checkconf /etc/named.conf
```

（6）重启 named 服务。校验通过后,在辅 DNS 服务器上重启 named 服务,即可实现数据同步,操作如下:

```
[root@VM-CentOS ~]# systemctl restart named
```

**步骤 4**:验证 DNS-Master 与 DNS-Slave 之间的数据同步。

（1）在 DNS-Slave 上查看区域配置文件是否存在。在 DNS-Slave 上,使用 ls 命令（加上 -l 参数）查看区域配置文件 domain.com.zone 是否存在。命令如下:

```
[root@VM-CentOS ~]# ls /var/named -l
```

可以看到,在 DNS-Slave 上自动生成了区域配置文件 domain.com.zone,其属主和属组都是 named,如图 4-2-3 所示。

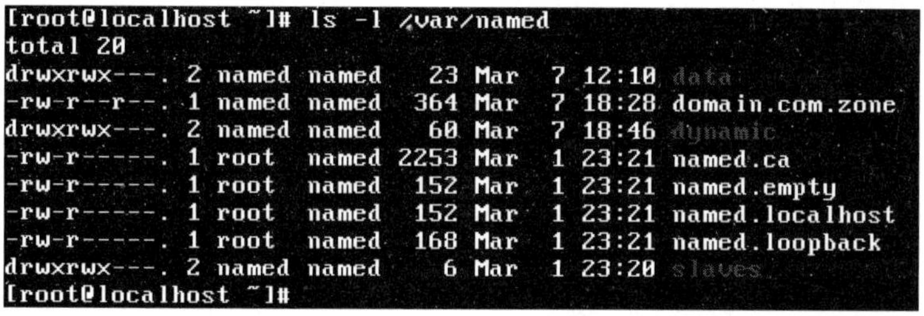

```
[root@localhost ~]# ls -l /var/named
total 20
drwxrwx---. 2 named named   23 Mar  7 12:10 data
-rw-r--r--. 1 named named  364 Mar  7 18:28 domain.com.zone
drwxrwx---. 2 named named   60 Mar  7 18:46 dynamic
-rw-r-----. 1 root  named 2253 Mar  1 23:21 named.ca
-rw-r-----. 1 root  named  152 Mar  1 23:21 named.empty
-rw-r-----. 1 root  named  152 Mar  1 23:21 named.localhost
-rw-r-----. 1 root  named  168 Mar  1 23:21 named.loopback
drwxrwx---. 2 named named    6 Mar  1 23:20 slaves
[root@localhost ~]#
```

图 4-2-3　辅 DNS 服务器上自动生成了区域配置文件 domain.com.zone

（2）查看 domain.com.zone 的内容。使用 cat 命令查看区域配置文件 domain.com.zone 内容。命令如下:

```
[root@VM-CentOS ~]# cat /var/named/domain.com.zone
$ORIGIN .
$TTL 86400      ; 1 day
domain.com                  IN SOA    ns.domain.com. root.domain.com. (
                            0           ; serial
                            86400       ; refresh (1 day)
                            3600        ; retry (1 hour)
```

```
                               604800              ; expire (1 week)
                               10800               ; minimum (3 hours)
                                                   )
                    NS                  ns.domain.com.
$ORIGIN domain.com.
ns                  A                   172.16.64.10
web                 CNAME               www
www                 A                   172.16.65.10
[root@VM-CentOS ~]#
```

与主 DNS 服务器（DNS-Master）中的区域配置文件 domain.com.zone 内容对比可知，二者一致，证明 DNS-Master 与 DNS-Slave 数据已同步。

（3）验证主、辅 DNS 服务器的数据更新同步。在主 DNS 服务器（DNS-Master）上修改区域配置文件 domain.com.zone 的内容，添加一条 A 记录，并将该配置文件的版本号改为 1（即要大于原版本号），具体内容如下：

```
[root@VM-CentOS ~]#vi /var/named/domain.com.zone
$TTL 1D
@        IN   SOA    ns.domain.com. root.domain.com. (
                     ;将本配置文件的版本号改为 1，一定要大于原版本号
                     1    ; serial
                     1D   ; refresh
                     1H   ; retry
                     1W   ; expire
                     3H ) ; minimum
@        IN                 NS   ns.domain.com.
ns       IN        A        172.16.64.10
www      IN        A        172.16.65.10
web      IN        CNAME    www.domain.com.
;添加一条主机名为 ftp 的 A 记录
ftp      IN        A        172.16.65.20
```

在主 DNS 服务器（DNS-Master）上重启 named 服务，然后直接在辅 DNS 服务器（DNS-Slave）上再次使用 cat 命令查看区域配置文件 domain.com.zone 内容，其内容如下：

```
[root@VM-CentOS ~]# cat /var/named/domain.com.zone
$ORIGIN .
$TTL 86400          ; 1 day
domain.com              IN SOA  ns.domain.com. root.domain.com. (
                               1              ; serial
                               86400          ; refresh (1 day)
                               3600           ; retry (1 hour)
                               604800         ; expire (1 week)
                               10800          ; minimum (3 hours)
                                )
                    NS         ns.domain.com.
```

```
$ORIGIN domain.com.
ftp                A              172.16.65.20
ns                 A              172.16.64.10
web                CNAME          www
www                A              172.16.65.10
[root@VM-CentOS ~]#
```

可以看到，当主 DNS 服务器上区域配置文件内容更新后，辅 DNS 服务器也会实时同步更新。

# 任务三　为园区网提供本地域名服务

## 【任务介绍】

本任务将任务二中配置好的 DNS-Master 和 DNS-Slave 服务器部署到园区网中，并将它们设置为园区网终端的本地域名服务器，在园区网中进行本地 DNS 查询测试和园区网内部域名解析测试。

## 【任务目标】

1．完成园区网中 DNS-Master 和 DNS-Slave 服务器的部署。

2．完成园区网终端本地域名服务器的配置。

3．完成本地 DNS 查询服务测试。

4．完成园区网内部域名解析服务测试。

## 【操作步骤】

**步骤 1**：在 eNSP 中创建园区网。

本项目是在本书项目二任务四的园区网基础上实现的，有关园区网的部署以及通信配置（包括有线园区网、无线园区网、双链路 NAT 接入互联网等），读者可参考项目二的任务四，此处不再赘述。

**步骤 2**：将 DNS-Master 和 DNS-Slave 服务器部署到园区网。

按照本项目【拓扑规划】，在 eNSP 中通过 Cloud 设备将 DNS-Master 和 DNS-Slave 接入到 eNSP 中的园区网。

（1）在园区网中添加 Cloud 设备并命名为 DNS-Master，绑定信息时选择 VM-DNS-Master 使用的网络接口，如图 4-3-1 所示。

（2）修改虚拟机 VM-DNS-Slave 的网络接口，选择不同于 VM-DNS-Master 的网络接口（此处选择 VirtualBox Host-Only Ethernet Adapter #4），如图 4-3-2 所示。

（3）在园区网中添加 Cloud 设备命名为 DNS-Slave，绑定信息时选择 VM-DNS-Slave 使用的网络接口，如图 4-3-3 所示。

（4）将 Cloud 设备 DNS-Master 连接到 S-RS-3 的 GE 0/0/1 接口，Cloud 设备 DNS-Slave 连接到 S-RS-3 的 GE 0/0/2 接口，eNSP 中的网络如图 4-3-4 所示。

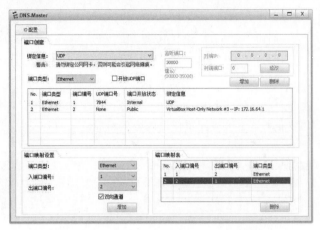

图 4-3-1  DNS-Master 的 Cloud 设备设置

图 4-3-2  配置 DNS-Slave 网络

图 4-3-3  DNS-Slave 的 Cloud 设备设置

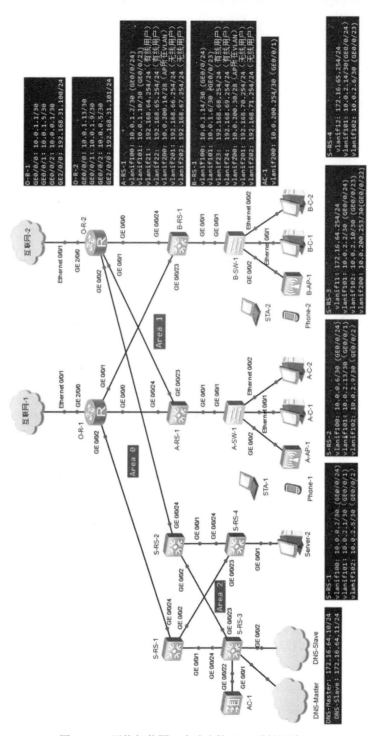

图 4-3-4　网络拓扑图（含路由接口 IP 地址列表）

**步骤3:** 配置三层交换机 S-RS-3 的 GE0/0/2 接口。

本任务中,将主 DNS 服务器(DNS-Master)通过 Cloud 设备接到了 S-RS-3 的 GE 0/0/1 接口,辅 DNS 服务器(DNS-Slave)通过 Cloud 设备接入到 S-RS-3 的 GE 0/0/2 接口。其中 GE 0/0/1 接口在本书项目二的任务四中已经配置好(Access 类型,属于 vlan11),此处配置 GE 0/0/2 接口,其配置与 GE 0/0/1 相同,具体如下:

```
<S-RS-3>system-view
Enter system view, return user view with Ctrl+Z.
[S-RS-3]interface GigabitEthernet 0/0/2
[S-RS-3-GigabitEthernet0/0/2]port link-type access
[S-RS-3-GigabitEthernet0/0/2]port default vlan 11
[S-RS-3-GigabitEthernet0/0/2]quit
[S-RS-3]quit
<S-RS-3>save
```

**步骤4:** 为园区网终端配置本地域名服务器。

(1)配置 A-C-1 的本地域名服务器。在 eNSP 中双击 PC 机 A-C-1 的图标,在【基础配置】界面中,将 DNS1 设置成 DNS-Master 地址(172.165.64.10),设置 DNS2 为 DNS-Slave 地址(172.165.64.11),如图 4-3-5 所示。

图 4-3-5 配置 A-C-1 的本地域名服务器

(2)同样的操作,配置其他终端设备(Server-2、A-C-2、B-C-1、B-C-2)的本地域名服务器。

(3)通过 DHCP 方式配置移动终端 Phone 和 STA 的本地域名服务器。

通过在 AC-1 控制器的 DHCP 地址池配置本地域名服务器地址,通过 DHCP 为移动终端指定本地域名服务器,配置如下:

```
<AC-1>system-view
Enter system view, return user view with Ctrl+Z.
```

```
//进入 pool-A-vlan201 地址池视图，为 A 用户区域里 VLAN201 中的移动终端指定本地域名服务器
[AC-1]ip pool pool-A-vlan201
[AC-1-ip-pool-pool-A-vlan201]dns-list 172.16.64.10 172.16.64.11
[AC-1-ip-pool-pool-A-vlan201]quit

//进入 pool-A-vlan202 地址池视图，为 A 用户区域里 VLAN202 中的移动终端指定本地域名服务器
[AC-1]ip pool pool-A-vlan202
[AC-1-ip-pool-pool-A-vlan202]dns-list 172.16.64.10 172.16.64.11
[AC-1-ip-pool-pool-A-vlan202]quit

//进入 pool-B-vlan201 地址池视图，为 B 用户区域里 VLAN201 中的移动终端指定本地域名服务器
[AC-1]ip pool pool-B-vlan201
[AC-1-ip-pool-pool-B-vlan201]dns-list 172.16.64.10 172.16.64.11
[AC-1-ip-pool-pool-B-vlan201]quit

//进入 pool-B-vlan202 地址池视图，为 B 用户区域里 VLAN202 中的移动终端指定本地域名服务器
[AC-1]ip pool pool-B-vlan202
[AC-1-ip-pool-pool-B-vlan202]dns-list 172.16.64.10 172.16.64.11
[AC-1-ip-pool-pool-B-vlan202]quit
[AC-1]quit
<AC-1>save
```

**步骤 5**：DNS 服务测试。

（1）测试本地 DNS 服务器的 DNS 查询功能。以 PC 机 A-C-1 为例。在 A-C-1 的命令行窗口中执行 "ping www.baidu.com" 命令，通过 Ping 命令来测试本地 DNS 服务器的 DNS 查询功能，结果如图 4-3-6 所示。

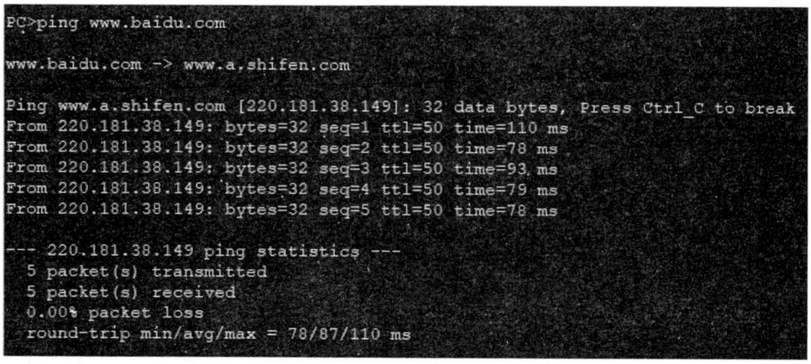

```
PC>ping www.baidu.com
www.baidu.com -> www.a.shifen.com

Ping www.a.shifen.com [220.181.38.149]: 32 data bytes, Press Ctrl_C to break
From 220.181.38.149: bytes=32 seq=1 ttl=50 time=110 ms
From 220.181.38.149: bytes=32 seq=2 ttl=50 time=78 ms
From 220.181.38.149: bytes=32 seq=3 ttl=50 time=93 ms
From 220.181.38.149: bytes=32 seq=4 ttl=50 time=79 ms
From 220.181.38.149: bytes=32 seq=5 ttl=50 time=78 ms

--- 220.181.38.149 ping statistics ---
  5 packet(s) transmitted
  5 packet(s) received
  0.00% packet loss
  round-trip min/avg/max = 78/87/110 ms
```

图 4-3-6　本地 DNS 查询域名 www.baidu.com 对应的 IP 地址

结果分析：A-C-1 要访问 www.baidu.com，但它不知道 www.baidu.com 对应的 IP 地址，于是将 DNS 查询请求发给本地 DNS 服务器（即 DNS-Master 服务器）。本地 DNS 服务器（DNS-Master）无法解析该域名，于是向互联网上的 DNS 服务器发出 DNS 查询请求，最终得到域名 www.baidu.com 对应的 IP 地址（此处是 220.181.38.149），并将该结果反馈给 A-C-1，于是 A-C-1 接下来通过 IP 地

址进行访问（即 ping 操作），并且访问成功。

> 由于采用仿真系统进行 DNS 查询，上述的 ping 命令有可能由于本地 DNS 服务器没有查询到 www.baidu.com 对应的 IP 地址而访问失败，出现例如"host www.baidu.com unreachable"的提示。此时可先测试 A-C-1 与 DNS-Master 服务器之间是否网络可达，再测试 DNS-Master 服务器是否能正常访问互联网，若都没有问题，则多执行几次上述的 ping www.baidu.com 命令即可。

（2）测试园区网内部的域名解析功能。以 PC 机 A-C-1 为例。在 A-C-1 的命令行窗口中执行"ping ftp.domain.com"命令，通过 Ping 命令来测试园区网内部的域名解析功能，结果如图 4-3-7 所示。

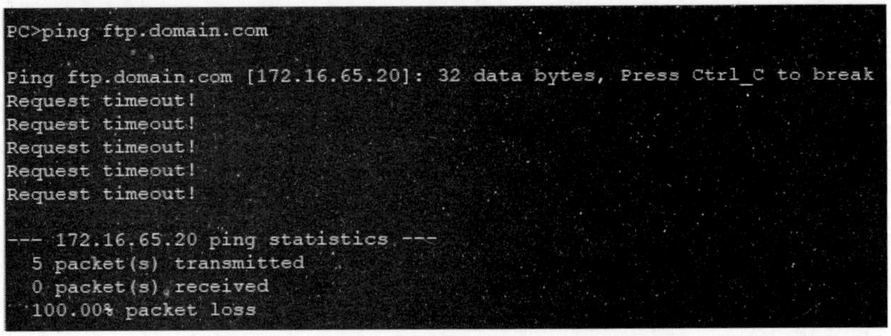

```
PC>ping ftp.domain.com

Ping ftp.domain.com [172.16.65.20]: 32 data bytes, Press Ctrl_C to break
Request timeout!
Request timeout!
Request timeout!
Request timeout!
Request timeout!

--- 172.16.65.20 ping statistics ---
  5 packet(s) transmitted
  0 packet(s) received
  100.00% packet loss
```

图 4-3-7　测试园区网内部的域名解析功能

结果分析：A-C-1 要访问 ftp.domain.com，但它不知道 ftp.domain.com 对应的 IP 地址，于是将 DNS 查询请求发给本地 DNS 服务器（即 DNS-Master 服务器）。本地 DNS 服务器（DNS-Master）查询自己的配置文件（A 记录），找到 ftp.domain.com 对应的 IP 地址（即 172.16.65.20），这个过程就是域名解析。DNS-Master 服务器将结果反馈给 A-C-1，A-C-1 接下来通过 IP 地址进行访问（即 Ping 操作），但是由于园区网内并没有 IP 地址是 172.16.65.20 的主机，所以提示 ping 操作没有成功，显示"Request timeout！"。

（3）测试主、从 DNS 服务器的容灾功能。关闭主 DNS 服务器，即关闭 VM-DNS-Master 虚拟机，再次重复进行 DNS 查询测试和内部域名解析测试，可以发现仍然可以实现 DNS 查询功能和域名解析功能。

# 任务四　DNS 通信分析

## 【任务介绍】

本任务在任务三的基础上，通过抓包分析 DNS 的报文结构，分析 DNS 递归和迭代查询的通信过程。

【任务目标】

1. 完成 DNS 报文结构的分析。
2. 完成终端设备进行 DNS 查询的通信过程分析。
3. 完成 DNS 服务器进行递归查询的通信过程分析。
4. 完成 DNS 服务器进行迭代查询的通信过程分析。

【操作步骤】

**步骤 1**：设置抓包位置并启动抓包程序。

启动拓扑中所有设备，设置交换机 A-SW-1 的下联终端 A-C-1 的 Ethernet 0/0/1 接口为①号抓包位，用于分析终端设备进行 DNS 查询的通信过程；设置路由交换机 S-RS-3 的 GE 0/0/1 接口为②号抓包位，用于分析 DNS 服务器查询通信过程，如图 4-4-1 所示。在①处和②处分别启动抓包程序，并在过滤表达式框中输入"dns"，筛选查看 DNS 报文。

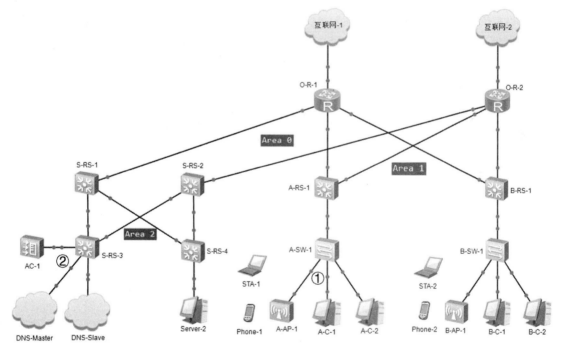

图 4-4-1　确定抓包位置①、②

**步骤 2**：分析 DNS 报文结构。

在终端设备 A-C-1 命令行执行"ping www.domain.com"，查看①处报文，以 48 号报文分析为例分析 DNS 报文结构，如图 4-4-2 所示。

图 4-4-2　DNS 通信报文内容

（1）分析报文首部基本信息，48 号报文首部基本信息见表 4-4-1。

表 4-4-1　48 号报文首部的基本信息

| 序号 | 名称 | 内容/值 | 备注 |
|---|---|---|---|
| 1 | 报文序号 | 48 | -- |
| 2 | 源 MAC 地址 | 4c:1f:cc:50:48:df | 三层交换机 A-RS-1 的 MAC 地址 |
| 3 | 目的 MAC 地址 | 54:59:98:1f:18:05 | A-C-1 的 MAC 地址 |
| 4 | 源 IP 地址 | 172.16.64.10 | DNS-Master 的 IP 地址 |
| 5 | 目的 IP 地址 | 192.168.64.10 | A-C-1 的 IP 地址 |
| 6 | 传输层协议 | UDP | -- |
| 7 | 源端口 | 53 | -- |
| 8 | 目的端口 | 46825 | -- |
| 9 | 报文类型 | DNS (response) | -- |

（2）分析 DNS 报文内容，48 号报文内容见表 4-4-2。

表 4-4-2　48 号报文内容

| 序号 | 名称 | 内容/值 | 备注 |
|---|---|---|---|
| 1 | Transaction ID | 0xbe18 | 事物 ID |
| 2 | Flags | 0x8580 Standard query response, No error | |
| 3 | Questions | 1 | 问题计数 |
| 4 | Answer RRs | 1 | 应答资源记录数 |

续表

| 序号 | 名称 | 内容/值 | 备注 |
|---|---|---|---|
| 5 | Authority RRs | 1 | 权威名称服务器计数 |
| 6 | Additional RRs | 1 | 附加资源记录数 |
| 7 | Queries | -- | 查询问题区域,指明所查询的域名(A 记录) |
| 8 | Answers | -- | 应答区域,指明 DNS 查询的结果,包括域名及其对应的 IP 地址 |
| 9 | Authoritative nameservers | -- | 权威名称服务器区域,指明进行解析的 DNS 服务器名字 |
| 10 | Additional records | -- | 附加信息区域,给出 DNS 服务器的地址 |

从报文表 4-4-1、表 4-4-2 可知,该报文由 DNS-Master 服务器向 A-C-1 终端发送的 DNS 应答报文。

**步骤 3**:分析终端设备进行 DNS 查询的通信过程。

由图 4-4-2 可知,47 号和 48 号是一对请求和应答 DNS 报文,内容部分如图 4-4-3 所示。由图 4-4-2 和图 4-4-3 可知,终端 A-C-1(192.168.64.10)执行"ping www.domain.com"命令时向 DNS-Master (172.16.64.10)发送类型 DNS 查询请求报文(47 号报文),查询 A 记录 www.domain.com 的主机地址;DNS-Master 对该 DNS 查询请求做出应答,返回 www.domain.com 对应的主机地址。

图 4-4-3　终端设备 DNS 查询通信报文内容

**步骤 4**:分析 DNS 服务器进行 DNS 查询的通信过程。

在终端设备 A-C-1 命令行执行 "ping www.baidu.com",在②处查看 DNS-Master 服务器的通信报文,如图 4-4-4 所示。由图可知,DNS-Master 服务器(172.16.64.10)收到 DNS 查询请求报文后,进行了 7 次查询才向终端设备返回应答报文(26025 号报文)。每一次查询都是由本地 DNS 服务器 (172.16.64.10)发出 DNS 请求(query)报文,并收到从互联网上的 DNS 服务器发回的响应(query response)报文。由此可见,本地 DNS 服务器 DNS-Master 进行 DNS 查询时采用了迭代查询的方式。

| No. | Time | Source | Destination | Protocol | Length | Info |
|---|---|---|---|---|---|---|
| 14764 | 15932.797000 | 172.16.64.10 | 199.9.14.201 | DNS | 81 | Standard query 0x5fd5 AAAA mirrorlist.centos.org |
| 25993 | 25551.657000 | 192.168.64.10 | 172.16.64.10 | DNS | 73 | Standard query 0xbe18 A www.baidu.com |
| ① 25994 | 25551.657000 | 172.16.64.10 | 202.108.22.220 | DNS | 96 | Standard query 0xbbb0 A www.baidu.com OPT |
| 25995 | 25551.875000 | 202.108.22.220 | 172.16.64.10 | DNS | 281 | Standard query response 0xbbb0 A www.baidu.com C |
| ② 25996 | 25551.875000 | 172.16.64.10 | 192.41.162.30 | DNS | 92 | Standard query 0x3fc1 DS baidu.com OPT |
| 25998 | 25552.204000 | 192.41.162.30 | 172.16.64.10 | DNS | 507 | Standard query response 0x3fc1 DS baidu.com NSEC |
| ③ 26002 | 25552.547000 | 172.16.64.10 | 192.41.162.30 | DNS | 106 | Standard query 0xba3c DS baidu.com OPT |
| 26005 | 25552.891000 | 192.41.162.30 | 172.16.64.10 | DNS | 911 | Standard query response 0xba3c DS baidu.com NSEC |
| ④ 26007 | 25552.907000 | 172.16.64.10 | 14.215.178.80 | DNS | 99 | Standard query 0x96c4 A www.a.shifen.com OPT |
| 26009 | 25553.016000 | 14.215.178.80 | 172.16.64.10 | DNS | 257 | Standard query response 0x96c4 A www.a.shifen.co |
| ⑤ 26010 | 25553.016000 | 172.16.64.10 | 14.215.177.229 | DNS | 99 | Standard query 0x85b7 A www.a.shifen.com OPT |
| 26011 | 25553.125000 | 14.215.177.229 | 172.16.64.10 | DNS | 278 | Standard query response 0x85b7 A www.a.shifen.co |
| ⑥ 26012 | 25553.125000 | 172.16.64.10 | 192.55.83.30 | DNS | 93 | Standard query 0x8df8 DS shifen.com OPT |
| 26013 | 25553.485000 | 192.55.83.30 | 172.16.64.10 | DNS | 508 | Standard query response 0x8df8 DS shifen.com NSE |
| ⑦ 26018 | 25553.938000 | 172.16.64.10 | 192.55.83.30 | DNS | 107 | Standard query 0xaea9 DS shifen.com OPT |
| 26023 | 25554.282000 | 192.55.83.30 | 172.16.64.10 | DNS | 912 | Standard query response 0xaea9 DS shifen.com NSE |
| 26025 | 25554.282000 | 172.16.64.10 | 192.168.64.10 | DNS | 302 | Standard query response 0xbe18 A www.baidu.com |
| 26031 | 25558.204000 | 192.168.64.10 | 172.16.64.10 | DNS | 73 | Standard query 0xbe18 A www.baidu.com |

图 4-4-4　DNS-Master 服务器 DNS 查询过程

　　这里本地 DNS 服务器进行 DNS 查询没有采用递归查询，是因为本地 DNS 服务器能否进行递归查询由所查询的域名服务器的配置决定，这里用到的根域名服务器、顶级域名服务器和权限域名服务器的递归查询功能是关闭的，一般只有递归域名服务器（如 8.8.8.8）允许客户端进行递归查询。

# 项目五

# 提供 NTP 时间同步服务

保证园区网内部服务器和网络设备在时间上的准确性和一致性,是提供可靠网络服务的重要基础。本项目在项目四的园区网基础上,基于 CentOS 部署 NTP 服务器,实现园区网中服务器时间同步和网络设备时间同步。

● 项目目的

- 了解 NTP 和 NTP 服务器。
- 完成园区网内 NTP 服务器的部署。
- 完成园区网内各服务器的时间同步配置。
- 完成园区网内网络设备时间同步配置。

● 拓扑规划

1. 网络拓扑

网络拓扑如图 5-0-1 所示。

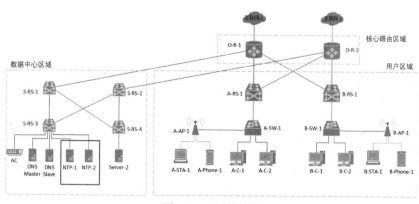

图 5-0-1　网络拓扑

2. 拓扑说明

网络设备说明见表 5-0-1。

表 5-0-1　网络设备说明

| 序号 | 设备线路 | 设备类型 | 规格型号 | 备注 |
|------|---------|---------|---------|------|
| 1 | NTP-1 | NTP 服务器 | Cloud | VirtualBox 虚拟机 |
| 2 | NTP-2 | NTP 服务器 | Cloud | VirtualBox 虚拟机 |

将 NTP-1 和 NTP-2 部署到园区网，两者时间与互联网 NTP 服务器池同步，两者共同为园区网中的服务器和网络设备提供时间同步服务。

关于网络中其他设备的说明，请参见本书项目一。

### ◉ 网络规划

本项目中园区网的规划设计，读者可参见项目二的任务四。两台 DNS 服务器（DNS-Master 和 DNS-Slave）部署配置可参见项目四。此处只规划与 NTP 服务器部署配置有关的内容。

1. 交换机接口与 VLAN

交换机接口与 VLAN 规划见表 5-0-2。

表 5-0-2　交换机接口与 VLAN 规划

| 序号 | 交换机 | 接口 | VLAN ID | 连接设备 | 接口类型 |
|------|--------|------|---------|---------|---------|
| 1 | S-RS-3 | GE 0/0/3 | 11 | NTP-1 | Access |
| 2 | S-RS-3 | GE 0/0/4 | 11 | NTP-2 | Access |
| 3 | A-SW-1 | GE 0/0/1 | 200 | A-RS-1 | Trunk |
| 4 | B-SW-1 | GE 0/0/1 | 200 | B-RS-1 | Trunk |

2. 主机 IP 地址

主机 IP 地址规划见表 5-0-3。

表 5-0-3　主机 IP 地址规划

| 序号 | 设备名称 | IP 地址/子网掩码 | 默认网关 |
|------|---------|-----------------|---------|
| 1 | NTP-1 | 172.16.64.12 /24 | 172.16.64.254 |
| 2 | NTP-2 | 172.16.65.13 /24 | 172.16.64.254 |

3. 网络设备地址

网络设备地址见表 5-0-4。

表 5-0-4　网络设备地址

| 序号 | 设备名称 | IP 地址/子网掩码 | 默认网关 | 备注 |
|---|---|---|---|---|
| 1 | A-SW-1 | 10.0.200.13 /28 | 10.0.200.14 | 虚拟接口 Vlanif200 的地址 |
| 2 | B-SW-1 | 10.0.200.29 /28 | 10.0.200.30 | 虚拟接口 Vlanif200 的地址 |

◆ 项目讲堂

1. 计算机时间

计算机时间有硬件时间和系统时间。

（1）硬件时间。计算机主板上的 RTC（实时时钟）以振荡器为时钟源，通过振荡器产生脉冲信号的振荡频率计时。由 CMOS 电池为 RTC 和 CMOS 供电，RTC 计时并将时间存储到 CMOS。

（2）系统时间。计算机运行时 CPU 内核振荡器产生高频脉冲信号，为系统时钟提供了一个精确的脉冲信号周期时间（如：时钟频率为 1GHz，周期为 1ns）。系统时钟也基于对 CPU 的振荡器产生脉冲信号的频率进行系统计时。

计算机启动时通过 BIOS 程序从 CMOS 读取硬件时间，根据系统时区确定系统时间。

在网络中，由于不同设备本地时钟频率、运行环境的不同，进行过时钟校准的设备运行一段时间后会出现时间不一致，为保持设备时间的一致，这就需要进行时间同步。

2. NTP 概述

网络时间协议（Network Time Protocol，NTP）是 TCP/IP 协议族里面的一个应用层协议。NTP 的实现基于 IP 和 UDP。NTP 报文通过 UDP 传输，端口号是 123。

NTP 主要用于对网络内所有具有时钟的设备进行时钟同步，使设备与服务器或时钟源做时间同步，提供高精准度的时间校正（LAN 上时间偏差小于 1 毫秒，WAN 上时间偏差在几十毫秒），避免人工同步带来的时钟误差和庞大的工作量。

NTP 客户端：网络中需要进行时间同步的设备。

NTP 服务器：网络中通过 NTP 协议提供授时服务的服务器。互联网中存在形式是 NTP 服务器或 NTP 服务器池。

3. NTP 原理

（1）参数设定。NTP 客户端与 NTP 服务器的系统时钟同步之前，NTP 客户端时间为 Ta，NTP 服务器时间为 Tb。

NTP 服务器作为时间服务器，NTP 客户端的时钟要与 NTP 服务器的时钟进行同步，同步过程如图 5-0-2 所示。

NTP 客户端和 NTP 服务器的系统时钟精度为 0，即完全精确的场景下进行的。

（2）时间同步过程。NTP 客户端在 T1 时刻发送一个 NTP 请求报文给 NTP 服务器，该请求报文携带离开 NTP 客户端时的时间戳 T1（T1 为 NTP 客户端时间）。

NTP 请求报文到达 NTP 服务器，此时 NTP 服务器的时刻为 T2（T2 为 NTP 服务器时间）。

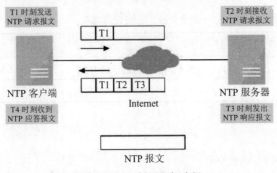

图 5-0-2　时间同步过程

NTP 服务器处理之后，于 T3 时刻发出 NTP 应答报文。该应答报文中携带离开 NTP 客户端时的时间戳 T1、到达 NTP 服务器时的时间戳 T2、离开 NTP 服务器时的时间戳 T3（T3 为 NTP 服务器时间）。

NTP 客户端在 T4 时刻接收到该应答报文，T4 为 NTP 客户端时间。

（3）同步计算。通过以上过程中的时间参数 T1～T4 可以计算。

1）NTP 报文从 NTP 客户端到 NTP 服务器的平均时间 Delay：

$$Delay=[(T4-T1)-(T3-T2)]/2$$

2）NTP 客户端与 NTP 服务器之间的时间差 Offset：

$$T4+Offset=T3+Delay$$

整理如下：

$$Offset=T3+Delay-T4$$
$$=T3+[(T4-T1)-(T3-T2)]/2-T4$$
$$=[(T2-T1)+(T3-T4)]/2$$

NTP 客户端根据计算得到的 Offset 调整自身时钟（Ta + Offset），实现与 NTP 服务器的时钟同步。

4．NTP 报文结构

NTP 协议当前版本是 NTPv4，NTPv4 报文结构如图 5-0-3 所示，NTPv4 报文每项的含义见表 5-0-5。

| 0 1 2 3 4 5 6 7 8 9 10 11 12 13 14 15 16 17 18 19 20 21 22 23 24 25 26 27 28 29 30 31 |
|---|
| LI | VN | Mode | Stratum | Poll | Precision |

| Root Delay |
|---|
| Root Dispersion |
| Reference ID |
| Reference Timestamp (64) |
| Origin Timestamp (64) |
| Receive Timestamp (64) |
| Transmit Timestamp (64) |
| Extension Field 1 (variable) |
| Extension Field 2 (variable) |
| Key Identifier |
| dgst (128) |

图 5-0-3　NTP 报文结构

表 5-0-5　NTP 报文结构的字段含义

| 序号 | 报文项 | 长度/位 | 说明 |
|---|---|---|---|
| 1 | LI（Leap Indicator） | 2 | 原子时与世界时协调过程产生闰秒需要调整时间的状态提示，取值含义如下：<br>0　no warning，表示无信息提示<br>1　last minute of the day has 61 seconds，表示当天前一分钟有 61 秒<br>2　last minute of the day has 59 seconds，表示当天前一分钟有 59 秒<br>3　alarm condition (clock not synchronized)，表示告警状态，时钟不能被同步 |
| 2 | VN（Version Number） | 3 | NTP 协议版本号 |
| 3 | Mode | 3 | NTP 的工作模式，取值含义如下：<br>0　reserved，保留<br>1　symmetric active，主动对等体模式<br>2　symmetric passive，被动对等体模式<br>3　client，客户模式<br>4　server，服务器模式<br>5　broadcast，广播模式<br>6　reserved for NTP control messages，NTP 控制报文<br>7　reserved for private use，内部使用预留 |
| 4 | Stratum | 8 | 时钟的层数，定义了时钟的准确度。取值含义如下：<br>0　unspecified or invalid，未指明或无效<br>1　primary server (e.g., equipped with a GPS receiver)，主服务器（例如，配备 GPS 接收器）<br>2～15　secondary server (via NTP)，辅助服务器（通过 NTP 同步时间）<br>16　unsynchronized，不同步<br>17～255 预留 |
| 5 | Poll | 8 | 轮询间隔时间，即两个 NTP 报文的间隔时间，用 2 的幂表示 |
| 6 | Precision | 8 | 系统时钟的精度，用 2 的幂表示 |
| 7 | Root Delay | 32 | 本地到主参考时钟源的往返时间 RTT |
| 8 | Root Dispersion | 32 | 本地时钟相对于主参考时钟的最大误差 |
| 9 | Reference ID | 32 | 上层参考时钟 ID |
| 10 | Reference Timestamp | 64 | 本地时钟最后一次被设定或更新的时间，如果值为 0 表示本地时钟从未被同步过 |
| 11 | Origin Timestamp | 64 | NTP 报文离开发送端时发送端本地时间，也即前面图中的 T1 |

| 序号 | 报文项 | 长度/位 | 说明 |
|------|--------|---------|------|
| 12 | Receive Timestamp | 64 | NTP 报文到达接收端时接收端本地时间，也即前面图中的 T2 |
| 13 | Transmit Timestamp | 64 | NTP 报文离开接收端时接收端本地时间，也即前面图中的 T3 |
| 14 | Extension Field 1 | 可变 | 扩展字段 1 |
| 15 | Extension Field 2 | 可变 | 扩展字段 2 |
| 16 | Key Identifier | 32 | 客户端或服务器用来指定 128 位 MD5 密钥 |
| 17 | dgst(Message Digest) | 128 | 通过 NTP 报文头和扩展字段计算出来的 MD5 哈希值 |

5. NTP 分层构建原理

NTP 提供准确时间，首先要有准确的时间来源，这一时间应该是国际标准时间 UTC。NTP 获得 UTC 的时间来源可以是原子钟、天文台、卫星，也可以从 Internet 上获取。这样就有了准确而可靠的时间源。由设置时间同步机制的产生原因和目的可知，时钟源的个数越少则时间统一性越好，但是由于网络的庞大和复杂，如果每个需要时间同步的机器都与同一台时间服务器相连是不现实的，因此在 NTP 模型中采用分层结构。

NTP 所建立起的网络基本结构是分层管理的类树形结构。网络中的节点有两种可能：时钟源或客户。每一层上的时钟源或客户可向上一层或本层的时钟源请求时间校正。时间按 NTP 服务器的等级传播。按照离外部 UTC 源的远近将所有服务器归入不同的 Stratum（层）中。Stratum-1 在顶层，有外部 UTC 接入，而 Stratum-2 则从 Stratum-1 获取时间，Stratum-3 从 Stratum-2 获取时间，以此类推，但 Stratum 层的总数限制在 15 以内，即 NTP 协议最多支持 15 级客户端。

除了顶层的 NTP 服务器外，其他 NTP 服务器对于其上层时钟源来讲，是 NTP 客户端，而对于其下层用户而言，它又是 NTP 服务器端，即时钟源。计算机主机一般可以同多个 NTP 服务器连接，利用统计学的算法过滤来自不同服务器的时间，以选择最佳的路径和来源来校正主机时间。

6. 互联网上的公共 NTP 服务器

为保证园区网内部服务器设备的时间同步，通常在园区网内部创建 NTP 服务器。园区网内部的 NTP 服务器通过与互联网上的公共 NTP 服务器进行通信，接收上层时间服务器的时间信息，并提供时间信息给下层的用户（通常是园区网内部的其他服务器）。表 5-0-6 列出了一些国内公共 NTP 服务器的信息。

表 5-0-6　国内公共 NTP 服务器（部分）

| 名称 | 地址 |
|------|------|
| 中国公共 NTP 服务器 | 0.cn.pool.ntp.org<br>1.cn.pool.ntp.org<br>2.cn.pool.ntp.org<br>3.cn.pool.ntp.org |

| 名称 | 地址 |
|---|---|
| 中国国家授时中心 | ntp.ntsc.ac.cn |
| 阿里云 NTP 服务器 | ntp.aliyun.com |
| | ntp1.aliyun.com |
| | ntp2.aliyun.com |
| | ntp3.aliyun.com |
| | ntp4.aliyun.com |
| | ntp5.aliyun.com |
| | ntp6.aliyun.com |
| | ntp7.aliyun.com |
| 腾讯公共 NTP | time1.cloud.tencent.com |
| | time2.cloud.tencent.com |
| | time3.cloud.tencent.com |
| | time4.cloud.tencent.com |
| | time5.cloud.tencent.com |

# 任务一　创建并部署 NTP 服务器

## 【任务介绍】

在 VirtualBox 中创建两台安装 CentOS 8 操作系统的虚拟机，分别命名为 NTP-1 和 NTP-2。通过安装 NTP 服务程序 chrony，将它们配置成 NTP 服务器，并部署到园区网中。

## 【任务目标】

1. 完成 NTP 服务器的创建与部署。
2. 完成 chrony 的安装与管理。
3. 完成 chrony 配置实现园区网的 NTP 服务器与互联网上的 NTP 服务器时间同步。

## 【操作步骤】

**步骤 1：** 创建 NTP-1 服务器。

在 VirtualBox 中创建虚拟机，命名为 NTP-1，类型为 Linux，版本为 Rad Hat（64-bit），内存设置为 1024MB，虚拟硬盘为 10GB。在创建好的虚拟机上安装 CentOS 8 操作系统。

本任务中虚拟机的创建以及 CentOS 8 操作系统的安装过程与项目四相同，此处省略。

提醒 本步骤中虚拟机网卡连接方式保持默认的"网络地址转换（NAT）"，使其可访问互联网，从而能够在线安装 chrony。

也可以直接复制项目四中创建的 VM-CentOS 虚拟机，然后将其命名为 NTP-1。

**步骤 2**：通过在线方式安装 chrony

在 CentOS 8 上使用 chrony 服务实现 NTP-1 服务器，操作命令及安装过程如下：

```
[root@VM-CentOS ~]# yum -y install chrony
CentOS-8-AppStream                                          1.2 kB/s  | 4.3 kB
CentOS-8-AppStream                                          241 kB/s  | 5.8 MB
CentOS-8-Base                                               2.5 kB/s  | 3.9 kB
CentOS-8-Base                                               223 kB/s  | 2.2 MB
CentOS-8-Extras                                             466B/s    | 1.5 kB
CentOS-8-Extras                                             3.7 kB/s  | 8.1 kB
```

上次元数据过期检查：0:00:01 前，执行于 2020 年 10 月 16 日 星期五 04 时 37 分 44 秒。

依赖关系解决。

```
=======================软件包          架构        版本                仓库
=======================安装:
  chrony          x86_64              3.5-1.el8                    BaseOS
安装弱的依赖:
  timedatex       x86_64              0.5-3.el8                    BaseOS


事务概要
=======================安装   2 软件包


总下载：303 k
安装大小：731 k
下载软件包：
(1/2):timedatex-0.5-3.el8.x86_64.rpm                        44 kB/s | 32 kB
(2/2):chrony-3.5-1.el8.x86_64.rpm                           172 kB/s | 271 kB
--------------------------------------------------------------------------------
总计                                                        132 kB/s | 303 kB
运行事务检查
事务检查成功。
运行事务测试
事务测试成功。
运行事务
  准备中    :                                               1/1
  安装      : timedatex-0.5-3.el8.x86_64                    1/2
  运行脚本: timedatex-0.5-3.el8.x86_64                      1/2
  运行脚本: chrony-3.5-1.el8.x86_64                         2/2
  安装      : chrony-3.5-1.el8.x86_64                       2/2
  运行脚本: chrony-3.5-1.el8.x86_64                         2/2
```

```
    验证    : chrony-3.5-1.el8.x86_64                                    1/2
    验证    : timedatex-0.5-3.el8.x86_64                                 2/2

已安装:
    chrony-3.5-1.el8.x86_64            timedatex-0.5-3.el8.x86_64

完毕!
[root@VM-CentOS ~]#
```

> chrony 是 CentOS 8 中 NTP 协议的一种通用实现，它有两个程序，chronyd 和 chronyc。chronyd 是一个可以在启动时启动的守护进程，chronyc 是一个命令行界面程序，可以用来监控 chronyd 的性能，并在运行时改变各种操作参数。

**步骤 3**：查看 chronyd 服务状态。

chrony 安装完成后将在 CentOS 中创建名为 chronyd 的服务。可通过 "systemctl status chronyd" 命令查看 chronyd 服务活动状态。

```
[root@VM-CentOS ~]# systemctl status chronyd
● chronyd.service - NTP client/server
    #服务位置；开机自启动状态
    Loaded: loaded (/usr/lib/systemd/system/chronyd.service; enabled; vendor preset: enabled)
    #chronyd 服务的活跃状态，结果值为 active 表示活跃；inactive 表示不活跃
    Active: inactive (dead)
      Docs: man:chronyd(8)
            man:chrony.conf(5)
#按【Q】键退出
[root@VM-CentOS ~]#
```

可见，chronyd 服务默认未启动。

**步骤 4**：启动 chronyd 服务。

```
#启动 chronyd 服务
[root@VM-CentOS ~]# systemctl start chronyd
#查看 chronyd 服务状态信息
[root@VM-CentOS ~]# systemctl status chronyd
● chronyd.service - NTP client/server
    Loaded: loaded (/usr/lib/systemd/system/chronyd.service; enabled; vendor preset: enabled)
    Active: active (running) since Fri 2020-10-16 05:00:33 CST; 2s ago
      Docs: man:chronyd(8)
            man:chrony.conf(5)
......
#按【Q】键退出
```

可见，chronyd 服务状态为 "active（running），说明已经启动。

> 命令 systemctl status chronyd，可以查看 chronyd 服务运行状态。
>
> 命令 systemctl start chronyd，可以启动 chronyd 服务。
>
> 命令 systemctl stop chronyd，可以停止 chronyd 服务。
>
> 命令 systemctl restart chronyd，可以重启 chronyd 服务。
>
> 命令 systemctl reload chronyd，可以在不中断 chronyd 服务的情况下重新载入配置。

**步骤 5：** 配置 chronyd 服务开机自启动。

NTP 是园区网内部的一项基础服务，需要把 chronyd 设置为开机自启动，操作命令如下：

```
[root@VM-Centos ~]# systemctl enable chronyd
```

> 命令 systemctl enable 可设置某服务为开机自启动，命令 systemctl disable 可设置某服务为开机不启动。
>
> 可通过 systemctl list-unit-files 命令查看 chronyd 服务是否已配置为开机自启动。

**步骤 6：** 实现 NTP-1 服务器与公共 NTP 服务器的时间同步。

（1）配置 NTP-1 服务器的 NTP 配置文件。编辑 NTP-1 服务器的/etc/chrony.conf 文件，在其中添加公共 NTP 的信息，使本 NTP 服务器与公共 NTP 服务器之间时间同步，具体命令及配置内容如下：

```
[root@VM-CentOS ~]#vi /etc/chrony.conf
#配置文件内容
……
#注释掉下面的语句
#pool 2.centos.pool.ntp.org iburst
……
#添加一个公共 NTP 服务器列表，此处使用阿里云提供的公共 NTP 服务器。
server ntp.aliyun.com iburst
……
#设置允许请求时间同步的服务器网段，此处允许所有设备向本 NTP 服务器发出时间同步请求
allow 0.0.0.0/0
……
```

（2）开启时间同步。

```
[root@VM-CentOS ~]# timedatectl set-ntp true
[root@VM-CentOS ~]# timedatectl set-ntp yes
```

（3）查看系统时间设置状态。

```
[root@VM-CentOS ~]# timedatectl status
            Local time:   Sat 2021-03-13 22:12:24 CST
        Universal time:   Sat 2021-03-13 14:12:24 UTC
```

```
            RTC time:    Sat 2021-03-13 14:12:22
           Time zone:    Asia/Shanghai (CST, +0800)
System clock synchronized:   yes
          NTP service:   active
        RTC in local TZ:   no
[root@VM-CentOS ~]#
```

Local time: 计算机系统时间，计算机启动时根据计算机硬件时间（RTC）和时区确定，系统启动之后和 RTC 就没有关系，通常等于 RTC+时区值，如当前系统为东 8 时区，系统时间为硬件时间+8 小时。

Universal time: 协调世界时（简称 UTC），又称世界统一时间、世界标准时间、国际协调时间，是 0 时区时间。

RTC time: 计算机硬件时间，一般是主板上的特殊电路，专用于记录时间，有电池供电，不受服务器和操作系统的开启关闭影响。也称作 BIOS 时间。

Time zone: 本地时区，即服务器所在的时区，在中国通常使用 Asia/Shanghai 时区，即东 8 时区。

System clock synchronized: "yes" 表示系统时钟同步完成。

NTP service: "active" 表示 NTP 服务是活动状态。

RTC in local TZ: 设置 RTC 时间，为 "no" 表示未设置。

```
timedatectl set-local-rtc 1          #将 RTC 设置为本地时间
timedatectl set-local-rtc 0          #将 RTC 设置为 UTC 时间
```

（4）重启 chronyd 服务。

```
[root@VM-CentOS ~]# systemctl restart chronyd
```

（5）关闭 SElinux。

```
#临时关闭 SELinux
[root@VM-CentOS ~]# setenforce 0
#永久关闭 SELinux，需要配置 selinux 文件
[root@VM-CentOS ~]# vi /etc/sysconfig/selinux
# This file controls the state of SELinux on the system.
# SELINUX= can take one of these three values:
#     enforcing - SELinux security policy is enforced.
#     permissive - SELinux prints warnings instead of enforcing.
#     disabled - No SELinux policy is loaded.
//将 SELINUX 的值改为"disabled"
SELINUX=disabled
……
#保存退出
```

（6）配置防火墙开放时间同步服务端口。

```
#开放时间同步服务所需 UDP 协议 123 端口
[root@VM-CentOS ~]# firewall-cmd --zone=public --add-port=123/udp --permanent
success
#重启防火墙
[root@VM-CentOS ~]# systemctl restart firewalld
```

**步骤 7：**通过虚拟机复制方式创建 NTP-2 服务器。

以"复制"的方式，通过 NTP-1 创建 NTP-2 服务器，新虚拟机名称为 NTP-2。

**步骤 8：**将 NTP-1 和 NTP-2 服务器部署到园区网。

（1）配置虚拟机的网络连接方式。在 VirtualBox 中，将虚拟机 NTP-1 和 NTP-2 的网络连接方式设置为"仅主机（Host-Only）网络"，并在【界面名称】中选择不同的虚拟网络适配器，如图 5-1-1、图 5-1-2 所示。

图 5-1-1　虚拟机 NTP-1 网络设置

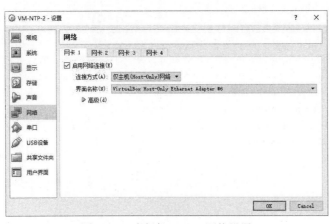

图 5-1-2　虚拟机 NTP-2 网络设置

（2）配置虚拟机 NTP-1 的 IP 地址。按表 5-0-3 的规划，通过修改网卡配置文件，配置虚拟机 NTP-1 的 IP 地址，命令如下：

```
[root@VM-CentOS ~]# vi /etc/sysconfig/network-scripts/ifcfg-enp0s3
#按【i】进入编辑模式
TYPE="Ethernet"
PROXY_METHOD="none"
BROWSER_ONLY="no"
#设置网络配置方式为静态获取
BOOTPROTO="static"
DEFROUTE="yes"
IPv4_FAILURE_FATAL="no"
IPv6INIT="yes"
IPv6_AUTOCONF="yes"
IPv6_DEFROUTE="yes"
IPv6_FAILURE_FATAL="no"
IPv6_ADDR_GEN_MODE="stable-privacy"
NAME="enp0s3"
DEVICE="enp0s3"
ONBOOT="yes"
#添加以下 4 行，分别设置 IP 地址、子网掩码、默认网关和本地 DNS 服务器地址
IPADDR=172.16.64.12
NETMASK=255.255.255.0
GATEWAY=172.16.64.254
DNS1=114.114.114.114
#按【Esc】，输入 ":wq" 保存修改并退出
```

重载 enp0s3 的网络连接配置，并重新应用网卡配置，使 IP 地址的配置生效。

```
[root@VM-CentOS ~]# nmcli c reload enp0s3
[root@VM-CentOS ~]# nmcli d reapply enp0s3
```

提醒　　由本任务的步骤 6 可知，园区网内的 NTP 服务器在与互联网上的公共 NTP 服务器进行时间同步时，是通过域名（例如 ntp.aliyun.com）访问公共 NTP 服务器的。因此，必须在园区网内的 NTP 服务器上配置本地 DNS 的 IP 地址，使其可以进行 DNS 查询。此处给 NTP-1 配置的本地 DNS 地址是 114.114.114.114。

（3）配置虚拟机 NTP-2 的网络地址信息。参照 NTP-1 的网络配置过程，配置虚拟机 NTP-2 的 IP 地址等网络信息，注意其 IP 地址为 172.16.64.13，其他参数与 NTP-1 一致。

（4）在 eNSP 中添加并设置 Cloud 设备。在 eNSP 中添加两个 Cloud 设备，并分别与 NTP-1 和 NTP-2 服务器所应用的虚拟网卡绑定，如图 5-1-3 和图 5-1-4 所示。

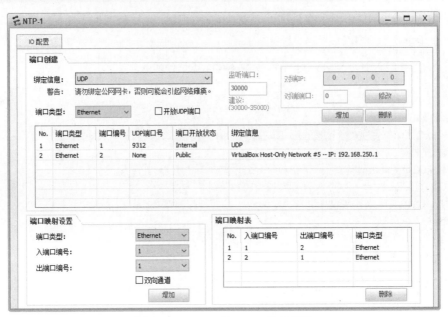

图 5-1-3　NTP-1 的 Cloud 设备设置

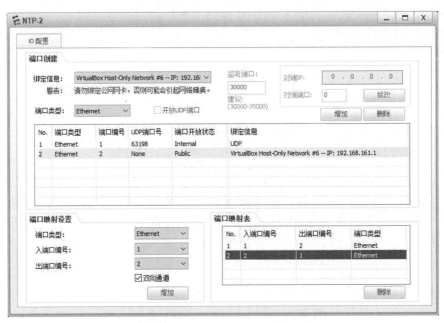

图 5-1-4　NTP-2 的 Cloud 设备设置

（5）将 NTP-1 和 NTP-2 部署到园区网中。按照本项目【拓扑规划】，在 eNSP 中通过 Cloud 设备将 NTP-1 和 NTP-2 服务器部署到园区网，如图 5-1-5 所示。

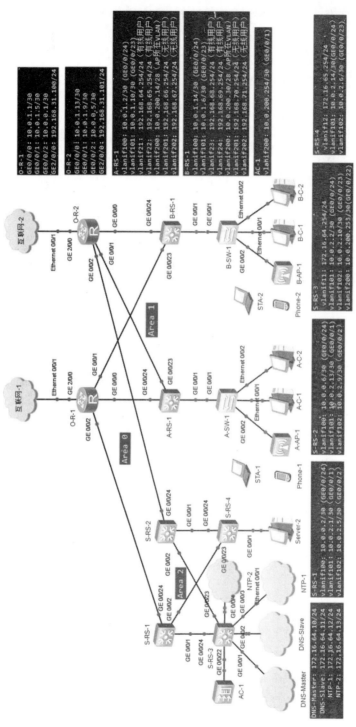

图 5-1-5　网络拓扑图（含路由接口 IP 地址列表）

（6）配置路由交换机 S-RS-3 接口。由于 NTP-1 和 NTP-2 接入到路由交换机 S-RS-3 的 GE 0/0/3 和 GE 0/0/4 接口，按照本项目【网络规划】中的表 5-0-2，对 GE 0/0/3 和 GE 0/0/4 接口进行配置。

```
<S-RS-3>system-view
[S-RS-3]interface GigabitEthernet 0/0/3
[S-RS-3-GigabitEthernet0/0/3]port link-type access
[S-RS-3-GigabitEthernet0/0/3]port default vlan 11
[S-RS-3-GigabitEthernet0/0/3]quit
[S-RS-3]interface GigabitEthernet 0/0/4
[S-RS-3-GigabitEthernet0/0/4]port link-type access
[S-RS-3-GigabitEthernet0/0/4]port default vlan 11
[S-RS-3-GigabitEthernet0/0/4]quit
[S-RS-3]quit
<S-RS-3>save
<S-RS-3>
```

（7）接入效果测试。使用 Ping 命令测试 NTP 服务器与网关（172.16.64.254）的通信，若可正常访问，说明 NTP 服务器已正确接入园区网。

# 任务二　实现园区网内部服务器时钟同步

## 【任务介绍】

本任务在园区网内部的 DNS-Master 和 DNS-Slave 服务器上安装 NTP 服务（chrony），实现与园区网内部的 NTP 服务器（NTP-1、NTP-2）的时间同步。

## 【任务目标】

1. 完成园区网原有的 DNS 服务器与新创建的 NTP 服务器之间时间同步配置。
2. 完成时间同步测试。

## 【操作步骤】

**步骤 1**：在 DNS-Master 服务器上安装 chrony。

DNS-Master 是园区网内部原有的服务器，也需要安装 chrony，从而实现与园区网内部 NTP 服务器之间的时间同步。本步骤在 DNS-Master 上在线安装 chrony，命令如下：

```
[root@VM-CentOS ~]# yum -y install chrony
```

> 由于此处 DNS-Master 是以静态地址形式接入到园区网，并且需要在线安装 chrony 程序，所以必须保证 DNS-Master 中配置了本地 DNS 地址，读者可自行查看。
>
> 若没有配置本地 DNS 地址，可在网卡配置文件（/etc/sysconfig/network-scripts/ ifcfg-enp0s3）中添加本地 DNS 配置语句，例如 DNS1=114.114.114.114。注意需要 重启网卡服务使配置生效。

**步骤 2：**配置 DNS-Master 的时间同步服务。

（1）在 chrony 配置文件中添加时间服务器的 IP 地址。

在 DNS-Master 的/etc/chrony.conf 配置文件中，添加用来进行时间同步的 NTP 服务器 IP 地址，即添加 NTP-1 和 NTP-2 的 IP 地址。命令即相关配置语句如下：

```
[root@VM-CentOS ~]# vi /etc/chrony.conf
……
#注释掉下面的语句
#pool 2.centos.pool.ntp.org iburst
……
#添加 NTP 服务器列表，此处使用 NTP-1 和 NTP-2 服务器
server 172.16.64.12 iburst
server 172.16.64.13 iburst
……
#保存退出
```

（2）启动 chronyd 服务。

```
[root@VM-CentOS ~]# systemctl start chronyd
[root@VM-CentOS ~]# systemctl enable chronyd
```

（3）关闭 SELinux。

```
#临时关闭 SELinux
[root@VM-CentOS ~]# setenforce 0
#永久关闭 SELinux，需要配置 selinux 文件
[root@VM-CentOS ~]# vi /etc/sysconfig/selinux
# This file controls the state of SELinux on the system.
# SELINUX= can take one of these three values:
#       enforcing - SELinux security policy is enforced.
#       permissive - SELinux prints warnings instead of enforcing.
#       disabled - No SELinux policy is loaded.
//将 SELINUX 的值改为"disabled"
SELINUX=disabled
……
#保存退出
```

（4）配置防火墙开放 UDP 协议 123 端口。

```
#开放时间同步服务所需 UDP 协议 123 端口
```

```
[root@VM-CentOS ~]# firewall-cmd --zone=public --add-port=123/udp --permanent
success
#重启防火墙
[root@VM-CentOS ~]# systemctl restart firewalld
```

（5）开启时间同步。

```
[root@VM-CentOS ~]# timedatectl set-ntp true
[root@VM-CentOS ~]# timedatectl set-ntp yes
#查看系统时间状态
[root@VM-CentOS ~]# timedatectl status
              Local time:   Sat 2021-03-13 22:20:25 CST
              Universal time:   Sat 2021-03-13 14:20:25 UTC
              RTC time:   Sat 2021-03-13 14:20:22
              Time zone:   Asia/Shanghai (CST, +0800)
System clock synchronized:   yes
              NTP service:   active
              RTC in local TZ:   no
[root@VM-CentOS ~]#
```

**步骤 3**：配置 DNS-Slave 的时间同步服务。

参照本任务的步骤 1 和步骤 2，完成 DNS-Slave 的时间同步配置，此处略。

**步骤 4**：测试时间同步效果。

以 DNS-Master 为例进行时间同步测试。

（1）关闭时间同步。

```
[root@VM-CentOS ~]# timedatectl set-ntp no
```

（2）修改系统时间。

```
#修改系统时间比正常时间慢一天
[root@VM-CentOS ~]# timedatectl set-time "2021-03-12 22:22:00"
#查看系统时间，确认时间已改变
[root@VM-CentOS ~]# timedatectl status
              Local time:     Fri 2021-03-12 22:22:02 CST
              Universal time:     Fri 2021-03-12 14:22:02 UTC
              RTC time:     Fri 2021-03-12 14:22:02
              Time zone:     Asia/Shanghai (CST, +0800)
System clock synchronized:     no
                NTP service:     inactive
              RTC in local TZ:     no
```

（3）再次开启时间同步。

```
[root@VM-CentOS ~]# timedatectl set-ntp yes
```

（4）查看时间同步结果。

```
#查看 NTP-1 的系统时间
```

项目五

```
[root@VM-CentOS ~]# timedatectl status
         Local time:   Sat 2021-03-13 22:25:14 CST
     Universal time:   Sat 2021-03-13 14:25:14 UTC
           RTC time:   Sat 2021-03-13 14:25:14
          Time zone:   Asia/Shanghai (CST, +0800)
System clock synchronized:   no
        NTP service:   active
    RTC in local TZ:   no

#查看 DNS-Master 的系统时间
[root@VM-CentOS ~]# timedatectl status
         Local time:   Sat 2021-03-13 22:25:18 CST
     Universal time:   Sat 2021-03-13 14:25:18 UTC
           RTC time:   Fri 2021-03-12 14:25:20
          Time zone:   Asia/Shanghai (CST, +0800)
System clock synchronized:   yes
        NTP service:   active
    RTC in local TZ:   no
```

可以看到，DNS-Master 的系统时间（Local time）已经与 NTP-1 的系统时间同步。

> **提醒**
>
> 在 Linux 中，可通过 timedatectl 命令进行日期、时间方面的设置操作
> # timedatectl list-timezones　　　　　　　　//查看时区列表
> # timedatectl set-timezone "Asia/Shanghai"　　//设置时区为 Shanghai
> # timedatectl set-time "15:58:30"　　　　　　//只设置时间
> # timedatectl set-time　　　　"2021-03-01"　　//只设置日期
> # timedatectl set-time "2021-03-01 16:10:40"　//设置时间和日期

# 任务三　通过 NTP 实现网络设备时钟同步

## 【任务介绍】

本任务基于任务二，配置路由交换机、路由器实现有线网络与 NTP 服务器的时间同步，配置无线控制器实现无线网络与 NTP 服务器的时间同步。

## 【任务目标】

1. 完成路由交换机的时间同步配置。
2. 完成路由器的时间同步配置。
3. 完成无线控制器的时间同步配置。
4. 完成时间同步测试。

## 【操作步骤】

**步骤 1：**配置 A-SW-1 通过 NTP 协议实现时间同步。

（1）配置网络地址。

//为了使交换机 A-SW-1 能够与 NTP 服务器通信，需要给 A-SW-1 配置 IP 地址。
<A-SW-1>system-view
[A-SW-1]interface vlanif 200
[A-SW-1-Vlanif200]ip address 10.0.200.13 28
[A-SW-1-Vlanif200]quit
//配置默认路由，使得从 A-SW-1 返回的报文能够到达上联的三层交换机 A-RS-1。此处的 10.0.200.14 是三层交换机 A-RS-1 的 VLANIF200 的 IP 地址（也可以理解为 A-SW-1 的默认网关）
[A-SW-1] ip route-static 0.0.0.0 0.0.0.0 10.0.200.14

提醒

> 由于本项目是在前面项目所构建的园区网基础上实现的，为了简化操作，此处给 A-SW-1 配置的 IP 地址，采用的是无线控制器 AC-1 分配（DHCP 方式）给 A-RS-1 下联的各 AP（例如 A-AP-1）的 IP 地址段（10.0.200.0～10.0.200.15）中的地址。
>
> 有关 AC-1 的配置以及 A-RS-1 的配置，在前面的项目中已经完成，此处不需要再配置。
>
> 读者也可以另行给 A-SW-1 配置管理 IP，使 NTP 服务器可以访问到它，具体配置可参见本书"项目三：园区网设备的集中远程管理"相关内容。

（2）指定 NTP 服务器地址，开启时间同步。

//指定 NTP 服务器地址为 172.16.64.12、172.16.64.13
[A-SW-1]ntp-service unicast-server 172.16.64.12
[A-SW-1]ntp-service unicast-server 172.16.64.13
//开启时间同步
[A-SW-1]undo ntp-service disable
[A-SW-1]quit
<A-SW-1>save

（3）查看当前系统时间，并将其改变。

//查看系统当前时间
<A-SW-1>display clock
**2021-03-15 16:59:50-08:00**
Monday
Time Zone(China-Standard-Time) : UTC-08:00

//修改系统时间为 17:00:00 2021-03-16（比实际时间快 1 天）
<A-SW-1>clock datetime 17:00:00 2021-03-16
//查看系统时间，确认修改成功

项目五

```
<A-SW-1>display clock
2021-03-16 17:00:06-08:00
Tuesday
Time Zone(China-Standard-Time) : UTC-08:00
<A-SW-1>
```

（4）查看 NTP 状态。

//由于网络设备的时间同步是周期进行的，所以在显示 NTP 状态前，要等待 1～2 分钟

    `<A-SW-1>dis ntp-service status`

    //时钟状态，synchronized 表示本地时钟已与 NTP 服务器或时钟源同步，unsynchronized 表示本地时钟未与 NTP 服务器同步

    `clock status: synchronized`

    //时钟源的时钟层数，取值范围为：1～15。层数越低，表示时钟准确度越高

    `clock stratum: 4`

    //参考时钟 ID，进行时间同步的时钟源地址，此处是 NTP-1 服务器地址

    `reference clock ID: 172.16.64.12`

    //本地时钟的标称频率，单位为赫兹

    `nominal frequency: 64.1022 Hz`

    //本地时钟的实际频率，单位为赫兹

    `actual frequency: 64.1022 Hz`

    //本地时钟的精度

    `clock precision: 2^12`

    //本地时钟与 NTP 服务器之间的偏差，单位为毫秒

    `clock offset: -0.5741 ms`

    //本地时钟与主参考时钟的延迟，单位为毫秒

    `root delay: 261.63 ms`

    //本地时钟与主参考时钟的误差，单位为毫秒

    `root dispersion: 1.31 ms`

    //本地时钟与 NTP 对端时钟之间的离差，单位为毫秒

    `peer dispersion: 33.81 ms`

    //最近一次设置或校正系统时钟的时间

  `reference time: 09:01:26.055 UTC Mar 15 2021(E3F9A0E6.0E147AE1)`

  //本地时钟的同步状态

  //  clock not set 表示时钟未更新

  //  frequency set by configuration  表示时钟频率由 NTP 配置而设定

  //  clock set 表示时钟频率由 NTP 配置而设定

  //  clock set but frequency not determined：表示时钟已设定，但时钟频率没有确定

  //  clock synchronized：表示时钟已同步

  `synchronization state: clock set but frequency not determined`

  `<A-SW-1>`

由此时的 NTP 服务状态可知，交换机 A-SW-1 已经与时间服务器 NTP-1 进行了同步，且设置系统时间为 UTC 2021-03-15 09:01:26，对应中国时区时间为 2021-03-15 17:01:26，即加上 8 个小时。

由于 eNSP 仿真软件自身的问题，此处虽然通过 display ntp-service status 命令查看到网络设备的时钟已经进行了同步（即 NTP 状态为 synchronized），但此时执行 display clock 命令查看设备的系统时间时，依然显示同步前的时钟状态，即仍然显示比实际时间快 1 天的时间。

（5）查看 NTP 会话信息。

```
<A-SW-1>display ntp-service sessions
//时钟源，这里是 NTP 服务器的 IP 地址
clock source: 172.16.64.12
//时钟源的时钟层数，取值范围是 1～15。层数越低，优先级越高，时钟准确度越高
clock stratum: 3
clock status: configured, master, sane, valid
//时钟源参考时钟 ID，当本地时钟已被同步到某个公共 NTP 服务器时，指示公共 NTP 服务器的地址
//这里是本地 NTP 服务器参考的互联网公共 NTP 服务器地址，即阿里云的 NTP 服务器
reference clock ID: 203.107.6.88
//配置的服务器或对等体的可达性
reach: 377
//NTP 报文轮询间隔，单位为秒
current poll: 64
//距离前一次没有收到 NTP 报文或者前一次完成同步的时间，单位为秒
now: 42
offset: 1.3103 ms
delay: 105.33 ms
disper: 4.01 ms

clock source: 172.16.64.13
clock stratum: 3
clock status: configured, selected, sane, valid
reference clock ID: 203.107.6.88
reach: 377
current poll: 64
now: 32
offset: 8.9921 ms
delay: 135.36 ms
disper: 3.51 ms
<A-SW-1>
```

由上述 NTP 会话信息可知，此时系统时钟已在 42 秒前与 NTP-1 服务器（172.16.64.12）进行了时间同步操作；32 秒前与 NTP-2 服务器（172.16.64.13）进行了时间同步操作。

**步骤 2**：配置 B-SW-1 通过 NTP 协议实现时间同步。

（1）配置网络地址。

//为了使交换机 B-SW-1 能够与 NTP 服务器通信，需要给 B-SW-1 配置 IP 地址。

```
<B-SW-1>system-view
[B-SW-1]interface vlanif 200
[B-SW-1-Vlanif200]ip address 10.0.200.29 28
[B-SW-1-Vlanif200]quit
```

//配置默认路由，使得 B-SW-1 的报文能够到达上联的三层交换机 B-RS-1。此处的 10.0.200.30 是三层交换机 B-RS-1 的 VLANIF200 的 IP 地址（也可以理解为 B-SW-1 的默认网关）。

```
[B-SW-1] ip route-static 0.0.0.0 0.0.0.0 10.0.200.30
```

（2）指定 NTP 服务器地址，开启时间同步。

```
//指定 NTP 服务器地址为 172.16.64.12、172.16.64.13
[B-SW-1]ntp-service unicast-server 172.16.64.12
[B-SW-1]ntp-service unicast-server 172.16.64.13
//开启时间同步
[B-SW-1]undo ntp-service disable
[B-SW-1]quit
<B-SW-1>save
```

（3）查看当前系统时间，并将其改变。

```
<B-SW-1>display clock
2021-03-15 21:51:14-08:00
Monday
Time Zone(China-Standard-Time) : UTC-08:00
```

```
//修改系统时间为 21:51:00 2020-11-26（比实际时间快 1 天），并查看系统时间，确认修改成功
<B-SW-1>clock datetime 21:51:00 2021-03-16
<B-SW-1>display clock
2021-03-16 21:51:04-08:00
Tuesday
Time Zone(China-Standard-Time) : UTC-08:00
<B-SW-1>
```

（4）查看 NTP 状态。

```
<B-SW-1>display ntp-service status
clock status: synchronized
 clock stratum: 5
 reference clock ID: 172.16.64.13
 nominal frequency: 64.0000 Hz
 actual frequency: 64.0000 Hz
 clock precision: 2^11
 clock offset: 4.8036 ms
 root delay: 352.70 ms
 root dispersion: 2.27 ms
 peer dispersion: 229.34 ms
```

```
reference time: 13:54:49.270 UTC Mar 15 2021(E3F9E5A9.45320D99)
synchronization state: clock set but frequency not determined
<B-SW-1>
```

由此时的 NTP 服务状态可知，交换机 B-SW-1 已经与时间服务器 NTP-2 进行了同步，且设置系统时间为 UTC 2021-03-15 13:54:49，对应中国时区时间为 2021-03-15 21:54:49，即 UTC 时间加上 8 个小时。

（5）查看 NTP 会话信息。

```
<B-SW-1>display ntp-service sessions
clock source: 172.16.64.12
    clock stratum: 16
    clock status: configured, insane, valid, unsynced
    reference clock ID: 0.0.0.0
    reach: 0
    current poll: 64
    now: 800
    offset: 0.0000 ms
    delay: 0.00 ms
    disper: 0.00 ms

clock source: 172.16.64.13
    clock stratum: 4
    clock status: configured, master, sane, valid
    reference clock ID: 162.159.200.1
    reach: 277
    current poll: 64
    now: 33
    offset: -8.2802 ms
    delay: 85.68 ms
    disper: 1.45 ms
```

由此处的 NTP 会话信息可知，此时系统时钟已在 800 秒前与 NTP-1 服务器（172.16.64.12）同步时间；33 秒前与 NTP-2 服务器（172.16.64.13）同步时间。

**步骤 3：**配置三层交换机 S-RS-3 通过 NTP 协议实现时间同步。

（1）指定 NTP 服务器地址，开启时间同步。

```
<S-RS-3>system-view
//指定 NTP 服务器地址为 172.16.64.12、172.16.64.13
Enter system view, return user view with Ctrl+Z.
[S-RS-3]ntp-service unicast-server 172.16.64.12
[S-RS-3]ntp-service unicast-server 172.16.64.13
//开启时间同步
[S-RS-3]undo ntp-service disable
```

[S-RS-3]quit
<S-RS-3>save

（2）查看当前系统时间，并将其改变。

//查看系统当前时间
<S-RS-3>display clock
2021-03-15 22:07:13-08:00
Monday
Time Zone(China-Standard-Time) : UTC-08:00
<S-RS-3>
//修改系统时间为　22:07:00 2021-03-16（比实际时间快 1 天），查看系统时间，确认修改成功
<S-RS-3> clock datetime 22:07:00 2021-03-16
<S-RS-3>display clock
2021-03-16 22:07:03-08:00
Tuesday
Time Zone(China-Standard-Time) : UTC-08:00
<S-RS-3>

（3）查看 NTP 状态。

<S-RS-3>display ntp-service status
　//时钟状态，synchronized 表示本地时钟已与 NTP 服务器或时钟源同步，unsynchronized 表示本地时钟未与 NTP 服务器同步
　clock status: synchronized
//时钟源的时钟层数，取值范围为：1～15。层数越低，表示时钟准确度越高
clock stratum: 4
　reference clock ID: 172.16.64.12
nominal frequency: 64.0000 Hz
　actual frequency: 64.0000 Hz
　clock precision: 2^11
　clock offset: -0.4779 ms
　root delay: 95.13 ms
　root dispersion: 48.19 ms
　peer dispersion: 36.09 ms
　reference time: 14:10:55.635 UTC Mar 15 2021(E3369F5F.A2C4F7EC)
　synchronization state: clock synchronized
<S-RS-3>

由 NTP 状态可知，S-RS-3 与 NTP-1 同步了时间（synchronized），且设置系统时间为 UTC 2021-03-15 14:10:55，对应中国时区时间为 2021-03-15 22:10:55，即 UTC 时间加上 8 个小时。

（4）查看 NTP 会话信息。

//查看 NTP 会话信息
<S-RS-3>display ntp-service sessions
　clock source: 172.16.64.12
　clock stratum: 3

```
clock status: configured, master, sane, valid
reference clock ID: 210.183.236.141
reach: 377
current poll: 64
now: 37
offset: 10.5630 ms
delay: 2.79 ms
disper: 6.29 ms

clock source: 172.16.64.13
clock stratum: 3
clock status: configured, selected, sane, valid
reference clock ID: 129.250.35.250
reach: 343
current poll: 64
now: 15
offset: -3.0397 ms
delay: 4.74 ms
disper: 2.12 ms
<S-RS-3>
```

由 NTP 会话信息可知，系统时钟已在 37 秒前与 NTP-1 服务器（172.16.64.12）同步时间，15
秒前与 NTP-2 服务器（172.16.64.13）同步时间。

步骤 4：配置其他三层交换机通过 NTP 协议实现时间同步。

参照步骤 3 的操作，配置 S-RS-1、S-RS-2、S-RS-4、A-RS-1、B-RS-1 实现与 NTP 服务器时
间同步。

步骤 5：配置路由器 O-R-1 通过 NTP 协议实现时间同步。

（1）指定 NTP 服务器地址，开启时间同步。

```
<O-R-1>system-view
Enter system view, return user view with Ctrl+Z.
[O-R-1]ntp-service unicast-server 172.16.64.12
[O-R-1]ntp-service unicast-server 172.16.64.13
[O-R-1]ntp-service enable
[O-R-1]quit
<O-R-1>save
```

（2）查看当前系统时间，并将其改变。

```
//查看系统当前时间
<O-R-1>display clock
2021-03-15 22:43:27
Monday
Time Zone(China-Standard-Time) : UTC-08:00
//修改系统时间为   22:43:00 2021-03-16（比实际时间快 1 天），查看系统时间，确认修改成功
```

```
<O-R-1>clock datetime 22:43:00 2021-03-16
<O-R-1>display clock
2021-03-16 22:43:02
Tuesday
Time Zone(China-Standard-Time) : UTC-08:00
<O-R-1>
```

（3）查看 NTP 状态。

```
<O-R-1>display ntp-service status
//时钟状态，本地时钟已与 NTP 服务器或时钟源同步
 clock status: synchronized
 clock stratum: 4
//参考时钟 ID，本地时钟与 NTP 服务器
reference clock ID: 172.16.64.12
 nominal frequency: 100.0000 Hz
 actual frequency: 100.0000 Hz
 clock precision: 2^18
 clock offset: 0.0000 ms
 root delay: 0.00 ms
 root dispersion: 0.56 ms
 peer dispersion: 0.00 ms
 reference time: 14:47:55.635 UTC Mar 15 2021 (E336CACC.BF5C0767)
<O-R-1>
```

由 NTP 状态可知，O-R-1 与 NTP-1 同步了时间（synchronized），且设置系统时间为 UTC 2021-03-15 14:47:55，对应中国时区时间为 2021-03-15 22:47:55，即 UTC 时间加上 8 个小时。

（4）查看 NTP 会话信息。

```
//查看 NTP 会话信息
<O-R-1>display ntp-service sessions
      source          reference     stra  reach  poll  now  offset  delay  disper
 ************************************************************************************
 [12345]172.16.64.12  203.107.6.88    3    255   64    13   -8h    111.2   5.8
 [245]172.16.64.13    118.27.37.52    3     1    64    33   -8h    222.2   0.0
note: 1 source(master),2 source(peer),3 selected,4 candidate,5 configured,
      6 vpn-instance
<O-R-1>
```

由 NTP 会话信息可知，系统时钟已在 13 秒前与 NTP-1 服务器（172.16.64.12）同步时间，在 33 秒前与 NTP-2 服务器（172.16.64.13）同步时间。

 提醒　　　O-R-1 和 O-R-2 同时开启时，网络中 NTP 服务器只能与其中一台通信，进行路由器时间同步测试时，建议关闭另一台路由器。

**步骤 6**：配置路由器 O-R-2 通过 NTP 协议实现时间同步。

参照步骤 5 配置 O-R-2 实现与 NTP 服务器时间同步。

**步骤 7**：配置无线控制器 AC-1 通过 NTP 协议实现时间同步。

（1）指定 NTP 服务器地址，开启时间同步。

```
<AC-1>system-view
Enter system view, return user view with Ctrl+Z.
[AC-1]ntp-service unicast-server 172.16.64.12
[AC-1]ntp-service unicast-server 172.16.64.13
[AC-1] ntp-service enable
//配置默认路由，使得从 AC-1 返回的报文能够到达上联的三层交换机 S-RS-3。此处的 10.0.200.253 是三
层交换机 S-RS-3 的 VLANIF200 的 IP 地址（也可以理解为 AC-1 的默认网关）。
[AC-1]ip route-static 0.0.0.0 0.0.0.0 10.0.200.253
//回退至系统视图，并保存配置
[AC-1]quit
<AC-1>save
```

（2）查看当前系统的时区和时间。

```
//查看系统当前时间，可以看出当前的时区是 Indian 时区
<AC-1>display clock
2021-03-15 20:06:12
Monday
Time Zone(Indian Standard Time) : UTC-05:13:20
```

（3）更改系统的时区。

```
//将系统时区改为北京时区，即 UTC+8 小时
<AC-1> clock timezone BJ add 08:00:00
//再次显示系统时间
<AC-1>display clock
2021-03-15 07:08:27
Monday
Time Zone(BJ) : UTC+08:00:00
```

（4）查看 NTP 状态。

```
<AC-1>display ntp-service status
//时钟状态，本地时钟已与 NTP 服务器或时钟源同步
  clock status: synchronized
  clock stratum: 11
  reference clock ID: 172.16.64.13
  nominal frequency: 100.0000 Hz
  actual frequency: 100.0000 Hz
  clock precision: 2^18
```

```
    clock offset: 2721.3258 ms
    root delay: 101.55 ms
    root dispersion: 5.25 ms
    peer dispersion: 0.00 ms
    reference time: 15:19:15.384 UTC Mar 15 2021(E3F9F973.62616B54)
<AC-1>
```

由 NTP 状态可知，O-R-1 与 NTP-2 同步了时间（synchronized），且设置系统时间为 UTC 2021-03-15 15:19:15，对应中国时区时间为 2021-03-15 23:19:15，即 UTC 时间加上 8 个小时。

（5）查看 NTP 会话信息。

```
//查看 NTP 会话信息
<AC-1>dis ntp-service sessions
//时钟源，即本地 NTP 服务器
    clock source: 172.16.64.12
    clock stratum: 3
    clock status:configured, master, sane, valid
//本地 NTP 服务器参考的互联网 NTP 服务器地址
    reference clock ID: 203.107.6.88
    reach: 17
    poll: 64
    now: 47
    offset: 2240.4718 ms
    delay: 101.31 ms
    disper: 1.19 ms

    clock source: 172.16.64.13
    clock stratum: 3
    clock status:configured, selected, sane, valid
    reference clock ID: 118.27.37.52
    reach: 1
    poll: 64
    now: 29
    offset: 1608.5200 ms
    delay: 101.18 ms
    disper: 0.20 ms

<AC-1>
```

由 NTP 会话信息可知，系统时钟已在 47 秒前与 NTP-1 服务器（172.16.64.12）同步时间，29 秒前与 NTP-2 服务器（172.16.64.13）同步时间。

# 任务四　NTP 协议报文分析

## 【任务介绍】

本任务通过在 eNSP 仿真网络中抓取 NTP-1 与互联网 NTP 协议报文，分析 NTP 报文结构和 NTP 时间同步过程。

## 【任务目标】

1．分析 NTP 报文结构。

2．分析 NTP 时间同步的通信过程。

## 【操作步骤】

**步骤 1**：设置抓包位置并启动抓包程序。

在本项目前面的任务中，园区网内部的 DNS 服务器和网络设备自动向园区网内的 NTP 服务器发出时间同步请求，并获取时间同步；而园区网内的 NTP 服务器除了要响应园区网内部其他设备发来的时间同步请求之外，其自身还要和互联网上的公共 NTP 服务器之间进行时间同步操作。

因此，在 Cloud 设备 NTP-1 的 Ethernet 0/0/1 接口处启动抓包程序，如图 5-4-1 所示，既可抓取 NTP-1 和园区网内的其他服务器以及网络设备之间的 NTP 报文，也可以抓取 NTP-1 和其 chrony 配置文件中设置的公共 NTP 服务器（即 ntp.aliyun.com）之间的 NTP 报文。

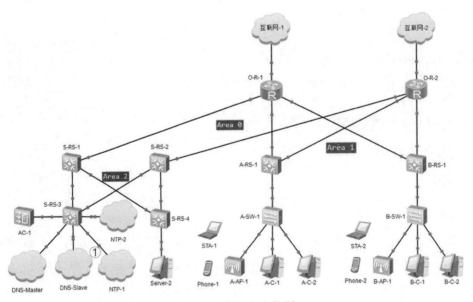

图 5-4-1　设置抓包位置

项目五

为了便于查看分析，此处只显示 NTP-1 和公共 NTP 服务器（即 ntp.aliyun.com）之间的 NTP 报文，因此在 Wireshark 的过滤表达式框中输入"ip.addr = =203.107.6.88 and ntp"。

　203.107.6.88 是 NTP-1 的 /etc/chrony.conf 配置文件中所设置的公共 NTP 服务器（即 ntp.aliyun.com）的 IP 地址，该地址可以通过 DNS 服务器查询获得。

**步骤 2**：抓包分析 NTP 时间同步的方式。

园区网内部的 NTP 服务器 NTP-1（172.16.64.12）与公共 NTP 服务器（203.107.6.88）之间的时间同步报文如图 5-4-2 所示。

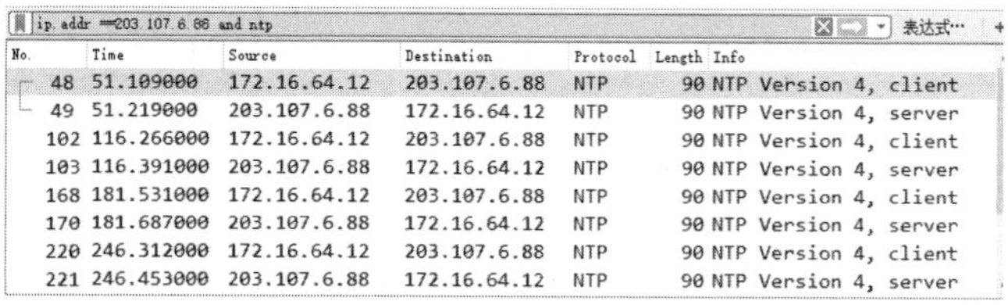

图 5-4-2　NTP-1 与公共 NTP 服务器之间的时间同步报文

分析可知：

（1）此处的 NTP 时间同步方式是 Client/Server 方式，其中，NTP-1 属于 NTP 客户端（client），而互联网上的公共 NTP 服务器（203.107.6.88）则作为 NTP 服务器端（server），向 NTP-1 提供时间同步服务。

（2）通过 48 号、102 号、168 号和 220 号报文的"Time"字段的值可知，默认情况下，NTP 客户端（此处为 NTP-1）大约每 64 秒与其上级 NTP 服务器（此处是公共 NTP 服务器 203.107.6.88）进行一次时间同步。

**步骤 3**：分析 NTP 报文的内容。

以 49 号报文为例，分析 NTP 报文的内容。

这是从互联网上的公共 NTP 服务器（203.107.6.88）发往 NTP-1（172.16.64.12）的 NTP 响应报文，即 NTP 服务器端发往 NTP 客户端的报文。报文内容如图 5-4-3 所示。

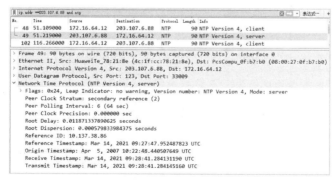

图 5-4-3　49 号报文的内容

（1）分析报文首部基本信息。49 号报文的首部基本信息分析见表 5-4-1。

表 5-4-1　49 号报文首部的基本信息

| 序号 | 字段名称 | 内容/值 | 备注 |
|---|---|---|---|
| 1 | 报文序号 | 49 | -- |
| 数据链路层首部 | 源 MAC 地址 | 4c-1f-cc-78-21-8e | S-RS-3 的 MAC 地址，即 NTP-1 所在网络的默认网关的 MAC 地址 |
| | 目的 MAC 地址 | 08:00:27:0f:b7:b0 | NTP-1 的 MAC 地址 |
| 网络层首部 | 源 IP 地址 | 203.107.6.88 | 阿里云公共 NTP 服务器 IP 地址 |
| | 目的 IP 地址 | 172.16.64.12 | NTP-1 的 IP 地址 |
| 运输层首部 | 运输层协议 | UDP | User Datagram Protocol |
| | 源端口 | 123 | NTP 服务器端 |
| | 目的端口 | 33009 | NTP 客户端 |

（2）分析 NTP 报文的数据内容。49 号报文的 NTP 数据内容信息见表 5-4-2。

表 5-4-2　49 号报文的内容信息

| 序号 | 名称 | 内容/值 | 备注 |
|---|---|---|---|
| 1 | Leap Indicator | no warning | 无闰秒提示 |
| 2 | Version number | NTP Version 4 | 当前版本是 NTPv4 |
| 3 | Mode | server | 以服务器模式工作 |
| 4 | Peer Clock Stratum | secondary reference（2） | 对等时钟的层数为第 2 级 |
| 5 | Peer Polling Interval | 6（64 seconds） | 对等轮询间隔时间为 64 秒 |
| 6 | Peer Clock Precision | 0.000000 sec | 对等时钟精度 |
| 7 | Root Delay | 0.01187133789… seconds | 到主参考时钟的总往返延迟时间 |
| 8 | Root Dispersion | 0.00057983398… seconds | 本地时钟相对于主参考时钟的最大误差 |
| 9 | Reference ID | 10.137.38.86 | 参考时钟的 ID |
| 10 | Reference Timestamp | Mar 14, 2021 09:27:47.952487823 UTC | 本地时钟最近一次同步的时间 |
| 11 | Origin Timestamp | Apr 5, 2007 10:22:48.440507649 UTC | NTP 报文离开源端（即 NTP-1）的时间 |
| 12 | Receive Timestamp | Mar 14, 2021 09:28:41.284131190 UTC | 本端（即公共 NTP）收到 NTP 报文时间 |
| 13 | Transmit Timestamp | Mar 14, 2021 09:28:41.284145160 UTC | 本端（即公共 NTP）应答报文发出时间 |

NTP 服务器端发向 NTP 客户端的 NTP 报文中，携带了 Origin Timestam、Receive Timestamp 和 Transmit Timestamp 信息，当 NTP 客户端收到该报文后，根据自身的本地时间计算更新自身时钟。

# 项目六
## 使用 DHCP 进行地址管理

### ● 项目介绍

    IP 地址的管理与配置是园区网运维管理中的一项重要工作。以手工方式配置静态 IP 地址，不仅工作量大，管理成本高，而且还容易出现 IP 地址冲突的问题。在实际的园区网管理中，通常通过动态主机配置协议（Dynamic Host Configuration Protocol，DHCP）方式进行 IP 地址的管理和动态配置，不仅能提高管理成效，而且可大大减少配置工作量。本项目在项目五的基础上，通过在园区网中部署 DHCP 服务器，为园区网中的用户终端提供 IP 地址的动态配置。

### ● 项目目的

- 熟悉 DHCP 的工作原理。
- 完成园区网内 DHCP 服务器的配置及部署。
- 完成园区网内 DHCP 中继服务的配置。
- 通过 DHCP 服务完成园区网终端设备的 IP 地址、本地 DNS 地址等信息的配置。

### ● 拓扑规划

1. 网络拓扑

网络拓扑如图 6-0-1 所示。

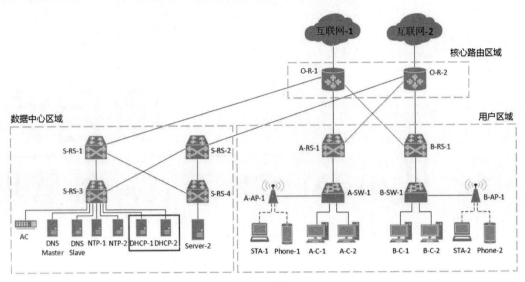

图 6-0-1　网络拓扑

2. 拓扑说明

网络设备说明见表 6-0-1。

表 6-0-1　网络设备说明

| 序号 | 设备线路 | 设备类型 | 规格型号 | 备注 |
|---|---|---|---|---|
| 1 | DHCP-1 | DHCP 服务器 | Cloud | VirtualBox 虚拟机 |
| 2 | DHCP-2 | DHCP 服务器 | Cloud | VirtualBox 虚拟机 |

本项目在项目五的基础上实现，部署两台 DHCP 服务器的目的是当一台 DHCP 服务器故障时，另一台 DHCP 服务器仍然可以给园区网内的用户终端提供 IP 配置服务。

关于园区网中其他设备的说明，请参见本书项目一。

### 网络规划

1. 交换机接口与 VLAN

交换机接口与 VLAN 规划见表 6-0-2。

表 6-0-2　交换机接口与 VLAN 规划

| 序号 | 交换机 | 接口 | VLAN ID | 连接设备 | 接口类型 |
|---|---|---|---|---|---|
| 1 | S-RS-3 | GE 0/0/5 | 11 | DHCP-1 | Access |
| 2 | S-RS-3 | GE 0/0/6 | 11 | DHCP-2 | Access |

关于园区网中其他设备的说明，请参见本书项目一。

2. 主机 IP 地址

主机 IP 地址规划见表 6-0-3。

表 6-0-3　主机 IP 地址规划

| 序号 | 设备名称 | IP 地址/子网掩码 | 默认网关 | 接入位置 | VLAN ID |
|---|---|---|---|---|---|
| 1 | DHCP-1 | 172.16.64.14 /24 | 172.16.64.254 | S-RS-3 GE 0/0/5 | 11 |
| 2 | DHCP-2 | 172.16.64.15 /24 | 172.16.64.254 | S-RS-3 GE 0/0/6 | 11 |
| 3 | A-C-1 | 192.168.64.* /24 | 192.168.64.254 | A-SW-1 Ethernet 0/0/1 | 21 |
| 4 | A-C-2 | 192.168.65.* /24 | 192.168.65.254 | A-SW-1 Ethernet 0/0/2 | 22 |
| 5 | STA-1 | 192.168.66.* /24 | 192.168.66.254 | A-AP-1 wifi-2.4G | 201 |
| 6 | Phone-1 | 192.168.67.* /24 | 192.168.67.254 | A-AP-1 wifi-5G | 202 |
| 7 | B-C-1 | 192.168.68.* /24 | 192.168.68.254 | B-SW-1 Ethernet 0/0/1 | 23 |
| 8 | B-C-2 | 192.168.69.* /24 | 192.168.69.254 | B-SW-1 Ethernet 0/0/2 | 24 |
| 9 | STA-2 | 192.168.70.* /24 | 192.168.70.254 | B-AP-1 wifi-2.4G | 201 |
| 10 | Phone-2 | 192.168.71.* /24 | 192.168.71.254 | B-AP-1 wifi-5G | 202 |

注：此处的 192.168.64.*/24，表示分配给 A-C-1 的是 192.168.64.1～192.168.64.253 范围内的某个地址。其他同理。

### 项目讲堂

1. DHCP 概述

DHCP 是一种分配动态 IP 地址以及其他网络配置信息的技术。通过 DHCP 协议对 IP 地址集中管理和自动分配，能够简化网络配置以及减少 IP 地址冲突。

2. DHCP 工作原理

DHCP 以客户端/服务器模式工作，客户端使用 UDP 协议 68 端口，服务器端使用 UDP 协议 67 端口。DHCP 客户端动态获取 IP 地址时，在不同阶段与 DHCP 服务器之间交互的信息不同，通常有三种情况：DHCP 客户端获取 IP 地址、DHCP 客户端重用曾经分配的 IP 地址、DHCP 客户端更新租用期。

（1）DHCP 客户端获取 IP 地址。DHCP 客户端动态获取 IP 地址的交互过程如图 6-0-2 所示，DHCP 客户端首次获取 IP 时，通过四个阶段与 DHCP 服务器建立联系。

1）发现阶段：DHCP 客户端寻找 DHCP 服务器。在发现阶段，DHCP 客户端发出 DHCP Discover 报文（即发现报文）寻找 DHCP 服务器。由于 DHCP 服务器的 IP 地址对客户端来说是未知的，所以 DHCP 客户端以广播方式发送发现报文 DHCP Discover。

2）提供阶段：DHCP 服务器提供 IP 地址的阶段。接收到发现报文 DHCP Discover 的 DHCP 服务器从地址池选择一个合适的 IP 地址，连同 IP 地址租约期限、其他配置信息（如网关地址、域名服务器地址等）以及 DHCP 服务器自己的地址信息，通过提供报文 DHCPOFFER 发送给 DHCP 客户端。

3）选择阶段：DHCP 客户端选择 IP 地址的阶段。若有多台 DHCP 服务器向 DHCP 客户端回应提供报文 DHCP Offer，则 DHCP 客户端只接收第一个收到的提供报文 DHCP Offer，然后以广播方式发送请求报文 DHCP Request。在 DHCP Request 报文中，包含了客户端所采用的 DHCP 服务器的地址信息。

4）确认阶段：DHCP 服务器发送确认报文 DHCP ACK。DHCP 服务器发送确认报文 DHCP ACK，确认自己准备把某 IP 地址提供给 DHCP 客户端。

经过发现、提供、选择、确认四个阶段后，DHCP 客户端才真正获得了 DHCP 服务器提供的 IP 地址等信息。

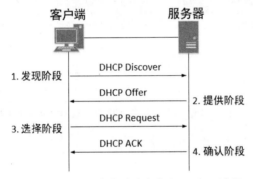

图 6-0-2　DHCP 客户端动态获取 IP 交互过程

（2）DHCP 客户端重用曾经分配的 IP 地址。DHCP 客户端重用曾经分配的 IP 地址的交互过程如图 6-0-3 所示。

图 6-0-3　DHCP 重用曾分配的 IP 地址交互过程

DHCP 客户端重新登录网络时与 DHCP 服务器建立联系：

1）重新登录网络是指客户端曾经分配到可用的 IP 地址，再次登录网络时，曾经分配的 IP 地址还在租期内，则 DHCP 客户端不再发送发现报文 DHCP Discover，而是直接发送请求报文 DHCP Request。

2）DHCP 服务器收到 DHCP Request 报文后，如果客户端申请的地址没有被分配，则返回确认报文 DHCP ACK，通知 DHCP 客户端继续使用原来的 IP 地址；如果此 IP 地址无法再分配给该 DHCP 客户端使用，DHCP 服务器将返回否认报文 DHCP NAK。

（3）DHCP 客户端更新租用期。DHCP 服务器分配给 DHCP 客户端的 IP 地址是临时的，因此 DHCP 客户只能在一段有限的时间内使用这个分配到的 IP 地址。DHCP 协议称这段时间为租用期。DHCP 客户端向服务器申请地址时可以携带期望租用期。服务器在分配租约时把客户端的期望租用期和地址池中租用期配置比较，分配其中一个较短的租用期给客户端。

当 DHCP 客户端获得 IP 地址时，会进入到绑定状态，客户端会设置 3 个定时器，分别用来控制租期更新、重绑定和判断是否已经到达租用期。DHCP 服务器为客户端分配 IP 地址时，可以为定时器指定确定的值。

DHCP 客户端更新租用期的情景和时效如下：

1）租用期过了一半（T1 时间到），DHCP 客户端发送请求报文 DHCP Request 要求更新租用期。DHCP 服务器若同意，则返回确认报文 DHCP ACK，DHCP 客户端得到新的租用期，重新设置计时器；若不同意，则返回否认报文 DHCP NAK，DHCP 客户端重新发送 DHCP 发现报文 DHCP Discover 请求新的 IP 地址。

2）租用期限达到 87.5%（T2）时，如果仍未收到 DHCP 服务器的应答，DHCP 客户端会自动向 DHCP 服务器发送更新租约的广播报文。如果收到确认报文 DHCP ACK，则租约更新成功；如果收到否认报文 DHCP NAK，则重新发起申请过程。

DHCP 客户端主动释放 IP 地址。DHCP 客户端不再使用分配的 IP 地址时，会主动向 DHCP 服务器发送释放报文 DHCP Release，通知 DHCP 服务器释放 IP 地址租约。

3. DHCP 报文结构

DHCP 协议是基于 UDP 的应用，DHCP 报文结构如图 6-0-4 所示。DHCP 报文结构每项的含义见表 6-0-4。

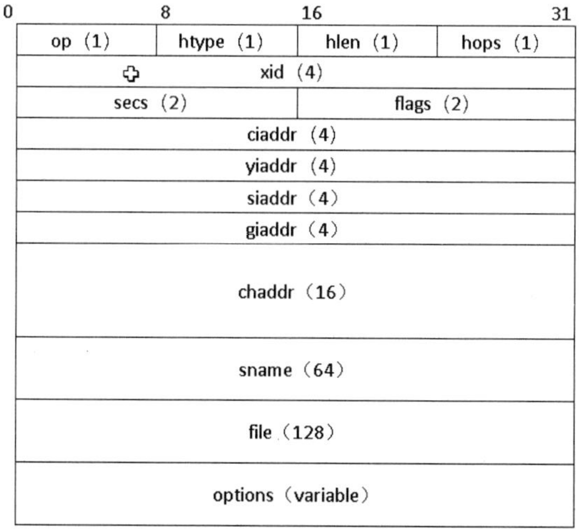

图 6-0-4　DHCP 报文结构

表 6-0-4　DHCP 报文结构的字段含义

| 序号 | 报文项 | 长度（字节） | 说明 |
|---|---|---|---|
| 1 | op | 1 | BOOTREQUEST 为 1，BOOTREPLY 为 2 |
| 2 | htype | 1 | 硬件类别 |
| 3 | hlen | 1 | 硬件长度 |
| 4 | hops | 1 | 若数据包需经过路由传送，每站加 1，若在同一网段内，为 0 |
| 5 | xid | 4 | 事务 ID 是个随机数，用于客户和服务器之间匹配请求和响应消息 |
| 6 | secs | 2 | 由客户端填充，自开始地址获取或更新进行后经过的时间 |
| 7 | flags | 2 | 从 0-15bits，最左 1bit 为 1 时表示 server 将以广播方式传送封包给 client，其余尚未使用 |
| 8 | ciaddr | 4 | 仅当客户端处于绑定、续订或重新绑定状态并且响应 ARP 请求时填写 |
| 9 | yiaddr | 4 | 客户 IP 地址 |
| 10 | siaddr | 4 | 用于 bootstrap 过程中的下一个服务器地址 |
| 11 | giaddr | 4 | 转发代理（网关）DHCP 服务器 IP 地址 |
| 12 | chaddr | 16 | 客户端 MAC 地址 |
| 13 | sname | 64 | 可选服务器主机名，以空结尾的字符串 |
| 14 | file | 128 | 启动文件名 |
| 15 | options | var | 可选字段参数 |

4．IP 地址分配的优先级

DHCP 服务器按照以下优先级为客户端选择 IP 地址：

（1）DHCP 服务器的数据库中与客户端 MAC 地址静态绑定的 IP 地址。

（2）客户端曾经使用过的 IP 地址，即客户端发送的 DHCP Discover 报文中请求 IP 地址选项中的地址。

（3）在 DHCP 地址池中，顺序查找可供分配的 IP 地址，最先找到的 IP 地址。

（4）如果在 DHCP 地址池中未找到可供分配的 IP 地址，则依次查询超过租期、发生冲突的 IP 地址，找到则进行分配，否则报告错误。

5．DHCP Relay

由于 DHCP 客户端在获取 IP 地址时，是通过广播方式发送报文的，因此 DHCP 协议是一个局域网协议。但是网络管理者并不愿意在每一个网络内都部署一台 DHCP 服务器，因为这样会使 DHCP 服务器的数量太多，采用 DHCP Relay 可以解决这一问题。

DHCP Relay 即 DHCP 中继，为了使全网都能获得同一台 DHCP 服务器提供的服务，需要在每个子网络（或 VLAN）内配置一个 DHCP 中继（通常配置在路由交换机或路由器上）。DHCP 中继上配置有 DHCP 服务器的 IP 地址，从而实现不同网段内部的主机与同一台 DHCP 服务器的报文交互。

　　DHCP Relay 中继工作过程为：DHCP 客户端发出请求报文（以广播报文形式），DHCP 中继收到该报文并适当处理后，以单播形式发送给指定的位于其他网段上的 DHCP 服务器。服务器根据请求报文中提供的信息，以单播的形式，将响应报文发给 DHCP 中继，然后再通过 DHCP 中继，以单播形式将响应报文返回给客户端，完成对客户端的动态配置。

　　采用 DHCP 中继后的 DHCP 服务过程，如图 6-0-5 所示。

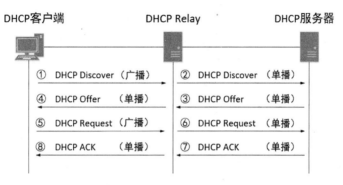

图 6-0-5　采用 DHCP 中继后的 DHCP 服务过程

　　（1）DHCP 中继接收到发现报文 DHCP Discover 或请求报文 DHCP Request 报文的处理方法。为防止 DHCP 报文形成环路，丢弃报文中 hops 字段的值大于限定跳数的 DHCP 请求报文。否则，将 hops 字段增加 1，表明又经过一次 DHCP 中继。

　　检查 Relay Agent IP Address 字段。

　　将请求报文的 TTL 设置为 DHCP 中继的 TTL 缺省值，而不是原来请求报文的 TTL 减 1。

　　DHCP 请求报文的目的地址修改为 DHCP 服务器或下一个 DHCP 中继的 IP 地址。

　　（2）DHCP 中继接收到 DHCP Offer 报文或 DHCP ACK 报文后的处理。DHCP 中继假设所有的应答报文都是发给自己直连的 DHCP 客户端。Relay Agent IP Address 字段用来识别与客户端连接的接口。如果 Relay Agent IP Address 字段不是本地接口的地址，DHCP 中继将丢弃应答报文。

　　DHCP 中继检查报文的广播标志位。如果广播标志位为 1，则将 DHCP 应答报文广播发送给 DHCP 客户端；否则将 DHCP 应答报文单播发送给 DHCP 客户端，其目的地址为 Your (Client) IP Address 字段内容，链路层地址为 Client Hardware Address 字段内容。

# 任务一　搭建 DHCP 服务器

## 【任务介绍】

　　在 VirtualBox 中创建两台虚拟机，分别命名为 DHCP-1 和 DHCP-2，全部安装 CentOS 8 操作系统，并安装 dhcp-server 服务，将它们作为 DHCP 服务器。

【任务目标】

1. 完成 DHCP 服务器虚拟机的创建。
2. 完成 dhcpd 的安装与操作系统设置。

【操作步骤】

**步骤 1**：通过虚拟机克隆方式创建 DHCP-1 虚拟机。

复制本书项目四的任务一中创建的虚拟机模板 VM-CentOS，将新虚拟机命名为 DHCP-1，将其作为 DHCP-1 服务器。

**步骤 2**：配置 DHCP-1 服务器的网络参数。

由于接下来要在线安装 DHCP 的服务程序，因此要保证 DHCP-1 服务器能够访问互联网，并且配置有本地 DNS 服务器的 IP 地址。此处可对 DHCP-1 的网络参数做如下配置：

（1）若本地实体主机可以访问互联网，并且实体主机的 IP 地址是动态获取的，则此处可在 VirtualBox 中将 DHCP-1 服务器的网络连接方式设置为"网络地址转换（NAT）"。

（2）若本地实体主机可以访问互联网，并且实体主机的 IP 地址是读者静态手工配置的，则此处可在 VirtualBox 中将 DHCP-1 服务器的网络连接方式设置为"桥接网卡"，并且读者需咨询网络管理员，获取所在网络的 IP 地址信息，然后启动 DHCP-1，通过网卡配置文件给 DHCP-1 配置静态 IP 地址，以及本地 DNS 地址。

由于作者的实体计算机的 IP 地址是动态获取的，所以此处采用（1）的配置方式。

此处 DHCP-1 服务器的网络设置是为了能够安装 dhcp-server 服务程序，当 DHCP-1 服务器接入到 eNSP 中的园区网时，还需要将网络连接方式改为"仅主机（Host-Only）网络"，并根据园区网的规划配置静态 IP 地址。

**步骤 3**：通过在线方式安装 dhcp-server。

CentOS 8 上使用 dhcp-server 实现 DHCP 服务器，所以此处通过 yum 命令安装 dhcp-server。操作命令及安装过程如下：

```
[root@VM-CentOS ~]# yum -y install dhcp-server
上次元数据过期检查：0:02:20 前，执行于 2020 年 11 月 27 日 星期五 12 时 22 分 20 秒。
依赖关系解决。
```

| 软件包 | 架构 | 版本 | 仓库 | 大小 |
|---|---|---|---|---|
| 安装： | | | | |
| dhcp-server | x86_64 | 12:4.3.6-40.el8 | BaseOS | 529 k |
| 升级： | | | | |
| bind-export-libs | x86_64 | 32:9.11.13-6.el8_2.1 | BaseOS | 1.1 M |
| dhcp-client | x86_64 | 12:4.3.6-40.el8 | BaseOS | 318 k |

| dhcp-common | noarch | 12:4.3.6-40.el8 | BaseOS | 207 k |
| dhcp-libs | x86_64 | 12:4.3.6-40.el8 | BaseOS | 147 k |

事务概要

================================================================安装　1　软件包

升级　4　软件包

总下载：2.3 M
下载软件包：

| (1/5): dhcp-client-4.3.6-40.el8.x86_64.rpm | 26 kB/s \| 318 kB | 00:12 |
| (2/5): dhcp-server-4.3.6-40.el8.x86_64.rpm | 42 kB/s \| 529 kB | 00:12 |
| (3/5): dhcp-libs-4.3.6-40.el8.x86_64.rpm | 42 kB/s \| 147 kB | 00:03 |
| (4/5): bind-export-libs-9.11.13-6.el8_2.1.x86_64.rpm | 63 kB/s \| 1.1 MB | 00:18 |
| (5/5): dhcp-common-4.3.6-40.el8.noarch.rpm | 26 kB/s \| 207 kB | 00:07 |

---------------------------------------------------------------总计 114 kB/s | 2.3 MB   00:20

运行事务检查
事务检查成功。
运行事务测试
事务测试成功。
运行事务

| 准备中　 ： | 1/1 |
| 升级　　 ：dhcp-libs-12:4.3.6-40.el8.x86_64 | 1/9 |
| 升级　　 ：dhcp-common-12:4.3.6-40.el8.noarch | 2/9 |
| 升级　　 ：bind-export-libs-32:9.11.13-6.el8_2.1.x86_64 | 3/9 |
| 运行脚本：bind-export-libs-32:9.11.13-6.el8_2.1.x86_64 | 3/9 |
| 运行脚本：dhcp-server-12:4.3.6-40.el8.x86_64 | 4/9 |
| 安装　　 ：dhcp-server-12:4.3.6-40.el8.x86_64 | 4/9 |
| 运行脚本：dhcp-server-12:4.3.6-40.el8.x86_64 | 4/9 |
| 升级　　 ：dhcp-client-12:4.3.6-40.el8.x86_64 | 5/9 |
| 清理　　 ：dhcp-client-12:4.3.6-34.el8.x86_64 | 6/9 |
| 清理　　 ：dhcp-common-12:4.3.6-34.el8.noarch | 7/9 |
| 清理　　 ：dhcp-libs-12:4.3.6-34.el8.x86_64 | 8/9 |
| 清理　　 ：bind-export-libs-32:9.11.4-26.P2.el8.x86_64 | 9/9 |
| 运行脚本：bind-export-libs-32:9.11.4-26.P2.el8.x86_64 | 9/9 |
| 验证　　 ：dhcp-server-12:4.3.6-40.el8.x86_64 | 1/9 |
| 验证　　 ：bind-export-libs-32:9.11.13-6.el8_2.1.x86_64 | 2/9 |
| 验证　　 ：bind-export-libs-32:9.11.4-26.P2.el8.x86_64 | 3/9 |
| 验证　　 ：dhcp-client-12:4.3.6-40.el8.x86_64 | 4/9 |
| 验证　　 ：dhcp-client-12:4.3.6-34.el8.x86_64 | 5/9 |
| 验证　　 ：dhcp-common-12:4.3.6-40.el8.noarch | 6/9 |
| 验证　　 ：dhcp-common-12:4.3.6-34.el8.noarch | 7/9 |
| 验证　　 ：dhcp-libs-12:4.3.6-40.el8.x86_64 | 8/9 |
| 验证　　 ：dhcp-libs-12:4.3.6-34.el8.x86_64 | 9/9 |

已升级:
bind-export-libs-32:9.11.13-6.el8_2.1.x86_64      dhcp-client-12:4.3.6-40.el8.x86_64
dhcp-common-12:4.3.6-40.el8.noarch      dhcp-libs-12:4.3.6-40.el8.x86_64

已安装:
dhcp-server-12:4.3.6-40.el8.x86_64

完毕!

**步骤 4**:配置防火墙并开启 67 端口。

```
#配置防火墙,开放 UDP 协议 67 端口。DHCP 协议使用 UDP 协议,服务器端使用 67 端口
[root@VM-CentOS ~]# firewall-cmd --permanent --zone=public --add-port=67/udp
[root@VM-CentOS ~]# systemctl restart firewalld
```

**步骤 5**:配置 dhcpd 服务开机自启动。
使 DHCP 服务随着系统启动而启动,命令如下。

```
[root@VM-CentOS ~]# systemctl enable dhcpd
```

**步骤 6**:通过克隆 DHCP-1 创建 DHCP-2 服务器。
关闭 DHCP-1 虚拟机,并复制创建新的虚拟机作为 DHCP-2 服务器。

# 任务二    实现 DHCP 服务

## 【任务介绍】

配置 DHCP-1 和 DHCP-2 的 DHCP 服务,为园区网终端设备配置网络地址、指定 DNS、指定时间服务器,配置 DHCP-2 与 DHCP-1 数据同步,并进行备份测试。

## 【任务目标】

1. 完成 DHCP-1 上 DHCP 服务的配置。
2. 完成 DHCP-2 上 DHCP 服务的配置。

## 【操作步骤】

**步骤 1**:配置 DHCP-1 的网络参数。
DHCP 服务器需要配置静态 IP 地址,并且由于此处 DHCP 服务器要接入到 eNSP 中的园区网中,因此还要更改 DHCP-1 虚拟机的网络连接方式。
(1)配置 DHCP-1 服务器的 IP 地址。
启动 DHCP-1,编辑虚拟机网络配置文件(/etc/sysconfig/network-scripts/ifcfg-enp0s3),按本项目网络规划(表 6-0-3)配置 DHCP-1 地址,配置命令如下:

```
[root@VM-CentOS ~]# vi /etc/sysconfig/network-scripts/ifcfg-enp0s3
#按【i】进入编辑模式
TYPE="Ethernet"
PROXY_METHOD="none"
BROWSER_ONLY="no"
#将 DHCP-1 的 IP 地址获取方式改为 static
BOOTPROTO="static"
DEFROUTE="yes"
IPV4_FAILURE_FATAL="no"
IPV6INIT="yes"
IPV6_AUTOCONF="yes"
IPV6_DEFROUTE="yes"
IPV6_FAILURE_FATAL="no"
IPV6_ADDR_GEN_MODE="stable-privacy"
NAME="enp0s3"
UUID="f1ca9cc9-86a7-4777-a62d-8221071af7f7"
DEVICE="enp0s3"
#添加下列语句，配置 DHCP-1 的 IP 地址、子网掩码和默认网关
IPADDR=172.16.64.14
NETMASK=255.255.255.0
GATEWAY=172.16.64.254
ONBOOT="yes"
#按【Esc】，输入 ":wq" 保存修改并退出
```

（2）重启网卡，使配置生效。

```
#重载 enp0s3 的网络连接配置
[root@VM-CentOS ~]# nmcli c reload enp0s3
#重新应用 enp0s3 网卡配置
[root@VM-CentOS ~]# nmcli d reapply enp0s3
```

提醒　　　因 dhcpd 服务启动需在配置文件中声明服务器自身所在的网络，故在开始配置 DHCP 服务前要先配置 DHCP 服务器的网络 IP 地址。

步骤 2：在 DHCP-1 上配置 DHCP 服务。

本项目中，通过 DHCP 服务器为有线用户终端和无线用户终端配置 IP 地址。因此，需要在 DHCP 服务器中的/etc/dhcp/dhcpd.conf 文件里，配置 DHCP 服务的基本参数，并且根据前面的园区网规划，为每个用户 VLAN 配置相应的地址段，具体命令及添加的配置内容如下：

```
[root@VM-CentOS ~]#vi /etc/dhcp/dhcpd.conf
#配置默认租赁时间（秒）
default-lease-time 600;
#配置最大租赁时间（秒）
max-lease-time 7200;
#全局定义 DNS 服务器地址，对全部子网有效
```

option domain-name-servers 172.16.64.10,172.16.64.11;
#全局定义 NTP 服务器地址, 对全部子网有效
option ntp-servers 172.16.64.12,172.16.64.13;

#声明本机所在子网, 帮助 DHCP 服务器了解网络拓扑, 不会提供任何服务, 启动 DHCP 服务必备
**subnet 172.16.64.0 netmask 255.255.255.0 {**
**}**

#配置 192.168.64.0 /24 子网, 为 **A 区域 VLAN21** 中有线用户终端分配的地址范围和默认网关
subnet 192.168.64.0 netmask 255.255.255.0 {
        range 192.168.64.1 192.168.64.100;
        option routers 192.168.64.254;
}

#配置 192.168.65.0 /24 子网, 为 **A 区域 VLAN22** 中有线用户终端分配的地址范围和默认网关
subnet 192.168.65.0 netmask 255.255.255.0 {
        range 192.168.65.1 192.168.65.100;
        option routers 192.168.65.254;
}

#配置 192.168.66.0 /24 子网, 为 **A 区域 VLAN201** 中无线用户终端分配的地址范围和默认网关
subnet 192.168.66.0 netmask 255.255.255.0 {
        range 192.168.66.1 192.168.66.100;
        option routers 192.168.66.254;
}

#配置 192.168.67.0 /24 子网, 为 **A 区域 VLAN202** 中无线用户终端分配的地址范围和默认网关
subnet 192.168.67.0 netmask 255.255.255.0 {
        range 192.168.67.1 192.168.67.100;
        option routers 192.168.67.254;
}

#配置 192.168.68.0 /24 子网, 为 **B 区域 VLAN23** 中有线用户终端分配的地址范围和默认网关
subnet 192.168.68.0 netmask 255.255.255.0 {
        range 192.168.68.1 192.168.68.100;
        option routers 192.168.68.254;
}

#配置 192.168.69.0 /24 子网, 为 **B 区域 VLAN24** 中有线用户终端分配的地址范围和默认网关
subnet 192.168.69.0 netmask 255.255.255.0 {
        range 192.168.69.1 192.168.69.100;
        option routers 192.168.69.254;
}

```
#配置 192.168.70.0 /24 子网，为 B 区域 VLAN201 中无线用户终端分配的地址范围和默认网关
subnet 192.168.70.0 netmask 255.255.255.0 {
        range 192.168.70.1 192.168.70.100;
        option routers 192.168.70.254;
}

#配置 192.168.71.0 /24 子网，为 B 区域 VLAN202 中无线用户终端分配的地址范围和默认网关
subnet 192.168.71.0 netmask 255.255.255.0 {
        range 192.168.71.1 192.168.71.100;
        option routers 192.168.71.254;
}
```

重启 DHCP 服务，并查看服务状态。

```
[root@VM-CentOS ~]# systemctl restart dhcpd
[root@VM-CentOS ~]# systemctl status dhcpd
```

可以看到 dhcpd 服务的状态显示为 "active (running)"，说明 DHCP 服务已生效。

**步骤 3：配置 DHCP-2 的网络参数。**

（1）配置 DHCP-2 服务器的 IP 地址。

按本项目网络规划（表 6-0-3）配置 DHCP-2 的 IP 地址，配置命令和配置内容如下：

```
[root@VM-CentOS ~]# vi /etc/sysconfig/network-scripts/ifcfg-enp0s3
#按【i】进入编辑模式
TYPE="Ethernet"
PROXY_METHOD="none"
BROWSER_ONLY="no"
#将 DHCP-2 的 IP 地址获取方式改为 static
BOOTPROTO="static"
DEFROUTE="yes"
……
#添加下列语句，配置 DHCP-2 的 IP 地址、子网掩码和默认网关
IPADDR=172.16.64.15
NETMASK=255.255.255.0
GATEWAY=172.16.64.254
ONBOOT="yes"
#按【Esc】，输入 ":wq" 保存修改并退出
```

（2）重启网卡，使配置生效。

```
[root@VM-CentOS ~]# nmcli c reload enp0s3
[root@VM-CentOS ~]# nmcli d reapply enp0s3
```

**步骤 4：**在 DHCP-2 上配置 DHCP 服务。

修改/etc/dhcp/dhcpd.con 文件，在文件中加入以下内容，注意各个子网中所分配的 IP 地址范围的变化。

```
[root@VM-CentOS ~]#vi /etc/dhcp/dhcpd.conf
#按【i】进入编辑状态
#配置默认租赁时间（秒）
default-lease-time 600;
#配置最大租赁时间（秒）
max-lease-time 7200;
#全局定义 DNS 服务器地址，对全部子网有效
option domain-name-servers 172.16.64.10,172.16.64.11;
#全局定义 NTP 服务器地址，对全部子网有效
option ntp-servers 172.16.64.12,172.16.64.13;
#声明本机所在子网，帮助 DHCP 服务器了解网络拓扑，不会提供任何服务，启动 DHCP 服务必备
subnet 172.16.64.0 netmask 255.255.255.0 {
}

#配置 192.168.64.0 /24 子网，为 A 区域 VLAN21 中有线用户终端分配的地址范围和默认网关
subnet 192.168.64.0 netmask 255.255.255.0 {
        range 192.168.64.101 192.168.64.200;
        option routers 192.168.64.254;
}

#配置 192.168.65.0 /24 子网，为 A 区域 VLAN22 中有线用户终端分配的地址范围和默认网关
subnet 192.168.65.0 netmask 255.255.255.0 {
        range 192.168.65.101 192.168.65.200;
        option routers 192.168.65.254;
}

#配置 192.168.66.0 /24 子网，为 A 区域 VLAN201 中无线用户终端分配的地址范围和默认网关
subnet 192.168.66.0 netmask 255.255.255.0 {
        range 192.168.66.101 192.168.66.200;
        option routers 192.168.66.254;
}

#配置 192.168.67.0 /24 子网，为 A 区域 VLAN202 中无线用户终端分配的地址范围和默认网关
subnet 192.168.67.0 netmask 255.255.255.0 {
        range 192.168.67.101 192.168.67.200;
        option routers 192.168.67.254;
}

#配置 192.168.68.0 /24 子网，为 B 区域 VLAN23 中有线用户终端分配的地址范围和默认网关
subnet 192.168.68.0 netmask 255.255.255.0 {
        range 192.168.68.101 192.168.68.200;
        option routers 192.168.68.254;
}
```

```
#配置 192.168.69.0 /24 子网，为 B 区域 VLAN24 中有线用户终端分配的地址范围和默认网关
subnet 192.168.69.0 netmask 255.255.255.0 {
        range 192.168.69.101 192.168.69.200;
        option routers 192.168.69.254;
}

#配置 192.168.70.0 /24 子网，为 B 区域 VLAN201 中无线用户终端分配的地址范围和默认网关
subnet 192.168.70.0 netmask 255.255.255.0 {
        range 192.168.70.101 192.168.70.200;
        option routers 192.168.70.254;
}

#配置 192.168.71.0 /24 子网，为 B 区域 VLAN202 中无线用户终端分配的地址范围和默认网关
subnet 192.168.71.0 netmask 255.255.255.0 {
        range 192.168.71.101 192.168.71.200;
        option routers 192.168.71.254;
}
```

重新启动 DHCP 服务。

```
[root@VM-CentOS ~]# systemctl restart dhcpd
```

# 任务三　为园区网提供 DHCP 服务

## 【任务介绍】

本任务将配置好的 DHCP 服务器部署在项目五中创建好的园区网里，并进行 DHCP 服务测试。

## 【任务目标】

1. 完成 DHCP-1 和 DHCP-2 在园区网中的部署。
2. 完成 DHCP Relay 的配置。
3. 实现用户终端设备通过 DHCP 获取网络地址。

## 【操作步骤】

步骤 1：将 DHCP-1 服务器和 DHCP-2 服务器部署到园区网。

（1）配置 DHCP-1 虚拟机的网络连接方式。在 VirtualBox 中，将 DHCP-1 的网卡 1 的连接方式设置为"仅主机（Host-Only）网络"，选择界面是"VirtualBox Host-Only Ethernet Adapter #7"，如图 6-3-1 所示。

图 6-3-1　配置 DHCP-1 的网络连接方式

（2）在 eNSP 中配置 DHCP-1 服务器对应的 Cloud 设备。在园区网中添加 Cloud 设备并命名为 DHCP-1，绑定信息时选择 DHCP-1 服务器使用的网络接口，即"VirtualBox Host-Only Network #7"，如图 6-3-2 所示。

图 6-3-2　设置 DHCP-1 对应的 Cloud 设备

（3）将 DHCP-1 服务器接入园区网。根据网络拓扑的规划，将 Cloud 设备（DHCP-1）接入三层交换机 S-RS-3 的 GE 0/0/5 接口。

（4）配置 DHCP-2 虚拟机的网络连接方式。连接方式设置为"仅主机（Host-Only）网络"，选择界面名称，这里是"VirtualBox Host-Only Ethernet Adapter #8"，如图 6-3-3 所示。

图 6-3-3　配置 DHCP-2 的网络连接方式

（5）在 eNSP 中配置 DHCP-2 服务器对应的 Cloud 设备。在园区网中添加 Cloud 设备并命名为 DHCP-2，绑定信息时选择 DHCP-2 服务器使用的网络接口，即 "VirtualBox Host-Only Network #8" 如图 6-3-4 所示。

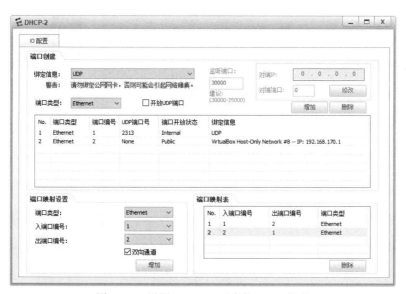

图 6-3-4　设置 DHCP-2 对应的 Cloud 设备

（6）将 DHCP-2 服务器接入园区网。

根据网络拓扑的规划，将 Cloud 设备（DHCP-2）接入三层交换机 S-RS-3 的 GE 0/0/6 接口。

本项目在 eNSP 中的完整网络拓扑如图 6-3-5 所示。

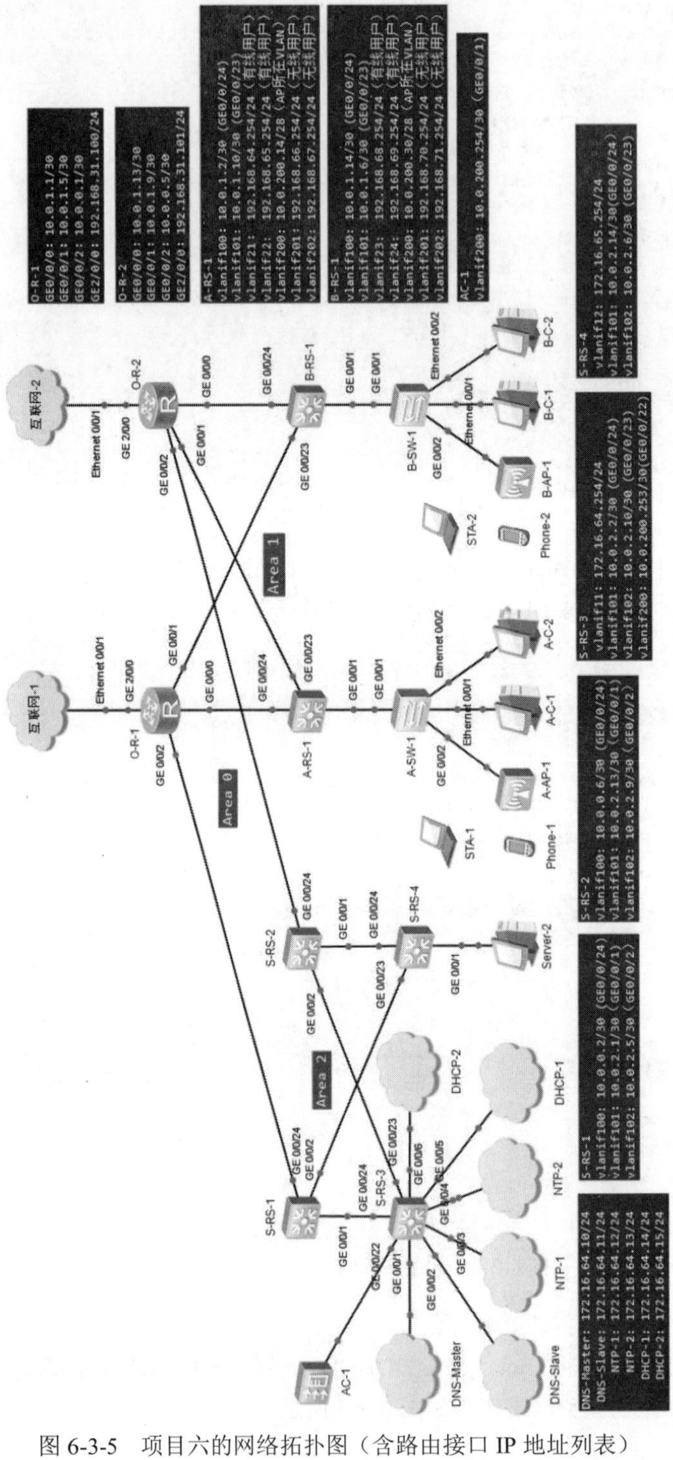

图 6-3-5　项目六的网络拓扑图（含路由接口 IP 地址列表）

（7）配置 S-RS-3 上连接 DHCP 服务器的接口 GE 0/0/5 和 GE 0/0/6。

```
<S-RS-3>system-view
//设置 GigabitEthernet 0/0/5 接口类型为 access，默认 vlan 11
[S-RS-3]interface GigabitEthernet 0/0/5
[S-RS-3-GigabitEthernet0/0/5] port link-type access
[S-RS-3-GigabitEthernet0/0/5] port default vlan 11
[S-RS-3-GigabitEthernet0/0/5]quit

//设置 GigabitEthernet 0/0/6 接口类型为 access，默认 vlan 11
[S-RS-3]interface GigabitEthernet 0/0/6
[S-RS-3-GigabitEthernet0/0/6] port link-type access
[S-RS-3-GigabitEthernet0/0/6] port default vlan 11
[S-RS-3-GigabitEthernet0/0/6]quit
[S-RS-3]quit
<S-RS-3>save
```

步骤 2：在 A-RS-1 上配置 DHCP Relay。

本项目中，DHCP 服务器与用户终端并不在同一个网络内（即不在同一个广播域内），因此，用户终端（即 DHCP 客户端）发出的 DHCP 广播报文（例如 DHCP Discover 报文）无法直接发送至 DHCP 服务器。这就需要在园区网内部设置 DHCP Relay（DHCP 中继）。

通常将 DHCP Relay 配置在用户终端所在网络的默认网关处。对应 A 区域用户终端，其默认网关配置在三层交换机 A-RS-1 上，所以此处在 A-RS-1 上开启并配置 DHCP Relay。

（1）配置 VLAN 21 的 DHCP Relay。

```
<A-RS-1>system-view
//针对 VLAN 21 配置 DHCP Relay，该 VLAN 中包含用户主机 A-C-1
//进入 VLAN 21 的 SVI 视图
[A-RS-1]interface vlanif 21
//开启 DHCP Relay
[A-RS-1-Vlanif21]dhcp select relay
//指定 DHCP 服务器的地址
[A-RS-1-Vlanif21]dhcp relay server-ip 172.16.64.14
[A-RS-1-Vlanif21]dhcp relay server-ip 172.16.64.15
[A-RS-1-Vlanif21]quit
```

（2）配置 VLAN 22 的 DHCP Relay。

```
//针对 VLAN 22 配置 DHCP Relay，该 VLAN 中包含用户主机 A-C-2
[A-RS-1]interface vlanif 22
[A-RS-1-Vlanif22]dhcp select relay
[A-RS-1-Vlanif22]dhcp relay server-ip 172.16.64.14
[A-RS-1-Vlanif22]dhcp relay server-ip 172.16.64.15
[A-RS-1-Vlanif22]quit
```

（3）配置 VLAN 201 的 DHCP Relay。

//针对 VLAN 201 配置 DHCP Relay，该 VLAN 是无线用户所在的 VLAN，其中包含通过无线设备 A-AP-1 的 wifi-2.4G（SSID）接入到园区网的用户设备
```
[A-RS-1]interface vlanif 201
//查看 vlanif201 的当前配置
[A-RS-1-Vlanif201]display this
#
interface Vlanif201
 ip address 192.168.66.254 255.255.255.0
 dhcp select relay
 dhcp relay server-ip 10.0.200.254
#
return
//删除原有 DHCP Relay 中配置的 DHCP 服务器地址（即 AC-1 的地址）
[A-RS-1-Vlanif201]undo dhcp relay server-ip 10.0.200.254
//添加 DHCP-1 和 DHCP-2 的地址
[A-RS-1-Vlanif201]dhcp relay server-ip 172.16.64.14
[A-RS-1-Vlanif201]dhcp relay server-ip 172.16.64.15
[A-RS-1-Vlanif201]quit
```

提醒

可以看出，针对 VLAN201，在 A-RS-1 上已经设置过 DHCP Relay，其中 DHCP 服务器地址设置的是 10.0.200.254，这是无线控制器 AC-1 的地址。也就是说，通过 A-AP-1 接入到园区网的无线终端，其发出的 DHCP 请求，被 DHCP Relay 转发至无线控制器 AC-1，并由 AC-1 的 DHCP 服务提供 IP 地址。这是在本书项目一中的配置，后面的项目一直沿用。

根据本项目的网络规划，无线终端要通过新建的 DHCP 服务器（即 DHCP-1 和 DHCP-2）获取 IP 地址等信息，因此，此处要将 A-RS-1 上原有的针对 VLAN201 的 DHCP Relay 删除，并重新设置 DHCP Relay。

（4）配置 VLAN 202 的 DHCP Relay。

//针对 VLAN 202 配置 DHCP Relay，该 VLAN 是无线用户所在的 VLAN，其中包含通过无线设备 A-AP-1 的 wifi-5G（SSID）接入到园区网的用户设备
```
[A-RS-1]interface vlanif 202
//查看当前配置
[A-RS-1-Vlanif202]display this
#
interface Vlanif202
 ip address 192.168.67.254 255.255.255.0
 dhcp select relay
 dhcp relay server-ip 10.0.200.254
#
return
```

项目六

//删除原有 DHCP Relay 中配置的 DHCP 服务器地址（即 AC-1 的地址）

[A-RS-1-Vlanif202]undo dhcp relay server-ip 10.0.200.254

[A-RS-1-Vlanif202]dhcp relay server-ip 172.16.64.14

[A-RS-1-Vlanif202]dhcp relay server-ip 172.16.64.15

[A-RS-1-Vlanif202]quit

[A-RS-1]quit

<A-RS-1>save

**步骤 3：** 在 B-RS-1 上配置 DHCP Relay。

<B-RS-1>system-view

//配置 VLAN 23 的 DHCP Relay

[B-RS-1]interface vlanif 23

[B-RS-1-Vlanif23]dhcp select relay

[B-RS-1-Vlanif23]dhcp relay server-ip 172.16.64.14

[B-RS-1-Vlanif23]dhcp relay server-ip 172.16.64.15

[B-RS-1-Vlanif23]quit


//配置 VLAN 24 的 DHCP Relay

[B-RS-1]interface vlanif 24

[B-RS-1-Vlanif24]dhcp select relay

[B-RS-1-Vlanif24]dhcp relay server-ip 172.16.64.14

[B-RS-1-Vlanif24]dhcp relay server-ip 172.16.64.15

[B-RS-1-Vlanif24]quit


//配置 VLAN 201 的 DHCP Relay

//先删除原有 DHCP Relay 中配置的 DHCP 服务器地址（即 AC-1 的地址）

[B-RS-1-Vlanif201]undo dhcp relay server-ip 10.0.200.254

//添加新建的 DHCP 服务器地址

[B-RS-1-Vlanif201]dhcp relay server-ip 172.16.64.14

[B-RS-1-Vlanif201]dhcp relay server-ip 172.16.64.15

[B-RS-1-Vlanif201]quit


//配置 VLAN 202 的 DHCP Relay

//先删除原有 DHCP Relay 中配置的 DHCP 服务器地址（即 AC-1 的地址）

[B-RS-1-Vlanif202]undo dhcp relay server-ip 10.0.200.254

//添加新建的 DHCP 服务器地址

[B-RS-1-Vlanif202]dhcp relay server-ip 172.16.64.14

[B-RS-1-Vlanif202]dhcp relay server-ip 172.16.64.15

[A-RS-1]quit

<A-RS-1>save

提醒 与 A-RS-1 相同，B-RS-1 上已经配置有针对无线用户 VLAN（即 VLAN201 和 VLAN202）的 DHCP Relay，所设置的 DHCP 服务器地址是 AC-1 的地址，所以此处也要更改 DHCP 服务器的地址。

**步骤 4：**删掉 AC-1 中配置给无线用户终端的地址池。

在本书的项目一中，通过无线控制器 AC-1 给园区网内的无线用户终端提供 IP 地址，从而实现无线用户终端接入园区网。在本项目中，为了实现对用户终端（含有线终端和无线终端）IP 地址等网络信息的统一分配管理，改为由 DHCP 服务器（DHCP-1 和 DHCP-2）为全网用户终端（不含 AP 设备）提供动态的 IP 地址配置服务。因此，此处可将 AC-1 中配置给无线用户终端的地址池删掉，包括 pool-A-vlan201（对应 A 区域 VLAN201）、pool-A-vlan202（对应 A 区域 VLAN202）、pool-B-vlan201（对应 B 区域 VLAN201）、pool-B-vlan202（对应 B 区域 VLAN202），操作如下：

```
<AC-1>system-view
Enter system view, return user view with Ctrl+Z.
[AC-1]undo ip pool pool-A-vlan201
[AC-1]undo ip pool pool-A-vlan202
[AC-1]undo ip pool pool-B-vlan201
[AC-1]undo ip pool pool-B-vlan202
[AC-1]quit
<AC-1>save
```

**步骤 5：**测试有线用户终端通过 DHCP 获取 IP 地址的效果。

启动并双击 A-C-1，在【基础配置】中将"IPv4 配置"改为"DHCP"，勾选"自动获取 DNS 服务器地址"，如图 6-3-6 所示，然后单击右下方的【应用】，使配置生效。

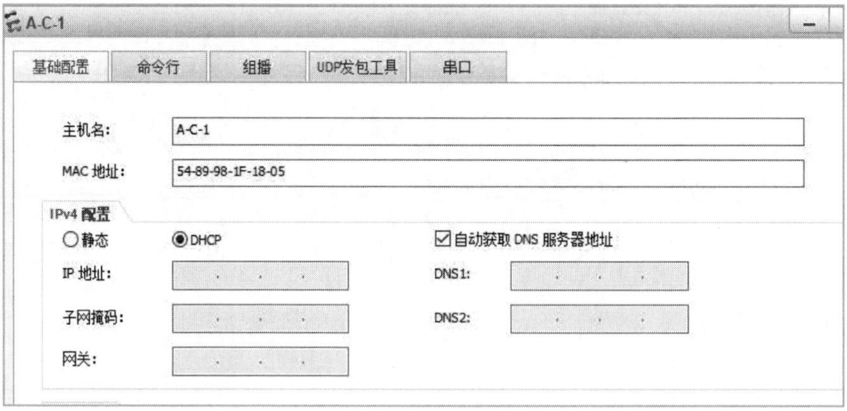

图 6-3-6　A-C-1 网络配置

在终端设备 A-C-1 的命令行窗口中执行"ipconfig"命令，可以看到 A-C-1 已经获得了 IP 地址、子网掩码、默认网关、本地 DNS 服务器地址，如图 6-3-7 所示。

参照 A-C-1，配置 A-C-2、B-C-1 和 B-C-2 通过 DHCP 服务获取 IP 地址。

图 6-3-7　A-C-1 获取到了 IP 地址等信息

 提醒

从图 6-3-7 可以看出，用户主机 A-C-1 是从 DHCP-1 服务器获取到 IP 地址。DHCP-1 服务器分配给园区网 A 区域 VLAN21 中有线用户终端的 IP 地址范围是 192.168.64.1 ~ 192.168.64.100。

**步骤 6**：测试无线用户终端通过 DHCP 获取 IP 地址的效果。

启动并双击 STA-1，在【Vap 列表】中将选择名为 "wifi-2.4G" 的 SSID 进行连接，输入密码，如图 6-3-8 所示。

图 6-3-8　无线终端 STA-1 连接 wifi-2.4G

待【状态】显示为 "已连接" 时，在 STA-1 的命令行窗口中执行 "ipconfig" 命令，可以看到 STA-1 已经获得了 IP 地址、子网掩码、默认网关、本地 DNS 服务器地址，如图 6-3-9 所示。

参照 STA-1，配置 STA-2、Phone-1、Phone-2 通过 DHCP 服务获取 IP 地址。

项目六

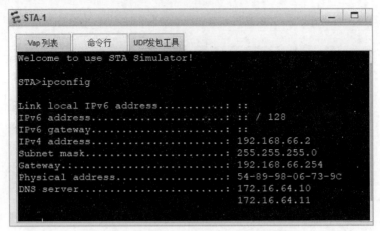

图 6-3-9　STA-1 获取到了 IP 地址等信息

从图 6-3-9 可以看出，移动终端 STA-1 是从 DHCP-1 服务器获取到 IP 地址。DHCP-1 服务器分配给园区网 A 区域 VLAN201 中无线用户终端的 IP 地址范围是 192.168.66.1 ~ 192.168.66.100。

**步骤 7：** 查看 DHCP 服务器 IP 地址分配情况。

/var/lib/dhcpd/dhcpd.leases 文件中包含了所有已经分配的 IP 地址以及已释放的 IP 地址，可通过 cat 命令查看内容。

由于文件内容较多，此处以分配的 192.168.64.1 地址为例进行说明：

```
[root@VM-CentOS ~]# cat /var/lib/dhcpd/dhcpd.leases | more
# The format of this file is documented in the dhcpd.leases(5) manual page.
# This lease file was written by isc-dhcp-4.3.6

# authoring-byte-order entry is generated, DO NOT DELETE
authoring-byte-order little-endian;
……
//DHCP 服务器分配的 IP 地址
lease 192.168.64.1 {
    //租约开始时间
    starts 6 2020/11/28 03:40:12;
    //租约结束时间
    ends 6 2020/11/28 03:50:12;
    tstp 6 2020/11/28 03:50:12;
    //客户端的最后汇报时间
    cltt 6 2020/11/28 03:40:12;
    //绑定状态，当前为释放状态
    binding state free;
    //主机网卡的 MAC 地址，此处是 A-C-1 的 MAC 地址
```

```
hardware ethernet 54:89:98:1f:18:05;
//主机的 UID 标识
uid "\001T\211\230\037\030\005";
}
……
[root@VM-CentOS ~]#
```

 提醒　　　租约时间信息为 UTC 时间，比北京时间慢 8 小时。

**步骤 8：** 园区网 DHCP 服务可靠性测试。

由于在 DHCP Relay 的配置中，指明了两台 DHCP 服务器的地址（172.16.64.14 和 172.16.64.15），因此当园区网中一台 DHCP 服务器故障时，园区网终端设备可以从另一台 DHCP 服务器获取 IP 地址信息，验证如下。

关闭 DHCP-1，在终端设备 A-C-1 命令行窗口中执行以下命令：

```
#释放原来获取的 IP 地址，注意 ipconfig 后面有空格
ipconfig /release
#重新获取 IP 地址，即终端设备 A-C-1 重新执行 IP 地址获取过程
ipconfig /renew
```

命令执行结果如图 6-3-10 所示。可见，当关闭 DHCP-1 后，A-C-1 从另一台 DHCP 服务器 DHCP-2 获取了 IP 地址。

图 6-3-10　A-C-1 从另一台 DHCP 服务器获取到了 IP 地址

 提醒　　　DHCP-2 服务器分配给园区网 A 区域 VLAN21 中有线用户终端的 IP 地址范围是 192.168.64.101 ~ 192.168.64.200。

# 任务四　抓包分析 DHCP 的通信过程

## 【任务介绍】

在 eNSP 中启动抓包程序抓取 DHCP 报文，通过对 DHCP 报文的分析，验证 DHCP 客户端获取 IP 地址的过程，理解 DHCP Relay 的通信过程。

## 【任务目标】

1. 完成 DHCP 报文的抓取。
2. 通过分析报文，验证 DHCP 客户端获取 IP 地址的过程。
3. 通过分析报文，验证 DHCP Relay 的通信过程。

## 【操作步骤】

**步骤 1：**设置抓包位置并启动抓包程序。

如图 6-4-1 所示，在 eNSP 中，分别在 A-SW-1 Ethernet 0/0/1（即①）处、A-RS-1 GE 0/0/23（即②）处启动抓包程序。

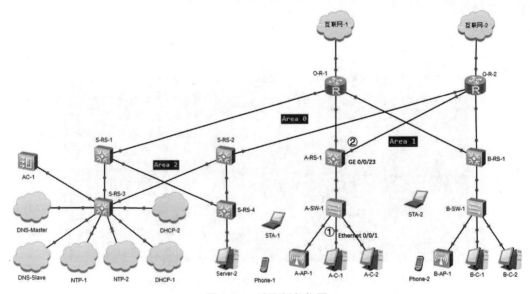

图 6-4-1　选取抓包位置

在终端设备 A-C-1 执行以下命令释放已获得的 IP 地址，并重新获取：

```
ipconfig /release
ipconfig /renew
```

提醒　为避免冗余报文干扰，本任务在抓包时关闭 DHCP-2，保持 DHCP-1 开启。

**步骤2：** 分析园区网终端设备的 DHCP 通信过程。

（1）查看①处报文。由①处报文可知，终端设备 A-C-1 释放 IP 地址时，发送出 DHCP Release 报文；重新获取 IP 地址的过程包含 4 个报文，分别是 DHCP Discover、DHCP Offer、DHCP Request、DHCP ACK，如图 6-4-2 所示。

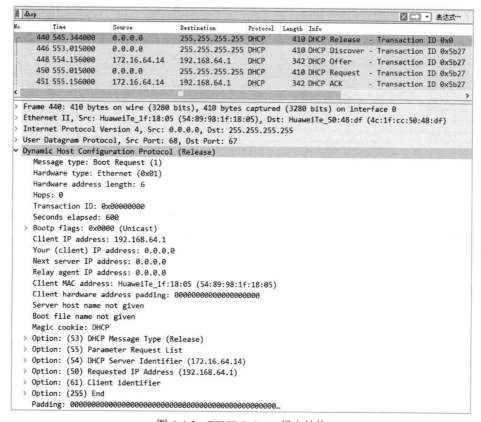

图 6-4-2　在①处抓取到的 DHCP 报文

（2）通过 440 号报文分析 DHCP 报文结构。440 号报文如图 6-4-3 所示，内容见表 6-4-1。

图 6-4-3　DHCP Release 报文结构

表 6-4-1　440 号 DHCP 报文内容

| 序号 | 名称 | 内容/值 | 备注 |
|---|---|---|---|
| 1 | Message type: | Boot Request (1) | 消息类型 |
| 2 | Hardware type | Ethernet (0x01) | 硬件类别 |
| 3 | Hardware address length | 6 | 硬件地址长度，6 字节 |
| 4 | Hops | 0 | 路由长度为 0，表示在同一网段，未经过路由转发 |
| 5 | Transaction ID | 0x00000000 | 事务 ID 号 |
| 6 | Seconds elapsed | 600 | 自开始地址获取或更新进行后经过的时间，600 秒 |
| 7 | Bootp flags | 0x0000 (Unicast) | 服务器与客户端通信以单播方式传送报文 |
| 8 | Client IP address | 192.168.64.1 | 客户端地址，待释放 |
| 9 | Your (client) IP address | 0.0.0.0 | 客户端地址 |
| 10 | Next server IP address | 0.0.0.0 | 下一个服务器地址 |
| 11 | Relay agent IP address | 0.0.0.0 | 转发代理网关 |
| 12 | Client MAC address | HuaweiTe_1f:18:05 (54:89:98:1f:18:05) | 客户端 A-C-1 的 MAC 地址 |
| 13 | Magic cookie | DHCP | |
| 14 | Option | (53) DHCP Message Type (Release) | DHCP Release 类型消息 |
| 15 | Option | (55) Parameter Request List | 请求参数列表 |
| 16 | Option | (54) DHCP Server Identifier (172.16.64.14) | DHCP 服务器地址 |
| 17 | Option | (50) Requested IP Address (192.168.64.1) | 请求地址 |
| 18 | Option | (61) Client identifier | 客户端 ID |

（3）分析 446 号报文。446 号报文是终端 A-C-1 发出的 DHCP 发现报文（DHCP Discover）。由于此时 DHCP 客户端（即 A-C-1）还没有 IP 地址，并且也不知道 DHCP 服务器的 IP 地址，所以在 DHCP Discover 报文的首部，源 IP 地址是 0.0.0.0，目的 IP 地址是广播地址（255.255.255.255）。在该报文的数据部分，包含了 A-C-1 的 MAC 地址（54-89-98-1f-18-05），表明该报文是 A-C-1 发出的，如图 6-4-4 所示。

（4）分析 448 号报文。448 号报文是 DHCP 服务器发出的 DHCP Offer 报文。在该报文的数据部分，包含了 DHCP 服务器准备分配给 DHCP 客户端的 IP 地址（192.168.64.1）；包含了 DHCP 客户端的 MAC 地址（54-89-98-1f-18-05），从 MAC 地址可以看出，这里的 DHCP 客户端是 A-C-1；包含了 DHCP-1 服务器的 IP 地址（172.16.64.14），表明这是从哪个 DHCP 服务器发来的报文，如图 6-4-5 所示。

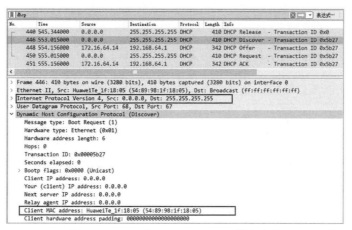

图 6-4-4　446 号 DHCP Discover 报文内容

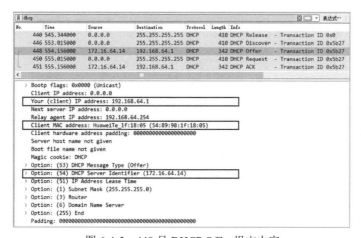

图 6-4-5　448 号 DHCP Offer 报文内容

（5）分析 450 号报文。450 号报文是主机 A-C-1 发出的 DHCP 请求报文（DHCP Request）。注意，此时 DHCP Request 报文的首部，源 IP 地址是 0.0.0.0，目的 IP 地址是广播地址（255.255.255.255）。在 DHCP Request 报文的数据部分，指明了 DHCP 客户端（即 A-C-1）的 MAC 地址（54-89-98-1f-18-05），表明这是谁发出的请求；指明了 DHCP 服务器的 IP 地址（172.16.64.14），表明 DHCP 客户端选择的是哪个 DHCP 服务器；指明了 DHCP 客户端所请求的 IP 地址（192.168.64.1），如图 6-4-6 所示。

（6）分析 451 号报文。451 号报文是 DHCP 服务器发出的 DHCP ACK 报文。在该报文的数据部分，包含了 DHCP 服务器准备分配给 DHCP 客户端的 IP 地址（192.168.64.1）；包含了 DHCP 客户端的 MAC 地址（54-89-98-1f-18-05），从 MAC 地址可以看出，这里的 DHCP 客户端是 A-C-1；包含了 DHCP 服务器的 IP 地址（172.16.64.14），表明这是从哪个 DHCP 服务器发来的报文，如图 6-4-7 所示。

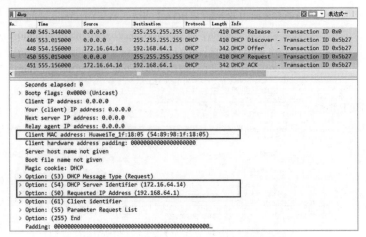

图 6-4-6　450 号 DHCP Request 报文内容

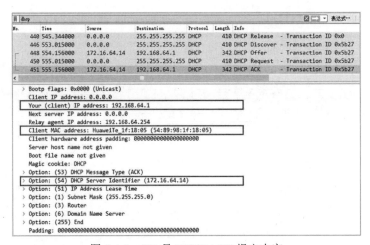

图 6-4-7　451 号 DHCP ACK 报文内容

**步骤 3：**分析 DHCP Relay 工作过程。

（1）查看②处报文。可以看出，在②处也抓取到了终端设备 A-C-1 释放 IP 地址时，发送出的 DHCP Release 报文，还抓取到了 A-C-1 重新获取 IP 地址过程中的 4 个报文，分别是 DHCP Discover、DHCP Offer、DHCP Request、DHCP ACK，如图 6-4-8 所示。

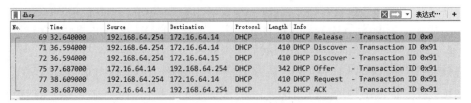

图 6-4-8　②处报文

图 6-4-8 中出现 2 个 DHCP Discover 报文，是因为 A-RS-1 上配置 DHCP Relay 时，配置了两台 DHCP 服务器，即 DHCP-1 和 DHCP-2。

（2）分析②处报文的整体情况。从图 6-4-8 可以看出，与①处所抓取报文不同的是，此处各报文首部的地址都是单播地址。

这说明当 DHCP Relay（此处是路由交换机 A-RS-1）收到 DHCP 客户端（即 A-C-1）发出的广播报文（DHCP Release、DHCP Discover 和 DHCP Request 报文）后，将报文内容重新封装，把自己的 IP 地址设置为源 IP 地址，DHCP 服务器的 IP 地址设置为目的 IP 地址，然后以单播方式转发给 DHCP 服务器（如图 6-4-8 中的 69 号、71 号、72 号、77 号报文）。

DHCP 服务器收到从 DHCP Relay 转发来的报文后，将响应报文（DHCP Offer 和 DHCP ACK 报文）以单播方式发送至 DHCP Relay（如图 6-4-8 中的 75 号、78 号报文）。DHCP Relay 收到 DHCP 服务器发来的报文后，再以单播形式转发给 DHCP 客户端，全过程如图 6-4-9 所示。

图 6-4-9　含 DHCP Relay 的 DHCP 通信全过程

图 6-4-10 至图 6-4-13 显示了 71、75、77、78 号报文的数据部分内容。可以看到，每个报文的数据部分中都包含有 DHCP 客户端（此处指 A-C-1）的 MAC 地址，从而保证 DHCP Relay 能将 DHCP 服务器响应的报文转发给指定的 DHCP 客户端。

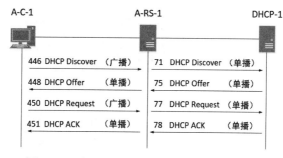

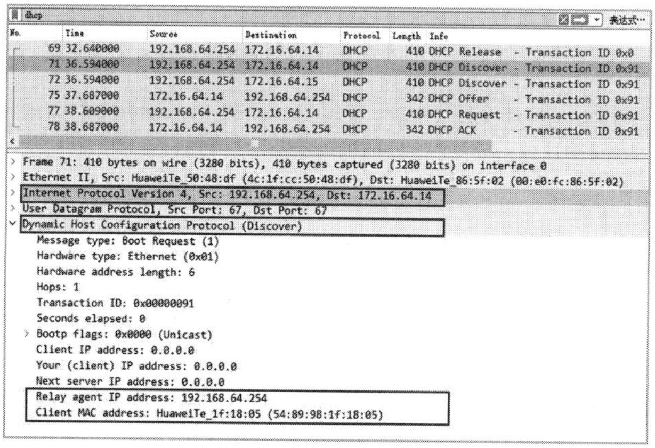

图 6-4-10　71 号 DHCP Discover 报文内容

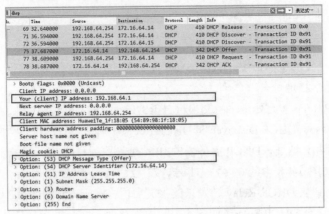

图 6-4-11　75 号 DHCP Offer 报文内容

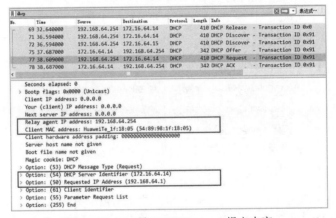

图 6-4-12　77 号 DHCP Request 报文内容

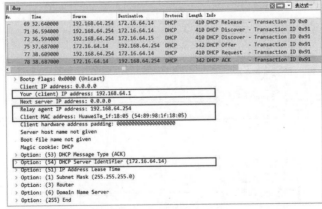

图 6-4-13　78 号 DHCP ACK 报文内容

# 项目七
## 建设覆盖全网的运维监控系统

### ● 项目介绍

对网络系统的不间断实时监控、实时反馈当前状态是保证网络持续稳定提供服务的重要基础。本项目在项目六的基础上，基于 CentOS 部署 Cacti 和 Zabbix 运维监控系统，实现对全网的统一运维监控，帮助运维人员了解设备运行状态与性能，提升全网的精细化管理程度，及时发现设备故障，减少宕机时间，提升 IT 运营管理水平。

### ● 项目目的

- 熟悉 Cacti 监控系统的安装部署方法。
- 掌握 Cacti 监控系统的配置方法。
- 熟悉 Zabbix 监控系统的安装部署方法。
- 掌握 Zabbix 监控系统的配置方法。
- 掌握运维监控分析技巧。

### ● 拓扑规划

1. 网络拓扑

网络拓扑如图 7-0-1 所示。

2. 拓扑说明

网络设备说明见表 7-0-1。

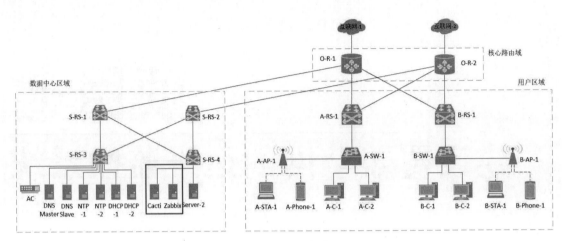

图 7-0-1　网络拓扑

表 7-0-1　网络设备说明

| 序号 | 设备线路 | 设备类型 | 规格型号 | 备注 |
| --- | --- | --- | --- | --- |
| 1 | Cacti | Cacti 服务器 | Cloud | VirtualBox 虚拟机 |
| 2 | Zabbix | Zabbix 服务器 | Cloud | VirtualBox 虚拟机 |

　　本项目在项目六的园区网基础上，在数据中心区域的网络中，增加了 Cacti 和 Zabbix 服务器，两者分别监控全网设备，形成两套互为冗余的运维监控系统。关于网络中其他设备的说明，请参见本书项目一。

## 网络规划

　　本项目中园区网的规划设计，读者可参见项目二。两台 DNS 服务器（DNS-Master 和 DNS-Slave）部署配置可参见项目四，两台 NTP 服务器（NTP-1 和 NTP-2）部署配置可参见项目五，两台 DHCP 服务器（DHCP-1 和 DHCP-2）部署配置可参见项目六，此处只规划与 Cacti 服务器和 Zabbix 服务器部署配置有关的内容。

　　1. 交换机接口与 VLAN

　　交换机接口与 VLAN 规划见表 7-0-2。

表 7-0-2　交换机接口与 VLAN 规划

| 序号 | 交换机 | 接口 | VLAN ID | 连接设备 | 接口类型 |
| --- | --- | --- | --- | --- | --- |
| 1 | S-RS-4 | GE 0/0/7 | 11 | Cacti | Access |
| 2 | S-RS-4 | GE 0/0/8 | 11 | Zabbix | Access |

2. 主机 IP 地址

主机 IP 地址规划见表 7-0-3。

表 7-0-3　主机 IP 地址规划

| 序号 | 设备名称 | IP 地址/子网掩码 | 默认网关 | 接入位置 | VLAN ID |
|------|----------|------------------|----------|----------|---------|
| 1 | Cacti | 172.16.65.11 /24 | 172.16.65.254 | S-RS-4 GE 0/0/7 | 12 |
| 2 | Zabbix | 172.16.65.12 /24 | 172.16.65.254 | S-RS-4 GE 0/0/8 | 12 |

◉ 项目讲堂

1. SNMP

（1）定义。简单网络管理协议（Simple Network Management Protocol，SNMP）是一种专门用于网络管理软件和网络设备之间通信的应用层协议。

SNMP 最早是 Internet 工程任务组（Internet Engineering Task Force，IETF）为解决 Internet 上的网络设备管理问题而提出的一个临时方案，第一个正式版本在 1989 年发布，经过二十多年的发展，SNMP 日臻完善，到目前为止，共有 SNMPv1、SNMPv2、SNMPv3 三个版本和两个扩展，如图 7-0-2 所示。

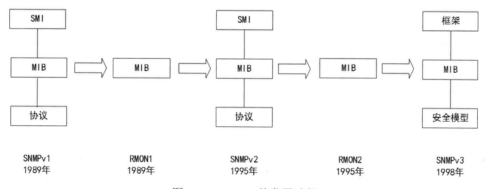

图 7-0-2　SNMP 的发展过程

（2）组成部分。一个 SNMP 管理的网络由下列三个关键组件组成：

1）网络管理系统（Network-management systems，NSM）：网络管理系统监视并控制被管理的设备，管理员通过网络管理系统对网络设备进行监控和交互。

2）被管理设备（Managed device）：被管理的设备是一个网络节点，它包含一个存在于被管理网络中的 SNMP Agent。被管理的设备通过管理信息库（MIB）收集并存储管理信息，并且让网络管理系统能够通过 SNMP Agent 取得这些信息。

3）代理者（Agent)：代理者是一种存在于被管理的设备中的网络管理软件模块。代理者控制本地机器的管理信息，以和 SNMP 兼容的格式传送这些信息。

（3）管理信息库（MIB）。网络管理中资源（如：设备描述、接口流量）是以对象来表示的，这些对象的集合形成管理信息库（MIB），它定义了被管理对象的一系列属性，如：对象的名称、访问权限和数据类型等。每个 SNMP 设备（Agent）都有自己的 MIB。

MIB 文件中变量使用的名字取自 ISO 和 ITU 管理的对象标识（object identifier）名字空间，它是一种分级树的结构，与域名结构类似，MIB 结构如图 7-0-3 所示。第一级有三个节点：ccit、iso、joint-iso-ccit，低级的对象 ID 分别由相关组织分配。

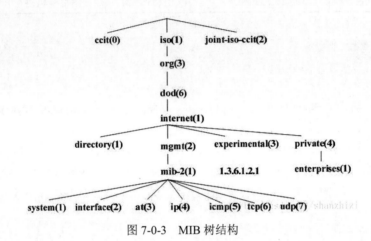

图 7-0-3　MIB 树结构

一个特定对象的标识符可通过由根到该对象的路径获得，如获取系统信息的变量名为：iso.org.dod.internet.mgmt.mib.system，相应的对象标识符 OID 为：1.3.6.1.2.1.1。

（4）SNMP 操作。

1）Get：网络管理系统从被管理设备的 SNMP Agent 获取对应 OID 的变量值。

2）Set：网络管理系统设置被管理设备的 SNMP Agent 对应的 OID 的变量值。

3）Trap：被管理设备的 SNMP Agent 主动发出报文，通知网络管理系统发生的事件。

2．RRDTool

RRDTool 是一个强大的绘图引擎，它是一套软件，包含：

（1）存储：把近期的原始采集数据+统计分类的数据存在 rrd 文件中。

（2）统计：分类统计功能。

（3）操作：数据读写（从 rra 文件中）。

（4）绘图：绘图工具。

其中，环形数据库（Round Robin Database，RRD）是一种存储数据的方式，使用固定大小的空间来存储数据，并有一个指针指向最新数据的位置。RRD 可使监控采集的数据循环更新。

3．Cacti 介绍

（1）定义。Cacti 是一套基于 PHP、MySQL/MariaDB、SNMP 及 RRDTool 开发的运维监控图形分析系统。

（2）工作原理。Cacti 使用 PHP 语言开发，通过 snmpget 来获取数据，使用 RRDTool 绘制监控数据图形。在 Cacti 监控体系中，将监控数据（即监控采集的数据）和系统数据（例如账号密码、受监控设备的基本配置信息等）分开存放。监控数据放置在 RRDTool 的数据文件中，系统数据放置在 MySQL/MariaDB 数据库中，如图 7-0-4 所示。Cacti 可通过配置监控对象模板文件实现自定义监测指标。

Cacti 根据定时任务设置，通过 snmpget 定期采集监控对象的监控数据，然后将这些监控数据存储到 RRD（即存储为 rra 文件）。

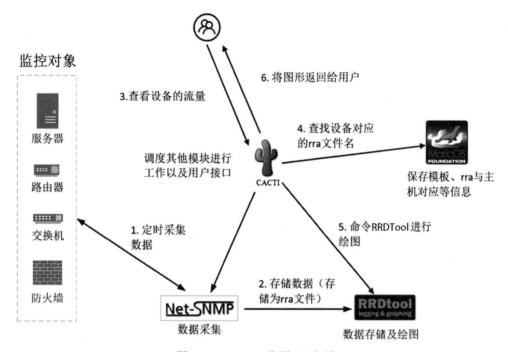

图 7-0-4　Cacti 工作原理及架构

当用户要查看某监控设备的监控数据时，通过浏览器访问 Cacti 程序，查看该监控设备的图形。Cacti 程序根据监控设备名查询 MariaDB（或 MySQL）数据库，找到该设备名对应的 rra 文件。然后，Cacti 命令 RRDTool 程序根据 rra 文件中的监控数据绘图，然后将 RRDTool 绘制的图形返回给用户浏览器，用户在图形中看到该设备的监控图形。

4. Zabbix 介绍

（1）定义。Zabbix 是一个基于 Web 的提供分布式系统监控以及网络监控功能的企业级开源软件。

（2）监控方式。

1）Agent。通过专用的代理程序进行监控，与常见的 master/agent 模型类似，如果被监控对象支持对应的 agent，推荐首选这种方式。

在 Agent 监控方式下，Zabbix-agent 会主动收集本机的监控信息并通过 TCP 协议与 Zabbix-server 传递信息。Agent 监控方式分为主动和被动模式。在被动模式下，Zabbix-agent 监听 10050 端口，等待 Zabbix-server 的监控信息收集信息请求；在主动模式下，Zabbix-agent 收集监控信息并主动将数据通过 Zabbix-server 监听的 10051 端口传给 Zabbix-server。

2）SNMP。通过 SNMP 协议对被监控对象进行监控，针对无法安装 Agent 的被监控对象可使用此方式，如路由器、交换机等设备。Zabbix 同时支持 SNMP 的主动轮询和被动捕获两种方式。

3）IPMI。使用 IPMI 协议，通过标准的 IPMI 硬件接口，监测被监控对象的物理特征，比如电压、温度、风扇状态、电源状态等。

4）JMX。通过 JMX（Java Management Extensions，即 Java 管理扩展）进行监控，JMX 是 Java 平台为应用程序、设备、系统等植入管理功能的框架。监控 JVM 虚拟机时，可使用此方法。

（3）系统架构。Zabbix 同时支持集中式和分布式监控，如图 7-0-5 所示。Zabbix sever 直接采集并处理监控对象的监控数据，这种方式是集中式监控；把成千上万台的被监控对象分成不同的区域，每个区域中设置一台代理主机（Zabbix proxy），由 Zabbix proxy 采集本区域监控对象的监控数据，然后，再将收集到的信息统一提交给 Zabbix server 处理，这种方式是分布式监控。在分布式监控中，Zabbix proxy 分摊了 Zabbix server 的压力，同时还能够通过统一的监控入口，监控所有的对象。

Zabbix server 会将处理好的监控数据存入数据库（即 Zabbix database），在本书中，Zabbix database 用的是 MariaDB 数据库。

当用户查看被监控对象的监控数据时，Zabbix web 访问数据库查询被监控对象的采集数据，然后根据查询的数据画图，并将图形返回给用户。

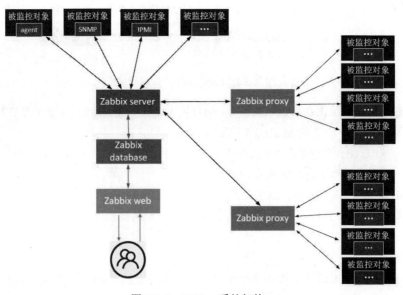

图 7-0-5　Zabbix 系统架构

# 任务一　基于开源软件 Cacti 建设运维监控系统

## 【任务介绍】

在 VirtualBox 中创建 Cacti 服务器，并部署到园区网，监控全网设备。

## 【任务目标】

1. 完成 Cacti 服务器的创建与部署。
2. 完成 Cacti 运维监控系统的安装。
3. 使用 Cacti 运维监控系统监控全网。

## 【操作步骤】

**步骤 1**：创建 Cacti 服务器。

克隆项目四中 CentOS 8 虚拟机，创建 Cacti 服务器，虚拟机名称为 Cacti。将虚拟机 Cacti 网卡 1 的网络连接方式设置为"仅主机（Host-Only）网络"，并在【界面名称】中选择不同的虚拟网络适配器，这里使用的是【VirtualBox Host-Only Ethernet Adapter #7】，如图 7-1-1 所示；为使虚拟机与宿主机互通，并使其可访问互联网，启用网卡 2，连接方式设置为"桥接网卡"，并在【界面名称】中选择宿主机使用的网卡，如图 7-1-2 所示。

图 7-1-1　将网卡 1 设为仅主机网络

图 7-1-2　启用网卡 2 并设置为桥接

设置网卡 2 的网络，暂时不设置网卡 1 的网络。在宿主机所在局域网的网段中找到一个未使用的 IP 地址，配置给网卡 2，使其与宿主机在同一局域网中。本实验中的网卡 2 设置为：

```
BOOTPROTO=static
IPADDR=172.20.1.201
NETMASK=255.255.255.0
GATEWAY=172.20.1.1
DNS1=8.8.8.8
```

**步骤2**：在线安装 Cacti 依赖包。

Cacti 要求在操作系统上安装以下软件：

- 支持 PHP 的 Web 服务器，例如 Apache、Nginx 或 IIS
- RRDtool 1.3 或更高版本，推荐 1.5+。
- PHP 5.4 或更高版本，推荐 5.5+。
- MySQL 5.6 或 MariaDB 5.5 或更高版本。

本书选用 Apache 作为 Web 服务器，因此要安装的软件包有：

- **httpd**：Apache HTTP Server 程序。
- **mariadb-server**：MariaDB 数据库服务器程序。
- **php**：PHP 程序。
- **rrdtool**：绘图引擎，其向 RRD 数据库存储数据、从 RRD 数据库中提取数据。

Cacti 所需的 PHP 模块有：

- ctype, date, filter, gettext, gd, gmp
- hash, json, ldap, mbstring, openssl, pcre
- PDO, pdo_mysql, session, simplexml, sockets, spl
- standard, xml, zlib
- posix
- snmp

PHP 的 ctpe、date、filter、gettext、hash、openssl、pcre、session、sockets、spl、standard、zlib 模块都已经集成到了 php-common 包，而 php-common 是 php 的依赖包；PHP 的 pdo_mysql 模块在 php-mysqlnd 包中，php-pdo 是 php-mysqlnd 的依赖包；PHP 的 simplexml 模块在 php-xml 包中，posix 模块在 php-process 包中，php-xml 和 php-process 是 php-pear 依赖包；php-snmp 包依赖于 net-snmp。

Cacti 需要安装的 PHP 模块包有：

- **php-gd**：用于使用 gd 图形库的 PHP 应用程序模块。
- **php-gmp**：用于使用 GNUMP 库的 PHP 应用程序模块。
- **php-json**：用于 PHP 的 JavaScript 对象表示法扩展。
- **php-ldap**：用于使用 LDAP 的 PHP 应用程序的模块。
- **php-mbstring**：需要多字节字符串处理的 PHP 应用程序模块。
- **php-mysqlnd**：使用 MySQL 数据库的 PHP 应用程序模块。
- **php-pdo**：PHP 应用程序的数据库访问抽象模块。
- **php-xml**：使用 XML 的 PHP 应用程序模块。
- **php-process**：使用系统进程接口的 PHP 脚本模块。
- **php-snmp**：查询 SNMP 管理设备的 PHP 应用程序模块。
- **php-bcmath**：用于使用 bcmath 库的 PHP 应用程序模块。其中，bcmath 是高精确数学函数库。

- **php-intl**：PHP 应用程序的国际化扩展。
- **php-pear**：PHP 扩展和应用程序存储库框架。
- **php-pecl-zip**：ZIP 档案管理扩展。

SNMP 用于查询大多数设备的信息，因此需要安装 SNMP 软件包：

- **net-snmp**：是一个免费、开源的 SNMP 实现。
- **net-snmp-utils**：使用 SNMP 的网络管理实用程序，来自 NET-SNMP 项目。

安装依赖包的命令如下：

```
[root@VM-CentOS ~]# yum -y install httpd mariadb-server php rrdtool \
> php-gd php-gmp php-json php-ldap php-mbstring php-mysqlnd php-snmp \
> php-pear php-bcmath php-intl php-pear php-pecl-zip net-snmp-utils
```

> 由于单行指令太长，不方便输入。因此，添加了"\"+"Enter"实现命令换行。
>
> [root@VM-CentOS ~]#是第一层 shell 命令提示符，>是第二层命令提示符。有些命令不能在一行内输入完成，需要换行，这个时候就会看到第二层命令提示符。
>
> 由于命令太长，对命令进行了简写，如：php-pear 依赖于 php-xml 和 php-process，要安装 php-pear 必须先安装 php-xml 和 php-process，因为 yum 会自动安装依赖包，因此在命令中省略了 php-xml 和 php-process。

**步骤 3**：获取并安装 Cacti 软件。

Cacti 官方的安装教程：https://docs.cacti.net/Install-Under-CentOS_LAMP.md。

（1）安装 wget 软件包。wget 是 Linux 中的一个下载文件的工具，支持通过 HTTP、HTTPS、FTP 三个最常见的 TCP/IP 协议下载，并可以使用 HTTP 代理。

```
[root@VM-CentOS ~]# yum install -y wget
```

（2）下载 Cacti 软件包。通过 wget 工具从 Cacti 的官方网站中下载 Cacti 软件包。

```
[root@VM-CentOS ~]# wget https://www.cacti.net/downloads/cacti-1.2.16.tar.gz
```

> 本步骤为在线安装 Cacti，后续可能因为 Cacti 版本升级或其他原因致使下载路径变动而导致下载失败。读者可从 Cacti 官网下载最新软件包，上传 Cacti 服务器上进行系统安装。

（3）安装 tar 软件包。tar 是 UNIX 和类 UNIX 系统上的压缩打包工具，可以将多个文件合并为一个文件，打包后的文件后缀亦为"tar"。tar 代表未压缩的 tar 文件，已压缩的 tar 文件则附加压缩文件的扩展名，如经过 gzip 压缩后的 tar 文件，扩展名为".tar.gz"。

```
[root@VM-CentOS ~]# yum install -y tar
```

（4）解压 Cacti 软件包。使用 tar 将获取的 Cacti 软件包解压至/var/www 目录，并将其重命名为 cacti。

```
[root@VM-CentOS ~]# tar zxf cacti-1.2.16.tar.gz -C /var/www/
```

```
[root@VM-CentOS ~]# mv /var/www/cacti-1.2.16 /var/www/cacti
```

（5）设置 cacti 目录权限。将 cacti 目录/var/www/cacti 及其所有子文件的属主与属组设置为apache。并将 cacti 目录及其所有子文件的权限设置为 755，即属主有读、写、执行权限，属组和其他用户有读、写权限。确保 Cacti 能够正常运行。

```
[root@VM-CentOS ~]# chown -R apache:apache /var/www/cacti
[root@VM-CentOS ~]# chmod -R 755 /var/www/cacti
```

**步骤 4**：配置 Cacti 运行环境。

（1）为 PHP 设置时区。

备份 PHP 配置文件：

```
[root@VM-CentOS ~]# cp -p /etc/php.ini /etc/php.ini.bak
```

修改 PHP 配置文件，设置时区：

```
[root@VM-CentOS ~]# vi /etc/php.ini

[Date]
; Defines the default timezone used by the date functions
; http://php.net/date.timezone
;date.timezone =
date.timezone = "Asia/Shanghai"
……
```

提醒　　php.ini 配置文件内容较多，可在命令模式使用 "/date.timezone" 查找字符串，将时区设置为 "Asia/Shanghai"。

在 php.ini 配置文件中，;是注释符。

（2）配置 MariaDB。

备份 MariaDB 配置文件：

```
[root@VM-CentOS ~]# cp /etc/my.cnf.d/mariadb-server.cnf \
> /etc/my.cnf.d/mariadb-server.cnf.bak
```

修改 MariaDB 配置文件，进行基本配置：

```
[root@VM-CentOS ~]# vi /etc/my.cnf.d/mariadb-server.cnf
……
[mariadb]
character-set-server=utf8mb4
collation-server=utf8mb4_unicode_ci
innodb_file_format = Barracuda
max_allowed_packet = 16M
#允许最大接收数据包的大小，防止服务器发送过大的数据包
join_buffer_size = 32M
```

**innodb_file_per_table = ON**
# 启用 InnoDB

**innodb_large_prefix = 1**

**innodb_buffer_pool_size = 250M**
#InnoDB 存储引擎的核心参数，默认为 128KB，这个参数要设置为物理内存的 60%～70%

**innodb_flush_log_at_trx_commit = 2**
#该选项决定着什么时候把日志信息写入日志文件以及什么时候把这些文件物理地写到硬盘上。设置值 2，即每执行完一条 COMMIT 命令写一次日志，每隔一秒进行一次同步

| | |
|---|---|
| **log-error** | **= /var/log/mariadb/mariadb-error.log** |
| **log-queries-not-using-indexes** | **= 1** |
| **slow-query-log** | **= 1** |
| **slow-query-log-file** | **= /var/log/mariadb/mariadb-slow.log** |

（3）启动 MariaDB 并设置开机自启。

```
[root@VM-CentOS ~]# systemctl start mariadb
[root@VM-CentOS ~]# systemctl enable mariadb
```

（4）设置数据库 root 用户的密码。mysqladmin 是一个执行管理操作的客户端程序，它可以设置用户密码。新安装的 MariaDB 数据库没有密码，将 root 用户的密码设置为：cacti@root。

```
[root@VM-CentOS ~]# mysqladmin -uroot password cacti@root
```

 提醒　　自行设置密码，注意密码保存和密码安全。

（5）设置数据库的时区。mysql_tzinfo_to_sql 程序用于将时区表加载到数据库 MariaDB 中。mysql_tzinfo_to_sql 读取系统的时区文件并从中生成 SQL 语句。MariaDB 处理这些语句以加载时区表。

```
[root@VM-CentOS ~]# mysql_tzinfo_to_sql /usr/share/zoneinfo/Asia/Shanghai \
> Shanghai | mysql -uroot -pcacti@root mysql
```

（6）创建 Cacti 所需数据库，并导入初始数据表。

```
[root@VM-CentOS ~]# mysql -uroot -pcacti@root
MariaDB [(none)]> create database db_cacti;
#创建数据库 db_cacti
MariaDB [(none)]> use db_cacti;
#使用数据库 db_cacti
MariaDB [db_cacti]> source /var/www/cacti/cacti.sql;
#在 db_cacti 数据库中，导入初始模式和数据
 MariaDB [db_cacti]> grant all on db_cacti.* to 'cacti'@'localhost' identified by 'mariadb@cacti';
#创建用户 cacti，用户的远程访问权限为 localhost，即只有在本地能够使用用户 cacti 访问数据库
#用户密码设置为 mariadb@cacti，并将数据库 db_cacti 所有表的权限赋予它
MariaDB [db_cacti]> grant select on mysql.time_zone_name to 'cacti'@'localhost';
#将数据库 mysql 的 time_zone_name 表的查询权限赋予用户 cacti，远程访问权限为 localhost
MariaDB [db_cacti]> flush privileges;
```

```
#刷新系统权限相关表
MariaDB [db_cacti]> alter database db_cacti character set utf8mb4 collate utf8mb4_unicode_ci;
#设置数据库 db_cacti 的字符集设置为 utf8mb4，排序规则设置为 utf8mb4_unicode_ci
MariaDB [db_cacti]> exit;
```

（7）配置 Apache HTTP Server。

备份 apache 配置文件：

```
[root@VM-CentOS ~]# cp /etc/httpd/conf/httpd.conf /etc/httpd/conf/httpd.conf.bak
```

修改 apache 配置文件：

```
[root@VM-CentOS ~]# vi /etc/httpd/conf/httpd.conf
#httpd.conf 配置文件内容较多，可在命令模式用键盘输入 "/<pattern>" 使用正则表达式查找字符串
#将文档根目录（DocumentRoot）修改为 Cacti 目录/var/www/cacti
#将<Directory /var/www/html>指令的目录/var/www/html 改为 Cacti 目录/var/www/cacti

DocumentRoot "/var/www/cacti"
……
<Directory "/var/www/cacti">
    Options Indexes FollowSymLinks
    AllowOverride None
    Require all granted
</Directory>
```

（8）启动 HTTPD 并设置开机自启。

```
[root@VM-CentOS ~]# systemctl start httpd
[root@VM-CentOS ~]# systemctl enable httpd
```

（9）配置 Cacti。

备份 Cacti 配置文件：

```
[root@VM-CentOS ~]# cp /var/www/cacti/include/config.php \
> /var/www/cacti/include/config.php.bak
```

配置 Cacti，设置 Cacti 的默认数据库为 db_cacti；设置 Cacti 登录数据库 db_cacti 的用户为 cacti，所用密码为 mariadb@cacti；设置 Cacti 的 URL 访问路径为 "/"。

```
[root@VM-CentOS ~]# vi /var/www/cacti/include/config.php
//只需设置如下变量值，其余使用默认值即可

$database_default   = 'db_cacti';
//设置 Cacti 的默认数据库为 db_cacti
$database_username = 'cacti';
//设置 Cacti 登录默认数据库的用户为 cacti
$database_password = 'mariadb@cacti';
//设置 Cacti 数据库用户的密码为 mariadb@cacti
$url_path = '/';
```

//设置 Cacti 的 URL 访问路径由"/cacti/"改为"/"

（10）创建监控数据采集的任务计划。

```
[root@VM-CentOS ~]# echo '*/5 * * * * root php /var/www/cacti/poller.php 2> /dev/null' \
> > /etc/cron.d/cacti
```

> **提醒**
>
> 　　该命令的第 2 行有两个">"，第一个">"不是命令的一部分，而是第二层提示符；第二个">"是命令的一部分，表示文件重定向。
>
> 　　计划任务中的前 5 个字段"*/5 * * * *"分别表示：分钟，小时，天，月，周。*是通配符，表示匹配所有，*/5 表示以 5 为周期循环。该任务计划的含义是：在所有周，所有月，所有天，所有小时的每 5 分钟使用 root 用户执行一次命令"php /var/www/cacti/poller.php"。
>
> 　　poller.php 脚本文件，用于轮询执行采集监控数据。
>
> 　　数据采集的定时任务如果不设置，Cacti 将采集不到监控数据。
>
> 　　Cacti 将采集到的监控数据存放到 rra 目录下的 rrd 文件中。

**步骤 5**：配置防火墙并关闭 SELinux。

（1）配置防火墙。Cacti 默认使用 http 对外提供服务，需要防火墙开放 http 协议，以便用户能够远程访问 Cacti。

```
[root@VM-CentOS ~]# firewall-cmd --add-service=http --permanent
#在防火墙规则文件中添加开放 http 协议的规则
[root@VM-CentOS ~]# firewall-cmd --reload
#firewalld 防火墙重新加载规则文件
```

（2）关闭 SELinux。SELinux 默认规则会阻止 Cacti 部分命令的执行，导致 Cacti 运行异常，因此需要修改 SELinux 规则，保证 Cacti 正常运行。由于 SELinux 规则异常复杂，且不是本章重点，因此这里关闭 SELinux 功能，保证 Cacti 能够正常运行。

```
#临时关闭 SELinux，系统重启后失效
[root@VM-CentOS ~]# setenforce 0
#永久关闭 SELinux
[root@VM-CentOS ~]# sed -i   '/SELINUX=enforcing/s/enforcing/disabled/' \
> /etc/selinux/config
```

**步骤 6**：Cacti Web 安装。

（1）访问 Cacti。用浏览器访问 Cacti，URL 为 http://<ip-add>，此处为 http://172.20.1.210。

（2）初始登录 Cacti 并更改密码。Cacti 监控系统的初始用户和密码都是 admin，初始登录之后会强制要求更改密码，如图 7-1-3 所示。

**密码要求包括**：必须至少有 8 个字符的长度、必须包含至少 1 个数字、必须包含至少 1 个特殊字符、必须包含小写字母和大写字母的混合形式；此处将密码更新为 Cacti@123。

（3）许可协议。更改密码之后，进入安装向导。选择语言为 Chinese（China），接受许可协议，如图 7-1-4 所示。

 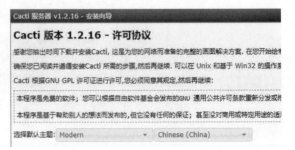

图 7-1-3　更改密码　　　　　　　　　　　　　　图 7-1-4　许可协议

（4）预安装检查。单击【开始】按钮，进入预安装检查，如图 7-1-5 所示。

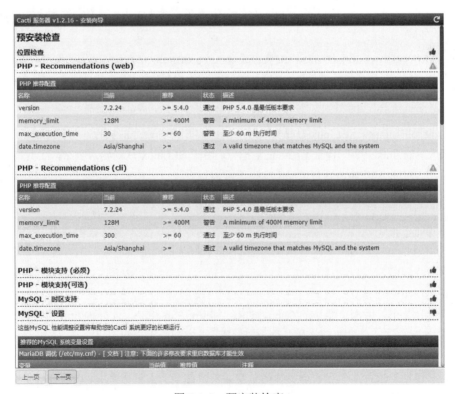

图 7-1-5　预安装检查

（5）根据预安装检查中的提示，优化服务器配置。

1）根据推荐配置调优 PHP。

```
[root@VM-CentOS ~]# vi /etc/php.ini
memory_limit = 400M
#脚本可能消耗的最大内存量，推荐值为>=400M
max_execution_time   = 60
#每个脚本的最大执行时间（秒），推荐值为>=60
```

2）根据推荐配置调优 MariaDB。

```
[root@VM-CentOS ~]# vi /etc/my.cnf.d/mariadb-server.cnf
#在配置文件 mariadb-server.cnf 的[mariadb]组下添加以下配置
innodb_flush_log_at_timeout = 3
#推荐值>=3
innodb_read_io_threads = 32
#推荐值>=32
innodb_write_io_threads = 16
#推荐值>=16
innodb_buffer_pool_instances = 3
#推荐值>=3，该值只有在 innodb_buffer_pool_size 值大于 1G 时才生效
innodb_io_capacity = 5000
#推荐值>=5000
innodb_io_capacity_max = 10000
#推荐值>=10000
```

3）重启服务。

```
[root@VM-CentOS ~]# systemctl restart httpd mariadb
[root@VM-CentOS ~]# read < <(awk '{print $2}' < <(grep master < <(grep php-fpm \
> < <(ps aux))))
#获取 php-fpm 的 master 进程的 pid，由 read 命令将该 pid 存入默认变量 REPLY
#该命令第二行的 ">" 是第二层提示符，不属于命令的一部分
#<()是进程替换
[root@VM-CentOS ~]# kill -USR2 $REPLY
#重启 php-fpm。master 进程可以理解信号 USR2，即平滑重载所有 worker 进程并重新载入配置和
#二进制模块
```

（6）选择安装类型。单击【下一页】按钮，进入安装类型选择。选择【新的主要服务器】，查看本地数据库连接信息，确认无误单击【下一页】，如图 7-1-6 所示。

（7）目录权限检查。单击【下一页】按钮，进入目录权限检查，如图 7-1-7 所示。如果目录权限检查有警告或错误，根据提示修改对应目录权限。

（8）设置关键的可执行程序位置和版本。单击【下一页】按钮，设置关键的可执行程序位置和版本，使用默认值即可，如图 7-1-8 所示。

（9）输入验证白名单保护。单击【下一页】按钮，进入 Input Validation Whitelist Protection（输入验证白名单保护），如图 7-1-9 所示。

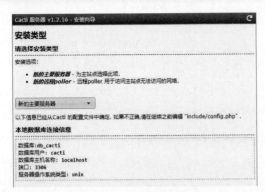

图 7-1-6　安装类型

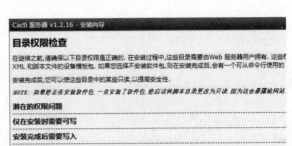

图 7-1-7　目录权限检查

图 7-1-8　关键的可执行程序位置和版本

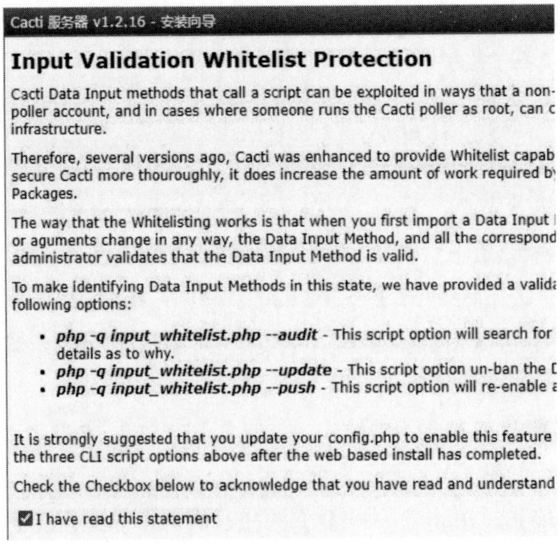

项目七

图 7-1-9　输入验证白名单保护

（10）默认配置文件。使用默认值即可，如图 7-1-10 所示。

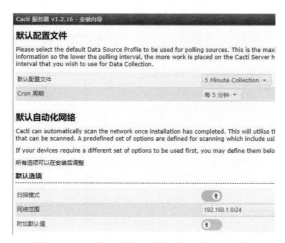

图 7-1-10　默认配置文件与默认自动化网络

（11）模板设置。使用默认即可，如图 7-1-11 所示。

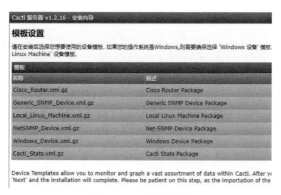

图 7-1-11　模板设置

（12）服务器排序与数据库排序。查看服务器排序和数据库排序是否符号标准，如图 7-1-12 所示。

（13）确认安装。确认安装如图 7-1-13 所示。

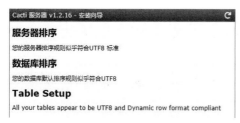

图 7-1-12　显示排序

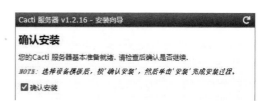

图 7-1-13　确认安装

单击图 7-1-13 下方的【安装】按钮,开始安装,当出现如图 7-1-14 所示页面,表示安装已经完成,单击【开始使用】按钮,开始使用 Cacti 监控系统。

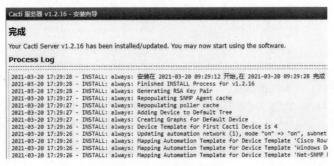

图 7-1-14　安装完成

**步骤 7**:将 Cacti 服务器部署到园区网。

(1)配置网卡 2。将网卡 2 的默认网关和 DNS 去掉。网络配置如下:

> **BOOTPROTO=static**
> IPADDR=172.20.1.201
> NETMASK=255.255.255.0

(2)配置网卡 1。按表 7-0-3 的规划,通过修改网卡配置文件,网络配置如下:

> **BOOTPROTO=static**
> IPADDR=172.16.65.11
> NETMASK=255.255.255.0
> GATEWAY=172.16.65.254
> DNS1=172.16.64.10

(3)在 eNSP 中添加并设置 Cloud 设备。在 eNSP 中添加 1 个 Cloud 设备,并与 Cacti 服务器所应用的虚拟网卡绑定,如图 7-1-15 所示。

图 7-1-15　Cacti 的 Cloud 设备设置

（4）将 Cacti 部署到园区网中。按照本项目【拓扑规划】，在 eNSP 中通过 Cloud 设备将 Cacti 服务器部署到园区网，如图 7-1-16 所示。

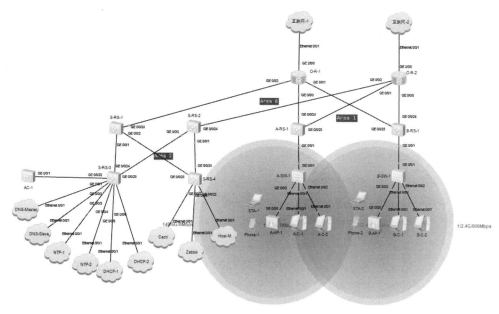

图 7-1-16　网络拓扑图

（5）配置路由交换机 S-RS-4 接口。由于 Cacti 接入到路由交换机 S-RS-4 的 GE0/0/7 接口，按照本项目【网络规划】中的表 7-0-2，对 GE 0/0/7 接口进行配置。

```
<S-RS-4>system-view
[S-RS-4]interface GigabitEthernet 0/0/7
[S-RS-4-GigabitEthernet0/0/7]port link-type access
[S-RS-4-GigabitEthernet0/0/7]port default vlan 12
[S-RS-4-GigabitEthernet0/0/7]quit
[S-RS-4]quit
<S-RS-4>save
<S-RS-4>
```

（6）接入效果测试。使用 Ping 命令测试 Cacti 服务器与网关（172.16.65.254）的通信，若可正常访问，说明 Cacti 服务器已正确接入园区网。

　　通过云设备（cloud）接入虚拟机时，由于 eNSP 的问题，有时原本已经配置好的云设备（cloud）可能会失效，例如读者在前一天配置好的接入互联网或者 DHCP 服务，在第二天开机继续做实验时，突然出现互联网无法接入或 DHCP 无法访问的情况，此时可尝试将相应的云设备（cloud）删掉，重新接入一个 cloud 设备，再按照原有的配置对该 cloud 设备重新设置一遍，重新连接后，故障即可解决。

# 任务二　使用 Cacti 监控园区网通信

## 【任务介绍】

本任务通过在园区网内部的服务器和网络设备上安装配置 SNMP Agent 服务，使用 Cacti 监控园区网通信。

## 【任务目标】

1. 完成园区网服务器的 SNMP 安装配置。
2. 完成对园区网网络设备的 SNMP 配置。
3. 完成园区网服务器和网络设备的监控，实现全网通信监测。

## 【操作步骤】

**步骤 1：** 在 DNS-Master 服务器上安装并配置 SNMP。

DNS-Master 是园区网内部原有服务器，需要安装并配置 SNMP 从而实现被 Cacti 监控。

（1）在线安装 SNMP。

```
[root@VM-CentOS ~]# yum -y install net-snmp
```

提醒

由于此处 DNS-Master 是以静态地址形式接入到园区网，并且需要在线安装 SNMP 程序，所以必须保证 DNS-Master 中配置了本地 DNS 地址，读者可自行查看。

若没有配置本地 DNS 地址，可在网卡配置文件（/etc/sysconfig/network-scripts/ifcfg-enp0s3）中添加本地 DNS 配置语句，例如 DNS1=114.114.114.114。注意需要重启网卡服务使配置生效。

（2）配置 SNMP 共同体名和视图。SNMPv1 和 SNMPv2 都使用共同体名（community）来进行身份鉴别，并确定其权限范围。视图（MIB view）用于 SNMP 的访问控制，确定用户对 MIB 的访问权限。一个 MIB view 就是一颗 OID 子树。

```
[root@VM-CentOS ~]# vi /etc/snmp/snmpd.conf


com2sec notConfigUser   default         monitor
#配置文件 snmpd.conf 中的共同体名默认为 public
#本实验中，我们将共同体名设置为 monitor，读者也可自行设置


view    systemview    included    .1.3.6.1
#添加 MIB 视图.1.3.6.1，该视图是 Internet 子树
#以下两个 MIB 视图是默认视图，它们的访问权限不足，无法获取网络接口信息
```

| view | systemview | included | .1.3.6.1.2.1.1 |
| --- | --- | --- | --- |
| view | systemview | included | .1.3.6.1.2.1.25.1.1 |

（3）配置 SNMPv3 用户既认证又加密。v3 版本的 SNMP 协议是最新的协议版本，它比 v2 版本更加安全。SNMPv2 适用于安全的网络环境，如公司内网；SNMPv3 适用于不安全的网络环境，如公网。在 CentOS 中使用 SNMPv3 需要使用 net-snmp-create-v3-user 命令创建 SNMPv3 用户，并设置认证和加密等安全配置。

```
[root@VM-CentOS ~]# net-snmp-create-v3-user -ro -A authMonitor -a MD5 \
> -X privMonitor -x DES admin
adding the following line to /var/lib/net-snmp/snmpd.conf:
    createUser admin MD5 "authMonitor" DES "privMonitor"
adding the following line to /etc/snm    p/snmpd.conf:
    rouser admin
```

提醒

　　由 SNMPv1 和 SNMPv2 只使用团体名进行简单的身份鉴别，安全性差，适用于在安全的网络环境使用。建议在网络安全风险高的网络中使用 SNMPv3，它提供了认证和加密功能，适用于各种网络环境。

　　共同体名有只读（readonly）和可写（write）两种模式，用于监控的 SNMP 共同体名只需使用只读模式。

　　本书只使用了 v2 版本，未使用 v3 版本。

　　net-snmp-create-v3-user 参数说明：

- –ro：只读模式；
- –A authMonitor：设置认证密码为 authMonitor；
- –a MD5：设置认证算法为 MD5；
- –X privMonitor：设置加密密码为 privMonitor；
- –x DES：设置加密算法为 DES；
- admin：用户名。

（4）启动 snmpd 服务并设置开机自启。

```
[root@VM-CentOS ~]# systemctl start snmpd
[root@VM-CentOS ~]# systemctl enable snmpd
```

（5）设置防火墙。启动 SNMP 服务之后，需要防火墙开发 UDP 161 端口，Cacti 才能访问 SNMP Agent，通过 Agent 获取服务器信息，对服务器的运行情况进行监控。

```
[root@VM-CentOS ~]# firewall-cmd --add-port=161/udp --permanent
[root@VM-CentOS ~]# firewall-cmd --reload
```

**步骤 2**：在其他服务器上安装并配置 SNMP。

参照本任务的步骤 1，完成 DNS-Slave、NTP-1、NTP-2、DHCP-1、DHCP-2、Cacti 的 SNMP 配置，此处略。

步骤 3：在交换机 S-RS-4 上配置 SNMP。

（1）配置 SNMP 共同体名。

```
<S-RS-4>system-view
[S-RS-4]snmp-agent sys-info version all
#启用 SNMP 所有版本
[S-RS-4]snmp-agent community read monitor
#设置只读共同体名 monitor
[S-RS-4]quit
< S-RS-4>save
#保存配置
< S-RS-4>
```

对网络设备进行通信监控只需要使用默认视图，如需监控设备更多资源对象可使用 snmp-agent mib-view 命令自定义设置视图。

设备支持对 SNMP 进行 acl 访问控制，可在配置共同体名的同时进行访问控制配置，提升网络安全设置。

（2）查看配置的共同体名。

```
< S-RS-4>display snmp-agent community
    Community name:monitor
      Group name:monitor
      Storage-type: nonVolatile
```

（3）配置 SNMPv3 用户既认证又加密。

```
< S-RS-4>system-view
[S-RS-4]snmp-agent sys-info version all
#启用 SNMP 所有版本
[S-RS-4]snmp-agent group v3 adminGroup privacy
#创建 SNMPv3 组 adminGroup，组策略为既加密又认证
[S-RS-4]snmp-agent usm-user v3 admin adminGroup authentication-mode md5 authMonitor privacy-mode
des56 privMonitor
#创建 SNMPv3 用户 admin，该用户所在组为 adminGroup，设置认证算法使用 md5，
#认证密码为 authMonitor，设置加密算法使用 des56，加密密码为 privMonitor
[S-RS-4]quit
< S-RS-4>save
#保存配置
< S-RS-4>
```

对网络设备进行通信监控只需要使用默认视图，如需监控设备更多资源对象可使用 snmp-agent mib-view 命令自定义设置视图，然后应用于 SNMPv3 用户组。

设备支持对 SNMPv3 用户进行 acl 访问控制，可在配置共同体名的同时进行访问控制配置，提升网络安全设置。

（4）查看 SNMPv3 用户组和用户。

```
< S-RS-4>display snmp-agent group
    Group name: adminGroup
        Security model: v3 AuthPriv
        Readview: ViewDefault
        Writeview: <no specified>
        Notifyview :<no specified>
        Storage-type: nonvolatile

< S-RS-4>display snmp-agent usm-user
    User name: admin
        Engine ID: 800007DB034C1FCC6D76B6 active
```

**步骤 4：** 在无线控制器 AC-1 上配置 SNMP。

（1）配置 SNMP 共同体名。

```
<AC-1>system-view
[AC-1]snmp-agent sys-info version all
[AC-1]snmp-agent community complexity-check disable
#关闭共同体名复杂度检查
[AC-1]snmp-agent community read monitor
[AC-1]quit
<AC-1> save
```

 提醒

为保证安全，一般不建议关闭共同体名复杂度检查。
共同体名会以密文形式保存。

（2）查看配置的共同体。

```
<AC-1>display snmp-agent community read
    Community name: %^%#Q'H(MQcgx3WA1h#Xt'c&K>$|'Jk4k&*F/rDK@c+!%Ty:@avSn:C*p9<Io
K}Aw["hA\eL#~iWA$+ZRSy)%^%#
    Storage type: nonVolatile
    View name: ViewDefault

Total number is 1
```

（3）配置 SNMPv3 用户既认证又加密。

```
<AC-1>system-view
[AC-1]snmp-agent sys-info version all
[AC-1]snmp-agent group v3 adminGroup privacy
[AC-1]snmp-agent usm-user version v3 admin group adminGroup
[AC-1]snmp-agent usm-user version v3 admin authentication-mode md5
Please configure the authentication password (<8-64>)
Enter Password:
```

```
Confirm password:
    Info:MD5 and DES56 encryption algorithms are not secure enough. The more secu
re encryption algorithm SHA or AES128 is recommended.
[AC-1]snmp-agent usm-user version v3 admin privacy-mode des56
Please configure the privacy password (<8-64>)
Enter Password:
Confirm password:
    Info:MD5 and DES56 encryption algorithms are not secure enough. The more secure
  encryption algorithm SHA or AES128 is recommended.
[AC-1]quit
<AC-1>save
<AC-1>
```

（4）查看 SNMPv3 用户组和用户。

```
<AC-1>display snmp-agent group
   Group name: adminGroup
   Security model: v3 AuthPriv
   Readview: ViewDefault
   Writeview: <no specified>
   Notifyview: <no specified>
   Storage type: nonVolatile

   Total number is 1
```

```
<AC-1>display snmp-agent usm-user
   User name: admin
   Engine ID: 800007DB03000000000000
   Group name: adminGroup
   Authentication mode: md5, Privacy mode: des56
   Storage type: nonVolatile
   User status: active

   Total number is 1
```

**步骤 5**：在其他网络设备上配置 SNMP。

参照本任务的步骤 3，完成 B-SW-1、A-RS-1、B-RS-1、S-RS-1、S-RS-2、S-RS-3、S-RS-4、O-R-1、O-R-2 的 SNMP 配置，此处略。

**步骤 6**：在 Cacti 添加 DNS-Master 服务器监控。

（1）创建新设备。单击左侧菜单栏【创建】菜单弹出【新图形】和【新设备】两个子菜单。单击【新设备】菜单项，在新建设备页中填写设备基本选项、SNMP 选项、可用性/可达性选项，最后单击右下角的【创建】按钮，设备模板选择"Net-SNMP Device"，如图 7-2-1 所示。

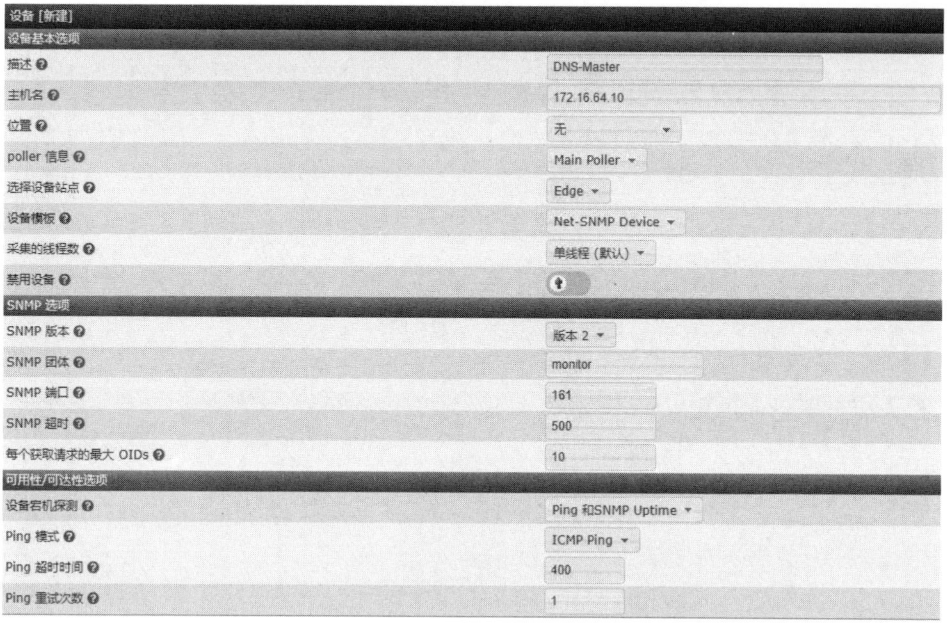

图 7-2-1　添加 DNS-Master 服务器监控

出现如图 7-2-2 所示信息时，说明 Ping 与 SNMP 测试成功，单击右下角的【保存】按钮保存创建的设备。

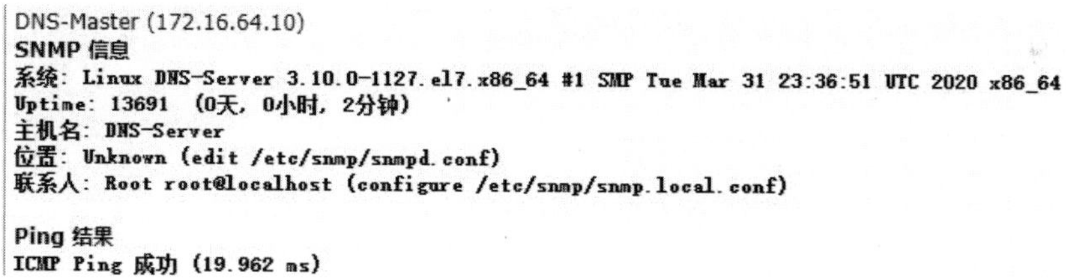

图 7-2-2　Ping 与 SNMP 测试成功

（2）创建新图形。单击右侧菜单栏【创建】菜单中的【新图形】菜单项，创建设备 DNS-Master 的新图形。在获取磁盘 I/O 中，共有 6 个项目。其中，sda 是 DNS 服务器的磁盘，sda1 和 sda2 是磁盘 sda 上的两个分区；sr0 是光盘；dm-0 和 dm-1 是 LVM 分区。本实验中，我们选择了 sda、sda1、sda2 三个项目创建图形，图形的类型是读/写速率（Reads/Writes），如图 7-2-3 所示。在挂载分区中，共有 11 个项目。其中，有内存 5 项，分别是物理内存、虚拟内存、内存缓冲区、缓存区以及共享内存；有磁盘分区 3 项，分别是根分区（/）、swap 分区和启动分区（/boot），单击右下角的【创建】按钮；还有 3 个基于内存的文件系统。网络接口统计中，有两个项目，lo 和 enp0s3，lo 是回环接口，enp0s3 是 DNS 服务的网卡接口。本实验中，我们只选择了 enp0s3 接口创建图形，图形类型是入站/出站单播包（In/Out Unicast），如图 7-2-4 所示。选择好要创建的图形后，单击【创建】按钮，创建新图形。

图 7-2-3　磁盘 I/O

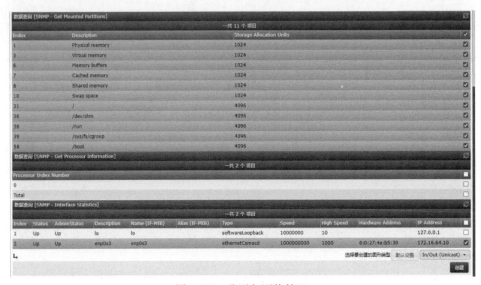

图 7-2-4　分区与网络接口

（3）将设备 DNS-Master 放到默认图形树上。单击左侧菜单栏【管理】菜单，单击弹出的【设备】菜单项，选择新添加的 DNS-Master 设备，在右下角的下拉菜单中选择【放在树上（Default Tree）】，如图 7-2-5 所示。单击【Go】按钮，在新页面选择目标分支，单击【继续】按钮，将 DNS-Master 设备放到默认图形树上。

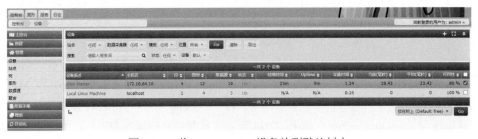

图 7-2-5　将 DNS-Master 设备放到默认树上

**步骤 7**：在 Cacti 添加其他服务器监控。

参照本任务的步骤 6，完成添加 DNS-Slave、NTP-1、NTP-2、DHCP-1、DHCP-2、Cacti 的服务器监控并放到默认图形树上，此处略。服务器添加完成后如图 7-2-6 所示。

| 设备描述 | 主机名 | ID | 图形 | 数据源 | 状态 | 持续时间 | Uptime | 采集时间 | 当前(毫秒) | 平均(毫秒) | 可用性 |
|---|---|---|---|---|---|---|---|---|---|---|---|
| Cacti | 172.16.65.16 | 8 | 31 | 38 | Up | 10m | 15m | 0.43 | 0.03 | 0.03 | 100 % |
| DHCP-1 | 172.16.64.14 | 6 | 30 | 37 | Up | 5m | 11m | 3.24 | 48.03 | 48.03 | 100 % |
| DHCP-2 | 172.16.64.15 | 7 | 30 | 37 | Up | 5m | 11m | 3.04 | 25.41 | 25.41 | 100 % |
| DNS-Master | 172.16.64.10 | 2 | 30 | 37 | Up | 15m | 16m | 6.36 | 37.53 | 37.82 | 100 % |
| DNS-Slave | 172.16.64.11 | 3 | 30 | 37 | Up | 10m | 16m | 6.22 | 27.52 | 39.04 | 100 % |
| NTP-1 | 172.16.64.12 | 4 | 30 | 37 | Up | 10m | 16m | 6.44 | 37.94 | 31.77 | 100 % |
| NTP-2 | 172.16.64.13 | 5 | 30 | 37 | Up | 10m | 16m | 2.9 | 27.71 | 27.01 | 100 % |

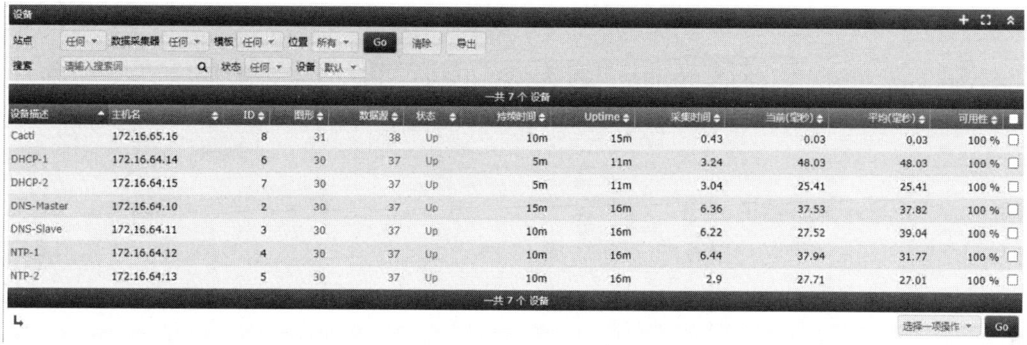

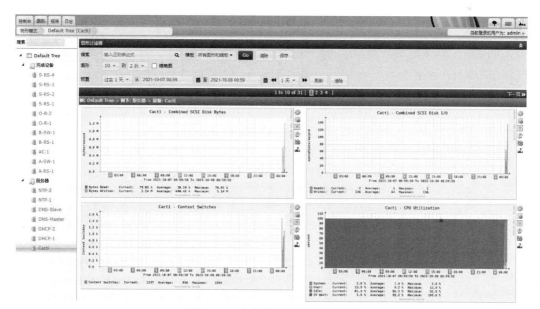

图 7-2-6　服务器监控列表

**步骤 8**：在 Cacti 添加网络设备监控。

Cacti 添加网络设备监控与添加服务器监控的步骤一致，所用模板也一致。添加监控时，使用网络设备的 loopback 地址，设备的 loopback 地址参见项目 3。

参照本任务的步骤 6，完成添加 A-SW-1、B-SW-1、A-RS-1、B-RS-1、S-RS-1、S-RS-2、S-RS-3、S-RS-4、O-R-1、O-R-2、AC-1 等网络设备监控，此处略。

所有设备监控添加完成后的图形树如图 7-2-7 所示。

图 7-2-7　全部监控对象的图形树

# 任务三　基于开源软件 Zabbix 建设运维监控服务

## 【任务介绍】

在 VirtualBox 中创建 Zabbix 服务器，并部署到园区网，监控全网设备。

## 【任务目标】

1．完成 Zabbix 服务器的创建。

2．完成 Zabbix 运维监控服务的安装。

3．将 Zabbix 部署到园区网。

## 【操作步骤】

**步骤 1：**创建 Zabbix 服务器。

克隆项目四中 VM-CentOS 虚拟机，创建 Zabbix 服务器，虚拟机名称为 Zabbix。将虚拟机 Zabbix 网卡 1 的网络连接方式设置为"仅主机（Host-Only）网络"，并在【界面名称】中选择不同的虚拟网络适配器，这里使用的是【VirtualBox Host-Only Ethernet Adapter #8】；为使虚拟机与宿主机互通，并使其可访问互联网，启用网卡 2，连接方式设置为"桥接网卡"，并在【界面名称】中选择宿主机使用的网卡。参考任务一的步骤 1。

设置网卡 2 的网络，暂时不设置网卡 1 的网络。本实验中 Zabbix 的网卡 2 设置为：

```
BOOTPROTO=static
IPADDR=172.20.1.202
NETMASK=255.255.255.0
GATEWAY=172.20.1.1
DNS1=8.8.8.8
```

**步骤 2：**在线安装 Zabbix 依赖包。

Zabbix 部署需依赖 LAMP 环境，安装 LAMP 环境操作命令如下：

```
[root@VM-CentOS ~]# yum -y install httpd php mariadb-server
#启动 httpd php mariadb-server，并为它们设置开机自启
[root@VM-CentOS ~]# systemctl start httpd mariadb
[root@VM-CentOS ~]# systemctl enable httpd mariadb
```

**步骤 3：**获取 Zabbix 官方 yum 源。

访问 Zabbix 官网（https://www.zabbix.com/），可查询在不同操作系统上安装不同版本 Zabbix 的方法。本次安装 Zabbix 的操作系统为 CentOS 8，Zabbix 版本选择 5.2。根据官方提供的安装方法，获取 Zabbix yum 源：

```
[root@VM-CentOS ~]# rpm -Uvh \
> https://repo.zabbix.com/zabbix/5.2/rhel/8/x86_64/zabbix-release-5.2-1.el8.noarch.rpm
```

```
#安装 rpm 包 zabbix-release，这个包用于配置 yum 源
[root@VM-CentOS ~]# dnf clean all
```

**步骤 4**：在线安装 Zabbix server、Web 端、agent。

```
[root@VM-CentOS ~]# dnf install -y zabbix-server-mysql zabbix-web-mysql \
> zabbix-apache-conf zabbix-agent
```

 **提醒**　　在 CentOS 8 中 yum 升级为了 dnf，dnf 向后兼容 yum。

**步骤 5**：配置 Zabbix。

（1）创建初始数据库。

```
[root@VM-CentOS ~]# mysqladmin -uroot password zabbix@root
#设置 MariaDB 数据库 root 密码为 zabbix@root
[root@VM-CentOS ~]# mysql -uroot -pzabbix@root
#连接数据库
MariaDB [(none)]> create database zabbix character set utf8 collate utf8_bin;
#创建数据库 zabbix，数据库字符编码为 utf8，排序规则为 utf8_bin
#数据库名读者可自定义
MariaDB [(none)]> create user zabbix@localhost identified by 'mariadb@zabbix';
#创建数据库用户 zabbix，远程访问权限为 localhost，即只能本地连接
#用户 zabbix 的密码设置为 mariadb@zabbix
MariaDB [(none)]> grant all privileges on zabbix.* to zabbix@localhost;
#将数据库 zabbix 的所有权限赋予用户 zabbix，远程访问权限为 localhost
#这里的数据库是之前我们创建的，如果不是 zabbix 请修改<数据库名>.*
MariaDB [(none)]> flush privileges;
MariaDB [(none)]> quit;
```

（2）导入初始表。

```
[root@VM-CentOS ~]# zcat /usr/share/doc/zabbix-server-mysql*/create.sql.gz | \
> mysql -uzabbix -pmariadb@zabbix zabbix
#解压 create.sql.gz 文件，并将其文件内容通过管道传输到 MariaDB 的数据库 zabbix 中执行
#连接到 MariaDB 的数据库 zabbix 的用户是 zabbix，其密码是 mariadb@zabbix
#这里的 zabbix 数据库为上一步骤创建的数据库，如果创建的数据库名不是 zabbix，请修改数据库名
```

（3）为 Zabbix server 配置数据库。

```
[root@VM-CentOS ~]# sed -i '/^#\ DBPassword/aDBPassword=mariadb@zabbix' \
> /etc/zabbix/zabbix_server.conf
#将 Zabbix 数据库的密码告知 Zabbix server
#如果之前为 Zabbix 创建的数据库名不是 zabbix，需要修改 zabbix_server.conf 配置文件的数据#名，执行
命令 "sed -i '/^DBName/s/zabbix/<数据库名>/' /etc/zabbix/zabbix_server.conf"
```

（4）关闭 SELinux。

```
[root@VM-CentOS ~]# setenforce 0
[root@VM-CentOS ~]# sed -i '/^SELINUX/s/enforcing/disabled/' /etc/selinux/config
```

（5）配置防火墙。

```
[root@VM-CentOS ~]# firewall-cmd --add-service=http --permanent
[root@VM-CentOS ~]# firewall-cmd --add-port=10051/tcp --permanent
[root@VM-CentOS ~]# firewall-cmd --reload
```

 提醒　　　Zabbix 前端需要开放 http 服务，Zabbix-server 服务默认监听 tcp 10051 端口。

**步骤 6：**启动 Zabbix server 和 agent。

```
[root@VM-CentOS ~]# systemctl restart zabbix-server zabbix-agent httpd
[root@VM-CentOS ~]# systemctl enable zabbix-server zabbix-agent
```

**步骤 7：**配置 Zabbix 前端。

（1）Zabbix 前端安装欢迎页面。Zabbix 前端的默认访问地址为：http://ip-addr/zabbix，本实验中访问地址为 http://172.20.1.202/zabbix。初次访问 Zabbix，会显示前端安装欢迎页面选择默认语言为中文，如图 7-3-1 所示，单击【下一步】。

图 7-3-1　Zabbix 前端安装欢迎页面

（2）必要条件检测。进入必要条件检测页面，查看检测项是否全部通过。如果有不通过的检测项，根据提示修改服务器配置，如图 7-3-2 所示。

图 7-3-2　必要条件检测

（3）配置 DB 连接。进入配置 DB 连接页面，根据之前创建的数据库、数据库用户和密码，在该页面中进行配置。本实验中，数据库名称为 zabbix，数据库用户名为 zabbix，密码为 mariadb@zabbix，其他信息可使用默认配置，如图 7-3-3 所示。

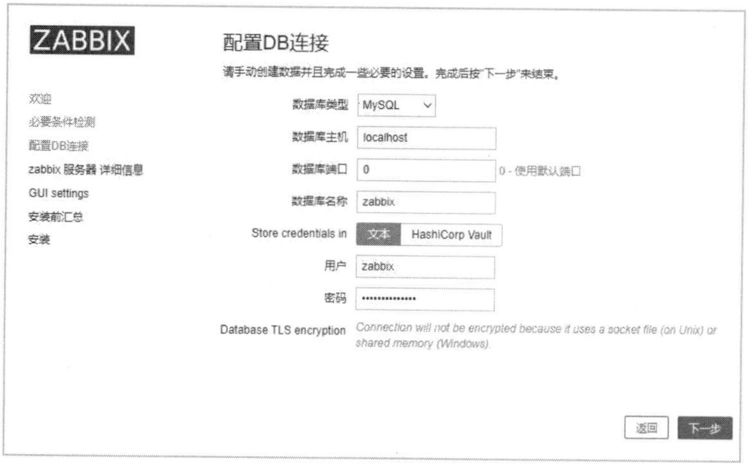

图 7-3-3　配置 DB 连接

（4）Zabbix 服务器详细信息。在本页面中可配置主机 IP 地址、Zabbix 服务器的端口号以及自定义系统名称，可使用默认信息。在本实验中，将安装的名称定义为 Zabbix，如图 7-3-4 所示。

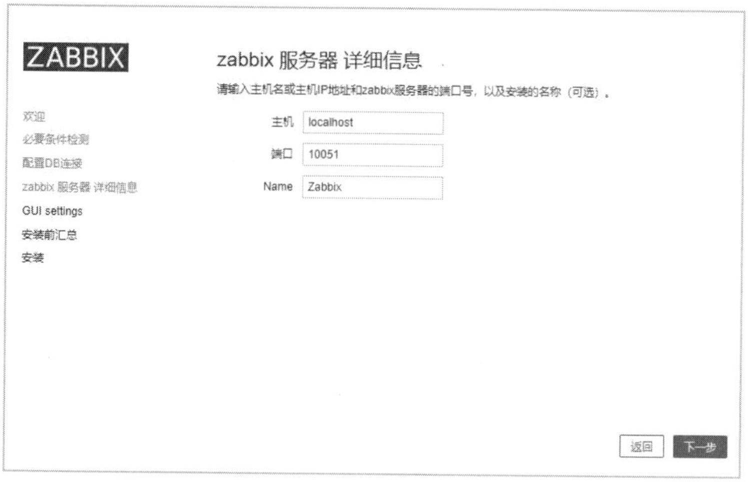

图 7-3-4　Zabbix 服务器详细信息

（5）GUI settings。选择时区为亚洲/上海（Asia/Shanghai），默认主题为蓝，如图 7-3-5 所示。

（6）安装前汇总。检查配置信息是否有误，无误则进行下一步，如图 7-3-6 所示。

（7）安装。进入最终的安装页面，完成 Zabbix 前端安装，如图 7-3-7 所示，单击【完成】，跳转至 Zabbix 登录页面。Zabbix 的默认账号密码为 Admin/zabbix，如图 7-3-8 所示。

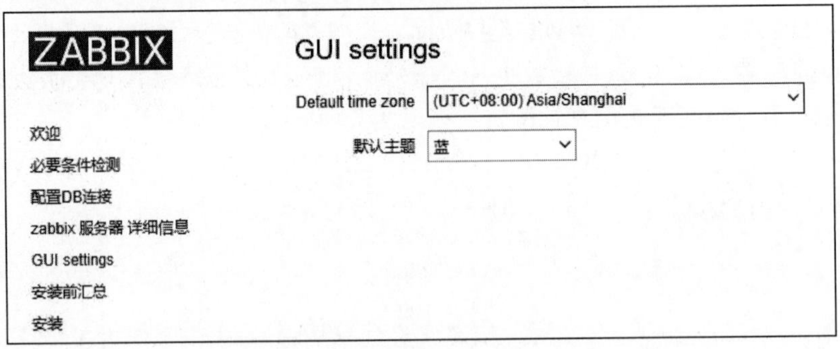

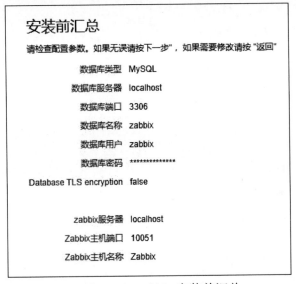

图 7-3-5　Zabbix GUI settings

图 7-3-6　Zabbix 安装前汇总

图 7-3-7　Zabbix 前端安装

图 7-3-8　Zabbix 登录

**步骤 8**: 将 Zabbix 服务器部署到园区网。

（1）配置网卡 2。将网卡 2 的默认网关和 DNS 去掉。网络配置如下：

**BOOTPROTO=static**
IPADDR=172.20.1.202
NETMASK=255.255.255.0

（2）配置网卡 1。按表 7-0-3 的规划，通过修改网卡配置文件，网络配置如下：

**BOOTPROTO=static**
IPADDR=172.16.65.12
NETMASK=255.255.255.0
GATEWAY=172.16.65.254
DNS1=172.16.64.10

（3）在 eNSP 中添加并设置 Cloud 设备。在 eNSP 中添加 1 个 Cloud 设备，并与 Zabbix 服务器所应用的虚拟网卡绑定，如图 7-3-9 所示。

图 7-3-9  Zabbix 的 Cloud 设备设置

（4）将 Zabbix 部署到园区网中。按照本项目【拓扑规划】，在 eNSP 中通过 Cloud 设备将 Zabbix 服务器部署到园区网，如本项目任务一图 7-1-16 所示。

（5）配置路由交换机 S-RS-4 接口。由于 Zabbix 接入到路由交换机 S-RS-4 的 GE 0/0/8 接口，按照本项目【网络规划】中的表 7-0-2，对 GE 0/0/8 接口进行配置。

```
< S-RS-4>system-view
[S-RS-4]interface GigabitEthernet 0/0/8
[S-RS-4-GigabitEthernet0/0/8]port link-type access
[S-RS-4-GigabitEthernet0/0/8]port default vlan 12
[S-RS-4-GigabitEthernet0/0/8]quit
```

```
[S-RS-4]quit
< S-RS-4>save
< S-RS-4>
```

（6）接入效果测试。使用 Ping 命令测试 Zabbix 服务器与网关（172.16.65.254）的通信，若可正常访问，说明 Zabbix 服务器已正确接入园区网。

# 任务四　使用 Zabbix 实现全网运行监控

## 【任务介绍】

本任务通过在园区网内部的服务器上安装配置 Zabbix agent，在网络设备上配置 SNMP 服务，使用 Zabbix 监控园区网全网设备运行状态。

## 【任务目标】

1．完成园区网服务器的 Zabbix agent 安装配置。
2．完成园区网服务器和网络设备的监控，实现全网通信监测。

## 【操作步骤】

步骤 1：在 DNS-Master 服务器上安装并配置 Zabbix agent。

DNS-Master 是园区网内部原有服务器，并在任务二中安装配置 SNMP 服务。Zabbix 既可以使用 SNMP 方式进行监控，也可以使用 agent 方式进行监控，不过在能使用 agent 的情况下优先使用 agent 进行监控。

（1）在线安装 Zabbix agent。

```
[root@VM-CentOS ~]# rpm -Uvh \
> http://repo.zabbix.com/zabbix/5.2/rhel/8/x86_64/zabbix-agent-5.2.7-1.el8.x86_64.rpm
```

（2）配置 Zabbix agent。

```
[root@VM-CentOS ~]# sed -i '/^Server=/s/127\.0\.0\.1/172\.16\.65\.17/' \
> /etc/zabbix/zabbix_agentd.conf
#设置在被动模式下 Zabbix server 的 IP 地址
#配置文件 zabbix_agentd.conf 中，Server 默认值为 127.0.0.1，需要将它改为 Zabbix server 的
#IP 地址。Server 的值是逗号分隔的 IP 地址列表（可选 CIDR 表示法）或 Zabbix 服务器和 Zabbix
#代理的 DNS 名称。该 Zabbix agent 将只接受来自此处列出的主机的传入连接
```

（3）配置防火墙。

```
[root@VM-CentOS ~]# firewall-cmd --add-port=10050/tcp --permanent
[root@VM-CentOS ~]# firewall-cmd –reload
```

项目七

提醒　　Zabbix-agent 服务默认监听 tcp 10050 端口。

（4）启动 agent 服务，并设置开机自启。

```
[root@VM-CentOS ~]# systemctl start zabbix-agent
[root@VM-CentOS ~]# systemctl enable zabbix-agent
```

**步骤 2**：在其他服务器上安装并配置 Zabbix agent。

参照本任务的步骤 1，完成 DNS-Slave、NTP-1、NTP-2、DHCP-1、DHCP-2 等服务器的 Zabbix agent 安装配置，此处略。

**步骤 3**：在 Zabbix 添加 DNS-Master 服务器监控。

（1）创建主机群组。单击左侧菜单栏【配置】菜单选择【主机】菜单项，单击右上角的【创建主机】按钮，输入群组名，单击【添加】按钮，添加群组，如图 7-4-1 所示。

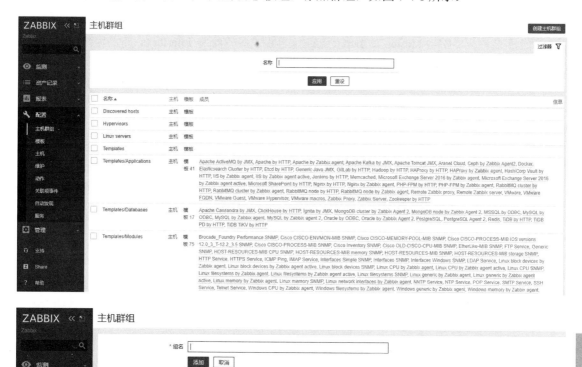

图 7-4-1　创建主机群组

（2）创建主机。单击左侧菜单栏【配置】菜单选择【主机】菜单项，单击右上角的【创建主机】按钮，进行主机创建，如图 7-4-2 所示。

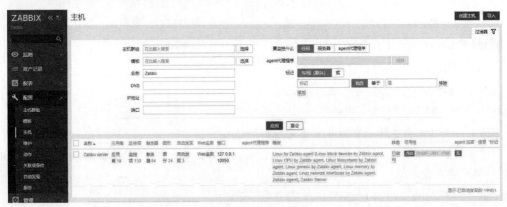

图 7-4-2    创建主机

（3）填写主机信息。创建主机时首先填写主机信息，如主机名称、选择群组、interfaces 类型等。Zabbix 推荐使用 Agent 监控方式，如果能够使用 Agent 进行监控，则尽量使用 Agent 监控。本次添加主机名称为 "DNS-Master"，群组为自定义群组 "服务器"，Interfaces 类型为客户端，客户端 IP 地址为 172.16.64.10、连接方式为 IP 连接、端口为默认的 10050，如图 7-4-3 所示。Interfaces 类型就是 Zabbix 的监控方式，有 Agent 客户端（即客户端）、SNMP、JMX、IPMI 等四种方式。

图 7-4-3    填写主机信息

（4）选择模板并添加。单击【模板】选项卡，在搜索框输入 agnet，选择 "Linux by Zabbix agent" 监控模板，或单击【选择】按钮，在弹出框中再次单击【选择】按钮，选择群组 "Templates/Operating systems"，然后在模板列表中选择 "Linux by Zabbix agent" 模板，如图 7-4-4 所示，单击【添加】按钮，完成主机创建。

步骤 4：在 Zabbix 添加其他服务器监控。

参照本任务的步骤 3，完成 DNS-Slave、NTP-1、NTP-2、DHCP-1、DHCP-2 等服务器监控的添加，此处略。在 Zabbix 中添加的服务器监控列表，如图 7-4-5 所示。

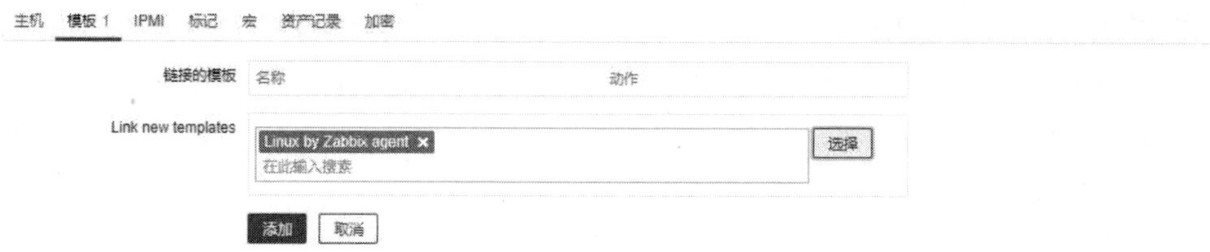

图 7-4-4　选择模板

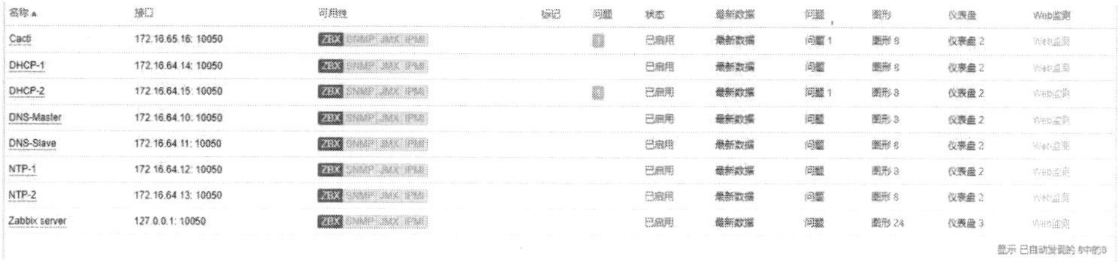

图 7-4-5　服务器监控列表

**步骤 5**：在 Zabbix 添加 S-RS-4 交换机监控。

在填写主机信息时，群组选择自定义群组"网络设备"，Interfaces 类型选择 SNMP，填写 S-RS-4 的 IP 地址"10.0.255.67"，复制"SNMP community"处的宏"{$SNMP_COMMUNITY}"，在【宏】选项卡中添加该宏，值为 S-RS-4 配置的共同体名"monitor"，如图 7-4-6 所示。

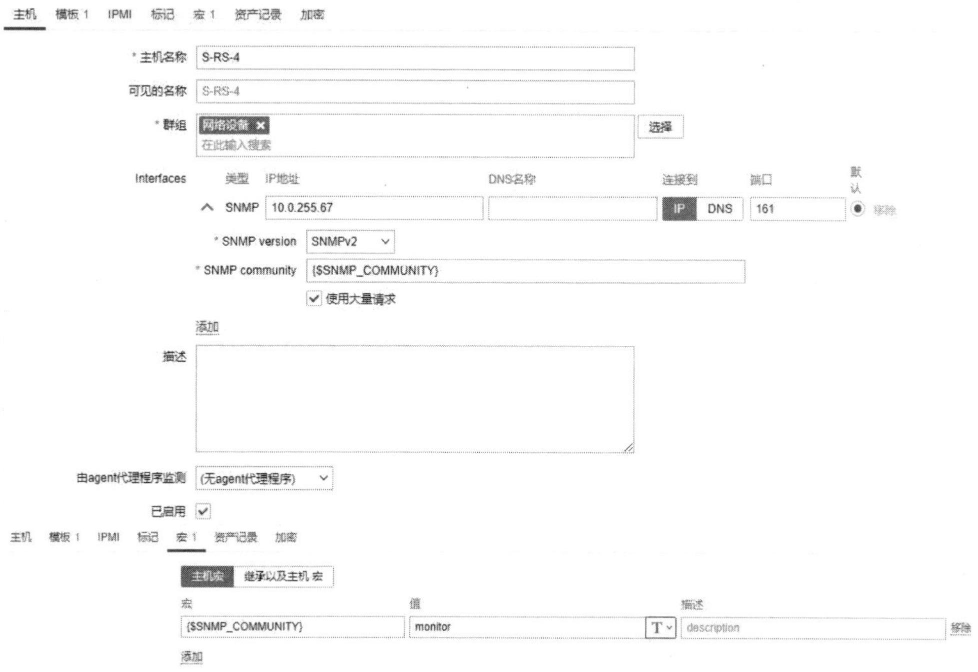

图 7-4-6　填写 S-RS-4 主机信息

在【模板】选项卡的搜索框输入 Huawei，选择"Huawei VRP SNMP" 监控模板，或单击【选择】按钮，在弹出框中再次单击【选择】按钮，选择群组"Templates/Network devices"，然后在模板列表中选择"Huawei VRP SNMP"模板。

**步骤 6：**在 Zabbix 添加其他网络设备监控。

Zabbix 添加网络设备都放到自定义的"网络设备"群组，添加监控的步骤一致。参照本任务的步骤 5，完成添加 A-SW-1、B-SW-1、A-RS-1、B-RS-1、S-RS-1、S-RS-2、S-RS-3、O-R-1、O-R-2、AC-1 等网络设备监控，此处略。在 Zabbix 中添加的所有设备的监控列表，如图 7-4-7 所示。

| 名称 ▲ | 接口 | 可用性 | 标记 | 问题 | 状态 | 最新数据 | 问题 | 图形 | 仪表盘 | Web监测 |
|---|---|---|---|---|---|---|---|---|---|---|
| A-RS-1 | 10.0.255.70: 161 | ZBX SNMP JMX IPMI | | 2 | 已启用 | 最新数据 | 问题 2 | 图形 38 | 仪表盘 1 | Web监测 |
| A-SW-1 | 10.0.255.1: 161 | ZBX SNMP JMX IPMI | | 2 | 已启用 | 最新数据 | 问题 2 | 图形 31 | 仪表盘 1 | Web监测 |
| AC-1 | 10.0.200.254: 161 | ZBX SNMP JMX IPMI | | | 已启用 | 最新数据 | 问题 | 图形 29 | 仪表盘 1 | Web监测 |
| B-RS-1 | 10.0.255.71: 161 | ZBX SNMP JMX IPMI | | 2 | 已启用 | 最新数据 | 问题 2 | 图形 38 | 仪表盘 1 | Web监测 |
| B-SW-1 | 10.0.255.17: 161 | ZBX SNMP JMX IPMI | | 2 | 已启用 | 最新数据 | 问题 2 | 图形 30 | 仪表盘 1 | Web监测 |
| Cacti | 172.16.65.16: 10050 | ZBX SNMP JMX IPMI | | | 已启用 | 最新数据 | 问题 | 图形 18 | 仪表盘 1 | Web监测 |
| DHCP-1 | 172.16.64.14: 10050 | ZBX SNMP JMX IPMI | | | 已启用 | 最新数据 | 问题 | 图形 17 | 仪表盘 1 | Web监测 |
| DHCP-2 | 172.16.64.15: 10050 | ZBX SNMP JMX IPMI | | | 已启用 | 最新数据 | 问题 | 图形 17 | 仪表盘 1 | Web监测 |
| DNS-Master | 172.16.64.10: 10050 | ZBX SNMP JMX IPMI | | | 已启用 | 最新数据 | 问题 | 图形 17 | 仪表盘 1 | Web监测 |
| DNS-Slave | 172.16.64.11: 10050 | ZBX SNMP JMX IPMI | | | 已启用 | 最新数据 | 问题 | 图形 17 | 仪表盘 1 | Web监测 |
| NTP-1 | 172.16.64.12: 10050 | ZBX SNMP JMX IPMI | | | 已启用 | 最新数据 | 问题 | 图形 17 | 仪表盘 1 | Web监测 |
| NTP-2 | 172.16.64.13: 10050 | ZBX SNMP JMX IPMI | | | 已启用 | 最新数据 | 问题 | 图形 17 | 仪表盘 1 | Web监测 |
| O-R-1 | 10.0.255.68: 161 | ZBX SNMP JMX IPMI | | | 已启用 | 最新数据 | 问题 | 图形 9 | 仪表盘 1 | Web监测 |
| O-R-2 | 10.0.255.69: 161 | ZBX SNMP JMX IPMI | | | 已启用 | 最新数据 | 问题 | 图形 9 | 仪表盘 1 | Web监测 |
| S-RS-1 | 10.0.255.64: 161 | ZBX SNMP JMX IPMI | | 2 | 已启用 | 最新数据 | 问题 2 | 图形 34 | 仪表盘 1 | Web监测 |
| S-RS-2 | 10.0.255.65: 161 | ZBX SNMP JMX IPMI | | 2 | 已启用 | 最新数据 | 问题 2 | 图形 34 | 仪表盘 1 | Web监测 |
| S-RS-3 | 10.0.255.66: 161 | ZBX SNMP JMX IPMI | | 2 | 已启用 | 最新数据 | 问题 2 | 图形 35 | 仪表盘 1 | Web监测 |
| S-RS-4 | 10.0.255.67: 161 | ZBX SNMP JMX IPMI | | 2 | 已启用 | 最新数据 | 问题 2 | 图形 35 | 仪表盘 1 | Web监测 |
| Zabbix server | 127.0.0.1: 10050 | ZBX SNMP JMX IPMI | | | 已启用 | 最新数据 | 问题 | 图形 24 | 仪表盘 3 | Web监测 |

显示 已自动发现的 19中的19

图 7-4-7　所有设备的监控列表

# 任务五　网络运维监控分析

## 【任务介绍】

本任务以服务器 DNS-Master 为例，通过查看 Cacti 和 Zabbix 监控系统的监控数据，分析 DNS-Master 的运行状态。

## 【任务目标】

1. 通过 Cacti 对 DNS-Master 进行运维监控分析。
2. 通过 Zabbix 对 DNS-Master 进行运维监控分析。

【操作步骤】

**步骤 1**：在 Cacti 监控系统中各查看设备的运行状态。

在左侧菜单栏中，【管理】->【设备】中，可以查看设备列表，表中有设备的运行状态信息，如图 7-5-1 所示。表中的"图形"数是设备的监控图形数量，"数据源"数是设备采集的监控数据项数，图形是根据数据源中的数据项绘制的；因为在创建设备时，"设备宕机探测"选择的是"Ping或 SNMP Uptime"，所以只要能 Ping 通或 Uptime 有数据，该设备的状态就是 Up；"持续时间"是Cacti 采集数据持续的时间，"Uptime"是设备开机至今的持续时间。

| 设备描述 | 主机名 | ID | 图形 | 数据源 | 状态 | 持续时间 | Uptime | 采集时间 | 当前(毫秒) | 平均(毫秒) | 可用性 | |
|---|---|---|---|---|---|---|---|---|---|---|---|---|
| A-RS-1 | 10.0.255.70 | 17 | 48 | 55 | Up | 10h:15m | 13h:17m | 7.32 | 28.68 | 34.2 | 100 % | |
| A-SW-1 | 10.0.255.1 | 18 | 41 | 48 | Up | 10h:15m | 13h:1m | 8.13 | 43.01 | 43.81 | 100 % | |
| AC-1 | 10.0.200.254 | 9 | 41 | 48 | Up | 10h:25m | 13h:41m | 7.89 | 37.48 | 35.64 | 100 % | |
| B-RS-1 | 10.0.255.71 | 19 | 48 | 55 | Up | 10h:10m | 13h:17m | 7.22 | 28.32 | 31.07 | 100 % | |
| B-SW-1 | 10.0.255.17 | 20 | 40 | 47 | Up | 10h:10m | 12h:59m | 7.66 | 34.9 | 43.46 | 100 % | |
| Cacti | 172.16.65.16 | 8 | 33 | 39 | Up | 10h:35m | 9h:17m | 0.48 | 0.03 | 0.03 | 100 % | |
| DHCP-1 | 172.16.64.14 | 6 | 31 | 37 | Up | 10h:35m | 9h:20m | 5.94 | 38.73 | 36.85 | 99.21 % | |
| DHCP-2 | 172.16.64.15 | 7 | 32 | 38 | Up | 10h:35m | 9h:26m | 6.19 | 30.74 | 36.76 | 100 % | |
| DNS-Master | 172.16.64.10 | 2 | 32 | 38 | Up | 10h:40m | 9h:31m | 6.25 | 36.46 | 35.87 | 100 % | |
| DNS-Slave | 172.16.64.11 | 3 | 31 | 37 | Up | 10h:35m | 9h:28m | 5.73 | 26.69 | 37.65 | 100 % | |
| NTP-1 | 172.16.64.12 | 4 | 31 | 37 | Up | 10h:35m | 9h:26m | 6.13 | 42.22 | 37.89 | 100 % | |
| NTP-2 | 172.16.64.13 | 5 | 30 | 37 | Up | 10h:35m | 9h:22m | 6.51 | 38.76 | 37.65 | 100 % | |
| O-R-1 | 10.0.255.68 | 15 | 21 | 28 | Up | 10h:15m | 13h:17m | 5.05 | 26.96 | 28.77 | 100 % | |
| O-R-2 | 10.0.255.69 | 16 | 21 | 28 | Up | 10h:15m | 13h:17m | 5.11 | 32.8 | 28.85 | 100 % | |
| S-RS-1 | 10.0.255.64 | 11 | 11 | 18 | Up | 10h:15m | 13h:42m | 1.3 | 16.72 | 17.62 | 100 % | |
| S-RS-2 | 10.0.255.65 | 12 | 44 | 51 | Up | 10h:15m | 13h:42m | 4.18 | 16.25 | 18.03 | 100 % | |
| S-RS-3 | 10.0.255.66 | 13 | 45 | 52 | Up | 10h:15m | 13h:44m | 6.51 | 27.92 | 28.95 | 100 % | |
| S-RS-4 | 10.0.255.67 | 14 | 45 | 52 | Up | 10h:15m | 13h:43m | 2 | 4.62 | 6.23 | 100 % | |

图 7-5-1　各设备的运行状态

**步骤 2**：查看 Cacti 监控系统中 DNS-Master 的监控数据并分析运行状态。

单击左上角"控制台""图形""报告""日志"4 个按钮中的【图形】按钮，可以查看图形树，如任务二中图 7-2-7 所示。

（1）图形过滤器。选择设备 DNS-Master，查看该设备的监控图形。在【图形过滤器】中，可以选择每页显示的图形数、显示图形列数以及监控时段，如图 7-5-2 所示。

图 7-5-2　图形过滤器

（2）轮询时间。Cacti 轮询采集数据用时可以反映出 Cacti 主机性能与网络稳定性。根据图 7-5-3可知 Cacti 采集 DNS-Master 设备数据平均用时约为 6.12 秒，最大用时为 6.78 秒，网络和服务器性能良好；根据图形趋势可知，Cacti 采集 DNS-Master 设备数据的用时变化波动较小，说明网络和服务器平稳运行。

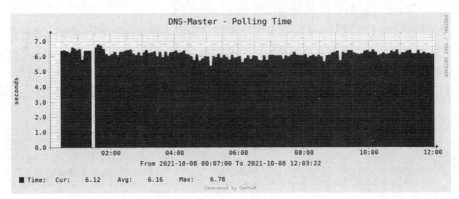

图 7-5-3　轮询时间

（3）CPU 利用率。CPU 利用率是一段时间内 CPU 消耗的度量，反映出主机的繁忙程度。图 7-5-4 中可看出 CPU 利用率的各项指标。System 表示 CPU 花了多少比例的时间在内核空间运行（分配内存、IO 操作、创建子进程等都是内核操作），当 IO 操作频繁时，System 数据会较高。User 表示 CPU 一共花了多少比例的时间运行在用户态空间或用户进程（running user space processes），典型的用户态空间程序有 Shells、数据库、Web 服务器。Idle 表示 CPU 处于空闲状态的时间比例。IO Wait 表示 CPU 等待 IO 的时间比例。根据图中 CPU 利用率的变化趋势可知，CPU Idle 值较高，说明该段时间内系统比较空闲。

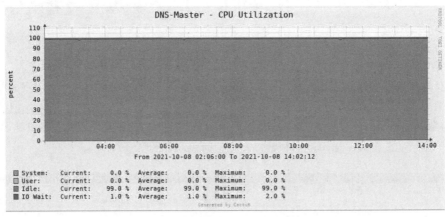

图 7-5-4　CPU 利用率

（4）物理内存。内存主要是在计算机运行时为操作系统和各种程序提供临时储存，当内存使用量很高时，系统会变得很慢，因此内存的使用情况可反馈主机的运行情况。

物理内存可从 Memory Total、Memory Buffers、Memory Cached、Memory Free 四个指标观测使用情况。Memory Total 是指物理内存的总大小；Memory Buffers 是指用来给块设备做的缓冲大小，

它只记录文件系统的 metadata 以及 tracking in-flight pages；Memory Cached 是用于缓存已打开的文件；Memory Free 是空闲的内存大小。当 Memory Free 不足时，系统会从 Memory Buffer/Memory Cached 回收内存进行分配，所以是否影响性能还要看 Memory Buffer/Memory Cached 的大小，Memory Free+ Memory Cached 占据大半内存说明设备运行良好，如 Memory Cached 所占内存多说明打开的文件多。根据图 7-5-5 可知，服务器内存使用率不高，空闲内存很多。

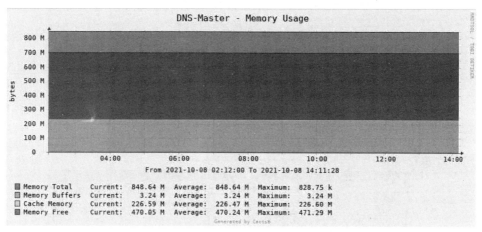

图 7-5-5　内存使用量

（5）Swap。Swap 即交换分区，当系统在物理内存不够时，操作系统会从物理内存中取出一部分暂时不用的数据，放在交换分区中，从而为当前运行的程序腾出足够的内存空间。通过调整 Swap，有时可越过系统性能瓶颈，节省系统升级费用。Swap 分区可从 Total、Used 观测使用情况，如图 7-5-6 所示。

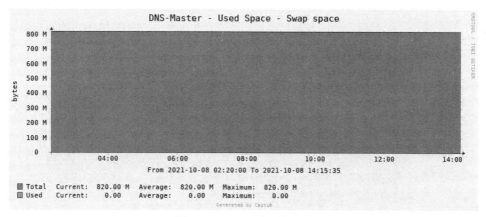

图 7-5-6　Swap 分区使用量

（6）进程数。查看服务器运行的进程数，根据图 7-5-7 可知，进程数量平均为 90 个，进程数变化波动小，说明服务器运行稳定，任务少。

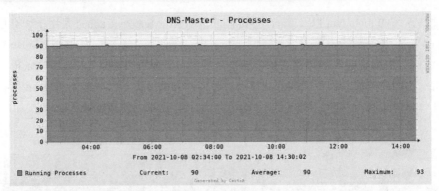

图 7-5-7　进程数

（7）根分区使用情况。可从 Total、Used 观测分区使用量，根据图 7-5-8 可知，受监控设备"/"目录磁盘空间充裕，在监控时间周期内没有分区使用率增长的趋势。

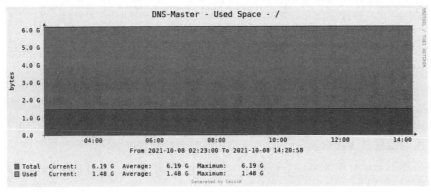

图 7-5-8　根分区使用量

（8）网络接口。查看服务器网络接口流量，如图 7-5-9 所示。DNS-Master 的入站流量平均为 335.19 字节/秒，出站流量为 286.80 字节/每秒，网络流量较小。

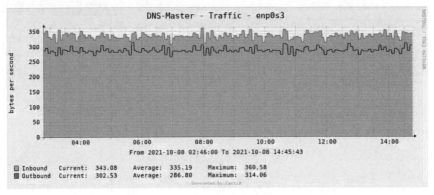

图 7-5-9　网络接口流量

项目七

**步骤3**：在 Zabbix 监控系统中查看各设备的运行状态。

在左侧菜单栏中，【监测】→【主机】中，可以查看设备列表，表中有设备的可用性、问题、图形等。该页面有两部分，上半部分是过滤器，可以填写过滤条件，过滤设备列表；下半部分是设备列表，该列表是过滤器过滤后的设备列表。如图 7-5-10 所示，过滤器的过滤条件是"主机群组"为"服务器"，只有主机群组为"服务器"的设备，才能在设备列表中显示。

图 7-5-10　Zabbix 设备列表

图 7-5-10 中，可用性的【ZBX】为绿色，说明通过 Zabbix Agent 监控方式获取到了数据。获取到了数据的监控方式，可用性中对应的标记就会变为绿色。

**步骤4**：查看 Zabbix 监控系统中 DNS-Master 的监控数据并分析运行状态。

在图 7-5-10 中设备列表中，单击 DNS-Master 的图形，查看该设备的监控图形。设备图形页面也分两部分，上半部分是时间周期选择器和过滤器，下半部分是图形。根据过滤条件，显示图形，如图 7-5-11 所示。

图 7-5-11　Zabbix 图形

（1）CPU。如图 7-5-12 所示，CPU 使用率的当前值（last）为 0.2501%，最小值（min）为 0.1334%，平均值（avg）为 0.2509%，最大值（max）为 1.5674%。

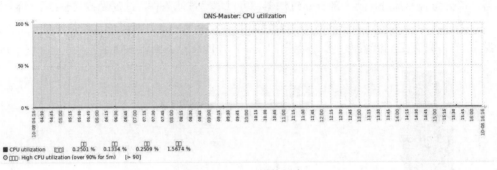

图 7-5-12　CPU 使用率

CPU 的使用情况，如图 7-5-13 所示。

CPU softirq time：系统在处理软中断时所花费的 CPU 时间（简称 si）。

CPU interrupt time：系统在处理硬中断时所花费的 CPU 时间（简称 hi）。

CPU steal time：虚拟机偷取时间（简称 st）。

CPU iowait time：CPU 等待磁盘写入完成时间（简称 wa）。

CPU nice time：用做 nice 加权的进程分配的用户态 CPU 时间比（简称 ni）。

CPU user time：用户态使用的 CPU 时间比（简称 us）。

CPU system time：系统态使用的 CPU 时间比（简称 sy）。

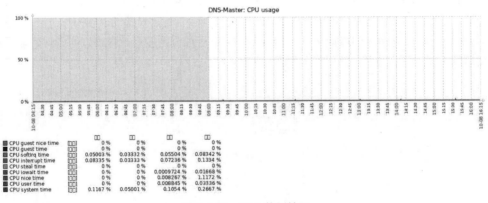

图 7-5-13　CPU 使用情况

CPU 突发事件，如图 7-5-14 所示。

Context switches per second：每秒上下文切换次数。

Interrupts per second：每秒的中断次数。

根据任务不同，可以分为进程上下文切换、线程上下文切换、中断上下文切换。其中，进程上下文切换是指从一个进程切换到另一个进程,进程由内核管理和调度,进程切换只能发生在内核态;中断上下文切换是为了快速响应硬件事件,中断处理会打断进程的正常调度和执行,转而调用中断服务程序,响应设备事件。

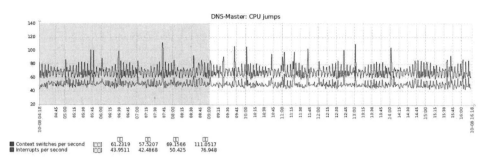

图 7-5-14　CPU 突发事件

（2）内存。内存使用情况如图 7-5-15 所示。总内存为 809.32MB，当前可用内存为 541.74MB，最小可用内存为 541.71MB，平均可用内存为 541.87MB，最大可用内存为 541.98MB。

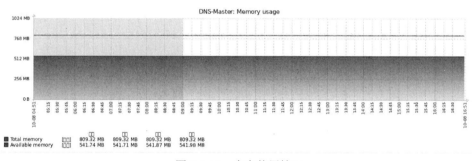

图 7-5-15　内存使用情况

（3）进程。进程数如图 7-5-16 所示。当前进程数为 90，当前运行进程数为 4。平均进程数为 90.0319，平均运行进程数为 2.6222。

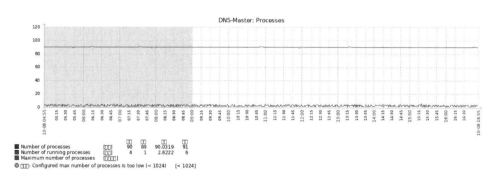

图 7-5-16　进程数

（4）系统负载。如图 7-5-17 所示，系统负载（System load）提供了 1 分钟、5 分钟、15 分钟的 CPU 负载情况。

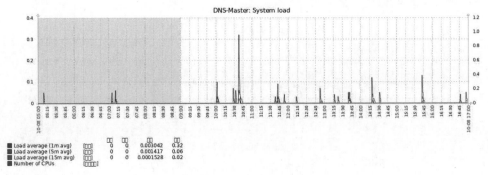

图 7-5-17　系统负载

（5）Swap 分区。如图 7-5-18 所示。整个 Swap 分区是空闲的。

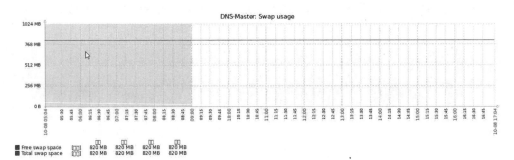

图 7-5-18　Swap 分区

（6）磁盘空间。磁盘空间的使用情况，如图 7-5-19 所示。

图 7-5-19　磁盘空间的使用情况

（7）磁盘 I/O。磁盘读/写速率，如图 7-5-20 所示。

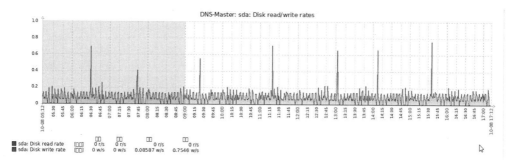

图 7-5-20　磁盘读/写速率

（8）网络流量。网络流量如图 7-5-21 所示。

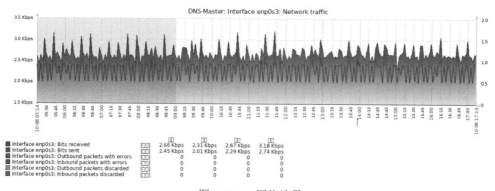

图 7-5-21　网络流量

# 项目八

## 网络安全

### ● 项目介绍

前面的项目中，实现了对网络设备的管理和监控，并通过监控查看到各个设备的运行状态、同时部署了 DNS、DHCP、NTP 应用服务。在实际的园区网络中，网络安全是一个不容忽视的问题，也是网络建设必不可少的一部分，使用防火墙技术可以监控、限制跨越防火墙的数据流，屏蔽内部网络的结构、信息和运行情况，阻止外部网络中非法用户的攻击、访问，实现内部网络的安全运行的目的。本项目讲解如何在网络中使用防火墙实现网络安全防护。

### ● 项目目的

- ● 掌握在园区网中接入防火墙的方法。
- ● 掌握防火墙的基本通信配置。
- ● 掌握防火墙安全策略的配置。
- ● 通过防火墙实现园区网的安全防护。

### ● 项目讲堂

1. 防火墙接入模式

1.1 透明接入

防火墙处于透明模式时相当于二层交换机，可以实现局域网之间基于数据链路层的连接，在网络中传送由媒体访问控制（Media Access Control，MAC）信息、逻辑链路控制（Logical Link Control，LLC）信息和网络层信息组成的数据帧。

防火墙在进行桥接功能的同时，还能实现包过滤功能，通过对防火墙的数据包进行安全检测并根据一定的安全策略对某些数据包进行拦截，从而在保证完成桥接功能的同时，维护网络的安全性。

这种接入方式具有极佳的适应能力，无需改变原有网络拓扑就可以实现全方位的安全防护。

### 1.2　NAT 模式

NAT（Network Address Translation）是一种地址转换技术，可以将 IPv4 报文头部中的地址转换为另一个地址。根据转化方式的不同，NAT 可以分为三类：

（1）源 NAT。对源 IP 地址转化的 NAT，包含：NO-PAT、NAPT、Easy IP、Smart NAT、三元组 NAT。

1）NO-PAT：一对一的地址转换，只做地址转换，不做端口转换。

2）NAPT：网络地址端口转换。

3）Easy IP：自动根据 WAN（广域网）接口的公网 IP 地址实现与私网 IP 地址之间的映射。

4）Smart NAT：含 N 个 IP，其中一个 IP 被指定为预留地址，另外 N-1 个地址构成地址池 1（section1），进行 NAT 地址转换时，Smart NAT 会优先使用 section1 进行 NAT NO-PAT 方式的转换。当 section1 中的 IP 全被占用后，Smart NAT 用预留地址进行 NAPT 方式转换。

5）三元组 NAT：是一种转换时同时转换地址和端口，实现多个私网地址共用一个或多个公网地址的地址转换方式。

（2）目的 NAT。目的 NAT 是指对报文中的目的地址和端口进行转换。通过目的 NAT 技术将公网 IP 地址转换成私网 IP 地址，使公网用户可以利用私网地址访问内部 Server。

当公网用户访问内部 Server 时，防火墙的处理过程如下：

1）当公网用户访问内网 Server 的报文到达防火墙时，防火墙将报文的目的 IP 地址由公网地址转换为私网地址。

2）当回程报文返回至防火墙时，防火墙再将报文的源地址由私网地址转换为公网地址。

根据转换后的目的地址是否固定，目的 NAT 分为静态目的 NAT 和动态目的 NAT。

静态目的 NAT 是一种转换报文目的 IP 地址的方式，且转换前后的地址存在一种固定的映射关系。

动态目的 NAT 是一种动态转换报文目的 IP 地址的方式，转换前后的地址不存在一种固定的映射关系。

（3）双向 NAT。双向 NAT 在转换过程中同时转换报文的源信息和目的信息。双向 NAT 是源 NAT 和目的 NAT 的组合，针对同一条数据流，在其经过防火墙时同步转换报文的源地址和目的地址。

### 1.3　路由模式

当接口工作在路由模式时，防火墙在不同网段之间转发 IP 数据流时不执行任何 NAT 操作，除非有基于策略的 NAT 规则存在；当 IP 数据流经过防火墙时，IP 数据包包头中的 IP 地址和端口号保持不变。

### 1.4　混合模式

混合模式即在网络接入中同时用到了路由和网桥模式。

### 2.　入侵防御

入侵防御是一种安全机制，通过收集和分析网络行为、安全日志、审计数据等信息，检查网络或系统中是否存在违反安全策略的行为和被攻击的迹象（包括缓冲区溢出攻击、木马、蠕虫等），并通过一定的响应方式，实时地中止入侵行为，保护企业信息系统和网络架构免受侵害。

## 2.1  单包攻击

（1）扫描类攻击。扫描类攻击包括地址扫描和端口扫描。

1）地址扫描。攻击者运用 ICMP 报文(如 Ping 和 Tracert 命令)探测目标地址，或者使用 TCP/UDP 报文对一定地址发起连接（如 TCP Ping），通过判断是否有应答报文，以确定哪些目标系统确实存活着并且连接在目标网络上。

2）端口扫描。攻击者通过对端口进行扫描探测网络结构，探寻被攻击对象目前开放的端口，以确定攻击方式。在端口扫描攻击中，攻击者通常使用 Port Scan 类的攻击软件，发起一系列 TCP/UDP 连接，根据应答报文判断主机是否使用这些端口提供服务。

（2）畸形报文类攻击

畸形报文类攻击包含 IP 欺骗、IP 分片报文、Teardrop、Smurf、Ping of Death、Fraggle、WinNuke、Land 和 TCP 报文标志合法性检测。

1）IP 欺骗。IP 欺骗一种常用的攻击方法，也是其他攻击方法的基础。IP 协议依据 IP 数据包包头中的目的地址来发送 IP 报文，如果 IP 报文是本网络内的地址，则被直接发送到目的地址；如果该 IP 地址不是本网络地址，则被发送到网关，而不对 IP 数据包中提供的源地址做任何检查，默认为 IP 数据包中的源地址就是发送 IP 包主机的地址。攻击者通过向目标主机发送源 IP 地址伪造的报文，欺骗目标主机，从而获取更高的访问和控制权限。IP 欺骗攻击可导致目标主机的资源，信息泄露。

2）IP 分片报文。IP 报文头中的 DF 和 MF 标志位用于分片控制，通过发送分片控制非法的报文，可导致主机接收时产生故障。IP 分片报文攻击导致报文处理异常，主机崩溃。

3）Teardrop。对于一些大的 IP 数据包，为了满足链路层的最大传输单元( Maximum Transmission Unit，MTU ) 的要求，需要在传送过程对其进行分片，分成几个 IP 包。在每个 IP 报头中有一个偏移字段和一个拆分标志（MF），其中偏移字段指出了这个片段在整个 IP 包中的位置。如果攻击者截取 IP 数据包后，把偏移字段设置成不正确的值，接收端在收到这些分拆的数据包后，就不能按数据包中的偏移字段值正确组合出被拆分的数据包，接收端会不停地进行尝试，以至操作系统因资源耗尽而崩溃。

4）Smurf。攻击者发送 ICMP 应答请求，该请求包的目标地址设置网络的广播地址或子网主机段为全 0 的地址，该网络的所有主机都对此 ICMP 应答请求作出答复，导致网络阻塞。

5）Ping of Death。利用长度超大的 ICMP 报文对系统进行攻击。IP 报文的长度字段为 16 位，IP 报文的最大长度为 65535。对于 ICMP ECHO 报文，如果数据长度大于 65515，就会使 ICMP 数据 + IP 头长度(20) + ICMP 头长度（8）>65535。有些路由器或系统，在接收到一个这样的报文后，就会发生处理错误，造成系统崩溃、死机或重启。

6）Fraggle。UDP 端口收到一个数据包后，会产生一个字符串作为回应。当运行 ECHO 服务的 UDP 端口收到一个数据包后，会简单地返回该包的数据内容作为回应，攻击者进行循环攻击造成系统繁忙，链路拥塞。

7）WinNuke。攻击目标端口，且端口 URG 位设为 1。

8）Land 攻击。攻击者发送源地址和目的地址相同，或者源地址为环回地址的 SYN 报文给目标主机（源端口和目的端口相同），导致被攻击者向其自己的地址发送 SYN-ACK 消息，生成并存在大量的空连接。

9）TCP 报文标志合法性检测。TCP 报文标志位包括 URG、ACK、PSH、RST、SYN、FIN。攻击者通过发送非法 TCP flag 组合的报文，受害主机收到后进行判断识别，消耗其性能，甚至会造成有些操作系统报文处理异常，主机崩溃。

（3）特殊报文控制类攻击。特殊报文控制类攻击包含超大 ICMP 报文控制、ICMP 不可达报文控制、ICMP 重定向报文控制、Tracert、源站选路选项 IP 报文控制、路由记录选项 IP 报文控制和时间戳选项 IP 报文控制。

1）超大 ICMP 报文控制。通常合法的 ICMP 报文长度都不会很大，如果网络中出现长度太大的 ICMP 报文，那么很可能是攻击。

2）ICMP 不可达报文控制。部分系统在收到网络或主机不可达的 ICMP 报文后，对于后续发往此目的地址的报文直接认为不可达，从而切断了目的地与主机的连接。攻击者伪造不可达 ICMP 报文，切断受害者与目的地的连接，造成攻击。

3）ICMP 重定向报文控制。网络设备通常通过向同一个子网的主机发送 ICMP 重定向报文来请求主机改变路由。一般情况下，设备仅向同一个子网的主机而不向其他设备发送 ICMP 重定向报文。通过攻击手段跨越网段向另外一个网络的主机发送虚假的重定向报文，以改变主机的路由表，从而干扰主机正常的 IP 报文发送。

4）Tracert。攻击者利用 TTL 为 0 时返回的 ICMP 超时报文和达到目的地址时返回的 ICMP 端口不可达报文来发现报文到达目的地所经过的路径，窥探网络结构。

5）源站选路选项 IP 报文控制。IP 路由技术中，一个 IP 报文的传递路径是由网络中的路由器根据报文的目的地址来决定的，但也提供了一种由报文的发送方决定报文传递路径的方法，就是源站选路选项。源站选路选项允许源站明确指定一条到目的地的路由，覆盖掉中间路由器的路由选项。源站选路选项通常用于网络路径的故障诊断和某种特殊业务的临时传送。由于 IP 源站选路选项忽略了报文传输路径中的各个设备的中间转发过程，而不管转发接口的工作状态，可能被恶意攻击者利用，窥探网络结构。

6）路由记录选项 IP 报文控制。IP 路由技术中，提供了路由记录选项，用来记录 IP 报文从源地址到目的地址过程中所经过的路径，即处理此报文的路由器的列表。IP 路由记录选项通常用于网络路径的故障诊断，可能被恶意攻击者利用，窥探网络结构。

7）时间戳选项 IP 报文控制。IP 路由技术中，提供了时间戳选项，记录 IP 报文从源到目的过程中所经过的路径和时间，即处理过此报文的路由器的列表。IP 时间戳选项通常用于网络路径的故障诊断，可能被恶意攻击者利用，窥探网络结构。

2.2　流量型攻击

常见的流量型攻击有 SYN Flood、UDP Flood、ICMP Flood、HTTP Flood、HTTPS Flood、DNS Flood。

（1）SYN Flood。攻击者通过不完全的握手过程消耗服务器的半开连接数目达到拒绝服务攻击的目的。攻击者向服务器发送含 SYN 包，其中源 IP 地址被改为伪造的不可达的 IP 地址。服务器向伪造的 IP 地址发出回应，并等待连接已建立的确认信息。但由于该 IP 地址是伪造的，服务器无法等到确认信息，只有保持半开连接状态直至超时。由于服务器允许的半开连接数目有限，如果攻击者发送大量这样的连接请求，服务器的半开连接资源很快就会消耗完毕，无法再接受来自正常用户的 TCP 连接请求。

（2）UDP Flood。攻击者向同一 IP 地址发送大量的 UDP 包使得该 IP 地址无法响应其他 UDP 请求。

（3）ICMP Flood。攻击者向服务器发送大量 ICMP 回应请求，超出了系统的最大限度，从而使得系统耗费所有资源来进行响应直至再也无法处理有效的网络信息。

（4）HTTP Flood。攻击者通过代理或僵尸主机向目标服务器发起大量的 HTTP 请求报文，请求涉及数据库操作的 URI（Universal Resource Identifier）或其他消耗系统资源的 URI，造成服务器资源耗尽，无法响应正常请求。

（5）HTTPS Flood。攻击者通过代理、僵尸网络或者直接向目标服务器发起大量的 HTTPS 连接，造成服务器资源耗尽，无法响应正常的请求。

（6）DNS Flood。攻击者向 DNS 服务器发送大量的域名解析请求，被攻击的 DNS 服务器在接收到域名解析请求时，首先会在服务器上查找是否有对应的缓存，如果查找不到并且该域名无法直接由服务器解析时，DNS 服务器会向其上层 DNS 服务器递归查询域名信息。域名解析的过程给服务器带来了很大的负载，每秒钟域名解析请求超过一定的数量就会造成 DNS 服务器解析域名超时。

# 任务一　初识防火墙

## 【任务介绍】

设计园区网中的用户区域和数据中心区域，相互之间通过核心路由器进行通信。在用户区域的边界设置一台防火墙，通过配置防火墙安全策略，实现对用户区域网络的安全访问管理。

## 【任务目标】

1. 完成防火墙的部署。
2. 通过配置防火墙安全策略，实现对用户区域网络的安全管理。

## 【拓扑规划】

1. 网络拓扑

本任务的拓扑结构如图 8-1-1 所示。

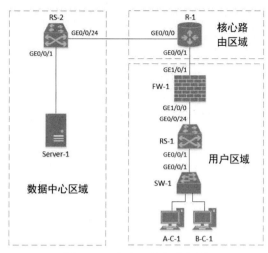

图 8-1-1　任务一的拓扑规划

2. 拓扑说明

网络拓扑说明见表 8-1-1。

表 8-1-1　网络拓扑说明

| 序号 | 设备线路 | 设备类型 | 规格型号 | 备注 |
| --- | --- | --- | --- | --- |
| 1 | A-C-1、B-C-1 | 计算机 | Client | Client 终端，仿真实现 Web 或 FTP 访问 |
| 2 | SW-1 | 交换机 | S3700 | 用户区域的接入交换机 |
| 3 | RS-1 | 路由交换机 | S5700 | 用户区域的汇聚交换机 |
| 4 | FW-1 | 防火墙 | USG6000V | 用户区域的边界防火墙 |
| 5 | R-1 | 路由器 | AR2220 | 园区网核心路由器 |
| 6 | RS-2 | 路由交换机 | S5700 | 数据中心核心交换机 |
| 7 | Server-1 | 服务器 | Server | Server 终端，提供仿真 Web、FTP 服务 |

【网络规划】

1. 主机 IP 地址

主机 IP 地址规划见表 8-1-2。

表 8-1-2　主机 IP 地址规划

| 序号 | 设备名称 | IP 地址/子网掩码 | 默认网关 | 接入位置 | VLAN ID |
| --- | --- | --- | --- | --- | --- |
| 1 | A-C-1 | 192.168.64.10 /24 | 192.168.64.254 | SW-1 Ethernet 0/0/1 | 10 |
| 2 | B-C-1 | 192.168.65.10 /24 | 192.168.65.254 | SW-1 Ethernet 0/0/2 | 20 |
| 3 | Server-1 | 172.16.64.10 /24 | 172.16.64.254 | RS-2 GE 0/0/1 | 10 |

2. 交换机接口与 VLAN

交换机接口与 VLAN 规划见表 8-1-3。

表 8-1-3　交换机接口与 VLAN 规划

| 序号 | 交换机 | 接口 | VLAN ID | 连接设备 | 接口类型 |
|---|---|---|---|---|---|
| 1 | SW-1 | Ethernet 0/0/1 | 10 | A-C-1 | Access |
| 2 | SW-1 | Ethernet 0/0/2 | 20 | B-C-1 | Access |
| 3 | SW-1 | GE 0/0/1 | 1、10、20 | RS-1 | Trunk |
| 4 | RS-1 | GE 0/0/1 | 1、10、20 | SW-1 | Trunk |
| 5 | RS-1 | GE 0/0/24 | 100 | FW-1 | Access |
| 6 | RS-2 | GE 0/0/1 | 10 | Server-1 | Access |
| 7 | RS-2 | GE 0/0/24 | 100 | R-1 | Access |

3. 路由接口地址

路由接口 IP 地址规划见表 8-1-4。

表 8-1-4　路由接口 IP 地址规划

| 序号 | 设备名称 | 接口名称 | 接口地址 | 备注 |
|---|---|---|---|---|
| 1 | RS-1 | Vlanif10 | 192.168.64.254 /24 | VLAN10 的默认网关 / 三层虚拟接口 |
| 2 | RS-1 | Vlanif20 | 192.168.65.254 /24 | VLAN20 的默认网关 / 三层虚拟接口 |
| 3 | RS-1 | Vlanif100 | 10.0.1.1 /30 | 与 FW-1 通信的三层虚拟接口 |
| 4 | FW-1 | GE 1/0/0 | 10.0.1.2 /30 | 与 RS-1 通信的接口 |
| 5 | FW-1 | GE 1/0/1 | 10.0.2.1 /30 | 与 R-1 通信的接口 |
| 6 | R-1 | GE 0/0/1 | 10.0.2.2 /30 | 与 FW-1 通信的接口 |
| 7 | R-1 | GE 0/0/0 | 10.0.3.2 /30 | 与 RS-2 通信的接口 |
| 8 | RS-2 | Vlanif10 | 172.16.64.254 /24 | VLAN10 的默认网关 / 三层虚拟接口 |
| 9 | RS-2 | Vlanif100 | 10.0.3.1 /30 | 与 R-1 通信的三层虚拟接口 |

4. 防火墙的用户名和密码设计

防火墙默认的登录用户名为 "admin"、初始密码为 "Admin@123"，首次登录时，需要更改登录密码。本任务中，将防火墙 FW-1 的登录密码改为 abcd@1234。

5. 防火墙安全策略设计

（1）防火墙接口所属的安全区域。安全区域是一个或多个接口的集合，是防火墙区别于路由器的主要特性。防火墙通过安全区域来划分网络、标识报文流动的"路线"，当报文在不同的安全区域之间流动时，才会触发安全检查。

此处将 GE 1/0/0 放入 trust 区域，即 GE 1/0/0 连接的是 trust 区域；将 GE 1/0/1 接口放入 untrust 区域，即 GE 1/0/1 连接的是 untrust 区域。

（2）安全策略设计。在服务器 Server-1 上配置仿真 Web 和 FTP 服务，在防火墙 FW-1 上配置策略，实现：

用户区域中 A-C-1 所在网段的主机，只能访问 Web 服务，不能访问 FTP 服务。

用户区域中 B-C-1 所在网段的主机，只能访问 FTP 服务，不能访问 Web 服务。

用户区域网络（即 trust 区域）可以用 Ping 方式访问外部网络（即 unstrust 区域）。

外部网络（即 unstrust 区域）不能以 Ping 方式访问用户区域（即 trust 区域）主机。

其他任何通信报文，都不能通过防火墙。

防火墙 FW-1 的策略规划见表 8-1-5。

表 8-1-5　防火墙 FW-1 的策略规划

| 序号 | 策略名称 | 来源 | 目的地 | 协议 | 动作 | 策略含义 |
|---|---|---|---|---|---|---|
| 1 | allow-web | 192.168.64.0/24 | 172.16.64.0 /24 | HTTP | 允许 | 允许 A-C-1 所在网段以 Web 方式访问服务器网段 |
| 2 | allow-ftp | 192.168.65.0/24 | 172.16.64.0 /24 | FTP | 允许 | 允许 B-C-1 所在网段以 FTP 方式访问服务器网段 |
| 3 | allow-ping | trust 区域 | untrust 区域 | ICMP | 允许 | 允许用户区域以 Ping 方式访问外部网络 |
| 4 | no-ping | untrust 区域 | trust 区域 | ICMP | 拒绝 | 不允许外部网络以 Ping 方式访问用户区域网络 |
| 5 | no-any | any | any | any | 拒绝 | 禁止任何通信通过防火墙 |

**提醒**　　华为防火墙在缺省情况（没有配置安全策略）下，允许路由协议报文（例如 ospf）通过防火墙，但不允许其他通信报文（例如 ICMP、HTTP 等）通过防火墙。

6. 路由规划

本任务中，采用 OSPF 路由协议，OSPF 的区域设置如图 8-1-2 所示。

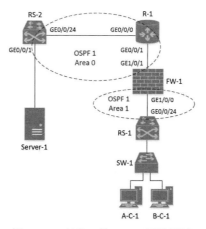

图 8-1-2　任务一的 OSPF 区域规划

【操作步骤】

步骤 1：部署网络。

eNSP 中的网络拓扑如图 8-1-3 所示。单击【保存】按钮，保存刚刚建立好的网络拓扑。

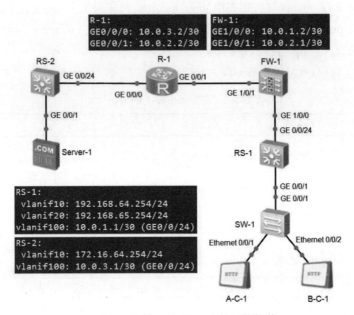

图 8-1-3　任务一在 eNSP 中的网络拓扑

步骤 2：配置主机和服务器的 IP 地址。

根据网络规划，启动并配置用户主机 A-C-1 和 B-C-1 的 IP 地址，配置服务器 Server-1 的 IP 地址。具体操作略。

步骤 3：配置交换机 SW-1。

启动并配置用户区域内的交换机 SW-1。

```
//进入系统视图，关闭信息中心，更改设备名为SW-1
<Huawei>system-view
Enter system view, return user view with Ctrl+Z.
[Huawei]undo info-center enable
Info: Information center is disabled.
[Huawei]sysname SW-1

//创建 VLAN10 和 VLAN20，
[SW-1]vlan batch 10 20
Info: This operation may take a few seconds. Please wait for a moment...done.
//将 Eth 0/0/1 和 Eth 0/0/2 接口分别添加入 VLAN10 和 VLAN20，都是 access 类型
[SW-1]interface Ethernet 0/0/1
```

```
[SW-1-Ethernet0/0/1]port link-type access
[SW-1-Ethernet0/0/1]port default vlan 10
[SW-1-Ethernet0/0/1]quit
[SW-1]interface Ethernet 0/0/2
[SW-1-Ethernet0/0/2]port link-type access
[SW-1-Ethernet0/0/2]port default vlan 20
[SW-1-Ethernet0/0/2]quit
//将 GE 0/0/1 接口设置为 trunk 类型，允许 VLAN10 和 VLAN20 的报文通过
[SW-1]interface GigabitEthernet 0/0/1
[SW-1-GigabitEthernet0/0/1]port link-type trunk
[SW-1-GigabitEthernet0/0/1]port trunk allow-pass vlan 10 20
[SW-1-GigabitEthernet0/0/1]quit
[SW-1]quit
<SW-1>save
```

**步骤 4：配置交换机 RS-1。**

启动并完成用户区域中路由交换机 RS-1 的配置。

```
//进入系统视图，关闭信息中心，更改设备名为 RS-1
<Huawei>system-view
Enter system view, return user view with Ctrl+Z.
[Huawei]undo info-center enable
Info: Information center is disabled.
[Huawei]sysname RS-1


//以下命令配置 VLAN10 和 VLAN20 的默认网关
//创建 VLAN10 和 VLAN20
[RS-1]vlan batch 10 20
Info: This operation may take a few seconds. Please wait for a moment...done.
//分别配置 VLAN10、VLAN20 的虚拟接口地址（即默认网关地址）
[RS-1]interface vlanif 10
[RS-1-Vlanif10]ip address 192.168.64.254 24
[RS-1-Vlanif10]quit
[RS-1]interface vlanif 20
[RS-1-Vlanif20]ip address 192.168.65.254 24
[RS-1-Vlanif20]quit


//以下命令配置与防火墙 FW-1 通信的三层虚拟接口
//创建 VLAN100
[RS-2]vlan 100
[RS-2-vlan100]quit
//配置 VLAN100 的虚拟接口地址
[RS-1]interface vlanif 100
[RS-1-Vlanif100]ip address 10.0.1.1 30
[RS-1-Vlanif100]quit
```

```
//将与防火墙 FW-1 相连的接口 GE0/0/24 放入 VLAN100，access 类型
[RS-1]interface GigabitEthernet 0/0/24
[RS-1-GigabitEthernet0/0/24]port link-type access
[RS-1-GigabitEthernet0/0/24]port default vlan 100
[RS-1-GigabitEthernet0/0/24]quit

//配置 GE0/0/1 为 trunk 类型，允许 VLAN10 和 VLAN20 报文通过，该接口与 SW-1 相连
[RS-1]interface GigabitEthernet 0/0/1
[RS-1-GigabitEthernet0/0/1]port link-type trunk
[RS-1-GigabitEthernet0/0/1]port trunk allow-pass vlan 10 20
[RS-1-GigabitEthernet0/0/1]quit

//创建 OSPF 进程 1，此处只宣告 area 1 区域 0 的直连网段
[RS-1]ospf 1
[RS-1-ospf-1]area 1
[RS-1-ospf-1-area-0.0.0.1]network 10.0.1.0 0.0.0.3
[RS-1-ospf-1-area-0.0.0.1]network 192.168.64.0 0.0.0.255
[RS-1-ospf-1-area-0.0.0.1]network 192.168.65.0 0.0.0.255
[RS-1-ospf-1-area-0.0.0.1]quit
[RS-1-ospf-1]quit
[RS-1]quit
<RS-1>save
```

**步骤 5**：配置交换机 RS-2。

启动并完成数据中心区域中路由交换机 RS-2 的配置。

```
//进入系统视图，关闭信息中心，更改设备名为 RS-2
<Huawei>system-view
Enter system view, return user view with Ctrl+Z.
[Huawei]undo info-center enable
Info: Information center is disabled.
[Huawei]sysname RS-2

//以下命令配置与服务器 Server-1 通信的三层虚拟接口
//配置 VLAN10 的默认网关，VLAN10 是服务器所在 VLAN
[RS-2]vlan 10
[RS-2-vlan10]quit
[RS-2]interface vlanif 10
[RS-2-Vlanif10]ip address 172.16.64.254 24
[RS-2-Vlanif10]quit
//将与服务器 Server-1 相连的接口 GE0/0/1 放入 VLAN10，access 类型
[RS-2]interface GigabitEthernet 0/0/1
[RS-2-GigabitEthernet0/0/1]port link-type access
[RS-2-GigabitEthernet0/0/1]port default vlan 10
[RS-2-GigabitEthernet0/0/1]quit
```

```
//以下命令配置与路由器 R-1 通信的三层虚拟接口
//创建 VLAN100
[RS-2]vlan 100
[RS-2-vlan100]quit
//配置 VLAN100 的虚拟接口地址
[RS-2]interface vlanif 100
[RS-2-Vlanif100]ip address 10.0.3.1 30
[RS-2-Vlanif100]quit
//将与路由器 R-1 相连的接口 GE0/0/24 放入 VLAN100，access 类型
[RS-2]interface GigabitEthernet 0/0/24
[RS-2-GigabitEthernet0/0/24]port link-type access
[RS-2-GigabitEthernet0/0/24]port default vlan 100
[RS-2-GigabitEthernet0/0/24]quit

//创建 OSPF 进程 1，此处只宣告 area 0 区域 0 的直连网段
[RS-2]ospf 1
[RS-2-ospf-1]area 0
[RS-2-ospf-1-area-0.0.0.0]network 10.0.3.0 0.0.0.3
[RS-2-ospf-1-area-0.0.0.0]network 172.16.64.0 0.0.0.255
[RS-2-ospf-1-area-0.0.0.0]quit
[RS-2-ospf-1]quit
[RS-2]quit
<RS-2>save
```

**步骤 6：配置核心路由器 R-1。**

启动并完成核心路由器 R-1 的配置。

```
//进入系统视图，关闭信息中心，更改设备名为 R-1
<Huawei>system-view
Enter system view, return user view with Ctrl+Z.
[Huawei]undo info-center enable
Info: Information center is disabled.
[Huawei]sysname R-1

//配置路由器接口 GE0/0/0 和 GE0/0/1 的 IP 地址
[R-1]interface GigabitEthernet 0/0/0
[R-1-GigabitEthernet0/0/0]ip address 10.0.3.2 30
[R-1-GigabitEthernet0/0/0]quit
[R-1]interface GigabitEthernet 0/0/1
[R-1-GigabitEthernet0/0/1]ip address 10.0.2.2 30
[R-1-GigabitEthernet0/0/1]quit

//创建 OSPF 进程 1，此处只宣告 area 0 区域 0 的直连网段
[R-1]ospf 1
```

```
[R-1-ospf-1]area 0
[R-1-ospf-1-area-0.0.0.0]network 10.0.2.0 0.0.0.3
[R-1-ospf-1-area-0.0.0.0]network 10.0.3.0 0.0.0.3
[R-1-ospf-1-area-0.0.0.0]quit
[R-1-ospf-1]quit
[R-1]quit
<R-1>save
```

**步骤7：** 配置防火墙 FW-1 的基本通信

（1）导入防火墙的设备包。eNSP 的 USG6000V 防火墙在初次使用时，需要先导入其设备包文件。启动 FW-1，会看到"导入设备包"的提示窗口，如图 8-1-4 所示。设备包文件可通过华为官方网站下载获取。

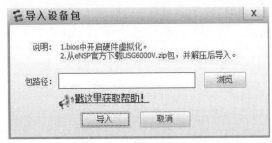

图 8-1-4 "导入设备包"窗口

（2）启动防火墙，并修改防火墙初始密码。第一次登录防火墙时需要修改初始密码。eNSP 中，USG6000V 防火墙的默认用户名和密码分别为"admin"和"Admin@123"，现在将登录防火墙的密码改为 abcd@1234。

```
//使用用户名 admin 和密码 Admin@123 登录防火墙
Username:admin
Password:
//提示需要修改密码，是否立即修改，此处选择 y，继续执行
The password needs to be changed. Change now? [Y/N]: y
Please enter old password:  （输入原密码 Admin@123）
Please enter new password:  （输入新密码 abcd@1234）
Please confirm new password:  （确认新密码，再次输入 abcd@1234）
//提示密码修改成功
Info: Your password has been changed. Save the change to survive a reboot.
***************************************************************
*          Copyright (C) 2014-2018 Huawei Technologies Co., Ltd.    *
*                       All rights reserved.                    *
*              Without the owner's prior written consent,       *
*          no decompiling or reverse-engineering shall be allowed. *
***************************************************************
<USG6000V1>save
```

提醒　　输入防火墙密码时，屏幕上并不显示。

（3）配置防火墙接口地址及路由。

//进入系统视图，关闭信息中心，更改设备名为 FW-1
<USG6000V1>system-view
Enter system view, return user view with Ctrl+Z.
[USG6000V1]undo info-center enable
Info: Saving log files...
Info: Information center is disabled.
[USG6000V1]sysname FW-1

//配置连接 RS-1 的接口 GE1/0/0
[FW-1]interface GigabitEthernet 1/0/0
[FW-1-GigabitEthernet1/0/0]ip address 10.0.1.2 30
[FW-1-GigabitEthernet1/0/0]quit
//配置连接 R-1 的接口 GE1/0/1
[FW-1]interface GigabitEthernet 1/0/1
[FW-1-GigabitEthernet1/0/1]ip address 10.0.2.1 30
[FW-1-GigabitEthernet1/0/1]quit

//创建 OSPF 进程 1，此处分别宣告 area 0 和 area 1 区域内的直连网段
[FW-1]ospf 1
[FW-1-ospf-1]area 0
[FW-1-ospf-1-area-0.0.0.0]network 10.0.2.0 0.0.0.3
[FW-1-ospf-1-area-0.0.0.0]quit
[FW-1-ospf-1]area 1
[FW-1-ospf-1-area-0.0.0.1]network 10.0.1.0 0.0.0.3
[FW-1-ospf-1-area-0.0.0.1]quit
[FW-1-ospf-1]quit

//根据本任务的【网络规划】，将防火墙接口添加入不同的安全区域中
//将 GE1/0/0 接口添加到 trust 区域中
[FW-1]firewall zone trust
[FW-1-zone-trust]add interface GigabitEthernet 1/0/0
[FW-1-zone-trust]quit
//将 GE1/0/1 接口添加到 untrust 区域中
[FW-1]firewall zone untrust
[FW-1-zone-untrust]add interface GigabitEthernet 1/0/1
[FW-1-zone-untrust]quit
[FW-1]

提醒

安全区域是一个或多个接口的集合，是防火墙区别于路由器的主要特性。防火墙通过安全区域来划分网络、标识报文流动的"路线"，当报文在不同的安全区域之间流动时，才会触发安全检查，配置的防火墙安全策略才会生效。

由于防火墙在默认情况（没有配置安全策略）时，允许 OSPF 协议报文通过，但阻断其他协议报文，因此，此时用户区域与数据中心区域之间是不能通信的（例如互相 Ping 不通），但是各路由设备（例如 RS-1、RS-2、R-1 等）可以通过 OSPF 协议获取到全网路由。

**步骤 8**：配置防火墙安全策略。

按照本任务【网络规划】中的安全策略设计，在防火墙中添加安全策略，实现安全目的。

```
//进入安全策略配置视图，根据【网络规划】，创建防火墙的各条安全策略
[FW-1]security-policy
```

//创建一条名为 allow-web 的策略，使得源地址是 192.168.64.0/24 网段，目的地址是 172.16.64.0 /24 网段的 HTTP 协议报文都被允许通过（permit）防火墙

```
[FW-1-policy-security]rule name allow-web
[FW-1-policy-security-rule-allow-web]source-address 192.168.64.0 24
[FW-1-policy-security-rule-allow-web]destination-address 172.16.64.0 24
[FW-1-policy-security-rule-allow-web]service http
[FW-1-policy-security-rule-allow-web]action permit
[FW-1-policy-security-rule-allow-web]quit
```

//创建一条名为 allow-ftp 的策略，使得源地址是 192.168.65.0/24 网段，目的地址是 172.16.64.0 /24 网段的 FTP 协议报文都被允许通过（permit）防火墙

```
[FW-1-policy-security]rule name allow-ftp
[FW-1-policy-security-rule-allow-ftp]source-address 192.168.65.0 24
[FW-1-policy-security-rule-allow-ftp]destination-address 172.16.64.0 24
[FW-1-policy-security-rule-allow-ftp]service ftp
[FW-1-policy-security-rule-allow-ftp]action permit
[FW-1-policy-security-rule-allow-ftp]quit
```

//创建一条名为 allow-ping 的策略，允许（permit）源区域（zone）是 trust，目的区域（zone）是 untrust 的 ICMP 协议报文通过防火墙，即允许用户区域网络 Ping 外部网络

```
[FW-1-policy-security]rule name allow-ping
[FW-1-policy-security-rule-allow-ping]source-zone trust
[FW-1-policy-security-rule-allow-ping]destination-zone untrust
[FW-1-policy-security-rule-allow-ping]service icmp
[FW-1-policy-security-rule-allow-ping]action permit
[FW-1-policy-security-rule-allow-ping]quit
```

//创建一条名为 no-ping 的策略，禁止（deny）源区域（zone）是 untrust，目的区域（zone）是 trust 的 ICMP 协议报文通过防火墙，即禁止外部网络 Ping 用户区域网络

```
[FW-1-policy-security]rule name no-ping
[FW-1-policy-security-rule-no-ping]source-zone untrust
[FW-1-policy-security-rule-no-ping]destination-zone trust
[FW-1-policy-security-rule-no-ping]service icmp
[FW-1-policy-security-rule-no-ping]action deny
[FW-1-policy-security-rule-no-ping]quit

//创建名为 no-any 的策略，该策略禁止一切通信通过防火墙
[FW-1-policy-security]rule name no-any
[FW-1-policy-security-rule-no-visit]source-address any
[FW-1-policy-security-rule-no-visit]destination-address any
[FW-1-policy-security-rule-no-visit]service any
[FW-1-policy-security-rule-no-visit]action deny
[FW-1-policy-security-rule-no-visit]quit
[FW-1-policy-security]quit
[FW-1]quit
<FW-1>save
```

　　　　防火墙在执行安全策略时，是按照添加时的顺序执行的，因此，上述策略中，no-any 策略必须放在最后添加，否则会造成全网通信阻断。

　　　　上述 no-any 策略的内容，也可以不指明"来源""目的地""服务协议"，只需写"action deny"，即表示禁止所有通信。

　　**步骤 9**：创建测试 Web 和 FTP 服务通信所需要的文件夹与文件。

　　由于本任务中，需要通过应用 Web 服务和 FTP 服务来测试防火墙的安全策略执行情况，因此需要先创建测试 Web 和 FTP 通信所需要的文件夹和文件。

　　（1）创建测试 Web 通信所需的文件夹和文件。

　　在实体计算机的 D 盘上创建一个文件夹并命名为 Web，用来表示网站的存放位置，其路径为 D:\Web。

　　测试 Web 服务，需要创建一个网站。为了简化工作，此处通过 Windows 系统自带的记事本程序，创建一个简单的网页，用来代替网站。在 D:\Web 文件夹中创建一个记事本文件，命名为 index.html，内容自定即可。

　　　　记事本程序创建的文件，其默认扩展名为.txt，并且缺省处于隐藏状态。可单击文件夹窗口上端的【查看】选项，然后在【文件扩展名】选项前打上对勾，如图 8-1-5 所示，即可显示文件全名，将其改为"index.html"即可。

　　（2）创建测试 FTP 通信所需要的文件夹和文件。在实体计算机"D:\"下创建文件夹并命名为 FTP，在 FTP 文件夹中创建两个子文件夹，分别命名为"视频"和"照片"。

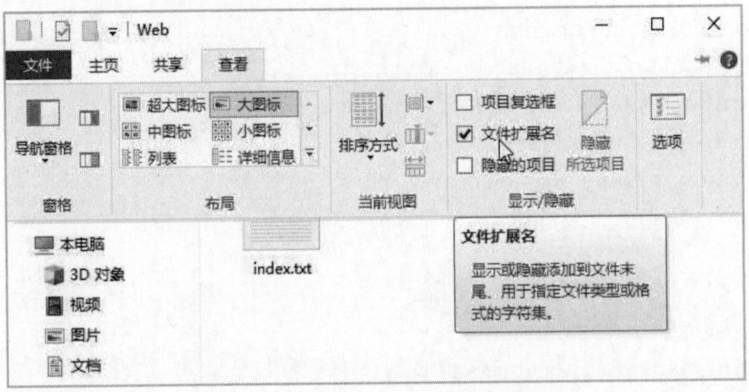

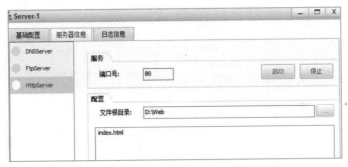

图 8-1-5　更改 index 文件的扩展名

**步骤 10**：在 Server-1 上配置 Web 服务和 FTP 服务。

（1）在 Server-1 上配置 Web 服务。打开 Server-1 的配置界面，在【服务器信息】页面中选择【HttpServer】，在右侧的【配置】中，将"文件根目录："设置为"D:\Web"，单击【启动】，启动 http 服务，如图 8-1-6 所示。

图 8-1-6　配置 Service-1 的 Http 服务信息

（2）在 Server-1 上配置 FTP 服务。在【服务器信息】页面中选择【FtpServer】，在右侧的【配置】中，将"文件根目录："设置为"D:\FTP"，单击【启动】，启动 FTP 服务，如图 8-1-7 所示。

图 8-1-7　配置 Service-1 的 FTP 服务信息

**步骤 11**：验证防火墙安全策略的执行效果。

（1）测试 allow-web 策略的执行效果。

策略含义：用户区域中 A-C-1 所在网段主机，只能访问 Web 服务，不能访问 FTP 服务。

在 A-C-1 的【客户端信息】页面中选择【HttpClient】，在右侧的地址栏中输入 http://172.16.64.10/index.html，单击【获取】按钮，可看到 Web 访问成功，如图 8-1-8 所示。说明通信结果符合 allow-web 策略要求。

图 8-1-8　验证 allow-web 策略：A-C-1 可以访问 Web 服务

（2）验证 allow-ftp 策略的执行效果。

策略含义：用户区域中 B-C-1 所在网段主机，只能访问 FTP 服务，不能访问 Web 服务。

在 B-C-1 的【客户端信息】页面中选择【FtpClient】，在右侧的【服务器地址】中输入 Server-1 的地址 172.16.64.10，单击【登录】按钮，可看到下方的【服务器文件列表】中显示出 D:\FTP 文件夹中的内容，如图 8-1-9 所示，表示 FTP 访问成功。

图 8-1-9　验证 allow-ftp 策略：B-C-1 可以访问 FTP 服务

（3）验证 allow-ping 策略的执行效果。

策略含义：用户区域网络可以用 Ping 方式访问外部网络。

在 A-C-1（代表用户区域网络）的【基础配置】页面中，通过【PING 测试】访问 172.16.64.10（代表外部网络），"次数"设置为 5，单击【发送】按钮，可以看到 Ping 命令全部成功，如图 8-1-10 所示，说明用户区域网络可以用 Ping 方式访问外部网络。

图 8-1-10　验证 allow-ping 策略：A-C-1 可以 Ping 通 Server-1

（4）验证 no-ping 策略的执行效果。

策略含义：外部网络不能以 Ping 方式访问用户区域内的主机。

在服务器 Server-1（代表外部网络）的【基础配置】页面中，通过【PING 测试】访问 192.168.64.10（即用户区域网络），"次数"设置为 5，单击【发送】按钮，可以看到 Ping 命令全部失败，如图 8-1-11 所示，说明外部网络不能以 Ping 方式访问用户区域网络。

图 8-1-11　验证 no-ping 策略：Server-1 以 Ping 方式访问 A-C-1 失败

（5）验证 no-visit 策略的执行效果。

策略含义：禁止任何通信通过防火墙。

由于本策略是最后添加的，因此，当到达防火墙 FW-1 的报文不满足前面几条策略时，就执行本策略，即禁止通过。

验证 1：A-C-1 不能访问 Server-1 的 FTP 服务。

在 A-C-1 的【客户端信息】页面中选择【FtpClient】，在右侧的【服务器地址】中输入 Server-1 的地址 172.16.64.10，单击【登录】按钮，显示"连接服务器失败"，如图 8-1-12 所示，说明不能访问 FTP 服务，通信结果符合 no-visit 策略要求。

图 8-1-12　验证 no-visit 策略：A-C-1 不能访问 FTP 服务

验证 2：B-C-1 不能访问 Server-1 的 Web 服务。

在 B-C-1 的【客户端信息】页面中选择【HttpClient】，在右侧的地址栏中输入 http://172.16.64.10/index.html，单击【获取】按钮，可看到显示"Connect server failure."，如图 8-1-13 所示，说明 B-C-1 不能访问 HTTP 服务（即 Web 服务）。

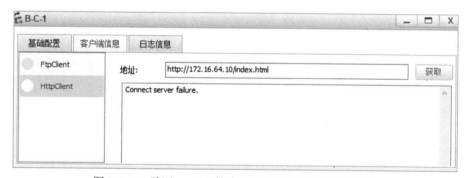

图 8-1-13　验证 no-visit 策略：B-C-1 不能访问 Web 服务

# 任务二　实现防火墙的旁挂部署

## 【任务介绍】

在任务一的基础上，在数据中心区域的核心交换机一侧，旁挂一台防火墙。这种部署并不改变原有网络的拓扑结构，并且通过在核心交换机和防火墙上配置静态路由，使得通过数据中心核心交换机的流量都会被首先引流到旁挂的防火墙上进行安全策略检测，而不是直接转发至核心路由器（R-1）或者 Server-1。只有安全策略允许通过的流量才会被防火墙发送回核心交换机，并被核心交换机进一步转发至目的地，从而保证数据中心网络安全。

## 【任务目标】

1. 完成防火墙的旁路部署。
2. 完成交换机 VRF（虚拟路由转发）配置，并实现防火墙旁路引流。
3. 通过旁路防火墙的安全策略，实现对数据中心网络的安全防护。

## 【拓扑规划】

1. 网络拓扑

本任务的拓扑结构如图 8-2-1 所示。

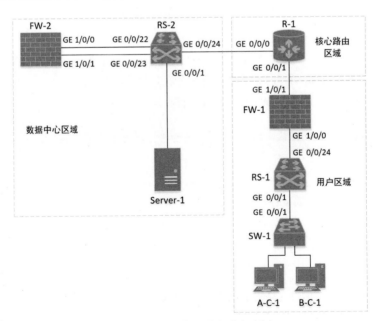

图 8-2-1　任务二的拓扑规划

2. 拓扑说明

网络拓扑说明见表 8-2-1。

表 8-2-1　网络拓扑说明

| 序号 | 设备线路 | 设备类型 | 规格型号 | 备注 |
|---|---|---|---|---|
| 1 | FW-2 | 防火墙 | USG6000V | 旁挂在数据中心交换机一侧的防火墙 |

拓扑中的其他设备，与本项目任务一相同。

3. RS-2 交换机的 VRF 配置

（1）旁挂防火墙的目的。本任务中，在数据中心核心交换机的一侧，旁挂一台防火墙 FW-2。这样做的目的是在不改变原有网络拓扑的基础上，在网络的关键位置增加防火墙并对通信进行安全检查。

此处部署防火墙的关键在于：需要经过数据中心核心交换机 RS-2 的通信流量，必须先被引流到防火墙 FW-2 上，经过防火墙的安全策略检查后，允许通过防火墙的流量再重新发回到核心交换机 RS-2 上，并进一步被 RS-2 继续转发。不允许通过防火墙的流量则在防火墙处被阻断，不能进一步转发。

例如，A-C-1 访问 Server-1 的 Web 服务，其报文达到 RS-2 后，不能直接转发到 Server-1，而必须先引流到防火墙 FW-2，经过防火墙策略检查过滤后，再从 FW-2 返回到 RS-2，然后再从 RS-2 转发到 Server-1。返回的报文从 Server-1 到达 RS-2 后，不能直接转发到 R-1，而是必须先引流到防火墙 FW-2，经过防火墙策略检查过滤后，再从 FW-2 返回到 RS-2，然后再从 RS-2 转发到 R-1。

（2）引流过程中存在的问题。为了把经过核心交换机 RS-2 的流量引流到防火墙 FW-2，我们很自然想到分别在 RS-2 和 FW-2 上使用静态路由。例如在 RS-2 上配置一条静态路由，指定目的地是 172.16.64.0/24 网段的报文，其下一跳为防火墙 FW-2 的 GE1/0/0 接口地址。

但是，由于核心交换机 RS-2 与其上下行路由设备（例如 R-1）之间运行 OSPF，其路由优先级高于静态路由，所以当通信流量到达核心交换机 RS-2 后会直接被转发到上行设备（例如 R-1）或下行设备（例如 Server-1），而不会被引流到防火墙 FW-2 上。

**提醒**　不同厂商的路由设备，其路由协议的优先级可能不同。例如 Cisco 设备的静态路由（度量值：1）就优先于 OSPF（度量值：110）路由协议。然而华为的设备是 OSPF（度量值：10）路由协议优先于静态路由（度量值：60）。

（3）VRF 的作用。如果希望通过静态路由引流，必须在核心交换机 RS-2 上配置虚拟路由转发（Virtual Routing Forwarding，VRF）功能。VRF 可将一台交换机虚拟成连接上行设备的交换机（根交换机 Public）和连接下行设备的交换机（虚拟交换机 VRF）。

1）Public 作为连接出口路由器的交换机。对于下行流量，它将外网进来的流量转发给 FW 进行检测；对于上行流量，它接收经 FW 检测后的流量，并转发到上行路由器。

2）VRF 作为连接内网侧的交换机。对于下行流量，它接收经 FW 检测后的流量，并转发到内网；对于上行流量，它将内网的流量转发到 FW 去检测。

　　虚拟出的两个交换机（即 Public 和 VRF）是完全隔离的，即 Public 和上行设备（例如 R-1）之间的 OSPF 信息，与 VRF 和下行设备（此处用 Server-1 表示）之间的 OSPF 信息是完全隔离的。

　　因此，当流量从上行设备（例如 R-1）转发到 RS-2（Public）时，不会被直接转发到 RS-2（VRF），而是首先被配置在 RS-2（Public）中的静态路由引流到防火墙 FW-2 上，经过防火墙安全策略过滤后，再被配置在 FW-2 上的静态路由转发到 RS-2（VRF），并通过 RS-2（VRF）中的 OSPF 信息，被进一步转发到下行设备（例如此处的 Server-1）。

　　反之，当流量从下行设备（例如 Server-1）发送到 RS-2（VRF）时，不会被直接转发到 RS-2（Public），而是首先被配置在 RS-2（VRF）中的静态路由引流到防火墙 FW-2 上，经过防火墙安全策略过滤后，再被配置在 FW-2 上的静态路由转发到 RS-2（Public），并通过 RS-2（Public）中的 OSPF 信息，被进一步转发到上行设备（例如此处的 R-1）。

　　（4）本任务中 RS-2 交换机的 VRF 配置。本任务中，设置 RS-2 的 GE 0/0/23 和 GE 0/0/1 接口属于 VRF，即 VRF 连接服务器网段；其他接口（例如 GE 0/0/22 和 GE 0/0/24）默认属于 Public，即 Public 连接数据中心的外部网络，如图 8-2-2 所示。此时，RS-2 相当于被拆分成了两台相互隔离的交换机，即 Public 和 VRF。Public 和 VRF 之间不能直接转发报文。当 A-C-1 和 Server-1 之间访问时，其通信路径如图 8-2-2 中的虚线所示，具体为：

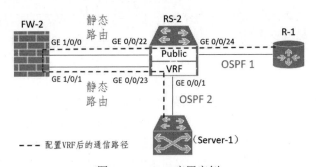

图 8-2-2　VRF 应用案例

　　从 A-C-1 到 Server-1：A-C-1→SW-1→RS-1→FW-1→R-1→RS-2(Public，GE 0/0/24)→RS-2(Public，GE 0/0/22)→FW-2(GE 1/0/0)→FW-2(GE 1/0/1)→RS-2(VRF，GE 0/0/23)→RS-2(VRF，GE 0/0/1)→Server-1。

　　从 Server-1 到 A-C-1：Server-1→RS-2(VRF，GE 0/0/1)→RS-2(VRF，GE 0/0/23)→FW-2(GE 1/0/1)→FW-2(GE 1/0/0)→RS-2(Public，GE 0/0/22)→RS-2(Public，GE 0/0/24)→R-1→FW-1→RS-1→SW-1→A-C-1。

【网络规划】

1. 主机 IP 地址
用户主机以及服务器的 IP 地址，与本项目任务一相同。

2. 交换机接口与 VLAN

交换机接口及 VLAN 规划见表 8-2-2。

表 8-2-2　交换机接口及 VLAN 规划

| 序号 | 交换机 | 接口 | VLAN ID | 连接设备 | 接口类型 | 说明 |
|------|--------|------|---------|----------|----------|------|
| 1 | RS-2 | GE 0/0/1 | 10 | Server-1 | Access | 属于 VRF |
| 2 | RS-2 | GE 0/0/23 | 201 | FW-2 | Access | 属于 VRF |
| 3 | RS-2 | GE 0/0/22 | 200 | FW-2 | Access | 属于 Public |
| 4 | RS-2 | GE 0/0/24 | 100 | R-1 | Access | 属于 Public |

其他的交换机接口与 VLAN 配置，与本项目任务一相同。

3. 路由接口地址

路由接口 IP 地址规划见表 8-2-3。

表 8-2-3　路由接口 IP 地址规划

| 序号 | 设备名称 | 接口名称 | 接口地址 | 备注 |
|------|----------|----------|----------|------|
| 1 | FW-2 | GE 1/0/0 | 10.0.4.2 /30 | 与 RS-2（Public）通信的接口 |
| 2 | FW-2 | GE 1/0/1 | 10.0.5.2 /30 | 与 RS-2（VRF）通信的接口 |
| 3 | RS-2（Public） | Vlanif100 | 10.0.3.1 /30 | 与 R-1 通信的三层虚拟接口 |
| 4 | RS-2（Public） | Vlanif200 | 10.0.4.1 /30 | 与 FW-2 通信的三层虚拟接口 |
| 5 | RS-2（VRF） | Vlanif10 | 172.16.64.254 | 与 Server-1 通信的三层虚拟接口 |
| 6 | RS-2（VRF） | Vlanif201 | 10.0.5.1 /30 | 与 FW-2 通信的三层虚拟接口 |

其他路由接口的配置，与本项目任务一相同。

4. 防火墙 FW-1 的安全策略设计

用户区域网络的边界防火墙 FW-1，其安全策略设计与本项目任务一相同，不再赘述。

5. 防火墙 FW-2 的安全策略设计

（1）防火墙接口所属的安全区域。此处将 GE 1/0/0 放入 untrust 区域，将 GE 1/0/1 接口放入 trust 区域。

（2）安全策略设计。在数据中心核心交换机旁挂的防火墙 FW-2 上添加 2 条安全策略：

1）不允许来自外部的 Ping 报文（即 ICMP 报文）访问数据中心的服务器。

2）允许其他通信报文通过防火墙。

防火墙 FW-2 的策略规划见表 8-2-4。

表 8-2-4　防火墙 FW-2 的策略规划

| 序号 | 策略名称 | 来源 | 目的地 | 协议 | 动作 | 策略含义 |
|---|---|---|---|---|---|---|
| 1 | no-ping | untrust 区域 | 172.16.64.0 /24 | ICMP | 拒绝 | 不允许外部网络以 Ping 方式访问数据中心服务器 |
| 2 | allow-any | Any | Any | Any | 允许 | 允许任何通信通过防火墙 |

6. 路由规划

（1）静态路由规划。本任务中，需要在 FW-2 和 RS-2 之间配置静态路由，以实现防火墙旁挂引流。其中在 FW-2 上配置两条静态路由，其下一跳地址分别是 RS-2（Public）和 RS-2（VRF）的三层虚拟接口；在 RS-2（Public）上配置一条下一跳地址是 FW-2（GE 1/0/0）的静态路由，在 RS-2（VRF）上配置一条下一跳地址是 FW-2（GE 1/0/1）的静态路由，具体见表 8-2-5。

本任务中，需要在 R-1 上配置一条到达服务器网段的静态路由。由于 RS-2（VRF）与 RS-2（Public）相互隔离，因此 RS-2（VRF）及其下行网络的路由信息，无法通过 OSPF 传送至 RS-2（Public），进而使得用户区域网络无法通过 OSPF 得知服务器所在网络的路由信息。因此，需要在 RS-2（Public）的上行路由设备（即 R-1）上配置一条静态路由，指明凡是目的地是服务器网段的报文，其下一跳地址是 RS-2（Public）的三层虚拟接口地址，并且还需要在 R-1 的 OSPF 中引入（import）该静态路由，从而使得目的地是服务器网段的路由信息，可以随着 R-1 的 OSPF，发送到其他路由设备（例如 RS-1、FW-1），具体见表 8-2-5。

表 8-2-5　防火墙 FW-2 与 RS-2 之间的静态路由

| 序号 | 静态路由所在设备 | 目的网络 | 下一跳地址 | 说明 |
|---|---|---|---|---|
| 1 | RS-2（VRF） | 0.0.0.0 /0 | 10.0.5.2 | 默认路由，从服务器网络发往外部网络的报文，到达 RS-2（VRF）后，根据本路由被转发到 FW-2 的 GE1/0/1 接口（即 10.0.5.2） |
| 2 | RS-2（Public） | 172.16.64.0 /24 | 10.0.4.2 | 从外部网络发往服务器网段的报文，到达 RS-2（Public）后，根据本静态路由被转发到 FW-2 的 GE1/0/0 接口（即 10.0.4.2） |
| 3 | FW-2 | 0.0.0.0 /0 | 10.0.4.1 | 默认路由，从服务器网络发往外部网络的报文，首先从 RS-2（VRF）转发到 FW-2，然后根据本路由，被转发到 RS-2（Public）的三层虚拟接口（即 10.0.4.1） |
| 4 | FW-2 | 172.16.64.0 /24 | 10.0.5.1 | 从外部网络发往服务器网段的报文，首先从 RS-2（Public）转发到 FW-2，然后根据本静态路由，被转发到 RS-2（VRF）的三层虚拟接口（即 10.0.5.1） |
| 5 | R-1 | 172.16.64.0 /24 | 10.0.3.1 | 由于 Public 和 VRF 是相互隔离的，因此外部网络无法通过 OSPF 获取服务器网段的路由信息。通过本路由，可将外部网络发往服务器网段的报文转发至 RS-2（Public） |

提醒

　　此处 Server-1 的默认网关设置在 RS-2（VRF）上，因此 Server-1 发往外部网络（例如用户区域网络）的报文，会先发至默认网关，然后根据 RS-2（VRF）中的默认路由进一步转发。

　　若 RS-2（VRF）下联的是三层路由设备，并且相互之间通过 OSPF 传送路由信息，则可在 RS-2（VRF）的 OSPF 中执行 default-route-advertise always 命令语句，使得 RS-2（VRF）中配置的默认路由信息通过 OSPF 被发送到 RS-2（VRF）下行网络中的各个路由设备，从而使得服务器发往外部网络的报文，可以根据 RS-2（VRF）中的默认路由信息进行转发。

　　（2）动态路由规划。本任务中，用户区域内部，以及核心路由器与 RS-2（Public）之间采用 OSPF 路由协议，OSPF 的区域设置与任务一相同。

　　由于本任务中 RS-2（VRF）下联的不是路由设备而是服务器（主机），因此在 RS-2 上配置 OSPF 时，不需要在 VRF 中配置 OSPF（因为其和服务器之间是直连路由），只需要在 Public 中配置 OSPF，从而使得 RS-2（Public）可获取到用户区域网络的路由信息即可。

【操作步骤】

　　步骤 1：部署网络。

　　eNSP 中的网络拓扑如图 8-2-3 所示。单击【保存】按钮，保存刚刚建立好的网络拓扑。

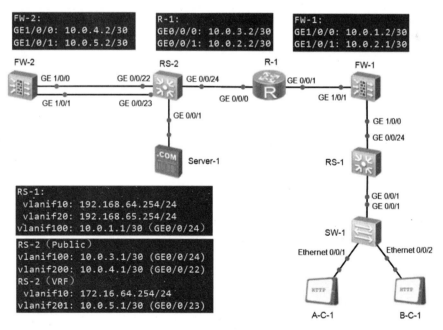

图 8-2-3　任务二在 eNSP 中的网络拓扑

步骤 2：配置用户区域网络。

本任务中，用户区域网络中各设备（包括交换机 SW-1、三层交换机 RS-1 和防火墙 FW-1）的配置与任务一相同，用户可参考任务一进行相关配置。

步骤 3：配置防火墙 FW-2。

包括更改防火墙登录密码、配置防火墙接口地址、将接口加入安全区域、配置静态路由、配置安全策略等。

（1）启动防火墙，并修改防火墙初始密码。由于在配置 FW-1 防火墙时，已经导入过防火墙设备包文件，因此配置 FW-2 时不需要再导入设备包。但是，由于此处是第一次登录 FW-2，所以需要修改防火墙初始密码。

此处使用防火墙的默认用户名"admin"和初始密码"Admin@123"进行登录，然后将登录密码改为 abcd@1234，具体操作可参考任务一中 FW-1 的相关配置。

（2）配置防火墙接口地址并将接口添加入防火墙安全区域。

```
//进入系统视图，关闭信息中心，更改设备名为 FW-1
<USG6000V1>system-view
[USG6000V1]undo info-center enable
[USG6000V1]sysname FW-2

//配置连接 RS-2（Public）的接口 GE1/0/0 的 IP 地址
[FW-2]interface GigabitEthernet 1/0/0
[FW-2-GigabitEthernet1/0/0]ip address 10.0.4.2 30
[FW-2-GigabitEthernet1/0/0]quit
//配置连接 RS-2（VRF）的接口 GE1/0/1 的 IP 地址
[FW-2]interface GigabitEthernet 1/0/1
[FW-2-GigabitEthernet1/0/1]ip address 10.0.5.2 30
[FW-2-GigabitEthernet1/0/1]quit

//将 GE1/0/0 接口添加到 untrust 区域中
[FW-2]firewall zone untrust
[FW-2-zone-untrust]add interface GigabitEthernet 1/0/0
[FW-2-zone-untrust]quit
//将 GE1/0/1 接口添加到 trust 区域中
[FW-2]firewall zone trust
[FW-2-zone-trust]add interface GigabitEthernet 1/0/1
[FW-2-zone-trust]quit
```

（3）配置防火墙 FW-2 的路由。

```
//配置一条下一跳地址是 RS-2（Public）的默认路由，用于从服务器网段发往外部网络的通信
[FW-2]ip route-static 0.0.0.0 0.0.0.0 10.0.4.1
//配置一条目的网络是服务器网段（172.16.64.0/24），下一跳地址是 RS-2（VRF）的静态路由，用于从外部网络发往服务器网段的通信
[FW-2]ip route-static 172.16.64.0 255.255.255.0 10.0.5.1
```

（4）配置防火墙 FW-2 安全策略。

```
//进入安全策略配置视图，根据【网络规划】，创建防火墙的各条安全策略
[FW-1]security-policy
//创建名为 no-ping 的策略，禁止目的地址是 172.16.64.0 /24 网段的 ICMP 协议报文通过防火墙
[FW-2-policy-security]rule name no-ping
[FW-2-policy-security-rule-no-ping]source-address any
[FW-2-policy-security-rule-no-ping]destination-address 172.16.64.0 24
[FW-2-policy-security-rule-no-ping]service icmp
[FW-2-policy-security-rule-no-ping]action deny
[FW-2-policy-security-rule-no-ping]quit

//创建名为 allow-any 的策略，允许一切通信通过防火墙
[FW-2-policy-security]rule name allow-any
[FW-2-policy-security-rule-allow-any]source-zone any
[FW-2-policy-security-rule-allow-any]destination-zone any
[FW-2-policy-security-rule-allow-any]service any
[FW-2-policy-security-rule-allow-any]action permit
[FW-2-policy-security-rule-allow-any]quit
[FW-2-policy-security]quit
[FW-2]quit
<FW-2>save
```

步骤 4：配置三层交换机 RS-2。

（1）配置 VRF（虚拟路由转发）的基本信息。

```
//进入系统视图，关闭信息中心，更改设备名为 RS-2
<Huawei>system-view
[Huawei]undo info-center enable
[Huawei]sysname RS-2
//创建名为 VRF 的 VPN 实例。执行该命令，相当于创建了一个虚拟的路由转发表，
[RS-2]ip vpn-instance VRF
//创建 VPN 实例后，还需要对 VPN 实例进行一系列的配置，必要的操作如下：
//使能 VPN 实例相应的地址族，此处为 IPv4 地址族
[RS-2-vpn-instance-VRF]ipv4-family
//为 VPN 实例相应地址族配置路由标识符（16 位自治系统号:32 位用户自定义数）
[RS-2-vpn-instance-VRF-af-ipv4]route-distinguisher 100:1
//为 VPN 实例地址族配置 VPN Target（16 位自治系统号:32 位用户自定义数）：VPN Target 可以控制 VPN
实例之间的路由学习
[RS-2-vpn-instance-VRF-af-ipv4]vpn-target 100:1 both
 IVT Assignment result:
Info: VPN-Target assignment is successful.
 EVT Assignment result:
Info: VPN-Target assignment is successful.
[RS-2-vpn-instance-VRF-af-ipv4]quit
[RS-2-vpn-instance-VRF]quit
[RS-2]
```

（2）配置 VRF 的接口。根据【拓扑规划】，此处将 GE 0/0/1 和 GE 0/0/23 所属 VLAN 的三层虚拟接口设置为 VRF 接口，即通过配置接口与 VPN 实例绑定，使该接口成为私网接口，从该接口进入的报文使用 VPN 实例，也就是 RS-2（VRF）中的路由信息进行转发。

```
//以下命令配置 GE0/0/1 所属的 VLAN10 的虚拟接口，将其与 VPN 实例（即 VRF）绑定
//创建 VLAN10，并将 GE0/0/1 添加到 VLAN10，设置为 Access 类型
[RS-2]vlan 10
[RS-2-vlan10]quit
[RS-2]interface GigabitEthernet 0/0/1
[RS-2-GigabitEthernet0/0/1]port link-type access
[RS-2-GigabitEthernet0/0/1]port default vlan 10
[RS-2-GigabitEthernet0/0/1]quit
//将 VLAN10 的三层虚拟接口与所创建的 VPN 实例绑定，即将 VLANIF10 设为 VRF 接口
[RS-2]interface vlanif 10
[RS-2-Vlanif10]ip binding vpn-instance VRF
Info: All IPv4 related configurations on this interface are removed!
Info: All IPv6 related configurations on this interface are removed!
//配置 VLANIF10 接口的 IP 地址，注意，一定要先绑定 VPN 实例，再配置 IP 地址
[RS-2-Vlanif10]ip address 172.16.64.254 24
[RS-2-Vlanif10]quit

//以下命令配置 GE0/0/23 所属的 VLAN201 的虚拟接口，将其与 VPN 实例（即 VRF）绑定
//创建 VLAN201，并将 GE0/0/23 添加到 VLAN201，设置为 Access 类型
[RS-2]vlan 201
[RS-2-vlan201]quit
[RS-2]interface GigabitEthernet 0/0/23
[RS-2-GigabitEthernet0/0/23]port link-type access
[RS-2-GigabitEthernet0/0/23]port default vlan 201
[RS-2-GigabitEthernet0/0/23]quit
//将 VLAN201 的三层虚拟接口与所创建的 VPN 实例绑定，即将 VLANIF10 设为 VRF 接口
[RS-2]interface vlanif 201
[RS-2-Vlanif201]ip binding vpn-instance VRF
Info: All IPv4 related configurations on this interface are removed!
Info: All IPv6 related configurations on this interface are removed!
//配置 VLANIF10 接口的 IP 地址，注意，一定要先绑定 VPN 实例，再配置 IP 地址
[RS-2-Vlanif201]ip address 10.0.5.1 30
[RS-2-Vlanif201]quit
```

（3）配置 Public 的接口。根据【拓扑规划】，此处将 GE 0/0/22 和 GE 0/0/24 所属 VLAN 的虚拟接口设置为 Public 接口。其配置方法与普通三层虚拟接口的配置过程相同，不需要绑定 VPN 实例。

```
//以下命令配置 GE0/0/22 所属的 VLAN200 的虚拟接口
//创建 VLAN200，并将 GE0/0/22 添加到 VLAN200，设置为 Access 类型
[RS-2]vlan 200
[RS-2-vlan200]quit
[RS-2]interface GigabitEthernet 0/0/22
```

```
[RS-2-GigabitEthernet0/0/22]port link-type access
[RS-2-GigabitEthernet0/0/22]port default vlan 200
[RS-2-GigabitEthernet0/0/22]quit
//配置 VLANIF200 接口的 IP 地址
[RS-2]interface vlanif 200
[RS-2-Vlanif200]ip address 10.0.4.1 30
[RS-2-Vlanif200]quit

//以下命令配置 GE0/0/24 所属的 VLAN100 的虚拟接口
//创建 VLAN100，并将 GE0/0/24 添加到 VLAN100，设置为 Access 类型
[RS-2]vlan 100
[RS-2-vlan100]quit
[RS-2]interface GigabitEthernet 0/0/24
[RS-2-GigabitEthernet0/0/24]port link-type access
[RS-2-GigabitEthernet0/0/24]port default vlan 100
[RS-2-GigabitEthernet0/0/24]quit
//配置 VLANIF100 接口的 IP 地址
[RS-2]interface vlanif 100
[RS-2-Vlanif100]ip address 10.0.3.1 30
[RS-2-Vlanif100]quit
[RS-2]
```

（4）配置动态路由 OSPF。由于 RS-2（VRF）下行是直接连接服务器 Server-1，没有连接路由设备，因此不需要在 VRF 中配置 OSPF。

RS-2（Public）上行连接的是路由器 R-1，因此需要在 RS-2（Public）中配置 OSPF 路由协议，从而使得 RS-2（Public）可以获取外部网络（例如用户区域网络）的路由信息。

```
[RS-2]ospf 1
[RS-2-ospf-1]area 0
[RS-2-ospf-1-area-0.0.0.0]network 10.0.3.0 0.0.0.3
[RS-2-ospf-1-area-0.0.0.0]quit
[RS-2-ospf-1]quit
```

 **提醒**　　由于服务器网段所在的 VLAN10，其三层虚拟接口属于 RS-2（VRF），所以在 RS-2（Public）中配置 OSPF 时，不需要宣告服务器网段的地址。

（5）配置静态路由。由于 RS-2 和 FW-2 之间是通过静态路由（或默认路由）通信的，因此此处需要分别在 RS-2（Public）和 RS-2（VRF）中配置静态路由（或默认路由）。

```
//在 VPN 实例（VRF）中，配置一条默认路由。从服务器网络发往外部网络的报文，到达 RS-2（VRF）
后，根据本路由被转发到 FW-2 的 GE1/0/1 接口（即 10.0.5.2）
[RS-2]ip route-static vpn-instance VRF 0.0.0.0 0.0.0.0 10.0.5.2

//在 RS-2 的 Public 中，配置一条静态路由。从外部网络发往服务器网段的报文，到达 RS-2（Public）后，
根据本静态路由被转发到 FW-2 的 GE1/0/0 接口（即 10.0.4.2）
[RS-2]ip route-static 172.16.64.0 255.255.255.0 10.0.4.2
```

```
[RS-2]quit
<RS-2>save
```

**步骤 5**：配置核心路由器 R-1。

```
//配置路由器接口 GE0/0/0 和 GE0/0/1 的 IP 地址
[R-1]interface GigabitEthernet 0/0/0
[R-1-GigabitEthernet0/0/0]ip address 10.0.3.2 30
[R-1-GigabitEthernet0/0/0]quit
[R-1]interface GigabitEthernet 0/0/1
[R-1-GigabitEthernet0/0/1]ip address 10.0.2.2 30
[R-1-GigabitEthernet0/0/1]quit

//由于 RS-2 的 Public 和 VRF 是相互隔离的，因此 R-1 无法通过 OSPF 获取服务器网段的路由信息。此处
配置静态路由，将目的网络是服务器网段的报文转发至 RS-2（Public），即 10.0.3.1
[R-1]ip route-static 172.16.64.0 255.255.255.0 10.0.3.1

//配置 ospf 路由，此处只需宣告 area 0 区域内的直连路由
[R-1]ospf 1
//将配置的静态路由引入到 OSPF 中，使得外部网络中的其他路由设备可以通过 OSPF 获取到该静态路由
的信息，从而知道目的网络是服务器网段的报文该如何转发
[R-1-ospf-1]import-route static
[R-1-ospf-1]area 0
[R-1-ospf-1-area-0.0.0.0]network 10.0.2.0 0.0.0.3
[R-1-ospf-1-area-0.0.0.0]network 10.0.3.0 0.0.0.3
[R-1-ospf-1-area-0.0.0.0]quit
[R-1-ospf-1]quit
[R-1]quit
<R-1>save
```

此时查看用户区域中的三层交换机 RS-1 的路由表。可以看到出现一条目的网络是 17.16.64.0/24 的路由，其类型为 O_ASE、优先级为 150，下一跳是 10.0.1.2（防火墙 FW-1 的 GE1/0/0 接口），如图 8-2-4 所示。这就是在 R-1 的 OSPF 中引入静态路由的结果。

```
<RS-1>display ip routing-table
Route Flags: R - relay, D - download to fib
------------------------------------------------------------------------
Routing Tables: Public
         Destinations : 11        Routes : 11

Destination/Mask    Proto   Pre  Cost      Flags NextHop         Interface

       10.0.1.0/30  Direct  0    0         D     10.0.1.1        Vlanif100
       10.0.1.1/32  Direct  0    0         D     127.0.0.1       Vlanif100
       10.0.2.0/30  OSPF    10   2         D     10.0.1.2        Vlanif100
       10.0.3.0/30  OSPF    10   3         D     10.0.1.2        Vlanif100
       127.0.0.0/8  Direct  0    0         D     127.0.0.1       InLoopBack0
       127.0.0.1/32 Direct  0    0         D     127.0.0.1       InLoopBack0
     172.16.64.0/24 O_ASE   150  1         D     10.0.1.2        Vlanif100
     192.168.64.0/24 Direct 0    0         D     192.168.64.254  Vlanif10
   192.168.64.254/32 Direct 0    0         D     127.0.0.1       Vlanif10
     192.168.65.0/24 Direct 0    0         D     192.168.65.254  Vlanif20
   192.168.65.254/32 Direct 0    0         D     127.0.0.1       Vlanif20
```

图 8-2-4　RS-1 的路由表中出现一条 Proto 值为"O_ASE"的路由

**步骤 6**：验证防火墙安全策略的执行效果。

结合 FW-1 和 FW-2 的安全策略，执行相应的通信操作，通信结果见表 8-2-6。

表 8-2-6　防火墙策略执行效果

| 序号 | 来源 | 目的地 | 动作 | 通信结果 |
|---|---|---|---|---|
| 1 | A-C-1 | Server-1 | 访问 Web | 正常访问 |
| 2 | A-C-1 | Server-1 | 访问 FTP | 禁止访问 |
| 3 | A-C-1 | Server-1 | Ping | 禁止访问 |
| 4 | B-C-1 | Server-1 | 访问 Web | 禁止访问 |
| 5 | B-C-1 | Server-1 | 访问 FTP | 正常访问 |
| 6 | B-C-1 | Server-1 | Ping | 禁止访问 |
| 7 | Server-1 | A-C-1 | Ping | 禁止访问 |

验证结果分析：

序号 1：根据用户区域的边界防火墙 FW-1 的策略，允许 A-C-1 访问 Server-1 的 Web 服务的报文通过，相关报文到达数据中心防火墙 FW-2 后，根据 FW-2 的策略，只禁止外部网络对服务器网段的 Ping 操作，但允许其他操作（例如访问 Web 服务或 FTP 服务）通过，因此序号 1 的通信结果是"正常访问"。

序号 2：根据用户区域的边界防火墙 FW-1 的策略，不允许 A-C-1 访问 Server-1 的 FTP 服务的报文通过，因此通信结果为"禁止访问"。

序号 3：根据用户区域的边界防火墙 FW-1 的策略，允许用户区域主机发往外部网络的 Ping 报文通过，但是当 A-C-1 发往 Server-1 的 Ping 报文（即 ICMP 报文）到达 FW-2 时，由于 FW-2 的策略禁止外部网络对服务器网段的 Ping 操作，所以访问失败。

序号 4：根据用户区域的边界防火墙 FW-1 的策略，不允许 B-C-1 访问 Server-1 的 Web 服务的报文通过，因此通信结果为"禁止访问"。

序号 5：根据用户区域的边界防火墙 FW-1 的策略，允许 B-C-1 访问 Server-1 的 FTP 服务的报文通过，相关报文到达数据中心防火墙 FW-2 后，根据 FW-2 的策略，只禁止外部网络对服务器网段的 Ping 操作，但允许其他操作（例如访问 Web 服务或 FTP 服务）通过，因此序号 5 的通信结果是"正常访问"。

序号 6：根据用户区域的边界防火墙 FW-1 的策略，允许用户区域主机发往外部网络的 Ping 报文通过，但是当 B-C-1 发往 Server-1 的 Ping 报文（即 ICMP 报文）到达 FW-2 时，由于 FW-2 的策略禁止外部网络对服务器网段的 Ping 操作，所以访问失败。

序号 7：根据数据中心防火墙 FW-2 的策略，只禁止外部网络对服务器网段的 Ping 操作，但允许其他操作（包括服务器网段对外部网络的 Ping 操作）通过，Server-1 发往 A-C-1 的 Ping 报文到达用户区域防火墙 FW-1 时，由于 FW-1 的策略不允许外部网络以 Ping 方式访问用户区域网络，所以访问失败。

# 任务三  规划整个园区网的安全设计

## 【任务介绍】

以本书项目七中的园区网为基础，分析园区网存在的安全风险，通过部署防火墙，设计园区网安全防护方案、防火墙安全策略，完成部署防火墙后的拓扑设计与全网规划。

## 【任务目标】

1. 完成网络安全风险分析。
2. 完成安全防护方案设计。
3. 完成防火墙安全策略设计。
4. 完成全网拓扑设计。

## 【风险分析】

园区网未加入安全设计时的网络拓扑，如图 8-3-1 所示。

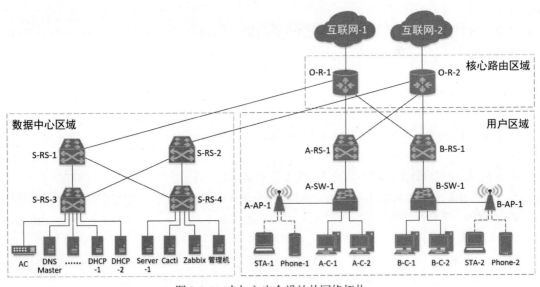

图 8-3-1  未加入安全设计的网络拓扑

网络安全风险主要包括：边界完整性检查、入侵防范、结构安全访问控制、网络设备防护、安全审计。

根据安全风险要点对现有园区网网络安全现状进行分析，目前主要存在以下问题：

（1）园区网接入互联网区域无法实现边界网络的访问控制与安全防护，容易受到攻击。

（2）数据中心区域与核心网络之间缺少安全防护，无法有效实现服务器的访问控制。

（3）用户区域网络缺少访问控制措施，无法对网络用户行为以及访问内容进行控制。

【安全方案】

为了解决网络设计中的安全风险，在网络中增加防火墙以保证网络安全。

（1）在园区网边界的接入网络中增加两台防火墙，通过配置双链路 NAT 及配置安全策略，实现出口访问控制与设备灾备，当外部网络需要访问内部网络资源时将受到控制，例如必须以 VPN 方式进行访问。

（2）数据中心的边界区域增加两台防火墙，旁挂部署，进出数据中心网络的流量必须先引流到防火墙，经过防火墙安全策略过滤后，再进一步转发。

（3）为了实现数据中心防火墙的设备灾备，将两台防火墙设置为双机热备，当一台出现故障时，可通过另一台进行工作。此外，两台防火墙的工作方式为负载分担，即正常情况两台防火墙分担通信流量，若一台出现故障，则另一台承担全部流量。

（4）每个用户区域通过一台防火墙连接到核心路由器，控制园区网用户对网络资源的访问。

【拓扑规划】

1. 网络拓扑

根据【安全方案】，添加防火墙以后的网络拓扑结构如图 8-3-2 所示。

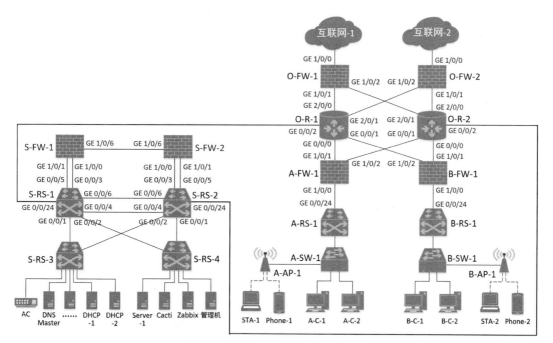

图 8-3-2　加入防火墙后的拓扑设计

2. 拓扑说明

拓扑说明见表 8-3-1。

表 8-3-1　拓扑说明

| 序号 | 设备名称 | 设备类型 | 规格型号 | 备注 |
|---|---|---|---|---|
| 1 | O-FW-1、O-FW-2 | 防火墙 | USG6000V | 园区网边界防火墙，连接互联网 |
| 2 | A-FW-1 | 防火墙 | USG6000V | 用户区域 A 的边界防火墙 |
| 3 | B-FW-1 | 防火墙 | USG6000V | 用户区域 B 的边界防火墙 |
| 4 | S-FW-1、S-FW-2 | 防火墙 | USG6000V | 数据中心旁挂防火墙 |
| 5 | Server-1 | 服务器 | Server | eNSP 自带的服务器仿真终端，用来仿真实现 Web、FTP 服务 |
| 6 | A-C-1、B-C-1 | 客户机 | PC | 用户 PC |
| 6 | A-C-2、B-C-2 | 客户机 | Client | eNSP 自带的客户主机仿真终端 |

为了简化构图、突出重点，此处只显示了部分服务器图标。园区网中其他设备的说明，请参见本书项目一。

（1）接入网络区域拓扑说明。接入网络区域中，增加两台防火墙 O-FW-1 和 O-FW-2，实现园区网出口访问控制与设备灾备，即当一台防火墙故障时，通信流量可通过另一台防火墙。同时，整个园区网通过两台防火墙实现双链路 NAT 接入互联网。

原有的路由器 O-R-1 和 O-R-2 不再直接接入互联网，而是向上分别同时接入到 O-FW-1 与 O-FW-2 上。当一台路由器出现故障，通信流量可通过另一台路由器进行转发，从而实现通信链路冗余，起到了网络容灾作用。

O-FW-1 的上联接口（即 GE1/0/0）作为互联网接口，在 eNSP 中连接一个 Cloud 设备，Cloud 设备要绑定实体主机连接互联网的网卡（必须是有线网卡）。O-FW-2 同理。

（2）用户区域拓扑说明。

用户区域网络中，增加了两台防火墙 A-FW-1 和 B-FW-1。A-FW-1 和 B-FW-1 分别同时向上接入路由器 O-R-1 和 O-R-2，实现了通信链路冗余，起到了网络容灾作用。汇聚交换机 A-RS-1 和 B-RS-1 不再直接接入核心路由器，而是分别接入到防火墙 A-FW-1 和 B-FW-1 上。

A-RS-1 和 B-RS-1 下面可根据需要接入多台交换机，此处简化为各接入一台交换机，即 A-SW-1 和 B-SW-1。A-SW-1 和 B-SW-1 用于接入用户主机和 AP。

（3）数据中心区域拓扑说明。数据中心区域网络中，增加了两台防火墙 S-FW-1 和 S-FW-2，分别旁挂在数据中心的汇聚交换机 S-RS-1 和 S-RS-2 上。通过在 S-RS-1 和 S-RS-2 上配置 VRF（虚拟路由转发），并且在 S-RS-1、S-RS-2 与 S-FW-1、S-FW-2 之间配置静态路由，使得通过 S-RS-1 和 S-RS-2 的报文，首先引流到旁挂的防火墙上进行安全检测。符合防火墙策略（允许通过）的报文被防火墙转发回 S-RS-1 和 S-RS-2，并进一步向目的地转发；不符合防火墙策略（禁止通过）的报文被防火墙阻断。

两台旁挂防火墙之间，以及 S-RS-1 和 S-RS-2 之间通过配置 VRRP（虚拟路由冗余协议）形成双机热备，并且以负载分担的方式工作。在正常情况下，S-FW-1 和 S-FW-2 共同转发流量，其中一台出现故障时，另一台转发全部业务，保证业务不中断。

## 【网络规划】

### 1. S-RS-1 和 S-RS-2 的 VRF 配置

在数据中心区域，为了实现防火墙旁挂引流，在 S-RS-1 和 S-RS-2 上配置了 VRF，使得每台交换机被划分成两个虚拟的、相互隔离的交换机，即 VRF 和 Public。

表 8-3-2 列出了 S-RS-1 和 S-RS-2 配置 VRF 后相应接口的归属。

表 8-3-2　配置 VRF 后的接口归属

| 序号 | 设备名称 | 接口名称 | 接口归属 | 备注 |
|------|---------|---------|---------|------|
| 1 | S-RS-1 | Vlanif101 | VRF | 包含 GE 0/0/1，用于和数据中心内部通信 |
| 2 | S-RS-1 | Vlanif102 | VRF | 包含 GE 0/0/2，用于和数据中心内部通信 |
| 3 | S-RS-1 | Vlanif201 | VRF | 包含 GE 0/0/3、GE 0/0/4，用于和旁挂防火墙以及 S-RS-2 的 VRF 通信 |
| 4 | S-RS-1 | Vlanif100 | Public | 包含 GE 0/0/24，用于和 O-R-1 通信 |
| 5 | S-RS-1 | Vlanif202 | Public | 包含 GE 0/0/5、GE 0/0/6，用于和旁挂防火墙以及 S-RS-2 的 Public 通信 |
| 5 | S-RS-2 | Vlanif101 | VRF | 包含 GE 0/0/1，用于和数据中心内部通信 |
| 6 | S-RS-2 | Vlanif102 | VRF | 包含 GE 0/0/2，用于和数据中心内部通信 |
| 7 | S-RS-2 | Vlanif201 | VRF | 包含 GE 0/0/3、GE 0/0/4，用于和旁挂防火墙以及 S-RS-1 的 VRF 通信 |
| 8 | S-RS-2 | Vlanif100 | Public | 包含 GE 0/0/24，用于和 O-R-2 通信 |
| 9 | S-RS-2 | Vlanif202 | Public | 包含 GE 0/0/5、GE 0/0/6，用于和旁挂防火墙以及 S-RS-1 的 Public 通信 |

### 2. 防火墙双机热备规划

本任务中对数据中心的旁挂防火墙进行双机热备配置。例如，当 S-FW-1 故障时，从外部网络发往服务器的报文，到达 S-RS-1 后，不再发往 S-FW-1，而是通过 GE 0/0/6 接口（属于 Public）到达 S-RS-2（GE 0/0/6），然后再通过 S-RS-2 的 Public 的 GE 0/0/5 接口发至 S-FW-2，完成报文过滤后，再发回至 S-RS-2 的 VRF，并进一步转发至目的地服务器，如图 8-3-3 所示，从而实现当一台防火墙故障时，报文可以通过另一台防火墙进行过滤、通信。

但要注意的是，防火墙和路由器在工作原理上是有区别的。报文通过 S-FW-1 时，会根据安全策略形成会话表。当 S-FW-1 故障，报文转而从 S-FW-2 通过时，若 S-FW-2 上没有之前流量的会话表，之前传输会话的返回流量将无法通过 S-FW-2，而会话的后续流量需要重新经过安全策略的检查，并生成会话。这就意味着之前所有的通信流量都将中断，除非重新建立连接。

华为防火墙的双机热备功能是通过提供一条备份链路（心跳线，如图 8-3-3 中的 GE1/0/6 接口链路），协商防火墙之间的主备状态及备份会话表、Server-map 表等操作。根据防火墙的配置分别选出主用设备及备用设备，当主用设备正常工作时，备用设备不提供数据包的转发，但是备用设备会实时从主用设备下载当前的会话表及 Server-map 表。从而保证，当主用设备故障时，即使切换到备用设备，备用设备依然存在当前流量的会话表及 Server-map 表，从而保证业务流量不中断。

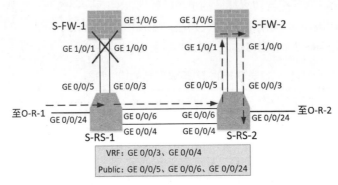

图 8-3-3　当 S-FW-1 故障时，报文通过 S-RS-2 发至 S-FW-2

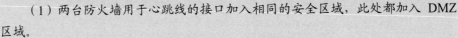
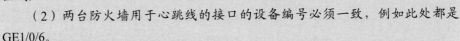

在双机热备环境中，要求如下：

（1）两台防火墙用于心跳线的接口加入相同的安全区域，此处都加入 DMZ 区域。

（2）两台防火墙用于心跳线的接口的设备编号必须一致，例如此处都是 GE1/0/6。

（3）建议用于双机热备的两条防火墙采用相同的型号、相同的 VRP 版本。

华为防火墙的双机热备包含以下两种模式：

（1）主备备份模式：同一时间只用一台防火墙转发数据包，其他防火墙不转发数据包，但是会通过心跳线同步会话表及 Server-map 表。

（2）负载分担模式：同一时间，多台防火墙同时转发数据，但每个防火墙又作为其他防火墙的备用设备，即每个防火墙既是主用设备也是备用设备，防火墙之间同步会话表及 Server-map 表。

本任务中，两台旁挂防火墙采用负载分担模式工作。

3. VRRP（虚拟路由冗余协议）的配置规划

在双机热备技术中，即使选出了主用设备和备用设备，默认情况下流量也通过主用设备转发，而备用设备处于备份状态。但是客户机通常通过指定网关地址来指定网络出口，当客户机将网关指向主用设备时，流量自然从主用设备转发，但是当主用设备故障时，客户机并不会将网关自动指向备用设备，所以即使双机热备本身可以切换、客户机依然无法正常通信。所以要保证双机热备可以正常工作，还需解决客户机网关自动切换的问题，这就要用到虚拟路由冗余协议（Virtual Router

Redundancy Protocol，VRRP）技术。在华为防火墙的双机热备技术中，VRRP 是非常重要的一个组成部分。

VRRP 通过把几台路由设备上的网关接口联合组成一个虚拟网关，将该虚拟网关的 IP 地址作为用户的默认网关实现与外部网络通信，如图 8-3-4 所示。当一台网关设备发生故障时，VRRP 机制能够选举新的网关设备承担数据流量，从而保障网络的可靠通信。借助 VRRP 能在网关设备出现故障时仍然提供高可靠的缺省链路，无需修改主机及网关设备的配置信息便可有效避免单一链路发生故障后的网络中断问题。

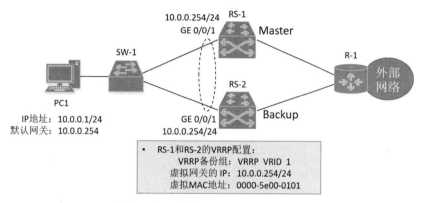

图 8-3-4　通过 VRRP 配置虚拟网关

VRRP 的基本概念如下：

（1）VRRP 路由器：运行 VRRP 协议的路由器，也可以是路由交换机或防火墙。

（2）虚拟路由器：由一个主用路由器和若干备用路由器组成的一个备份组，一个备份组对客户机提供一个虚拟网关。

（3）虚拟路由器标识（Virtual Router ID，VRID），用来唯一地标识一个备份组。

（4）虚拟 IP 地址：提供给客户端的网关 IP 地址，也是分配给虚拟路由器的 IP 地址，在所有的 VRRP 中配置，只有主用设备提供该 IP 地址的 ARP 响应。

（5）虚拟 MAC 地址：基于 VRID 生成的用于 VRRP 的 MAC 地址，在客户端通过 ARP 协议解析网关的 MAC 地址时，主用路由器提供该 MAC 地址。

（6）优先级：用于表示 VRRP 路由器的优先级，并通过每个 VRRP 路由器的优先级选出主用设备及备用设备。

（7）抢占模式：在抢占模式下，如果备用路由器的优先级高于备份组中的其他路由器（包括当前的主用路由器），将立即成为新的主用路由器。

（8）非抢占模式：在非抢占模式下，如果备用路由器的优先级高于备份组中的其他路由器（包括当前的主用路由器），则不会立即成为主用路由器，直到下一次公平选举（如断电、设备重启等）。

举例说明：如图 8-3-4 所示，将 RS-1 的 GE 0/0/1 接口和 RS-2 的 GE 0/0/1 接口组成虚拟网关（即 VRRP 备份组 1），该虚拟网关的 IP 地址是 10.0.0.254。其中 RS-1 是主用（Master），RS-2 是

备用（Backup）。当 PC1 访问外部网络时，发出的报文将首先发往虚拟默认网关中的 Master，即图 8-3-4 中的 RS-1。若 RS-1 故障，自动发往 RS-2。在这个过程中，PC1 上配置的默认网关地址不变（即 10.0.0.254）。

本任务中，数据中心区域的核心交换机（S-RS-1 和 S-RS-2）配置了 VRF（即分隔为 VRF 和 Public 虚拟交换机），并且与旁挂防火墙（S-FW-1 和 S-FW-2）之间通过静态路由实现防火墙旁挂引流。为了实现双机热备，并且解决默认网关自动切换的问题，需要在防火墙（S-FW-1 和 S-FW-2）和路由交换机（S-RS-1 和 S-RS-2）上分别配置 VRRP 备份组，而静态路由中的下一跳地址就是对端设备中相应的 VRRP 备份组的虚拟 IP 地址。

例如，将 S-FW-1 的 GE 1/0/1 接口和 S-FW-2 的 GE 1/0/1 接口配置成 VRRP 备份组，作为一个虚拟网关。当从外部网络发往服务器网段的报文到达 S-RS-1 或 S-RS-2 的 Public 时，根据相应的静态路由，下一跳要先转发至旁挂防火墙，此处的下一跳地址就是该虚拟网关地址。

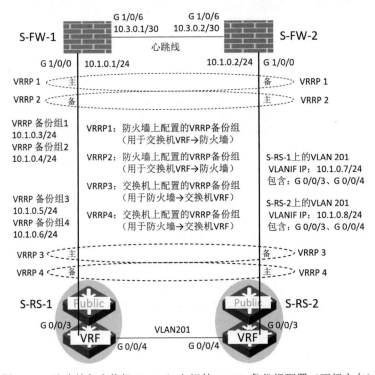

图 8-3-5　防火墙与交换机（VRF）之间的 VRRP 备份组配置（下行方向）

同时，由于两台旁挂防火墙以负载分担方式工作，所以基于同一组接口配置 VRRP 备份组时，要在实现双机热备的两台设备上（例如 S-FW-1 和 S-FW-2 或者 S-RS-1 和 S-RS-2），分别配置两个相同的 VRRP 备份组，并且主、备状态要交叉设置。

例如，基于 S-FW-1 的 GE 1/0/1 设置 VRRP 备份组 5（主状态）和备份组 6（备状态），则基于 S-FW-2 的 GE 1/0/1 同样设置 VRRP 备份组 5 和备份组 6（并且相同的备份组，其虚拟 IP 地址也相同），但备份组 5 设置为"备"，而备份组 6 设置为"主"，如图 8-3-5 所示。因此，在防火墙对端交换机（S-RS-1 或 S-RS-2）的 Public 上，针对同一个目的网络（例如 172.16.64.0/23）需要配置两条等价的静态路由，下一跳分别为旁挂防火墙上的 VRRP 备份组 5 和备份组 6。

图 8-3-5 描述了旁挂防火墙与对应的虚拟交换机 VRF 之间通信时，VRRP 备份组及其虚拟 IP 地址的配置。

图 8-3-6 描述了旁挂防火墙与对应的虚拟交换机 Public 之间通信时，VRRP 备份组及其虚拟 IP 地址的配置。

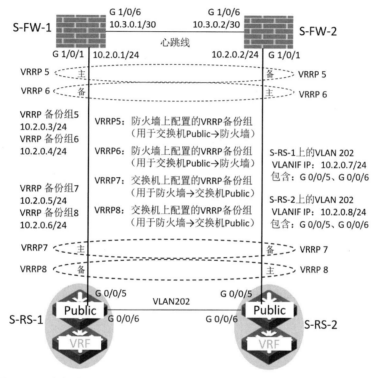

图 8-3-6　防火墙与交换机（Public）之间的 VRRP 备份组配置（上行方向）

**4. 主机 IP 地址**

主机及服务器 IP 地址规划见表 8-3-3。

表 8-3-3　主机及服务器 IP 地址规划

| 序号 | 设备名称 | IP 地址/子网掩码 | 默认网关 | 接入位置 | VLAN ID |
|------|----------|------------------|----------|----------|---------|
| 1 | Server-1 | 172.16.65.10 /24 | 172.16.65.254 | S-RS-4 GE 0/0/3 | 11 |
| 2 | 管理机 | 10.0.255.253 /30 | 10.0.255.254 | S-RS-4 GE 0/0/22 | 1000 |

此处的 Server-1 采用 eNSP 自带的服务器（server）终端，仿真实现 Web 和 FTP 服务，用于测

试防火墙根据通信协议过滤报文的效果。

此处的管理机采用本地实体主机代替，参照本书项目三中的管理机 Host-M 的部署方式。该管理机有两个作用：一是可通过 SSH 方式远程登录防火墙，实现对防火墙的远程管理；二是用来访问监控机（Cacti），从而监控防火墙的运行状况。在本任务中，部署该管理机是为了测试防火墙策略中的 SSH 报文和 SNMP 报文的过滤效果。

其他用户主机（含移动终端）的 IP 地址信息通过 DHCP 获得，具体内容可参见本书项目六；其他服务器的 IP 地址信息可参见项目四～项目七。

5. 防火墙的管理 IP 地址

本项目中增加了六台防火墙设备，此处设计防火墙的管理 IP 地址，一是为了管理机可通过该地址以 SSH 方式远程登录各个防火墙实现远程管理；二是为了监控机（Cacti）可以通过该地址实现本书项目七中所提到的监控防火墙的运行状况。防火墙的管理 IP 地址见表 8-3-4。

表 8-3-4　防火墙的管理 IP 地址

| 序号 | 设备名称 | IP 地址/子网掩码 | 默认网关 | 备注 |
|---|---|---|---|---|
| 1 | A-FW-1 | 10.0.255.100 /32 | —— | 虚拟接口 LoopBack 0 的地址 |
| 2 | B-FW-1 | 10.0.255.101 /32 | —— | 虚拟接口 LoopBack 0 的地址 |
| 3 | O-FW-1 | 10.0.255.102 /32 | —— | 虚拟接口 LoopBack 0 的地址 |
| 4 | O-FW-2 | 10.0.255.103 /32 | —— | 虚拟接口 LoopBack 0 的地址 |
| 5 | S-FW-1 | 10.1.0.1 /24 | —— | GE 1/0/0 接口的地址 |
| 6 | S-FW-2 | 10.1.0.2 /24 | —— | GE 1/0/0 接口的地址 |

由于 S-FW-1 和 S-FW-2 配置为双机热备，并且管理机在访问 S-FW-1 和 S-FW-2 时，只能通过它们的 GE 1/0/0 接口，因此此处不再给 S-FW-1 和 S-FW-2 配置虚拟接口地址作为管理 IP，直接使用 GE 1/0/0 接口的 IP 地址（注意不是 VRRP 的地址）。

6. 防火墙的用户名和密码设计

防火墙的默认用户名为 "admin"、初始密码为 "Admin@123"，首次登录时，需要更改登录密码。本任务中，将所有防火墙的登录密码改为 abcd@1234。

7. 防火墙的 SNMP 共同体名设计

当通过 Cacti（SNMP）监控防火墙时，需要给防火墙配置共同体名，本任务中，将所有防火墙的 SNMP 共同体名称设置为 monitor1234，采用 SNMP V2。注意，防火墙的共同体名有字母和数字要求。

8. 防火墙 SSH 用户名和登录密码设计

当管理机以 SSH 方式远程登录防火墙时，需要给防火墙配置 SSH 用户以及对应的登录密码。本任务中，将所有防火墙的 SSH 用户名设置为 user_ssh，密码为 abcd@1234。

9. 路由接口的地址规划

新增或修改的路由接口 IP 地址规划见表 8-3-5。

表 8-3-5　新增或修改的路由接口 IP 地址规划

| 序号 | 设备名称 | 接口名称 | 接口地址 | 备注 |
|---|---|---|---|---|
| 1 | S-FW-1 | GE 1/0/0 | 10.1.0.1 /24 | 配置 VRRP 1 (10.1.0.3/24)、VRRP 2 (10.1.0.4/24) |
| 2 | S-FW-1 | GE 1/0/1 | 10.2.0.1 /24 | 配置 VRRP 5 (10.2.0.3/24)、VRRP 6 (10.2.0.4/24) |
| 3 | S-FW-1 | GE 1/0/6 | 10.3.0.1 /30 | 心跳线接口 |
| 4 | S-FW-2 | GE 1/0/0 | 10.1.0.2 /24 | 配置 VRRP 1 (10.1.0.3/24)、VRRP 2 (10.1.0.4/24) |
| 5 | S-FW-2 | GE 1/0/1 | 10.2.0.2 /24 | 配置 VRRP 5 (10.2.0.3/24)、VRRP 6 (10.2.0.4/24) |
| 6 | S-FW-2 | GE 1/0/6 | 10.3.0.2 /30 | 心跳线接口 |
| 7 | S-RS-1 | Vlanif201 | 10.1.0.7 /24 | 配置 VRRP 3 (10.1.0.5/24)、VRRP 4 (10.1.0.6/24) |
| 8 | S-RS-1 | Vlanif202 | 10.2.0.7 /24 | 配置 VRRP 7 (10.2.0.5/24)、VRRP 8 (10.2.0.6/24) |
| 9 | S-RS-2 | Vlanif201 | 10.1.0.8 /24 | 配置 VRRP 3 (10.1.0.5/24)、VRRP 4 (10.1.0.6/24) |
| 10 | S-RS-2 | Vlanif202 | 10.2.0.8 /24 | 配置 VRRP 7 (10.2.0.5/24)、VRRP 8 (10.2.0.6/24) |
| 11 | O-FW-1 | GE 1/0/0 | 192.168.31.100/24 | 接互联网（以 NAT 方式接入） |
| 12 | O-FW-1 | GE 1/0/1 | 10.0.3.1 /30 | 接路由器 O-R-1 |
| 13 | O-FW-1 | GE 1/0/2 | 10.0.3.5 /30 | 接路由器 O-R-2 |
| 14 | O-FW-2 | GE 1/0/0 | 192.168.31.101/24 | 接互联网（以 NAT 方式接入） |
| 15 | O-FW-2 | GE 1/0/1 | 10.0.3.9 /30 | 接路由器 O-R-2 |
| 16 | O-FW-2 | GE 1/0/2 | 10.0.3.13 /30 | 接路由器 O-R-1 |
| 17 | O-R-1 | GE 0/0/0 | 10.0.4.2 /30 | 连接 A-FW-1 |
| 18 | O-R-1 | GE 0/0/1 | 10.0.4.10 /30 | 连接 B-FW-1 |
| 19 | O-R-1 | GE 0/0/2 | 10.0.0.1 /30 | 连接 S-RS-1 |
| 20 | O-R-1 | GE 2/0/0 | 10.0.3.2 /30 | 连接 O-FW-1 |
| 21 | O-R-1 | GE 2/0/1 | 10.0.3.14 /30 | 连接 O-FW-2 |
| 22 | O-R-2 | GE 0/0/0 | 10.0.4.14 /30 | 连接 B-FW-1 |
| 23 | O-R-2 | GE 0/0/1 | 10.0.4.6 /30 | 连接 A-FW-1 |
| 24 | O-R-2 | GE 0/0/2 | 10.0.0.5 /30 | 连接 S-RS-2 |
| 25 | O-R-2 | GE 2/0/0 | 10.0.3.10 /30 | 连接 O-FW-2 |
| 26 | O-R-2 | GE 2/0/1 | 10.0.3.6 /30 | 连接 O-FW-1 |
| 27 | A-FW-1 | GE 1/0/0 | 10.0.1.1 /30 | 连接 A-RS-1 |
| 28 | A-FW-1 | GE 1/0/1 | 10.0.4.1 /30 | 连接 O-R-1 |
| 29 | A-FW-1 | GE 1/0/2 | 10.0.4.5 /30 | 连接 O-R-2 |
| 30 | B-FW-1 | GE 1/0/0 | 10.0.1.13 /30 | 连接 B-RS-1 |
| 31 | B-FW-1 | GE 1/0/1 | 10.0.4.13 /30 | 连接 O-R-2 |
| 32 | B-FW-1 | GE 1/0/2 | 10.0.4.9 /30 | 连接 O-R-1 |

其他路由接口的配置信息，可参见本书前面的项目。

10. 静态路由规划

整个园区网采用 OSPF 动态路由协议，但是，在三个地方需要增加静态路由。

（1）接入互联网区域。为了实现园区网内部主机对互联网的访问，需要在园区网边界防火墙（O-FW-1 和 O-FW-2）上配置默认路由，其下一跳地址是互联网上的默认网关地址。由于园区网采用 NAT 方式接入互联网，所以此处的下一跳地址是边界防火墙的互联网接口（即 GE 1/0/0）所在网络的网关地址（也就是实体主机的默认网关），此处为 192.168.31.1，见表 8-3-6。读者在实践时，要依据实际网络环境的地址设置而定。

表 8-3-6　园区网边界防火墙中的静态路由规划表

| 序号 | 路由设备 | 目的网络 | 下一跳地址 | 作用 |
| --- | --- | --- | --- | --- |
| 1 | O-FW-1 | 0.0.0.0 /0 | 192.168.31.1 | 访问互联网的报文，依据该路由被转发至互联网默认网关地址 |
| 2 | O-FW-2 | 0.0.0.0 /0 | 192.168.31.1 | 访问互联网的报文，依据该路由被转发至互联网默认网关地址 |

**注意**　此处配置的默认路由还要通过边界防火墙的 OSPF 传送至园区网内部其他路由设备，使得其他路由设备也知道发往互联网的报文下一跳该发往何处。

（2）数据中心区域。由于数据中心区域的 S-RS-1 和 S-RS-2 上都配置了 VRF，使得这两台交换机都被分隔为两个独立的虚拟交换机 VRF 和 Public，并且 Public 和 VRF 是完全隔离的，即 Public 和上行设备（例如 O-R-1）之间的 OSPF 信息，与 VRF 和下行设备（例如 S-RS-3、S-RS-4）之间的 OSPF 信息是完全隔离的。

同时为了安全需要，流经 S-RS-1 和 S-RS-2 的通信报文，必须先被引流到旁挂防火墙（S-FW-1 和 S-FW-2）。为了实现旁挂防火墙的引流，就需要在防火墙和对应的交换机之间配置静态路由。

对于从数据中心内部发往外部网络的报文，首先到达 S-RS-1 或 S-RS-2 的 VRF，在 S-RS-1 和 S-RS-2 的 VRF 中需要各配置一条默认路由，使得所有发往外部网络（用 0.0.0.0/0 表示）的报文，下一跳转发至旁挂防火墙的相应接口（表 8-3-7 中的序号 1 和序号 2）。在旁挂防火墙 S-FW-1 和 S-FW-2 上需要各配置一条默认路由，使得所有发往外部网络（用 0.0.0.0/0 表示）的报文，下一跳转发至 S-RS-1 和 S-RS-2 的 Public（表 8-3-7 中的序号 3 和序号 4），由 Public 进行下一步转发（注意，Public 与外部网络之间是可以通过 OSPF 获取相应的路由信息的）。

从外部网络发往数据中心内部的报文，包括发往服务器（172.16.64.0/23）的报文、发往 AC-1（10.0.200.252/30）的报文、发往 SSH 远程管理机（10.0.255.252/30）的报文，因此需要在 S-RS-1 和 S-RS-2 的 Public 中各配置到达上述网络的静态路由，它们的下一跳都是旁挂防火墙（表 8-3-7 中的序号 5～序号 10）；还需要在旁挂防火墙中配置到达上述网络的静态路由，它们的下一跳都是 S-RS-1 或 S-RS-2 的 VRF（表 8-3-7 中的序号 11～序号 16）。

表 8-3-7　数据中心区域（含旁挂防火墙）的静态路由规划

| 序号 | 路由设备 | 目的网络 | 下一跳地址 | 作用 |
|---|---|---|---|---|
| 1 | S-RS-1（VRF） | 0.0.0.0 /0 | 10.1.0.3<br>10.1.0.4 | 从数据中心内部网络发往外部网络的报文，依据该路由被引流到旁挂防火墙的 VRRP 1 和 VRRP 2 |
| 2 | S-RS-2（VRF） | 0.0.0.0 /0 | 10.1.0.3<br>10.1.0.4 | 从数据中心内部网络发往外部网络的报文，依据该路由被引流到旁挂防火墙的 VRRP 1 和 VRRP 2 |
| 3 | S-FW-1 | 0.0.0.0 /0 | 10.2.0.5<br>10.2.0.6 | S-FW-1 收到从数据中心网络发往外部网络的报文，依据该路由被转发至防火墙对端 Public 虚拟交换机的 VRRP 7 和 VRRP 8 |
| 4 | S-FW-2 | 0.0.0.0 /0 | 10.2.0.5<br>10.2.0.6 | S-FW-2 收到从数据中心网络发往外部网络的报文，依据该路由被转发至防火墙对端 Public 虚拟交换机的 VRRP 7 和 VRRP 8 |
| 5 | S-RS-1（Public） | 172.16.64.0 /23 | 10.2.0.3<br>10.2.0.4 | 从外部网络发往服务器网段的报文，依据该路由被引流到旁挂防火墙的 VRRP 5 和 VRRP 6 |
| 6 | S-RS-1（Public） | 10.0.200.252 /30 | 10.2.0.3<br>10.2.0.4 | 从外部网络中的 AP 设备发往 AC-1 的报文，依据该路由被引流到旁挂防火墙的 VRRP 5 和 VRRP 6 |
| 7 | S-RS-1（Public） | 10.0.255.252 /30 | 10.2.0.3<br>10.2.0.4 | 从外部网络中的网络设备发往 SSH 管理机的报文，依据该路由被引流到旁挂防火墙的 VRRP 5 和 VRRP 6 |
| 8 | S-RS-2（Public） | 172.16.64.0 /23 | 10.2.0.3<br>10.2.0.4 | 从外部网络发往服务器网段的报文，依据该路由被引流到旁挂防火墙的 VRRP 5 和 VRRP 6 |
| 9 | S-RS-2（Public） | 10.0.200.252 /30 | 10.2.0.3<br>10.2.0.4 | 从外部网络中的 AP 设备发往 AC-1 的报文，依据该路由被引流到旁挂防火墙的 VRRP 5 和 VRRP 6 |
| 10 | S-RS-2（Public） | 10.0.255.252 /30 | 10.2.0.3<br>10.2.0.4 | 从外部网络中的网络设备发往 SSH 管理机的报文，依据该路由被引流到旁挂防火墙的 VRRP 5 和 VRRP 6 |
| 11 | S-FW-1 | 172.16.64.0 /23 | 10.1.0.5<br>10.1.0.6 | 从外部网络发往服务器网段的报文，依据该路由被转发至防火墙对端 VRF 虚拟交换机的 VRRP 3 和 VRRP 4 |
| 12 | S-FW-1 | 10.0.200.252 /30 | 10.1.0.5<br>10.1.0.6 | 从外部网络中 AP 设备发往 AC-1 的报文，依据该路由被转发至防火墙对端 VRF 虚拟交换机的 VRRP 3 和 VRRP 4 |
| 13 | S-FW-1 | 10.0.255.252 /30 | 10.1.0.5<br>10.1.0.6 | 从外部网络中的网络设备发往 SSH 管理机的报文，依据该路由被转发至防火墙对端 VRF 虚拟交换机的 VRRP 3 和 VRRP 4 |

| 序号 | 路由设备 | 目的网络 | 下一跳地址 | 作用 |
|---|---|---|---|---|
| 14 | S-FW-2 | 172.16.64.0 /23 | 10.1.0.5<br>10.1.0.6 | 从外部网络发往服务器网段的报文，依据该路由被转发至防火墙对端 VRF 虚拟交换机的 VRRP 3 和 VRRP 4 |
| 15 | S-FW-2 | 10.0.200.252 /30 | 10.1.0.5<br>10.1.0.6 | 从外部网络中 AP 设备发往 AC-1 的报文，依据该路由被转发至防火墙对端 VRF 虚拟交换机的 VRRP 3 和 VRRP 4 |
| 16 | S-FW-2 | 10.0.255.252 /30 | 10.1.0.5<br>10.1.0.6 | 从外部网络中的网络设备发往 SSH 管理机的报文，依据该路由被转发至防火墙对端 VRF 虚拟交换机的 VRRP 3 和 VRRP 4 |

（3）核心路由区域。由于数据中心区域的 S-RS-1 和 S-RS-2 配置 VRF 所造成的路由隔离，使得外部网络中的路由设备无法通过 OSPF 获取到数据中心内部的路由信息。因此，需要在核心路由器（O-R-1 和 O-R-2）上配置目的网络是数据中心区域的静态路由，包括发往服务器（172.16.64.0/23）的报文、发往 AC-1（10.0.200.252/30）的报文、发往 SSH 远程管理机（10.0.255.252/30）的报文，见表 8-3-8。

表 8-3-8　核心路由器中的静态路由规划

| 序号 | 路由设备 | 目的网络 | 下一跳地址 | 作用 |
|---|---|---|---|---|
| 1 | O-R-1 | 172.16.64.0 /23 | 10.0.0.2 | 从外部网络发往服务器网段的报文，依据该路由被转发至 S-RS-1 的 Vlanif100（GE 0/0/24）接口 |
| 2 | O-R-1 | 10.0.200.252 /30 | 10.0.0.2 | 从外部网络中的 AP 设备发往 AC-1 的报文，依据该路由被转发至 S-RS-1 的 Vlanif100（GE 0/0/24）接口 |
| 3 | O-R-1 | 10.0.255.252 /30 | 10.0.0.2 | 从外部网络中的网络设备发往 SSH 管理机的报文，依据该路由被转发至 S-RS-1 的 Vlanif100（GE 0/0/24）接口 |
| 4 | O-R-2 | 172.16.64.0 /23 | 10.0.0.6 | 从外部网络发往服务器网段的报文，依据该路由被转发至 S-RS-2 的 Vlanif100（GE0/0/24）接口 |
| 5 | O-R-2 | 10.0.200.252 /30 | 10.0.0.6 | 从外部网络中的 AP 设备发往 AC-1 的报文，依据该路由被转发至 S-RS-2 的 Vlanif100（GE0/0/24）接口 |
| 6 | O-R-2 | 10.0.255.252 /30 | 10.0.0.6 | 从外部网络中的网络设备发往 SSH 管理机的报文，依据该路由被转发至 S-RS-2 的 Vlanif100（GE0/0/24）接口 |

注意，此处配置的静态路由需要被引入到 O-R-1 和 O-R-2 的 OSPF，进而传送至用户区域的其他路由设备，从而使得其他路由设备也知道发往数据中心区域的报文下一跳该发往何处。

11. OSPF 的区域规划

本项目中 OSPF 的区域规划如图 8-3-7 所示。

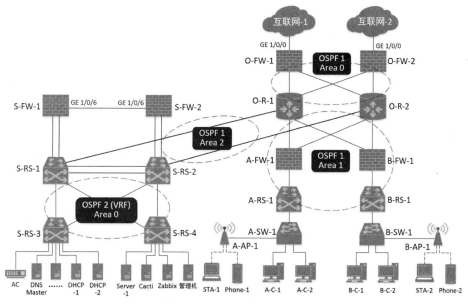

图 8-3-7　OSPF 的区域规划

由于数据中心区域的 S-RS-1 和 S-RS-2 配置 VRF 所造成的路由隔离,使得外部网络中的 OSPF 路由信息与数据中心内部的 OSPF 路由信息之间是隔离的。所以,此处在数据中心区域网络内部配置 OSPF 2,在外部网络中使用 OSPF 1。

要注意的是,在 S-RS-1 和 S-RS-2 上配置 OSPF 2 时,要将 OSPF 2 配置在 VRF 中。

【安全策略设计】

1. 用户区域边界防火墙的安全策略

(1)数据中心的服务器或管理机,可以通过 SNMP 服务采集园区网内各网络设备的数据,可以通过 SSH 方式远程管理园区网的网络设备。

(2)从用户区域向外部网络的主动通信被允许。

(3)其他任何地址到任何地址的访问均禁止。

2. 数据中心区域防火墙的安全策略

(1)允许外部网络(例如用户区域网络)主机访问园区网内部的 Web 服务和 DNS 服务。

(2)允许园区网的用户区域主机访问数据中心提供的 DHCP 服务和 NTP 服务。

(3)允许用户区域 A 的主机访问数据中心提供的 FTP 服务,不允许用户区域 B 的主机访问数据中心提供的 FTP 服务。

(4)从数据中心网络向外部网络的所有通信被允许。

（5）其他任何地址到任何地址的访问均禁止。

3. 园区网边界防火墙的安全策略

（1）允许数据中心的服务器网段访问互联网。

（2）允许用户区域 A 的主机访问互联网。

（3）其他任何地址到任何地址的访问均禁止。

> 在接下来的【任务四】中，将所有防火墙的安全策略配置成"允许所有通信报文通过"，以便于读者进行网络连通性测试。
>
> 在【任务五】中，依据本任务中的"安全策略设计"，配置所有防火墙策略并进行通信测试。

# 任务四　在园区网中部署防火墙并实现全网通信

## 【任务介绍】

根据任务三的有关规划（包括拓扑规划、网络规划、安全策略设计），在本书项目七中园区网的基础上，分别在园区网接入互联网的边界处、用户区域网络的边界处、数据中心区域的边界处部署防火墙，实现新的园区网全网正常通信，并通过防火墙双链路 NAT 接入互联网。

本任务中所有防火墙的安全策略暂时配置成"允许所有通信报文通过"。

## 【任务目标】

1. 完成园区网内防火墙的部署。
2. 实现园区网通过防火墙 NAT 接入互联网。
3. 实现数据中心旁挂防火墙的双机热备与负载分担。
4. 完成全网通信测试。

## 【操作步骤】

**步骤 1**：在 eNSP 中完成园区网的部署。

在项目七的网络拓扑基础上，根据本项目任务三中的安全规划方案，分别在园区网接入互联网的边界处、用户区域网络的边界处以及数据中心区域的边界处部署防火墙。将用户区域中的有线终端更换为 Client 设备，用于仿真登录 Web 服务器、FTP 服务器等，从而测试防火墙的策略。将数据中心中 S-RS-4 交换机下方的 Server-1 更换为 Server 设备，用于提供仿真的 Web 服务和 FTP 服务。

部署管理机时，可在 VirtualBox 软件中新添加一个虚拟网卡，并将其 IP 地址设置为 10.0.255.253/30，在 eNSP 中添加 Cloud 设备并且与该虚拟网卡绑定以后，接入 S-RS-4 的指定接口。具体接入配置可参见本书项目三中的任务三。

为了简化构图，此处不再显示 Zabbix 服务器。eNSP 中的网络拓扑如图 8-4-1 所示。

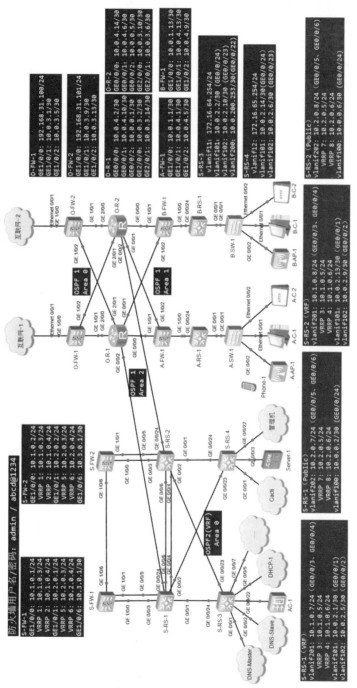

图 8-4-1　任务四的网络拓扑图（含路由接口 IP 地址列表）

**步骤 2**：配置 Server-1。

此处需要配置 Server-1 的 IP 地址，配置仿真的 Web 服务和 FTP 服务，具体可参见本项目的任务一，此处略。

**步骤 3**：配置管理机的静态路由。

管理机是由本地实体主机代替的，由于园区网中各个交换机、路由器、防火墙的管理 IP 地址与本地实体主机的虚拟网卡（10.0.255.253/30）不在同一网段，所以为了实现管理机与被管理设备之间的路由可达，需要在本地实体主机上配置 4 条静态路由，其目的网络分别是 172.16.65.0/24（Cacti 服务器所在网段）、10.0.200.252/30（无线控制器 AC-1 网段）和 10.0.255.0/24（各网络设备，含交换机、路由器、防火墙的管理 IP 所在网段）、10.1.0.0/24（防火墙 S-FW-1 和 S-FW-2 的 GE 1/0/0 接口的 IP 地址网段）。这 4 条静态路由中的下一跳地址都是 10.0.255.254（即 S-RS-4 上对应管理机的三层虚拟接口），并通过 S-RS-4 被进一步路由至目的设备（例如防火墙）。

配置这 4 条静态路由时，需要以管理员身份打开本地实体主机的"命令提示符"窗口，并输入以下 4 条命令。

```
>route add 172.16.65.0 mask 255.255.255.0 10.0.255.254
>route add 10.0.200.252 mask 255.255.255.252 10.0.255.254
>route add 10.0.255.0 mask 255.255.255.0 10.0.255.254
>route add 10.1.0.0 mask 255.255.255.0 10.0.255.254
```

可通过 route print 命令查看本地实体主机的路由信息。

**步骤 4**：配置用户区域内的二层交换机 A-SW-1 和 B-SW-1。

配置交换机 A-SW-1 和 B-SW-1，包括创建 VLAN，在 VLAN 中添加并配置接口等操作。

由于本任务是在项目七的园区网基础上进行的，并且本任务中没有对 A-SW-1 和 B-SW-1 的配置做改变，所以此处保持原有的配置即可，不需要再进行额外配置。有关 A-SW-1 和 B-SW-1 原有配置内容，读者可参见本书前面的项目。

**步骤 5**：配置用户区域内的三层交换机 A-RS-1 和 B-RS-1。

由于本任务中防火墙 A-FW-1 和 B-FW-1 的接入，改变了用户区域原有的网络拓扑，例如，A-RS-1 的 GE 0/0/23 接口原来是上联 O-R-2 的，现在不再连接了，因此需要将 A-RS-1 中和 GE 0/0/23 有关的配置删除掉，包括删除 VLAN101、删除相应的虚拟接口的 IP 地址、删除 OSPF 中相关的网络宣告。B-RS-1 同理，具体操作由读者自主完成，此处略。

三层交换机 A-SR-1 和 B-RS-1 的其他配置，包括下联的各个 VLAN 的默认网关地址、配置与下联交换机连接的 Trunk 接口、配置与上联防火墙通信的三层虚拟接口、配置下联各个 VLAN 的 DHCP 中继、配置 OSPF（此处为 OSPF1 的 Area1 区域）、配置三层交换机的管理 IP 地址等，保持原有配置内容不变，读者可参见本书前面的项目。

**步骤 6**：配置用户区域的边界防火墙 A-FW-1 和 B-FW-1。

根据本项目任务三的【网络规划】，对防火墙 A-FW-1 和 B-FW-1 进行配置。

为了便于进行全网通信测试，本任务中所有防火墙的安全策略暂时配置成"允许所有通信报文通过"。

（1）配置防火墙 A-FW-1。

```
//启动防火墙
//使用防火墙的默认用户名"admin"和初始密码"Admin@123"进行登录，然后将登录密码改为
abcd@1234。
//进入系统视图，关闭信息中心，更改设备名为 A-FW-1。
<USG6000V1>system-view
[USG6000V1]undo info-center enable
[USG6000V1]sysname A-FW-1

//以下命令配置防火墙接口地址。
//配置连接 A-RS-1 的接口 GE1/0/0 的 IP 地址。
[A-FW-1]interface GigabitEthernet 1/0/0
[A-FW-1-GigabitEthernet1/0/0]ip address 10.0.1.1 30
[A-FW-1-GigabitEthernet1/0/0]quit
//配置连接 O-R-1 的接口 GE1/0/1 的 IP 地址。
[A-FW-1]interface GigabitEthernet 1/0/1
[A-FW-1-GigabitEthernet1/0/1]ip address 10.0.4.1 30
[A-FW-1-GigabitEthernet1/0/1]quit
//配置连接 O-R-2 的接口 GE1/0/2 的 IP 地址。
[A-FW-1]interface GigabitEthernet 1/0/2
[A-FW-1-GigabitEthernet1/0/2]ip address 10.0.4.5 30
[A-FW-1-GigabitEthernet1/0/2]quit

//以下命令将接口添加到防火墙安全区域。当报文穿过不同安全区域时，会触发防火墙策略
//将 GE1/0/0 接口添加到 trust 区域中
[A-FW-1]firewall zone trust
[A-FW-1-zone-trust]add interface GigabitEthernet 1/0/0
[A-FW-1-zone-trust]quit
//将 GE1/0/1 和 GE1/0/2 接口添加到 untrust 区域中
[A-FW-1]firewall zone untrust
[A-FW-1-zone-untrust]add interface GigabitEthernet 1/0/1
[A-FW-1-zone-untrust]add interface GigabitEthernet 1/0/2
[A-FW-1-zone-untrust]quit

//配置 A-FW-1 的管理 IP 地址
[A-FW-1]interface LoopBack 0
[A-FW-1-LoopBack0]ip address 10.0.255.100 32
[A-FW-1-LoopBack0]quit

//以下操作在 A-FW-1 上配置 SNMP，使 Cacti 服务器可以对 A-FW-1 进行监控
//设置 A-FW-1 的共同体名称为 monitor1234
```

[A-FW-1]snmp-agent sys-info version all

[A-FW-1]snmp-agent community read monitor1234

//配置 A-FW-1 的 GE1/0/1 和 GE1/0/2 接口，使它们可以通过 Ping、SNMP 操作，从而使 Cacti 服务器可以通过 Ping 和 SNMP 访问 A-FW-1。

[A-FW-1]interface GigabitEthernet 1/0/1

[A-FW-1-GigabitEthernet1/0/1]service-manage ping permit

[A-FW-1-GigabitEthernet1/0/1]service-manage snmp permit

[A-FW-1-GigabitEthernet1/0/1]quit

[A-FW-1]interface GigabitEthernet 1/0/2

[A-FW-1-GigabitEthernet1/0/2]service-manage ping permit

[A-FW-1-GigabitEthernet1/0/2]service-manage snmp permit

[A-FW-1-GigabitEthernet1/0/2]quit


//以下操作在 A-FW-1 上配置 SSH，使管理机可以通过 SSH 远程登录 A-FW-1

//在 GE1/0/1 和 GE1/0/2 接口上启用 SSH 服务

[A-FW-1]interface GigabitEthernet 1/0/1

[A-FW-1-GigabitEthernet1/0/1]service-manage ssh permit

[A-FW-1-GigabitEthernet1/0/1]quit

[A-FW-1]interface GigabitEthernet 1/0/2

[A-FW-1-GigabitEthernet1/0/2]service-manage ssh permit

[A-FW-1-GigabitEthernet1/0/2]quit

//配置验证方式为 AAA

[A-FW-1]user-interface vty 0 4

[A-FW-1-ui-vty0-4]authentication-mode aaa

[A-FW-1-ui-vty0-4]protocol inbound ssh

[A-FW-1-ui-vty0-4]user privilege level 15

[A-FW-1-ui-vty0-4]quit

//创建 SSH 管理员账号 user_ssh，指定认证方式为 Password（密码认证），此处为本地认证

[A-FW-1]aaa

[A-FW-1-aaa]manager-user user_ssh

[A-FW-1-aaa-manager-user-user_ssh]password

Enter Password:（此处输入对应账号 user_ssh 的密码，为 abcd@1234）

Confirm Password:（确认密码）

//设置管理员 user_ssh 的服务方式为 SSH

[A-FW-1-aaa-manager-user-user_ssh]service-type ssh

[A-FW-1-aaa-manager-user-user_ssh]quit

//为管理员账号 user_ssh 绑定角色。对于 Password 认证方式的 SSH 管理员，如果采用本地认证方式，则 SSH 管理员的级别由本地配置的管理员级别决定（通过命令 bind manager-user 为管理员账号绑定角色或者通过命令 level 配置管理员账号的权限级别）

[A-FW-1-aaa]bind manager-user user_ssh role system-admin

[A-FW-1-aaa]quit

[A-FW-1]ssh authentication-type default password

//生成本地密钥对

[A-FW-1]rsa local-key-pair create

The key name will be: A-FW-1_Host

The range of public key size is (2048 ~ 2048).

NOTES: If the key modulus is greater than 512,

　　　　 it will take a few minutes.

Input the bits in the modulus[default = 2048]:2048

Generating keys...

.+++++

.....................++

....++++

...........++

//启用 STelnet 服务。

[A-FW-1]stelnet server enable

//配置 SSH 用户（user_ssh）

[A-FW-1]ssh user user_ssh

[A-FW-1]ssh user user_ssh authentication-type password

[A-FW-1]ssh user user_ssh service-type stelnet


//配置 A-FW-1 的 OSPF 路由，此处只需要宣告 area 1 区域

[A-FW-1]ospf 1

[A-FW-1-ospf-1]area 1

[A-FW-1-ospf-1-area-0.0.0.1]network 10.0.1.0 0.0.0.3

[A-FW-1-ospf-1-area-0.0.0.1]network 10.0.4.0 0.0.0.3

[A-FW-1-ospf-1-area-0.0.0.1]network 10.0.4.4 0.0.0.3

//宣告 A-FW-1 的管理 IP 所在的网段，使其与管理机之间网络可达

[A-FW-1-ospf-1-area-0.0.0.1]network 10.0.255.100 0.0.0.0

[A-FW-1-ospf-1-area-0.0.0.1]quit

[A-FW-1-ospf-1]quit


//配置 A-FW-1 安全策略。配置一条名为 allow-all-visit-A 的策略，允许所有通信报文通过

[A-FW-1]security-policy

[A-FW-1-policy-security]rule name allow-all-visit-A

[A-FW-1-policy-security-rule-allow-all-visit-A]source-zone any

[A-FW-1-policy-security-rule-allow-all-visit-A]destination-zone any

[A-FW-1-policy-security-rule-allow-all-visit-A]service any

[A-FW-1-policy-security-rule-allow-all-visit-A]action permit

[A-FW-1-policy-security-rule-allow-all-visit-A]quit

[A-FW-1-policy-security]quit

[A-FW-1]quit

<A-FW-1>save

提醒

　　当使用 PuTTY 软件以 SSH 方式登录防火墙时，需要单击 PuTTY 左侧菜单中【SSH】→【Host keys】，在右侧的【Algorithm selection policy】中将 RSA 调整到第一行，如图 8-4-2 所示。

项目八

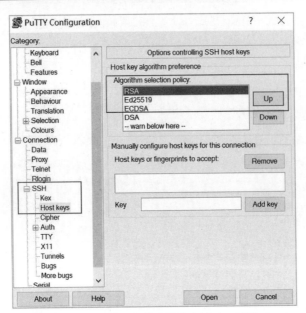

图 8-4-2 使用 PuTTY 以 SSH 方式登录防火墙时，设置 Host keys 的值

（2）配置防火墙 B-FW-1。

```
//启动防火墙，并修改防火墙初始密码
//使用防火墙的默认用户名"admin"和初始密码"Admin@123"进行登录，然后将登录密码改为abcd@1234
//进入系统视图，关闭信息中心，更改设备名为B-FW-1
<USG6000V1>system-view
[USG6000V1]undo info-center enable
[USG6000V1]sysname
B-FW-1

//以下命令配置防火墙接口地址
//配置连接 B-RS-1 的接口 GE1/0/0 的 IP 地址
[B-FW-1]interface GigabitEthernet 1/0/0
[B-FW-1-GigabitEthernet1/0/0]ip address 10.0.1.13 30
[B-FW-1-GigabitEthernet1/0/0]quit
//配置连接 O-R-1 的接口 GE1/0/2 的 IP 地址
[B-FW-1]interface GigabitEthernet 1/0/2
[B-FW-1-GigabitEthernet1/0/2]ip address 10.0.4.9 30
[B-FW-1-GigabitEthernet1/0/2]quit
//配置连接 O-R-2 的接口 GE1/0/1 的 IP 地址
[B-FW-1]interface GigabitEthernet 1/0/1
[B-FW-1-GigabitEthernet1/0/1]ip address 10.0.4.13 30
[B-FW-1-GigabitEthernet1/0/1]quit

//以下命令将接口添加到防火墙安全区域
```

```
//将 GE1/0/0 接口添加到 trust 区域中
[B-FW-1]firewall zone trust
[B-FW-1-zone-trust]add interface GigabitEthernet 1/0/0
[B-FW-1-zone-trust]quit
//将 GE1/0/1 和 GE1/0/2 接口添加到 untrust 区域中
[B-FW-1]firewall zone untrust
[B-FW-1-zone-untrust]add interface GigabitEthernet 1/0/1
[B-FW-1-zone-untrust]add interface GigabitEthernet 1/0/2
[B-FW-1-zone-untrust]quit

//配置 B-FW-1 的 OSPF 路由，此处只需要宣告 area 1 区域
[B-FW-1]ospf 1
[B-FW-1-ospf-1]area 1
[B-FW-1-ospf-1-area-0.0.0.1]network 10.0.1.12 0.0.0.3
[B-FW-1-ospf-1-area-0.0.0.1]network 10.0.4.8 0.0.0.3
[B-FW-1-ospf-1-area-0.0.0.1]network 10.0.4.12 0.0.0.3
[B-FW-1-ospf-1-area-0.0.0.1]quit
[B-FW-1-ospf-1]quit

//配置 B-FW-1 安全策略。配置一条名为 allow-all-visit-B 的策略，允许所有通信报文通过
[B-FW-1]security-policy
[B-FW-1-policy-security]rule name allow-all-visit-B
[B-FW-1-policy-security-rule-allow-all-visit-B]source-zone any
[B-FW-1-policy-security-rule-allow-all-visit-B]destination-zone any
[B-FW-1-policy-security-rule-allow-all-visit-B]service any
[B-FW-1-policy-security-rule-allow-all-visit-B]action permit
[B-FW-1-policy-security-rule-allow-all-visit-B]quit
[B-FW-1-policy-security]quit
[B-FW-1]quit
<B-FW-1>save
```

提醒　　在 B-FW-1 上配置管理 IP 地址并实现其与管理机之间网络可达的过程，此处略，请参见本任务中 A-FW-1 的配置。

在 B-FW-1 上配置 SSH 和 SNMP 的过程，此处略，请参见 A-FW-1 的配置。

**步骤 7：** 更改核心路由器 O-R-1 和 O-R-2 的配置。

更改园区网的接入网络中核心路由器 O-R-1 和 O-R-2 的配置。

（1）恢复 O-R-1 和 O-R-2 的出厂设置。

由于本任务是在本书项目七的园区网基础上实现的，但是在新的网络拓扑中，O-R-1 和 O-R-2 并没有直接接入互联网，而是同时接入到防火墙 O-FW-1 和 O-FW-2 上。因此，此处要对 O-R-1 和 O-R-2 的有关配置进行更改，包括删除原有的 NAT 配置、修改 OSPF 配置以及路由器上联接口的 IP 地址等。

　　为了简化操作，此处直接将 O-R-1 和 O-R-2 恢复出厂设置。以 O-R-1 为例，命令如下。执行该命令后，再重新启动设备即可恢复出厂设置。

```
<O-R-1>reset saved-configuration
```

（2）配置路由器 O-R-1。

```
//进入系统视图，关闭信息中心，更改设备名称为 O-R-1
<Huawei>system-view
[Huawei]undo info enable
[Huawei]sysname O-R-1

//配置路由器接口地址
[O-R-1]interface GigabitEthernet2/0/0
[O-R-1-GigabitEthernet2/0/0]ip address 10.0.3.2 30
[O-R-1-GigabitEthernet2/0/0]quit
[O-R-1]interface GigabitEthernet2/0/1
[O-R-1-GigabitEthernet2/0/1]ip address 10.0.3.14 30
[O-R-1-GigabitEthernet2/0/1]quit
[O-R-1]interface GigabitEthernet0/0/0
[O-R-1-GigabitEthernet0/0/0]ip address 10.0.4.2 30
[O-R-1-GigabitEthernet0/0/0]quit
[O-R-1]interface GigabitEthernet0/0/1
[O-R-1-GigabitEthernet0/0/1]ip address 10.0.4.10 30
[O-R-1-GigabitEthernet0/0/1]quit
[O-R-1]interface GigabitEthernet0/0/2
[O-R-1-GigabitEthernet0/0/2]ip address 10.0.0.1 30
[O-R-1-GigabitEthernet0/0/2]quit
```

//根据规划，本任务中数据中心区域交换机 S-RS-1 和 S-RS-2 要配置 VRF（为了实现旁挂防火墙的引流），由于 Public 和 VRF 之间隔离，因此外部网络（连接 Public）无法通过 OSPF 获取到数据中心网络（连接 VRF）的路由信息，所以此处需要在 O-R-1 上配置 3 条静态路由，其目的网络分别是 172.16.64.0/23（服务器网段）、10.0.200.252/30（无线控制器 AC-1 网段）和 10.0.255.252/30（管理机网段），下一跳地址都是数据中心区域交换机 S-RS-1 的三层虚拟接口 VLANIF100 的地址（即 10.0.0.2），VLANIF100 接口属于 S-RS-1（Public）。

```
[O-R-1]ip route-static 172.16.64.0 255.255.254.0 10.0.0.2
[O-R-1]ip route-static 10.0.200.252 255.255.255.252 10.0.0.2
[O-R-1]ip route-static 10.0.255.252 255.255.255.252 10.0.0.2
//以下命令配置 OSPF 路由
[O-R-1]ospf 1
//在 area 0 中宣告连接园区网边界防火墙接口所在的网段
 [O-R-1-ospf-1]area 0
[O-R-1-ospf-1-area-0.0.0.0]network 10.0.3.0 0.0.0.3
[O-R-1-ospf-1-area-0.0.0.0]network 10.0.3.12 0.0.0.3
[O-R-1-ospf-1-area-0.0.0.0]quit
//在 area 1 中宣告连接用户区域防火墙接口所在网段
```

[O-R-1-ospf-1]area 1
[O-R-1-ospf-1-area-0.0.0.1]network 10.0.4.0 0.0.0.3
[O-R-1-ospf-1-area-0.0.0.1]network 10.0.4.8 0.0.0.3
[O-R-1-ospf-1-area-0.0.0.1]quit
//在 area 2 中宣告连接数据中心区域核心交换机 S-RS-1 的接口所在网段
[O-R-1-ospf-1]area 2
[O-R-1-ospf-1-area-0.0.0.2]network 10.0.0.0 0.0.0.3
[O-R-1-ospf-1-area-0.0.0.2]quit
//为了使 O-R-1 中的静态路由可以通过 OSPF 传递到外部网络中其他路由设备,从而使其他路由设备也知道到达数据中心网络该如何走,此处需要在 OSPF 中引入静态路由
[O-R-1-ospf-1]import-route static
[O-R-1-ospf-1]quit
[O-R-1]quit
<O-R-1>save

在 O-R-1 上配置管理 IP 地址并实现与管理机之间网络可达的过程,此处略,请参见本书项目三。

在 O-R-1 上配置 SSH 的过程,此处略,请参见本书项目三。

在 O-R-1 上配置 SNMP 的过程,此处略,请参见本书项目七。

(3)配置路由器 O-R-2。

//进入系统视图,关闭信息中心,更改设备名称为 O-R-2
<Huawei>system-view
Enter system view, return user view with Ctrl+Z.
[Huawei]undo info enable
Info: Information center is disabled.
[Huawei]sysname O-R-2

//配置路由器接口地址
[O-R-2]interface GigabitEthernet 2/0/0
[O-R-2-GigabitEthernet2/0/0]ip address 10.0.3.10 30
[O-R-2-GigabitEthernet2/0/0]quit
[O-R-2]interface GigabitEthernet 2/0/1
[O-R-2-GigabitEthernet2/0/1]ip address 10.0.3.6 30
[O-R-2-GigabitEthernet2/0/1]quit
[O-R-2]interface GigabitEthernet 0/0/0
[O-R-2-GigabitEthernet0/0/0]ip address 10.0.4.14 30
[O-R-2-GigabitEthernet0/0/0]quit
[O-R-2]interface GigabitEthernet 0/0/1
[O-R-2-GigabitEthernet0/0/1]ip address 10.0.4.6 30
[O-R-2-GigabitEthernet0/0/1]quit
[O-R-2]interface GigabitEthernet 0/0/2
[O-R-2-GigabitEthernet0/0/2]ip address 10.0.0.5 30

[O-R-2-GigabitEthernet0/0/2]quit

//与 O-R-1 类似，此处也需要在 O-R-2 上配置 3 条静态路由，其目的网络分别是 172.16.64.0/23（服务器网段）、10.0.200.252/30（无线控制器 AC-1 网段）以及 10.0.255.252/30（管理机网段），下一跳地址都是数据中心区域交换机 S-RS-2 的三层虚拟接口 VLANIF100 的地址（即 10.0.0.6），VLANIF100 接口属于 S-RS-2（Public）

[O-R-2]ip route-static 172.16.64.0 255.255.254.0 10.0.0.6

[O-R-2] ip route-static 10.0.200.252 255.255.255.252 10.0.0.6

[O-R-2] ip route-static 10.0.255.252 255.255.255.252 10.0.0.6

//以下命令配置 OSPF 路由

[O-R-2]ospf 1

//在 area 0 中宣告连接园区网边界防火墙接口所在的网段

[O-R-2-ospf-1]area 0

[O-R-2-ospf-1-area-0.0.0.0]network 10.0.3.8 0.0.0.3

[O-R-2-ospf-1-area-0.0.0.0]network 10.0.3.4 0.0.0.3

[O-R-2-ospf-1-area-0.0.0.0]quit

//在 area 1 中宣告连接用户区域防火墙接口所在网段

[O-R-2-ospf-1]area 1

[O-R-2-ospf-1-area-0.0.0.1]network 10.0.4.12 0.0.0.3

[O-R-2-ospf-1-area-0.0.0.1]network 10.0.4.4 0.0.0.3

[O-R-2-ospf-1-area-0.0.0.1]quit

//在 area 2 中宣告连接数据中心区域核心交换机 S-RS-1 的接口所在网段

[O-R-2-ospf-1]area 2

[O-R-2-ospf-1-area-0.0.0.2]network 10.0.0.4 0.0.0.3

[O-R-2-ospf-1-area-0.0.0.2]quit

//为了使 O-R-2 中的静态路由可以通过 OSPF 传递到外部网络中其他路由设备，从而使其他路由设备也知道到达数据中心网络该如何走，此处需要在 OSPF 中引入静态路由

[O-R-2-ospf-1]import-route static

[O-R-2-ospf-1]quit

[O-R-2]quit

<O-R-2>save

在 O-R-2 上配置管理 IP 地址并实现与管理机之间网络可达的过程，此处略，请参见本书项目三。

在 O-R-2 上配置 SSH 的过程，此处略，请参见本书项目三。

在 O-R-2 上配置 SNMP 的过程，此处略，请参见本书项目七。

**步骤 8**：配置园区网边界防火墙 O-FW-1 和 O-FW-2。

根据本项目任务三的【网络规划】，对防火墙 O-FW-1 和 O-FW-2 进行配置。包括防火墙的接口配置以及 OSPF 路由配置，并且在防火墙的互联网接口上配置 NAT，实现园区网接入互联网。

为了便于进行全网通信测试，本任务中所有防火墙的安全策略暂时配置成"允许所有通信报文通过"。

（1）配置防火墙 O-FW-1。

```
//启动防火墙
//使用防火墙的默认用户名"admin"和初始密码"Admin@123"进行登录，然后将登录密码改为abcd@1234
//进入系统视图，关闭信息中心，更改设备名为 O-FW-1
<USG6000V1>system-view
[USG6000V1]undo info-center enable
[USG6000V1]sysname O-FW-1
```

```
//以下命令配置防火墙接口地址
//配置连接互联网的接口 GE1/0/0 的 IP 地址，该地址必须与实体主机接入互联网的网卡（实体网卡）IP
地址在同一网段。由于作者的实体主机接入互联网的网卡首先接入一台无线路由器，其 IP 地址属于
192.168.31.0/24 网段，所以此处将 GE1/0/0 的 IP 地址设置为 192.168.31.100/24。读者在实践时，要依据实际
网络环境的地址设置而定
[O-FW-1]interface GigabitEthernet 1/0/0
[O-FW-1-GigabitEthernet1/0/0]ip address 192.168.31.100 24
[O-FW-1-GigabitEthernet1/0/0]quit
//配置连接 O-R-1 的接口 GE1/0/1 的 IP 地址
[O-FW-1]interface GigabitEthernet 1/0/1
[O-FW-1-GigabitEthernet1/0/1]ip address 10.0.3.1 30
[O-FW-1-GigabitEthernet1/0/1]quit
//配置连接 O-R-2 的接口 GE1/0/2 的 IP 地址
[O-FW-1]interface GigabitEthernet 1/0/2
[O-FW-1-GigabitEthernet1/0/2]ip address 10.0.3.5 30
[O-FW-1-GigabitEthernet1/0/2]quit
```

```
//以下命令将接口添加到防火墙安全区域
//将 GE1/0/0 接口添加到 untrust 区域中
[O-FW-1]firewall zone untrust
[O-FW-1-zone-untrust]add interface GigabitEthernet 1/0/0
[O-FW-1-zone-untrust]quit
//将 GE1/0/1 和 GE1/0/2 接口添加到 trust 区域中
[O-FW-1]firewall zone trust
[O-FW-1-zone-trust]add interface GigabitEthernet 1/0/1
[O-FW-1-zone-trust]add interface GigabitEthernet 1/0/2
[O-FW-1-zone-trust]quit
```

```
//通过 OSPF 协议，宣告连接内部园区网（即 trust 区域）的网段
[O-FW-1]ospf 1
[O-FW-1-ospf-1]area 0
[O-FW-1-ospf-1-area-0.0.0.0]network 10.0.3.0 0.0.0.3
[O-FW-1-ospf-1-area-0.0.0.0]network 10.0.3.4 0.0.0.3
[O-FW-1-ospf-1-area-0.0.0.0]quit
[O-FW-1-ospf-1]quit
```

//虽然园区网边界防火墙 O-FW-1 可以通过所配置的 OSPF 或静态路由获取到园区网内部的路由信息（例如服务器网络、用户区域网络），但由于本任务中的园区网是通过在 O-FW-1 上配置 NAT 接入互联网的，所以 O-FW-1 不知道（也不需要知道）互联网的路由信息，它只需要知道所有发往互联网的报文，其下一跳的地址即可。因此此处在 O-FW-1 上配置一条默认路由，使得所有不满足 OSPF 或静态路由的报文（视为这些报文是发往互联网的），下一跳都发往 O-FW-1 的互联网接口（即 GE1/0/0）所在网络的网关地址（也就是实体主机的默认网关），此处为 192.168.31.1。读者在实践时，要依据实际网络环境的地址设置而定。

[O-FW-1]ip route-static 0.0.0.0 0.0.0.0 192.168.31.1

//虽然 O-FW-1 知道了发往互联网的报文该如何转发（即执行默认路由），但园区网内部的其他路由设备（例如 S-RS-1、A-FW-1、A-RS-1 等）并不知道发往互联网的报文该如何转发。结合用户区域网络的网络容灾拓扑设置为每个路由设备都配置默认路由，不仅烦琐而且容易出错（例如上行通过 A-FW-1 的报文，下一跳既可以是 O-R-1，也可以是 O-R-2）。此处通过在 O-FW-1 的 OSPF 1 中执行 default-route-advertise 命令，使 O-FW-1 中的默认路由信息，能够被 OSPF 传送到园区网中的其他路由设备，即其他路由设备可自动通过该默认路由知道访问互联网的报文下一跳该跳向哪里，而不必再额外配置默认路由。命令如下。

[O-FW-1]ospf 1
[O-FW-1-ospf-1]default-route-advertise always
[O-FW-1-ospf-1]quit

//配置 O-FW-1 安全策略，配置一条名为"allow-all-visit-1"的安全策略，允许所有通信通过
[O-FW-1]security-policy
[O-FW-1-policy-security]rule name allow-all-visit-1
[O-FW-1-policy-security-rule-allow-all-visit-1]source-zone any
[O-FW-1-policy-security-rule-allow-all-visit-1]destination-zone any
[O-FW-1-policy-security-rule-allow-all-visit-1]service any
[O-FW-1-policy-security-rule-allow-all-visit-1]action permit
[O-FW-1-policy-security-rule-allow-all-visit-1]quit
[O-FW-1-policy-security]quit

//以下命令在 O-FW-1 的互联网接口（GE1/0/0）上配置 NAT，允许源地址属于用户区域网段或服务器网段的报文，可以通过 NAT 访问互联网（即来自其他网段的报文无法通过 NAT 访问互联网）
//进入 NAT 策略配置视图
[O-FW-1]nat-policy
//创建一条名为 nat-source-1 的 NAT 策略
[O-FW-1-policy-nat]rule name nat-source-1
// egress-interface 命令用来指定执行 NAT 策略规则的出接口，此处为 GE1/0/0 接口
[O-FW-1-policy-nat-rule-nat-source-1]egress-interface GigabitEthernet1/0/0
// source-address 命令用来指定 NAT 策略规则的源地址，即允许该源地址发来的报文被 NAT 出去
[O-FW-1-policy-nat-rule-nat-source-1]source-address 192.168.0.0 mask 255.255.0.0
[O-FW-1-policy-nat-rule-nat-source-1]source-address 172.16.64.0 mask 255.255.254.0
//设置源地址 NAT，即对报文中的源地址进行转换。此处的源地址 NAT 采用 Easy IP 方式，利用出接口（即 O-FW-1 的 GE1/0/0 接口）的 IP 地址作为 NAT 转换后的报文的源 IP 地址，同时转换地址和端口的地址转换方式
[O-FW-1-policy-nat-rule-nat-source-1]action source-nat easy-ip

```
[O-FW-1-policy-nat-rule-nat-source-1]quit
[O-FW-1-policy-nat]quit
[O-FW-1]quit
<O-FW-1>save
```

在 O-FW-1 上配置管理 IP 地址并实现其与管理机之间网络可达的过程，此处略，请参见本任务中 A-FW-1 的配置。

在 O-FW-1 上配置 SSH 和 SNMP 的过程，此处略，请参见 A-FW-1 的配置。

在园区网边界防火墙中配置默认路由并在其 OSPF 1 中执行 default-route-advertise always 命令以后，园区网内部能够和边界防火墙进行 OSPF 通信的其他路由设备也可获取到该默认路由的信息，即自动学习到该默认路由，只是下一跳的地址要做相应改变。如图 8-4-3 所示，是用户区域的三层交换机 A-RS-1 的路由表（部分），可以看到第 1 条记录就是目的网络是 0.0.0.0/0 的默认路由，其类型为 O_ASE、优先级为 150。注意其下一跳地址变为 10.0.1.1，即防火墙 A-FW-1 的 GE1/0/0 接口地址。

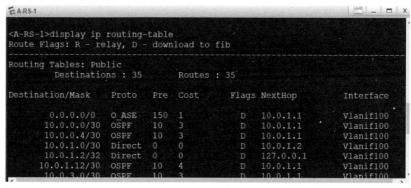

图 8-4-3　A-RS-1 通过 OSPF 学习到边界防火墙中的默认路由（类型为 O_ASE）

（2）配置防火墙 O-FW-2。

```
//启动防火墙
//使用防火墙的默认用户名"admin"和初始密码"Admin@123"进行登录，然后将登录密码改为abcd@1234
//进入系统视图，关闭信息中心，更改设备名为 O-FW-2
<USG6000V1>system-view
[USG6000V1]undo info-center enable
[USG6000V1]sysname O-FW-2
```

```
//以下命令配置防火墙各接口的 IP 地址
//配置连接互联网的接口 GE1/0/0 的 IP 地址。与 O-FW-1 同理，该地址必须与实体主机接入互联网的网
卡（实体网卡）IP 地址在同一网段。由于作者的实体主机接入互联网的网卡首先接入一台无线路由器，其 IP
地址属于 192.168.31.0/24 网段，所以此处将 GE1/0/0 的 IP 地址设置为 192.168.31.101/24。读者在实践时，要
```

依据实际网络环境的地址设置而定

    [O-FW-2]interface GigabitEthernet 1/0/0

    [O-FW-2-GigabitEthernet1/0/0]ip address 192.168.31.101 24

    [O-FW-2-GigabitEthernet1/0/0]quit

    //配置连接 O-R-2 的接口 GE1/0/1 的 IP 地址

    [O-FW-2]interface GigabitEthernet 1/0/1

    [O-FW-2-GigabitEthernet1/0/1]ip address 10.0.3.9 30

    [O-FW-2-GigabitEthernet1/0/1]quit

    //配置连接 O-R-1 的接口 GE1/0/2 的 IP 地址

    [O-FW-2]interface GigabitEthernet 1/0/2

    [O-FW-2-GigabitEthernet1/0/2]ip address 10.0.3.13 30

    [O-FW-2-GigabitEthernet1/0/2]quit

    //在防火墙的各安全区域中添加接口

    [O-FW-2]firewall zone trust

    [O-FW-2-zone-trust]add interface GigabitEthernet 1/0/1

    [O-FW-2-zone-trust]add interface GigabitEthernet 1/0/2

    [O-FW-2-zone-trust]quit

    [O-FW-2]firewall zone untrust

    [O-FW-2-zone-untrust]add interface GigabitEthernet 1/0/0

    [O-FW-2-zone-untrust]quit

    //通过 OSPF 协议，宣告连接内部园区网（即 trust 区域）的网段

    [O-FW-2]ospf 1

    [O-FW-2-ospf-1]area 0

    [O-FW-2-ospf-1-area-0.0.0.0]network 10.0.3.8 0.0.0.3

    [O-FW-2-ospf-1-area-0.0.0.0]network 10.0.3.12 0.0.0.3

    [O-FW-2-ospf-1-area-0.0.0.0]quit

    [O-FW-2-ospf-1]quit

    //与 O-FW-1 同理，此处也需要在 O-FW-2 上配置一条默认路由，使得所有不满足 OSPF 或静态路由的报文（视为这些报文是发往互联网的），下一跳都发往 O-FW-2 的互联网接口（即 GE1/0/0）所在网络的网关地址（也就是实体主机的默认网关），此处为 192.168.31.1。读者在实践时，要依据实际网络环境的地址设置而定

    [O-FW-2]ip route-static 0.0.0.0 0.0.0.0 192.168.31.1

    //与 O-FW-1 同理，此处在 O-FW-2 的 OSPF 1 中也需要执行 default-route-advertise 命令，使 O-FW-2 中的默认路由信息，能够被 OSPF 传送到园区网中的其他路由设备，即其他路由设备可自动通过该默认路由知道访问互联网的报文，下一跳该跳向哪里，而不必再额外配置默认路由。命令如下

    [O-FW-2]ospf 1

    [O-FW-2-ospf-1]default-route-advertise always

    [O-FW-2-ospf-1]quit

    //配置一条名为 allow-all-visit-2 的安全策略，允许全部通信通过防火墙

[O-FW-2]security-policy
[O-FW-2-policy-security]rule name allow-all-visit-2
[O-FW-2-policy-security-rule-allow-all-visit-2]source-zone any
[O-FW-2-policy-security-rule-allow-all-visit-2]destination-zone any
[O-FW-2-policy-security-rule-allow-all-visit-2]service any
[O-FW-2-policy-security-rule-allow-all-visit-2]action permit
[O-FW-2-policy-security-rule-allow-all-visit-2]quit
[O-FW-2-policy-security]quit

//以下命令配置一条名为 nat-source-2 的 NAT 策略，使得源地址属于用户区域网段或服务器网段的报文，可以通过 NAT 访问互联网（即来自其他网段的报文无法通过 NAT 访问互联网）。各条命令的含义可参见 O-FW-1 中 NAT 配置的相关说明
[O-FW-2]nat-policy
[O-FW-2-policy-nat]rule name nat-source-2
[O-FW-2-policy-nat-rule-nat-source-2]egress-interface GigabitEthernet 1/0/0
[O-FW-2-policy-nat-rule-nat-source-2]source-address 192.168.0.0 mask 255.255.0.0
[O-FW-2-policy-nat-rule-nat-source-2]source-address 172.16.64.0 mask 255.255.254.0
[O-FW-2-policy-nat-rule-nat-source-2]action source-nat easy-ip
[O-FW-2-policy-nat-rule-nat-source-2]quit
[O-FW-2-policy-nat]quit
[O-FW-2]quit
<O-FW-2>save

 提醒

在 O-FW-2 上配置管理 IP 地址并实现其与管理机之间网络可达的过程，此处略，请参见本任务中 A-FW-1 的配置。
在 O-FW-2 上配置 SSH 和 SNMP 的过程，此处略，请参见 A-FW-1 的配置。

**步骤 9：** 更改数据中心区域交换机 S-RS-1 的配置。

（1）恢复 S-RS-1 的出厂设置。由于本任务是在本书项目七的园区网基础上实现的，但是在新的网络拓扑中，S-RS-1 旁挂了防火墙 S-FW-1 并且与 S-RS-2 之间直接连接，因此，此处要对 S-RS-1 的有关配置进行更改，包括配置 VRF 以隔离数据中心网络和外部网络，配置与旁挂防火墙之间的静态（默认）路由，配置双机热备与负载分担等。为了简化操作，此处直接将 S-RS-1 恢复出厂设置，然后重新配置。命令如下。

<S-RS-1>reset saved-configuration

执行该命令后，再重新启动设备即可恢复出厂设置。

（2）配置 S-RS-1 基本信息。

//进入系统视图，关闭信息中心，更改设备名称为 S-RS-1
<Huawei>system-view
Enter system view, return user view with Ctrl+Z.
[Huawei]undo info enable
Info: Information center is disabled.

```
[Huawei]sysname S-RS-1
//关闭本设备的 stp 协议（生成树协议）。开启 stp 协议有可能造成双机热备通信失败
[S-RS-1]undo stp enable
Warning: The global STP state will be changed. Continue? [Y/N]y
Info: This operation may take a few seconds. Please wait for a moment...done.
```

（3）配置 VRF（虚拟路由转发）的基本信息。为了通过静态路由实现防火墙 S-FW-1 的旁挂引流，需要在 S-RS-1 上配置 VRF，将 S-RS-1 分为 VRF 和 Public。其中 VRF 连接数据中心网络，Public 连接园区网核心路由区域网络（即连接外部网络），它们之间通过防火墙进行通信。

```
[S-RS-1]ip vpn-instance VRF
[S-RS-1-vpn-instance-VRF]ipv4-family
[S-RS-1-vpn-instance-VRF-af-ipv4]route-distinguisher 100:1
[S-RS-1-vpn-instance-VRF-af-ipv4]vpn-target 100:1 both
 IVT Assignment result:
Info: VPN-Target assignment is successful.
 EVT Assignment result:
Info: VPN-Target assignment is successful.
[S-RS-1-vpn-instance-VRF-af-ipv4]quit
[S-RS-1-vpn-instance-VRF]quit
```

（4）配置 VRF 中与旁挂防火墙通信的三层虚拟接口。根据规划，创建 VLAN 201 并添加接口 GE 0/0/3 和 GE 0/0/4。将三层虚拟接口 Vlanif201 设置为 VRF 的接口，用来和防火墙以及 S-RS-2 的 VRF 进行通信。为了和 S-RS-2 之间实现双机热备和负载分担，此处需要基于 Vlanif201 设置 VRRP 备份组 3 和 VRRP 备份组 4，用于防火墙（包括 S-FW-1 和 S-FW-2）向 S-RS-1 的 VRF 发送报文的下一跳地址。

```
//创建 VLAN 201
[S-RS-1]vlan 201
[S-RS-1-vlan201]quit
//将 GE0/0/3 加入 VLAN 201，S-RS-1 的 VRF 与防火墙之间通信的报文经过该接口
[S-RS-1]interface GigabitEthernet 0/0/3
[S-RS-1-GigabitEthernet0/0/3]port link-type access
[S-RS-1-GigabitEthernet0/0/3]port default vlan 201
[S-RS-1-GigabitEthernet0/0/3]quit
//将 GE0/0/4 加入 VLAN 201，S-RS-1 的 VRF 与 S-RS-2 的 VRF 之间通信的报文经过该接口
[S-RS-1]interface GigabitEthernet 0/0/4
[S-RS-1-GigabitEthernet0/0/4]port link-type access
[S-RS-1-GigabitEthernet0/0/4]port default vlan 201
[S-RS-1-GigabitEthernet0/0/4]quit

//将三层虚拟接口 VLANIF201 绑定 VRF，即将 VLANIF201 设置为属于 VRF 的接口
[S-RS-1]interface vlanif 201
[S-RS-1-Vlanif201]ip binding vpn-instance VRF
```

Info: All IPv4 related configurations on this interface are removed!
Info: All IPv6 related configurations on this interface are removed!
//配置 VLANIF201 的 IP 地址。注意一定要先绑定 VRF，再配置 IP 地址
[S-RS-1-Vlanif201]ip address 10.1.0.7 24
//基于 VLANIF201 设置 VRRP 备份组 3 和 VRRP 备份组 4，它们的 IP 地址与 VLANIF201 的 IP 地址在同一网段，并且 VRRP 备份组 3 比 VRRP 备份组 4 的优先级高，即在负载分担通信时，S-RS-1 优先通过 VRRP 备份组 3 与防火墙进行通信
[S-RS-1-Vlanif201]vrrp vrid 3 virtual-ip 10.1.0.5
[S-RS-1-Vlanif201]vrrp vrid 3 priority 120
[S-RS-1-Vlanif201]vrrp vrid 4 virtual-ip 10.1.0.6
[S-RS-1-Vlanif201]vrrp vrid 4 priority 100
[S-RS-1-Vlanif201]quit

（5）配置 VRF 中与下联的三层交换机 S-RS-3 通信的三层虚拟接口。根据规划，创建 VLAN 101 并添加接口 GE 0/0/1。将三层虚拟接口 Vlanif101 设置为 VRF 的接口，用来和下联的三层交换机 S-RS-3 通信。

//创建 VLAN 101 并添加接口 GE0/0/1
[S-RS-1]vlan 101
[S-RS-1-vlan101]quit
[S-RS-1]interface GigabitEthernet 0/0/1
[S-RS-1-GigabitEthernet0/0/1]port link-type access
[S-RS-1-GigabitEthernet0/0/1]port default vlan 101
[S-RS-1-GigabitEthernet0/0/1]quit

//将三层虚拟接口 VLANIF101 绑定 VPN 实例，即将 VLANIF101 设置为属于 VRF 的接口
[S-RS-1]interface vlanif 101
[S-RS-1-Vlanif101]ip binding vpn-instance VRF
Info: All IPv4 related configurations on this interface are removed!
Info: All IPv6 related configurations on this interface are removed!
[S-RS-1-Vlanif101]ip address 10.0.2.1 30
[S-RS-1-Vlanif101]quit

（6）配置 VRF 中与下联三层交换机 S-RS-4 通信的三层虚拟接口。根据规划，创建 VLAN 102 并添加接口 GE 0/0/2。将三层虚拟接口 Vlanif102 设置为 VRF 的接口，用来和下联的三层交换机 S-RS-4 通信。

[S-RS-1]vlan 102
[S-RS-1-vlan102]quit
[S-RS-1]interface GigabitEthernet 0/0/2
[S-RS-1-GigabitEthernet0/0/2]port link-type access
[S-RS-1-GigabitEthernet0/0/2]port default vlan 102
[S-RS-1-GigabitEthernet0/0/2]quit

//将三层虚拟接口 VLANIF102 绑定 VPN 实例，即将 VLANIF102 设置为属于 VRF 的接口

```
[S-RS-1]interface vlanif 102
[S-RS-1-Vlanif102]ip binding vpn-instance VRF
Info: All IPv4 related configurations on this interface are removed!
Info: All IPv6 related configurations on this interface are removed!
[S-RS-1-Vlanif102]ip address 10.0.2.5 30
[S-RS-1-Vlanif102]quit
```

（7）配置 Public 中与旁挂防火墙通信的三层虚拟接口。根据规划，创建 VLAN 202 并添加接口 GE 0/0/5 和 GE 0/0/6。将三层虚拟接口 Vlanif202 设置为 Public 接口，用来和防火墙以及 S-RS-2 的 Public 进行通信。为了和 S-RS-2 的 Public 之间实现双机热备和负载分担，此处需要基于 Vlanif202 设置 VRRP 备份组 7 和 VRRP 备份组 8，用于防火墙（包括 S-FW-1 和 S-FW-2）向 S-RS-1 的 Public 发送报文的下一跳地址。

```
//创建 VLAN 202 并添加接口 GE0/0/5 和 GE0/0/6
[S-RS-1]vlan 202
[S-RS-1-vlan202]quit
//将 GE0/0/5 加入 VLAN 202，S-RS-1 的 Public 与防火墙之间通信的报文经过该接口
[S-RS-1]interface GigabitEthernet 0/0/5
[S-RS-1-GigabitEthernet0/0/5]port link-type access
[S-RS-1-GigabitEthernet0/0/5]port default vlan 202
[S-RS-1-GigabitEthernet0/0/5]quit
//将 GE0/0/6 加入 VLAN 202，S-RS-1 的 Public 与 S-RS-2 的 Public 之间的通信报文经过该接口
[S-RS-1]interface GigabitEthernet 0/0/6
[S-RS-1-GigabitEthernet0/0/6]port link-type access
[S-RS-1-GigabitEthernet0/0/6]port default vlan 202
[S-RS-1-GigabitEthernet0/0/6]quit

//将三层虚拟接口 VLANIF202 设置为 S-RS-1 的 Public 接口（即不绑定 VPN 实例），用来和防火墙以及
S-RS-2 进行通信
[S-RS-1]interface vlanif 202
[S-RS-1-Vlanif202]ip address 10.2.0.7 24
//基于 VLANIF202 设置 VRRP 备份组 7 和 VRRP 备份组 8，它们的 IP 地址与 VLANIF202 的 IP 地址在
同一网段，并且 VRRP 备份组 7 比 VRRP 备份组 8 的优先级高，即在负载分担通信时，S-RS-1 的 Public 优先
通过 VRRP 备份组 7 与防火墙进行通信
[S-RS-1-Vlanif202]vrrp vrid 7 virtual-ip 10.2.0.5
[S-RS-1-Vlanif202]vrrp vrid 7 priority 120
[S-RS-1-Vlanif202]vrrp vrid 8 virtual-ip 10.2.0.6
[S-RS-1-Vlanif202]vrrp vrid 8 priority 100
[S-RS-1-Vlanif202]quit
```

（8）配置 Public 中连接核心路由器的三层虚拟接口。根据规划，创建 VLAN 100 并添加接口 GE 0/0/24。三层虚拟接口 Vlanif100 属于 S-RS-1 的 Public（即不绑定 VPN 实例），用来与园区网核心路由器 O-R-1 通信（即与外部网络通信）。

```
[S-RS-1]vlan 100
[S-RS-1-vlan100]quit
[S-RS-2]interface GigabitEthernet 0/0/24
[S-RS-2-GigabitEthernet0/0/24]port link-type access
[S-RS-2-GigabitEthernet0/0/24]port default vlan 100
[S-RS-2-GigabitEthernet0/0/24]quit
[S-RS-1]interface vlanif 100
[S-RS-1-Vlanif100]ip address 10.0.0.2 30
[S-RS-1-Vlanif100]quit
```

（9）配置 S-RS-1 的 VRF 中的默认路由。S-RS-1 的 VRF 接口收到数据中心网络发往外部网络（用 0.0.0.0/0 表示）的通信报文后，通过默认路由转发至旁挂防火墙。为了实现防火墙的负载分担，在 S-RS-1 的 VRF 所对应的防火墙端接口上，也创建了 VRRP 备份组，分别是 VRRP 备份组 1（10.1.0.3）和 VRRP 备份组 2（10.1.0.4）。因此此处的默认路由有两条，命令如下：

```
[S-RS-1]ip route-static vpn-instance VRF 0.0.0.0 0.0.0.0 10.1.0.3
[S-RS-1]ip route-static vpn-instance VRF 0.0.0.0 0.0.0.0 10.1.0.4
```

（10）配置 S-RS-1 的 Public 中的静态路由。S-RS-1 的 Public 接口收到外部网络发往数据中心网络（包括服务器网段、AC-1 网段和管理机网段）的通信报文后，通过静态路由转发至旁挂防火墙。为了实现防火墙的负载分担，在 S-RS-1 的 Public 所对应的防火墙端接口上，创建了 VRRP 备份组，分别是 VRRP 备份组 5（10.2.0.3）和 VRRP 备份组 6（10.2.0.4）。因此此处需配置 4 条静态路由，分别如下：

```
//配置目的网络是服务器网段的静态路由
[S-RS-1]ip route-static 172.16.64.0 255.255.254.0 10.2.0.3
[S-RS-1]ip route-static 172.16.64.0 255.255.254.0 10.2.0.4
//配置目的网络是无线控制器 AC-1 网段的静态路由，用于用户区域网络中的 AP 访问 AC-1
[S-RS-1]ip route-static 10.0.200.252 255.255.255.252 10.2.0.3
[S-RS-1]ip route-static 10.0.200.252 255.255.255.252 10.2.0.4
//配置目的网络是管理机网段的静态路由
[S-RS-1]ip route-static 10.0.255.252 255.255.255.252 10.2.0.3
[S-RS-1]ip route-static 10.0.255.252 255.255.255.252 10.2.0.4
```

（11）在 S-RS-1 的 Public 中配置 OSPF 1。根据规划，创建 OSPF 1 的 Area 2 区域，宣告 Vlanif100 和 Vlanif202 所在的网段。从旁挂防火墙进入 Vlanif202 的报文（即发往外部网络的报文）将依据 S-RS-1 的 Public 中的路由表信息（可用 display ip routing-table 命令查看）进行转发。

```
[S-RS-1]ospf 1
[S-RS-1-ospf-1]area 2
[S-RS-1-ospf-1-area-0.0.0.2]network 10.0.0.0 0.0.0.3
[S-RS-2-ospf-1-area-0.0.0.2]network 10.2.0.0 0.0.0.255
[S-RS-1-ospf-1-area-0.0.0.2]quit
[S-RS-1-ospf-1]quit
```

（12）在 S-RS-1 的 VRF 中配置 OSPF 2。根据规划，在 S-RS-1 的 VRF 中创建 OSPF 2 的 Area 0 区域，宣告 Vlanif201、Vlanif101 和 Vlanif102 所在的网段。从旁挂防火墙进入 Vlanif201 的报文（即发往服务器网段或 AC-1 网段的报文）将依据 S-RS-1 的 VRF 中的路由表信息（可用 display ip routing-table vpn-instance VRF 命令查看）进行转发。

```
[S-RS-1]ospf 2 vpn-instance VRF
[S-RS-1-ospf-2]area 0
[S-RS-1-ospf-2-area-0.0.0.0]network 10.1.0.0 0.0.0.255
[S-RS-1-ospf-2-area-0.0.0.0]network 10.0.2.0 0.0.0.3
[S-RS-1-ospf-2-area-0.0.0.0]network 10.0.2.4 0.0.0.3
[S-RS-1-ospf-2-area-0.0.0.0]quit
//此处执行 default-route-advertise 命令，使 S-RS-1 的 VRF 中的默认路由信息，能够被 OSPF 2 传送到数据中心网络中的其他路由设备（例如 S-RS-3 和 S-RS-4），即其他路由设备可自动通过该默认路由知道发往外部网络的报文下一跳该跳向哪里
[S-RS-1-ospf-2]default-route-advertise always
[S-RS-1-ospf-2]quit
[S-RS-1]quit
<S-RS-1>save
```

在 S-RS-1 上配置管理 IP 地址并实现与管理机之间网络可达的过程，此处略，请参见本书项目三。但要注意，此处需要将 LoopBack0 虚拟接口绑定 VPN 实例，即将其设置为属于 VRF 的接口。

在 S-RS-1 上配置 SSH 的过程，此处略，请参见本书项目三。

在 S-RS-1 上配置 SNMP 的过程，此处略，请参见本书项目七。

**步骤 10：更改数据中心区域交换机 S-RS-2 的配置**

（1）恢复 S-RS-2 的出厂设置。与 S-RS-1 同理，此处也需要将 S-RS-2 恢复出厂设置，然后重新配置，命令如下。

```
<S-RS-2>reset saved-configuration
```

执行该命令后，再重新启动设备即可恢复出厂设置。

（2）配置 S-RS-2 基本信息。

```
//进入系统视图，关闭信息中心，更改设备名称为 S-RS-2
<Huawei>system-view
[Huawei]undo info enable
[Huawei]sysname S-RS-2
//关闭本设备的 stp 协议（生成树协议）。开启 stp 协议有可能造成双机热备通信失败
[S-RS-2]undo stp enable
Warning: The global STP state will be changed. Continue? [Y/N]y
Info: This operation may take a few seconds. Please wait for a moment...done.
```

（3）配置 VRF（虚拟路由转发）的基本信息。与 S-RS-1 同理，为了通过静态路由实现防火墙 S-FW-2 的旁挂引流，也需要在 S-RS-2 上配置 VRF。

```
[S-RS-2]ip vpn-instance VRF
[S-RS-2-vpn-instance-VRF]ipv4-family
[S-RS-2-vpn-instance-VRF-af-ipv4]route-distinguisher 100:1
[S-RS-2-vpn-instance-VRF-af-ipv4]vpn-target 100:1 both
[S-RS-2-vpn-instance-VRF-af-ipv4]quit
[S-RS-2-vpn-instance-VRF]quit
```

（4）配置 VRF 中与旁挂防火墙通信的三层虚拟接口。根据规划，创建 VLAN 201 并添加接口 GE 0/0/3 和 GE 0/0/4。将三层虚拟接口 Vlanif201 设置为 VRF 的接口，用来和防火墙以及 S-RS-1 的 VRF 进行通信。为了和 S-RS-1 之间实现双机热备和负载分担，此处需要基于 Vlanif201 设置 VRRP 备份组 3 和 VRRP 备份组 4，用于防火墙（包括 S-FW-1 和 S-FW-2）向 S-RS-2 的 VRF 发送报文的下一跳地址。

```
//创建 VLAN 201 并添加接口 GE0/0/3 和 GE0/0/4
[S-RS-2]vlan 201
[S-RS-2-vlan201]quit
[S-RS-2]interface GigabitEthernet 0/0/3
[S-RS-2-GigabitEthernet0/0/3]port link-type access
[S-RS-2-GigabitEthernet0/0/3]port default vlan 201
[S-RS-2-GigabitEthernet0/0/3]quit
[S-RS-2]interface GigabitEthernet 0/0/4
[S-RS-2-GigabitEthernet0/0/4]port link-type access
[S-RS-2-GigabitEthernet0/0/4]port default vlan 201
[S-RS-2-GigabitEthernet0/0/4]quit
```

```
//将三层虚拟接口 VLANIF201 绑定 VRF，并基于 VLANIF201 设置 VRRP 备份组 3 和 VRRP 备份组 4，
并且 VRRP 备份组 3 比 VRRP 备份组 4 的优先级低，即在负载分担通信时，S-RS-1 优先通过 VRRP 备份组 4
与防火墙进行通信，这一点与 S-RS-1 的相关配置正好相反
[S-RS-2]interface vlanif 201
[S-RS-2-Vlanif201]ip binding vpn-instance VRF
Info: All IPv4 related configurations on this interface are removed!
Info: All IPv6 related configurations on this interface are removed!
[S-RS-2-Vlanif201]ip address 10.1.0.8 24
[S-RS-2-Vlanif201]vrrp vrid 3 virtual-ip 10.1.0.5
[S-RS-2-Vlanif201]vrrp vrid 3 priority 100
[S-RS-2-Vlanif201]vrrp vrid 4 virtual-ip 10.1.0.6
[S-RS-2-Vlanif201]vrrp vrid 4 priority 120
[S-RS-2-Vlanif201]quit
```

（5）配置 VRF 中与下联的三层交换机 S-RS-4 通信的三层虚拟接口。根据规划，创建 VLAN 101 并添加接口 GE 0/0/1。将三层虚拟接口 Vlanif101 设置为 VRF 的接口，用来和下联的三层交换机 S-RS-4 通信。

```
[S-RS-2]vlan 101
[S-RS-2-vlan101]quit
```

```
[S-RS-2]interface GigabitEthernet 0/0/1
[S-RS-2-GigabitEthernet0/0/1]port link-type access
[S-RS-2-GigabitEthernet0/0/1]port default vlan 101
[S-RS-2-GigabitEthernet0/0/1]quit
[S-RS-2]interface vlanif 101
[S-RS-2-Vlanif101]ip binding vpn-instance VRF
Info: All IPv4 related configurations on this interface are removed!
Info: All IPv6 related configurations on this interface are removed!
[S-RS-2-Vlanif101]ip address 10.0.2.13 30
[S-RS-2-Vlanif101]quit
```

（6）配置 VRF 中与下联三层交换机 S-RS-3 通信的三层虚拟接口。

根据规划，创建 VLAN 102 并添加接口 GE 0/0/2。将三层虚拟接口 Vlanif102 设置为 VRF 的接口，用来和下联的三层交换机 S-RS-3 通信。

```
[S-RS-2]vlan 102
[S-RS-2-vlan102]quit
[S-RS-2]interface GigabitEthernet 0/0/2
[S-RS-2-GigabitEthernet0/0/2]port link-type access
[S-RS-2-GigabitEthernet0/0/2]port default vlan 102
[S-RS-2-GigabitEthernet0/0/2]quit
[S-RS-2]interface vlanif 102
[S-RS-2-Vlanif102]ip binding vpn-instance VRF
Info: All IPv4 related configurations on this interface are removed!
Info: All IPv6 related configurations on this interface are removed!
[S-RS-2-Vlanif102]ip address 10.0.2.9 30
[S-RS-2-Vlanif102]quit
```

（7）配置 Public 中与旁挂防火墙通信的三层虚拟接口。根据规划，创建 VLAN 202 并添加接口 GE 0/0/5 和 GE 0/0/6。将三层虚拟接口 Vlanif202 设置为 Public 接口，用来和防火墙以及 S-RS-1 的 Public 进行通信。为了和 S-RS-1 的 Public 之间实现双机热备和负载分担，此处需要基于 Vlanif202 设置 VRRP 备份组 7 和 VRRP 备份组 8，用于防火墙（包括 S-FW-1 和 S-FW-2）向 S-RS-2 的 Public 发送报文的下一跳地址。

```
[S-RS-2]vlan 202
[S-RS-2-vlan202]quit
[S-RS-2]interface GigabitEthernet 0/0/5
[S-RS-2-GigabitEthernet0/0/5]port link-type access
[S-RS-2-GigabitEthernet0/0/5]port default vlan 202
[S-RS-2-GigabitEthernet0/0/5]quit
[S-RS-2]interface GigabitEthernet 0/0/6
[S-RS-2-GigabitEthernet0/0/6]port link-type access
[S-RS-2-GigabitEthernet0/0/6]port default vlan 202
[S-RS-2-GigabitEthernet0/0/6]quit
```

//基于 VLANIF202 设置 VRRP 备份组 7 和 VRRP 备份组 8，用于防火墙（包括 S-FW-1 和 S-FW-2）向 S-RS-2 的 Public 发送报文的下一跳地址。此处 VRRP 备份组 7 比 VRRP 备份组 8 的优先级低，即在负载分担通信时，S-RS-2 的 Public 优先通过 VRRP 备份组 8 与防火墙进行通信。这一点与 S-RS-1 的相关配置正好相反

```
[S-RS-2]interface vlanif 202
[S-RS-2-Vlanif202]ip address 10.2.0.8 24
[S-RS-2-Vlanif202]vrrp vrid 7 virtual-ip 10.2.0.5
[S-RS-2-Vlanif202]vrrp vrid 7 priority 100
[S-RS-2-Vlanif202]vrrp vrid 8 virtual-ip 10.2.0.6
[S-RS-2-Vlanif202]vrrp vrid 8 priority 120
[S-RS-2-Vlanif202]quit
```

（8）配置 Public 中连接核心路由器的三层虚拟接口。根据规划，创建 VLAN 100 并添加接口 GE 0/0/24。三层虚拟接口 Vlanif100 属于 S-RS-2 的 Public（即不绑定 VPN 实例），用来与园区网核心路由器 O-R-2 通信（即与外部网络通信）。

```
[S-RS-2]vlan 100
[S-RS-2-vlan100]quit
[S-RS-2]interface GigabitEthernet 0/0/24
[S-RS-2-GigabitEthernet0/0/24]port link-type access
[S-RS-2-GigabitEthernet0/0/24]port default vlan 100
[S-RS-2-GigabitEthernet0/0/24]quit
[S-RS-2]interface vlanif 100
[S-RS-2-Vlanif100]ip address 10.0.0.6 30
[S-RS-2-Vlanif100]quit
```

（9）配置 S-RS-2 的 VRF 中的默认路由。S-RS-2 的 VRF 接口收到数据中心网络发往外部网络（用 0.0.0.0/0 表示）的通信报文后，通过默认路由转发至旁挂防火墙。为了实现防火墙的双机热备，在 S-RS-2 的 VRF 所对应的防火墙端接口上，也创建了 VRRP 备份组，分别是 VRRP 备份组 1（10.1.0.3）和 VRRP 备份组 2（10.1.0.4）。因此此处的默认路由有两条，命令如下：

```
[S-RS-2]ip route-static vpn-instance VRF 0.0.0.0 0.0.0.0 10.1.0.3
[S-RS-2]ip route-static vpn-instance VRF 0.0.0.0 0.0.0.0 10.1.0.4
```

（10）配置 S-RS-2 的 Public 中的静态路由。S-RS-2 的 Public 接口收到外部网络发往数据中心网络（包括服务器网段、AC-1 网段和 SSH 管理机网段）的通信报文后，通过静态路由转发至旁挂防火墙。为了实现防火墙的双机热备，在 S-RS-2 的 Public 所对应的防火墙端接口上，也创建了 VRRP 备份组，分别是 VRRP 备份组 5（10.2.0.3）和 VRRP 备份组 6（10.2.0.4）。因此此处需配置 4 条静态路由，分别如下：

```
//配置目的网络是服务器网段的静态路由
[S-RS-2]iP route-static 172.16.64.0 255.255.254.0 10.2.0.3
[S-RS-2]iP route-static 172.16.64.0 255.255.254.0 10.2.0.4
//配置目的网络是无线控制器 AC-1 网段的静态路由，用于用户区域网络中的 AP 访问 AC-1
```

```
[S-RS-2]ip route-static 10.0.200.252 255.255.255.252 10.2.0.3
[S-RS-2]ip route-static 10.0.200.252 255.255.255.252 10.2.0.4
//配置目的网络是管理机网段的静态路由
[S-RS-2]ip route-static 10.0.255.252 255.255.255.252 10.2.0.3
[S-RS-2]ip route-static 10.0.255.252 255.255.255.252 10.2.0.4
```

（11）在 S-RS-2 的 Public 中配置 OSPF 1。根据规划，创建 OSPF 1 的 Area 2 区域，宣告 Vlanif100 和 Vlanif202 所在的网段。从旁挂防火墙进入 Vlanif202 的报文（即发往外部网络的报文）将依据 S-RS-2 的 Public 中的路由表信息（可用 display ip routing-table 命令查看）进行转发。

```
[S-RS-2]ospf 1
[S-RS-2-ospf-1]area 2
[S-RS-2-ospf-1-area-0.0.0.2]network 10.0.0.4 0.0.0.3
[S-RS-2-ospf-1-area-0.0.0.2]network 10.2.0.0 0.0.0.255
[S-RS-2-ospf-1-area-0.0.0.2]quit
[S-RS-2-ospf-1]quit
```

（12）在 S-RS-2 的 VRF 中配置 OSPF 2。根据规划，在 S-RS-2 的 VRF 中创建 OSPF 2 的 Area 0 区域，宣告 Vlanif201、Vlanif101 和 Vlanif102 所在的网段。从旁挂防火墙进入 Vlanif201 的报文（即发往服务器网段或 AC-1 网段的报文）将依据 S-RS-2 的 VRF 中的路由表信息（可用 display ip routing-table vpn-instance VRF 命令查看）进行转发。

```
[S-RS-2]ospf 2 vpn-instance VRF
[S-RS-2-ospf-2]area 0
[S-RS-2-ospf-2-area-0.0.0.0]network 10.1.0.0 0.0.0.255
[S-RS-2-ospf-2-area-0.0.0.0]network 10.0.2.8 0.0.0.3
[S-RS-2-ospf-2-area-0.0.0.0]network 10.0.2.12 0.0.0.3
[S-RS-2-ospf-2-area-0.0.0.0]quit
//与 S-RS-1 同理，此处也执行 default-route-advertise 命令，使 S-RS-2 的 VRF 中的默认路由信息，能够被
OSPF 2 传送到数据中心网络中的其他路由设备（例如 S-RS-3 和 S-RS-4）
[S-RS-2-ospf-2]default-route-advertise always
[S-RS-2-ospf-2]quit
[S-RS-2]quit
<S-RS-2>save
```

 在 S-RS-2 上配置管理 IP 地址并实现与管理机之间网络可达的过程，此处略，请参见本书项目三。但要注意，此处需要将 LoopBack0 虚拟接口绑定 VPN 实例，即将其设置为属于 VRF 的接口。
在 S-RS-2 上配置 SSH 的过程，此处略，请参见本书项目三。
在 S-RS-2 上配置 SNMP 的过程，此处略，请参见本书项目七。

**步骤 11**：更改数据中心区域交换机 S-RS-3 的配置。

本任务是在本书项目七的园区网基础上实现的，但是在新的网络拓扑中，由于 S-RS-3 上联的是 S-RS-1 和 S-RS-2 的 VRF，与外部网络（连接 Public）的 OSPF 隔离开，所以此处要对 S-RS-3

的有关配置进行更改，删除原来的 OSPF 1，新增 OSPF 2，重新宣告相关网段。具体如下：

//使用 undo 命令删除原有的 OSPF 1 相关设置，注意先删除 OSPF 1 的 area 中所宣告的各个网段，然后再删除 area，最后删除 OSPF 1。具体操作略。
//新建 OSPF 2，area 0，并宣告有关网段
[S-RS-3]ospf 2
[S-RS-3-ospf-2]area 0
[S-RS-3-ospf-2-area-0.0.0.0]network 172.16.64.0 0.0.0.255
[S-RS-3-ospf-2-area-0.0.0.0]network 10.0.200.252 0.0.0.3
[S-RS-3-ospf-2-area-0.0.0.0]network 10.0.2.0 0.0.0.3
[S-RS-3-ospf-2-area-0.0.0.0]network 10.0.2.8 0.0.0.3

　　在 S-RS-3 上配置管理 IP 地址并实现与管理机之间网络可达的过程，此处略，请参见本书项目三。
　　在 S-RS-3 上配置 SSH 的过程，此处略，请参见本书项目三。
　　在 S-RS-3 上配置 SNMP 的过程，此处略，请参见本书项目七。
　　S-RS-3 配置完 OSPF 2 后，即可与 S-RS-1 以及 S-RS-2 的 VRF 中的 OSPF 2 交换路由信息，从而学习到 S-RS-1 和 S-RS-2 的 VRF 中配置的默认路由，只是下一跳的地址会做相应改变。如图 8-4-4 所示，此时在 S-RS-3 的路由表中，可以看到前 2 条记录就是目的网络是 0.0.0.0/0 的默认路由，其类型为 O_ASE。注意其下一跳地址分别为 10.0.2.9（S-RS-2 的 VLANIF102）和 10.0.2.1（S-RS-1 的 VLANIF101）。

```
[S-RS-3]

<S-RS-3>display ip routing-table
Route Flags: R - relay, D - download to fib

Routing Tables: Public
         Destinations : 17        Routes : 20

Destination/Mask    Proto   Pre  Cost      Flags NextHop        Interface

        0.0.0.0/0   O_ASE   150  1           D   10.0.2.9       Vlanif102
                    O_ASE   150  1           D   10.0.2.1       Vlanif101
       10.0.2.0/30  Direct  0    0           D   10.0.2.2       Vlanif101
       10.0.2.2/32  Direct  0    0           D   127.0.0.1      Vlanif101
       10.0.2.4/30  OSPF    10   2           D   10.0.2.1       Vlanif101
       10.0.2.8/30  Direct  0    0           D   10.0.2.10      Vlanif102
      10.0.2.10/32  Direct  0    0           D   127.0.0.1      Vlanif102
      10.0.2.12/30  OSPF    10   2           D   10.0.2.9       Vlanif102
   10.0.200.252/30  Direct  0    0           D   10.0.200.253   Vlanif200
```

图 8-4-4　S-RS-3 通过 OSPF 学习到 S-RS-1 和 S-RS-2 的 VRF 中的默认路由（类型为 O_ASE）

**步骤 12**：更改数据中心区域交换机 S-RS-4 的配置。

与 S-RS-3 同理，此处也要对 S-RS-4 进行更改，删除原来的 OSPF 1，新增 OSPF 2，重新宣告相关网段。具体如下：

```
//使用 undo 命令删除原有的 OSPF 1 相关设置，具体操作略。
//新建 OSPF 2，area 0，并宣告有关网段
[S-RS-4]ospf 2
[S-RS-4-ospf-2]area 0
[S-RS-4-ospf-2-area-0.0.0.0]network 172.16.65.0 0.0.0.255
[S-RS-4-ospf-2-area-0.0.0.0]network 10.0.2.4 0.0.0.3
[S-RS-4-ospf-2-area-0.0.0.0]network 10.0.2.12 0.0.0.3
//宣告 SSH 管理机所在的网段 10.0.255.252/30
[S-RS-4-ospf-2-area-0.0.0.0]network 10.0.255.252 0.0.0.3
```

在 S-RS-4 上配置管理 IP 地址并实现与管理机之间网络可达的过程，此处略，请参见本书项目三。

在 S-RS-4 上配置 SSH 的过程，此处略，请参见本书项目三。

在 S-RS-4 上配置 SNMP 的过程，此处略，请参见本书项目七。

**步骤 13**：配置数据中心区域旁挂防火墙 S-FW-1。

根据本项目任务三的【网络规划】，对数据中心的旁挂防火墙 S-FW-1 进行配置。为了实现旁挂引流，需要在 S-FW-1 上配置静态路由，其目的网络分别是数据中心网络（包括服务器网段和 AC-1 网段）和外部网络（用 0.0.0.0/0 表示），为了实现双机热备，需要基于 S-FW-1 的接口配置 VRRP 等。

（1）配置防火墙基本信息。

```
//启动防火墙，并修改防火墙初始密码
//使用防火墙的默认用户名"admin"和初始密码"Admin@123"进行登录，然后将登录密码改为 abcd@1234。
//进入系统视图，关闭信息中心，更改设备名为 S-FW-1
<USG6000V1>system-view
[USG6000V1]undo info-center enable
[USG6000V1]sysname S-FW-1
```

（2）配置防火墙接口 IP 地址。

```
//配置与 S-RS-1（VRF）连接的接口地址
[S-FW-1]interface GigabitEthernet 1/0/0
[S-FW-1-GigabitEthernet1/0/0]ip address 10.1.0.1 24
[S-FW-1-GigabitEthernet1/0/0]quit
//配置与 S-RS-1（Public）连接的接口地址
[S-FW-1]interface GigabitEthernet 1/0/1
[S-FW-1-GigabitEthernet1/0/1]ip address 10.2.0.1 24
[S-FW-1-GigabitEthernet1/0/1]quit
//配置与 S-FW-2 连接的心跳线接口
[S-FW-1]interface GigabitEthernet 1/0/6
[S-FW-1-GigabitEthernet1/0/6]ip address 10.3.0.1 30
[S-FW-1-GigabitEthernet1/0/6]quit
```

（3）将防火墙接口加入安全区域。

```
[S-FW-1]firewall zone trust
[S-FW-1-zone-trust]add interface GigabitEthernet 1/0/0
[S-FW-1-zone-trust]quit
[S-FW-1]firewall zone untrust
[S-FW-1-zone-untrust]add interface GigabitEthernet 1/0/1
[S-FW-1-zone-untrust]quit
[S-FW-1]firewall zone dmz
[S-FW-1-zone-dmz]add interface GigabitEthernet 1/0/6
[S-FW-1-zone-dmz]quit
```

（4）配置静态路由。

//配置上行方向（即防火墙→Public 交换机）的两条等价静态路由（默认路由），下一跳分别为 VRRP7 和 VRRP8 的地址（即 Public 交换机的 VLANIF202 的备份组）。从数据中心网络发往外部网络的报文，到达旁挂防火墙后，将依据本默认路由转发至 S-RS-1 或 S-RS-2 的 Public 交换机上，然后再被 Public 交换机转发至核心路由器 O-R-1 或 O-R-2。

```
[S-FW-1]ip route-static 0.0.0.0 0.0.0.0 10.2.0.5
[S-FW-1]ip route-static 0.0.0.0 0.0.0.0 10.2.0.6
```

//配置下行方向（即防火墙 → VRF 交换机）的 6 条静态路由，下一跳分别为 VRRP3 和 VRRP4 的地址（即 VRF 交换机的 VLANIF201 的备份组地址）。从外部网络发往数据中心网络（包括服务器网段、AC-1 网段和管理机网段）的报文，到达旁挂防火墙后，将依据本静态路由转发至 S-RS-1 或 S-RS-2 的 VRF 交换机上，然后再根据 VRF 交换机中的路由表（可用 display ip routing-table vpn-instance VRF 查看）转发至相应的服务器或者 AC-1 或者管理机。

```
//配置目的网络是服务器网段的静态路由
[S-FW-1]ip route-static 172.16.64.0 255.255.254.0 10.1.0.5
[S-FW-1]ip route-static 172.16.64.0 255.255.254.0 10.1.0.6
//配置目的网络是 AC-1 网段的静态路由
[S-FW-1] ip route-static 10.0.200.252 255.255.255.252 10.1.0.5
[S-FW-1] ip route-static 10.0.200.252 255.255.255.252 10.1.0.6
//配置目的网络是管理机网段的静态路由
[S-FW-1] ip route-static 10.0.255.252 255.255.255.252 10.1.0.5
[S-FW-1] ip route-static 10.0.255.252 255.255.255.252 10.1.0.6
```

（5）配置双机热备功能。

//基于 GE1/0/0 接口（对端连接 VRF 交换机）配置 VRRP 备份组 1 和 VRRP 备份组 2。此处 VRRP 备份组 1 状态设置为 active，VRRP 备份组 2 的状态设置为 standby，与 S-FW-2 防火墙的 VRRP1 和 VRRP2 的状态设置正好相反。

```
[S-FW-1]interface GigabitEthernet 1/0/0
[S-FW-1-GigabitEthernet1/0/0]vrrp vrid 1 virtual-ip 10.1.0.3 active
[S-FW-1-GigabitEthernet1/0/0]vrrp vrid 2 virtual-ip 10.1.0.4 standby
[S-FW-1-GigabitEthernet1/0/0]quit
```

//基于 GE1/0/1 接口（对端连接 Public 交换机）配置 VRRP 备份组 5 和 VRRP 备份组 6。此处 VRRP 备份组 5 状态设置为 standby，VRRP 备份组 6 状态设置为 active，与 S-FW-2 防火墙的 VRRP5 和 VRRP6 的状

态设置正好相反。

```
[S-FW-1]interface GigabitEthernet 1/0/1
[S-FW-1-GigabitEthernet1/0/1]vrrp vrid 5 virtual-ip 10.2.0.3 active
[S-FW-1-GigabitEthernet1/0/1]vrrp vrid 6 virtual-ip 10.2.0.4 standby
[S-FW-1-GigabitEthernet1/0/1]quit
```

（6）指定心跳接口。

```
//负载分担组网下，两台防火墙都转发流量，为了防止来回路径不一致，需要在两台防火墙上都配置会
话快速备份功能
[S-FW-1]hrp mirror session enable
//指定心跳接口为 GE1/0/6，其对应的远端接口地址为 10.3.0.2，即 S-FW-2 的 GE1/0/6 地址
[S-FW-1]hrp interface GigabitEthernet 1/0/6 remote 10.3.0.2
```

（7）启用双机热备功能，注意命令提示符的变化。

```
[S-FW-1]hrp enable
Info: NAT IP detect function is disabled.
HRP_S[S-FW-1]quit
HRP_S<S-FW-1>save
```

提醒
在 S-FW-1 上不需要另行配置管理 IP 地址，通过 GE1/0/0 接口与管理机通信。在 S-FW-1 上配置 SSH 和 SNMP 的过程，此处略，请参见 A-FW-1 的配置。

**步骤 14**：配置数据中心区域旁挂防火墙 S-FW-2。

根据本项目任务三的【网络规划】，对数据中心的旁挂防火墙 S-FW-2 进行配置。为了实现旁挂引流，需要在 S-FW-2 上配置静态路由，其目的网络分别是数据中心网络（包括服务器网段和 AC-1 网段）和外部网络（用 0.0.0.0/0 表示），为了实现双机热备，需要基于 S-FW-2 的接口配置 VRRP 等。

（1）配置防火墙基本信息。

```
//启动防火墙，并修改防火墙初始密码
//使用防火墙的默认用户名"admin"和初始密码"Admin@123"进行登录，然后将登录密码改为 abcd@1234
//进入系统视图，关闭信息中心，更改设备名为 S-FW-2
<USG6000V1>system-view
[USG6000V1]undo info-center enable
[USG6000V1]sysname S-FW-2
```

（2）配置防火墙接口 IP 地址。

```
<S-FW-2>system-view
Enter system view, return user view with Ctrl+Z.
[S-FW-2]interface GigabitEthernet 1/0/0
[S-FW-2-GigabitEthernet1/0/0]ip address 10.1.0.2 24
[S-FW-2-GigabitEthernet1/0/0]quit
[S-FW-2]interface GigabitEthernet 1/0/1
[S-FW-2-GigabitEthernet1/0/1]ip address 10.2.0.2 24
```

[S-FW-2-GigabitEthernet1/0/1]quit
//配置与 S-FW-1 连接的心跳线接口
[S-FW-2]interface GigabitEthernet 1/0/6
[S-FW-2-GigabitEthernet1/0/6]ip address 10.3.0.2 30
[S-FW-2-GigabitEthernet1/0/6]quit

（3）将防火墙接口加入安全区域。

[S-FW-2]firewall zone trust
[S-FW-2-zone-trust]add interface GigabitEthernet 1/0/0
[S-FW-2-zone-trust]quit
[S-FW-2]firewall zone untrust
[S-FW-2-zone-untrust]add interface GigabitEthernet 1/0/1
[S-FW-2-zone-untrust]quit
[S-FW-2]firewall zone dmz
[S-FW-2-zone-dmz]add interface GigabitEthernet 1/0/6
[S-FW-2-zone-dmz]quit

（4）配置静态路由。

//与 S-FW-1 同理，此处需配置上行方向（即防火墙→Public 交换机）的两条等价静态路由（默认路由），
下一跳分别为 VRRP7 和 VRRP8 的地址（即 Public 交换机的 VLANIF202 的备份组）。从数据中心网络发往外
部网络的报文，到达旁挂防火墙后，将依据本默认路由转发至 S-RS-1 或 S-RS-2 的 Public 交换机上，然后再
被 Public 交换机转发至核心路由器 O-R-1 或 O-R-2。
[S-FW-2]ip route-static 0.0.0.0 0.0.0.0 10.2.0.5
[S-FW-2]ip route-static 0.0.0.0 0.0.0.0 10.2.0.6

//与 S-FW-1 同理，配置下行方向（即防火墙→VRF 交换机）的 6 条静态路由，下一跳分别为 VRRP3 和
VRRP4 的地址（即 VRF 交换机的 VLANIF201 的备份组地址）。从外部网络发往服务器网段、AC-1 和 SSH 管
理机的报文，到达旁挂防火墙后，将依据本静态路由转发至 S-RS-1 或 S-RS-2 的 VRF 交换机上，然后再根据 VRF
交换机中的路由表（可用 display ip routing-table vpn-instance VRF 查看）转发至服务器网段或 AC-1 或管理机
//配置目的网络是服务器网段的静态路由
[S-FW-2]ip route-static 172.16.64.0 255.255.254.0 10.1.0.5
[S-FW-2]ip route-static 172.16.64.0 255.255.254.0 10.1.0.6
//配置目的网络是 AC-1 网段的静态路由
[S-FW-2] ip route-static 10.0.200.252 255.255.255.252 10.1.0.5
[S-FW-2] ip route-static 10.0.200.252 255.255.255.252 10.1.0.6
//配置目的网络是 SSH 管理机网段的静态路由
[S-FW-2] ip route-static 10.0.255.252 255.255.255.252 10.1.0.5
[S-FW-2] ip route-static 10.0.255.252 255.255.255.252 10.1.0.6

（5）配置双机热备功能。

//基于 GE1/0/0 接口（对端连接 VRF 交换机）配置 VRRP 备份组 1 和 VRRP 备份组 2。此处 VRRP 备份
组 1 状态设置为 standby，VRRP 备份组 2 的状态设置为 active，与 S-FW-1 防火墙的 VRRP1 和 VRRP2 的状
态设置正好相反
[S-FW-2]interface GigabitEthernet 1/0/0
[S-FW-2-GigabitEthernet1/0/0]vrrp vrid 1 virtual-ip 10.1.0.3 standby

[S-FW-2-GigabitEthernet1/0/0]vrrp vrid 2 virtual-ip 10.1.0.4 active
[S-FW-2-GigabitEthernet1/0/0]quit
//基于接口 GE1/0/1 接口（对端连接 Public 交换机）配置 VRRP 备份组 5 和 VRRP 备份组 6。此处 VRRP 备份组 5 状态设置为 standby，VRRP 备份组 6 的状态设置为 active，与 S-FW-1 防火墙的 VRRP5 和 VRRP6 的状态设置正好相反
[S-FW-2]interface GigabitEthernet 1/0/1
[S-FW-2-GigabitEthernet1/0/1]vrrp vrid 5 virtual-ip 10.2.0.3 standby
[S-FW-2-GigabitEthernet1/0/1]vrrp vrid 6 virtual-ip 10.2.0.4 active
[S-FW-2-GigabitEthernet1/0/1]quit

（6）指定心跳接口。

//负载分担组网下，两台 FW 都转发流量，为了防止来回路径不一致，需要在两台 FW 上都配置会话快速备份功能
[S-FW-2]hrp mirror session enable
//指定心跳接口为 GE1/0/6，其对应的远端接口地址为 10.3.0.1，即 S-FW-1 的 GE1/0/6 地址
[S-FW-2]hrp interface GigabitEthernet 1/0/6 remote 10.3.0.1

（7）启用双机热备功能，注意命令提示符的变化。

[S-FW-2]hrp enable
Info: NAT IP detect function is disabled.
HRP_S[S-FW-2]

提醒

启用双机热备后，S-FW-2 的命令提示符前缀变为 HRP_S，此时再查看 S-FW-1 的命令提示符前缀，会发现变为 HRP_M。

在 S-FW-2 上不需要另行配置管理 IP 地址，通过 GE1/0/0 接口与管理机通信。

在 S-FW-2 上配置 SSH 和 SNMP 的过程，此处略，请参见本任务中 A-FW-1 的配置。要注意的是，由于 S-FW-1 和 S-FW-2 之间是双机热备，因此有些在 S-FW-1 上进行的配置（命令末尾有+B），会自动同步到 S-FW-2 上，不需要在 S-FW-2 上再次进行配置。

**步骤 15：** 在启用双机热备的防火墙上配置安全策略。

启用双机热备后，只需要在 HRP_M 前缀的防火墙上添加或修改安全策略，所添加或修改的安全策略会自动同步到 HRP_S 前缀的防火墙中。也就是说，不需要（也不能）在 HRP_S 前缀的防火墙中添加安全策略。

为了便于进行全网通信测试，此处在 S-FW-1（前缀为 HRP_M）添加一条名为 allow-all-visit 的策略，允许所有报文通过防火墙，并在 S-FW-2（前缀为 HRP_S）上查看是否同步。

HRP_M[S-FW-1]security-policy
//创建名为 allow-all-visit 的策略，允许所有通信通过防火墙。执行可同步的命令时会有（+B）的提示
HRP_M[S-FW-1-policy-security]rule name allow-all-visit
//允许所有报文（此处没有指明报文来源、目的地、协议，即默认表示所有报文）通过防火墙
HRP_M[S-FW-1-policy-security-rule-allow-all-visit]action permit
HRP_M[S-FW-1-policy-security-rule-allow-all-visit]quit

项目八

```
HRP_M[S-FW-1-policy-security]quit
HRP_M[S-FW-1]quit
HRP_M<S-FW-1>save
```

此时登录防火墙 S-FW-2（前缀为 HRP_S），使用 display current-configuration 命令查看配置文件，可以看到【security-policy】中已经有 allow-all-visit 策略，如图 8-4-5 所示。

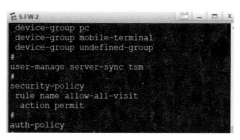

图 8-4-5　启用双机热备后，防火墙 S-FW-2 自动同步 S-FW-1 中的安全策略

**步骤 16：**全网通信测试。

（1）测试园区网内部的 DHCP 服务。启动数据中心网络中无线控制器 AC-1 以及用户区域中的 A-AP-1 和 B-AP-1，可以看到 A-AP-1 和 B-AP-1 可以和 AC-1 进行通信，并发射了无线信号，如图 8-4-6 所示，说明用户区域的 AP 设备可以与数据中心网络中的无线控制器（AC-1）正常通信。

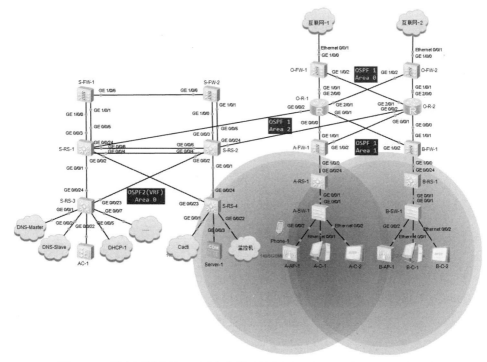

图 8-4-6　用户区域中的 AP 设备发射无线信号，说明 AP 与 AC-1 通信正常

启动实体主机中的 VirtualBox 软件，启动 DHCP-1 服务器（IP 地址为 172.16.64.14/24）。启动无线移动终端 Phone-1，连接"wifi-2.4G"的 SSID，密码为 abcd1111，如图 8-4-7 所示。可以看到 Phone-1 可以连接入网，显示"已连接"，在【命令行】界面中可通过 ipconfig 命令查看 Phone-1 获得的 IP 地址。

图 8-4-7　无线移动终端可以通过 AP 设备接入园区网，并且获取到 IP 地址

启动用户主机 A-C-1，将其地址设置为"DHCP"，单击右下角【应用】按钮，然后在【命令行】界面中，输入 ipconfig 命令，可以看到 A-C-1 已经获取到了 IP 地址 192.168.64.1/24，其获取的 DNS 服务器地址是 172.16.64.10 和 172.16.64.11，如图 8-4-8 所示。说明用户区域的有线终端和无线移动终端都可以和数据中心区域中的 DHCP 服务器正常通信。

图 8-4-8　用户主机 A-C-1 通过 DHCP 获取到 IP 地址

（2）使用 Ping 命令测试接入互联网以及园区网内部的连通性。

测试结果见表 8-4-1。可以看到，整个园区网实现了全网互通。

表 8-4-1　接入互联网以及园区网内部连通性

| 序号 | 源设备 | 目的设备 | 目的地址 | 通信结果 | 说明 |
|---|---|---|---|---|---|
| 1 | A-C-1 | 互联网公共 DNS 服务器地址 | 114.114.114.114 | 通 | 用户主机访问互联网 |
| 2 | A-C-1 | Phone-1 | 172.16.65.10 | 通 | 有线终端访问无线终端 |
| 3 | A-C-1 | B-C-1 | 192.168.68.1 | 通 | 用户主机访问用户主机 |
| 4 | A-C-1 | Server-1 | 172.16.65.10 | 通 | 用户主机访问服务器 |
| 5 | Server-1 | 互联网公共 DNS 服务器地址 | 114.114.114.114 | 通 | 服务器访问互联网 |
| 6 | Server-1 | A-C-1 | 192.168.64.1 | 通 | 服务器访问用户主机 |
| 7 | Server-1 | Phone-1 | 192.168.66.1 | 通 | 服务器访问无线终端 |
| 8 | Server-1 | DHCP-1 服务器 | 172.16.64.14 | 通 | 服务器访问服务器 |

**步骤 17：**数据中心防火墙以负载分担方式工作的测试。

本任务中，数据中心两台旁挂防火墙被设计成负载分担的工作方式。正常情况下，S-FW-1 和 S-FW-2 共同转发流量，其中一台出现故障时，另一台转发全部业务，保证业务不中断。

（1）在图 8-4-9 中的①（S-FW-1 的 GE 1/0/0）、②（S-FW-2 的 GE 1/0/0）处启动抓包程序，并且在 Wireshark 的筛选框中输入"icmp"，只显示 ICMP 报文。

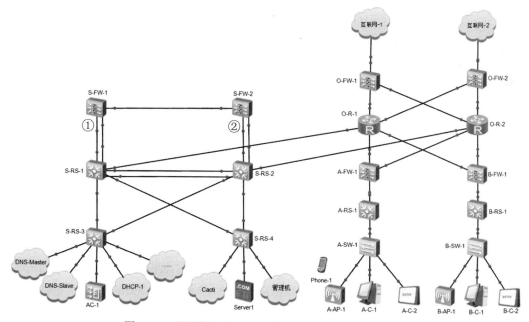

图 8-4-9　设置抓包点，分析旁挂防火墙负载分担的效果

（2）在 A-C-1 上执行 Ping 172.16.65.10。

（3）查看①处的报文。①处抓取的报文如图 8-4-10 所示。查看其中的 7 号报文，它是从 Server-1

（172.16.65.10）返回 A-C-1（192.168.64.1）的 ICMP 响应报文（reply）。从该报文的源 MAC 地址（4c:1f:cc:b7:54:a5）可以看出，它是从三层交换机 S-RS-2 发出的。从该报文的目的 MAC 地址（IETF-VRRP-VRID_01 00:00:5e:00:01:01）可以看出，它下一跳发至位于旁挂防火墙的备份组 VRRP 1，即基于 S-FW-1 的 GE1/0/0 接口的 VRRP 备份组 1。

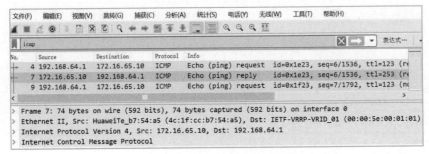

图 8-4-10　在①处抓取的 ICMP 报文

（4）查看②处的报文。②处的报文如图 8-4-11 所示。查看其中的 3 号报文，它也是从 Server-1（172.16.65.10）返回 A-C-1（192.168.64.1）的 ICMP 响应报文（reply）。从该报文的源 MAC 地址（4c:1f:cc:b7:54:a5）可以看出，它也是从三层交换机 S-RS-2 发出的。从该报文的目的 MAC 地址（IETF-VRRP-VRID_02 00:00:5e:00:01:02）可以看出，它下一跳发至位于旁挂防火墙的备份组 VRRP 2，即基于 S-FW-2 的 GE1/0/0 接口的 VRRP 备份组 2。

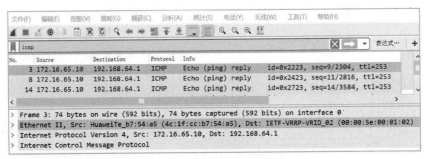

图 8-4-11　在②处抓取的 ICMP 报文

（5）通过对①、②处所抓取报文的分析可知，当服务器发往外部网络的报文（此处是 ICMP relay 报文）达到 S-RS-2 的 VRF 后，依据 VRF 中的默认路由（ip route-static vpn-instance VRF 0.0.0.0 0.0.0.0 10.1.0.3 和 ip route-static vpn-instance VRF 0.0.0.0 0.0.0.0 10.1.0.4），一部分 relay 报文通过 GE 0/0/4 接口（VRF 的接口），经过 S-RS-1 发往旁挂防火墙 S-FW-1 的 VRRP 备份组 1（10.1.0.3），另一部分 relay 报文通过 GE 0/0/3 接口（VRF 的接口）发往旁挂防火墙 S-FW-2 的 VRRP 备份组 2（10.1.0.4）。也就是说，旁挂防火墙 S-FW-1 和 S-FW-2 是以负载分担方式工作的。

　　**步骤 18**：数据中心防火墙双机热备测试。

　　在 A-C-1 上执行 ping 172.16.65.10 -t 命令（即 A-C-1 访问 Server-1），可以看到 A-C-1 能正常访

问 Server-1。此时关闭数据中心旁挂防火墙 S-FW-1 和 S-FW-2 中的任意一个，可以看到短暂中断后又可继续访问，说明实现了双机热备，如图 8-4-12 所示。

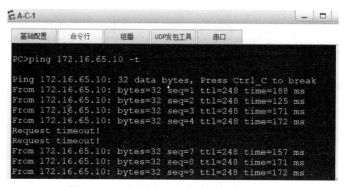

图 8-4-12    数据中心防火墙双机热备测试

**步骤 19：** 数据中心防火墙旁挂引流测试。

本步骤测试进出数据中心区域的通信流量是否首先被引流到旁挂防火墙。

（1）关闭 S-FW-1 和 S-FW-2。

（2）在图 8-4-13 的①（S-RS-1 的 GE 0/0/24）、②（S-RS-2 的 GE 0/0/24）、③（S-RS-1 的 GE 0/0/1）、④（S-RS-1 的 GE 0/0/2）、⑤（S-RS-2 的 GE 0/0/2）、⑥（S-RS-2 的 GE 0/0/1）处，启动抓包程序，并且在 Wireshark 的报文筛选框中输入"icmp"，表示只显示 ICMP 报文。

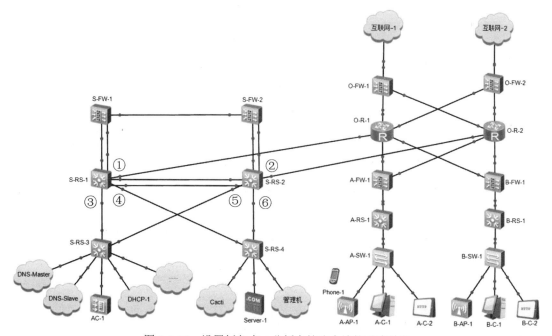

图 8-4-13    设置抓包点，分析旁挂防火墙的引流效果

（3）在 A-C-1 上执行 ping 172.16.65.10。

（4）查看①、②处的报文。可以看到在①处抓取到了 ICMP 报文，但是只有 ICMP 的 Request 报文，如图 8-4-14 所示；在②处没有抓取到 ICMP 报文，如图 8-4-15 所示。说明从 A-C-1 发出的 ICMP 报文在到达防火墙 A-FW-1 后，是经过 O-R-1 到达 S-RS-1 的。由于只有 Request 报文，没有回应报文（no response found!），说明通信失败，这和旁挂防火墙的关闭有关。

图 8-4-14　在①处抓取的 ICMP 报文中，只有 ICMP Request 报文

图 8-4-15　在②处抓取不到 ICMP 报文

（5）查看③、④、⑤、⑥处的报文，可以看到也没有抓取到 ICMP 报文，说明从 A-C-1 发出的 ICMP 报文，到达 S-RS-1 后，在旁挂防火墙关闭后，无法向下转发到服务器区域的交换机 S-RS-4。

这就验证了：由于 S-RS-1 上配置了 VRF（虚拟路由转发），因此到达 S-RS-1（准确地说是到达 S-RS-1 的 Public）的报文，是先引流到旁挂的防火墙，然后再从旁挂防火墙返回到 VRF 的。此处由于旁挂防火墙的关闭，使得 S-RS-1 的 Public 和 VRF 之间通路中断，因此到达 S-RS-1 的报文，无法到达 S-RS-4。

这说明防火墙 S-FW-1 和 S-FW-2 确实实现了旁挂引流的作用。

# 任务五　配置防火墙策略实现安全目标

## 【任务介绍】

按照本项目任务三的安全规划，完成防火墙安全策略配置，实现园区网安全防护。

## 【任务目标】

1．完成用户区域防火墙安全策略配置。
2．完成接入区域防火墙安全策略配置。
3．完成数据中心区域防火墙安全策略配置。

## 【操作步骤】

**步骤 1：**配置用户区域边界防火墙的安全策略。

（1）计划达到的安全目标。数据中心的服务器或管理机，可以通过 SNMP 服务采集用户区域内各网络设备的数据，可以通过 SSH 方式远程管理用户区域内的网络设备。

从用户区域向外部网络的主动通信被允许，例如通过 DHCP 获取 IP 地址。

其他外部网络到用户区域网络的访问均禁止。

（2）在 A-FW-1 上配置安全策略。

```
<A-FW-1>system-view
Enter system view, return user view with Ctrl+Z.
[A-FW-1]security-policy
//删除原有的策略 allow-all-visit-A，该策略允许所有报文通过防火墙
[A-FW-1-policy-security]undo rule name allow-all-visit-A
//创建新策略 allow-visit-out，该策略允许来自用户区域内部的所有报文通过防火墙
[A-FW-1-policy-security]rule name allow-visit-out
[A-FW-1-policy-security-rule-allow-visit-out]source-zone trust
[A-FW-1-policy-security-rule-allow-visit-out]action permit
[A-FW-1-policy-security-rule-allow-visit-out]quit
//创建新策略 allow-ssh-input，该策略允许来自 10.0.255.252 网段（管理机所在的网段）的 SSH 报文通过
防火墙
[A-FW-1-policy-security]rule name allow-ssh-input
[A-FW-1-policy-security-rule-allow-ssh-input]source-address 10.0.255.252 30
[A-FW-1-policy-security-rule-allow-ssh-input]service ssh
[A-FW-1-policy-security-rule-allow-ssh-input]action permit
[A-FW-1-policy-security-rule-allow-ssh-input]quit
//创建新策略 allow-snmp-input，该策略允许来自 172.16.65.0/24 网段（Cacti 所在网段）的 SNMP 报文通
过防火墙
[A-FW-1-policy-security]rule name allow-snmp-input
[A-FW-1-policy-security-rule-allow-snmp-input]source-address 172.16.65.0 24
[A-FW-1-policy-security-rule-allow-snmp-input]service snmp
[A-FW-1-policy-security-rule-allow-snmp-input]action permit
[A-FW-1-policy-security-rule-allow-snmp-input]quit
//创建新策略 allow-ping-input，该策略允许来自 172.16.65.0/24 网段（Cacti 所在网段）的 Ping 报文通过
防火墙，该策略用于 Cacti 监控网络设备，也可以指定 Ping 报文的来源主机
[A-FW-1-policy-security]rule name allow-ping-input
```

```
[A-FW-1-policy-security-rule-allow-ping-input]source-address 172.16.65.0 24
[A-FW-1-policy-security-rule-allow-ping-input]service icmp
[A-FW-1-policy-security-rule-allow-ping-input]action permit
[A-FW-1-policy-security-rule-allow-ping-input]quit
//创建新策略 no-visit-input，该策略禁止其他来自外部网络的报文通过防火墙
[A-FW-1-policy-security]rule name no-visit-input
[A-FW-1-policy-security-rule-no-visit-input]source-zone untrust
[A-FW-1-policy-security-rule-no-visit-input]action deny
[A-FW-1-policy-security-rule-no-visit-input]quit
[A-FW-1-policy-security]quit
[A-FW-1]quit
<A-FW-1>save
```

（3）在 B-FW-1 上配置安全策略。在 B-FW-1 上配置的安全策略与 A-FW-1 完全相同。

（4）测试用户区域边界防火墙安全策略的效果。测试结果见表 8-5-1，可以看到，实现了预期的安全目标。

表 8-5-1　测试用户区域边界防火墙安全策略的效果

| 序号 | 源设备 | 目的设备 | 目的地址 | 通信协议 | 通信结果 | 说明 |
|---|---|---|---|---|---|---|
| 1 | A-C-1 | DHCP-1 服务器 | 172.16.64.14 | DHCP | 获取到 IP 地址 | 用户主机可以访问 DHCP 服务 |
| 2 | A-C-1 | 互联网公共 DNS 服务器 | 114.114.114.114 | PING | 通 | 用户主机可以访问互联网主机 |
| 3 | A-C-1 | Server-1 | 172.16.65.10 | PING | 通 | 用户主机可以 ping 数据中心服务器 |
| 4 | A-C-2 | Server-1 | 172.16.65.10 | Web | 正常访问 | 用户主机可以访问 Web 服务 |
| 5 | A-C-2 | Server-1 | 172.16.65.10 | FTP | 正常访问 | 用户主机可以访问 FTP 服务 |
| 6 | B-C-1 | A-C-1 | 192.168.64.1 | PING | 不通 | 外部主机不能 ping 用户区域内主机 |
| 7 | Cacti | A-RS-1 | 10.0.255.70 | SNMP | 正常访问 | 数据中心的 Cacti 服务器可通过 SNMP 监控到用户区域内的网络设备 |
| 8 | 管理机 | B-RS-1 | 10.0.255.71 | SSH | 正常访问 | 管理机可通过 SSH 登录用户区域内的网络设备 |

**步骤 2**：配置数据中心区域旁挂防火墙的安全策略。

（1）计划达到的安全目标。

允许外部网络（例如用户区域网络）主机访问园区网内部的 Web 服务和 DNS 服务。

允许园区网的用户区域主机访问数据中心提供的 DHCP 服务和 NTP 服务。

允许用户区域 A 的主机访问数据中心提供的 FTP 服务，不允许用户区域 B 的主机访问数据中心提供的 FTP 服务。

从数据中心网络向外部网络的所有通信被允许。

其他任何地址到任何地址的访问均禁止。

（2）在 S-FW-1 上配置安全策略。

```
HRP_M<S-FW-1>system-view
HRP_M[S-FW-1]security-policy
//删除原有的策略 allow-all-visit，该策略允许所有报文通过防火墙
HRP_M[S-FW-1-policy-security]undo rule name allow-all-visit
//创建新策略 allow-visit-out，允许数据中心内部（即 trust 区域）向外部网络的所有通信
HRP_M[S-FW-1-policy-security]rule name allow-visit-out
HRP_M[S-FW-1-policy-security-rule-allow-visit-out]source-zone trust
HRP_M[S-FW-1-policy-security-rule-allow-visit-out]action permit
HRP_M[S-FW-1-policy-security-rule-allow-visit-out]quit
//创建新策略 allow-web-input，允许外部网络（即 untrust 区域）访问数据中心的 web 服务
HRP_M[S-FW-1-policy-security]rule name allow-web-input
HRP_M[S-FW-1-policy-security-rule-allow-web-input]source-zone untrust
HRP_M[S-FW-1-policy-security-rule-allow-web-input]service http
HRP_M[S-FW-1-policy-security-rule-allow-web-input]service https
HRP_M[S-FW-1-policy-security-rule-allow-web-input]action permit
HRP_M[S-FW-1-policy-security-rule-allow-web-input]quit
//创建新策略 allow-dns-input，允许外部网络（即 untrust 区域）访问数据中心的 DNS 服务
HRP_M[S-FW-1-policy-security]rule name allow-dns-input
HRP_M[S-FW-1-policy-security-rule-allow-dns-input]source-zone untrust
HRP_M[S-FW-1-policy-security-rule-allow-dns-input]service dns
HRP_M[S-FW-1-policy-security-rule-allow-dns-input]action permit
HRP_M[S-FW-1-policy-security-rule-allow-dns-input]quit
//创建新策略 allow-ap-input，允许外部网络中的 AP 访问 AC-1（10.0.200.254/30）
HRP_M[S-FW-1-policy-security]rule name allow-ap-input
HRP_M[S-FW-1-policy-security-rule-allow-ap-input]destination-address 10.0.200.252 30
HRP_M[S-FW-1-policy-security-rule-allow-ap-input]action permit
HRP_M[S-FW-1-policy-security-rule-allow-ap-input]quit
//创建新策略 allow-dhcp-input，允许 192.168.0.0/16 网段访问数据中心的 DHCP 服务
HRP_M[S-FW-1-policy-security]rule name allow-dhcp-input
HRP_M[S-FW-1-policy-security-rule-allow-dhcp-input]source-address 192.168.0.0 16
HRP_M[S-FW-1-policy-security-rule-allow-dhcp-input]service bootpc
HRP_M[S-FW-1-policy-security-rule-allow-dhcp-input]service bootps
HRP_M[S-FW-1-policy-security-rule-allow-dhcp-input]action permit
HRP_M[S-FW-1-policy-security-rule-allow-dhcp-input]quit
//创建新策略 allow-ntp-input，允许 10.0.0.0/8 网段（园区网网络设备）访问数据中心的 NTP 服务
HRP_M[S-FW-1-policy-security]rule name allow-ntp-input
HRP_M[S-FW-1-policy-security-rule-allow-ntp-input]source-address 10.0.0.0 8
HRP_M[S-FW-1-policy-security-rule-allow-ntp-input]service ntp
HRP_M[S-FW-1-policy-security-rule-allow-ntp-input]action permit
HRP_M[S-FW-1-policy-security-rule-allow-ntp-input]quit
```

//创建新策略 allow-ntp-input，允许 192.168.64.0/22 网段（用户区域 A）访问数据中心的 FTP 服务
HRP_M[S-FW-1-policy-security]rule name allow-ftp-input
HRP_M[S-FW-1-policy-security-rule-allow-ftp-input]source-address 192.168.64.0 22
HRP_M[S-FW-1-policy-security-rule-allow-ftp-input]service ftp
HRP_M[S-FW-1-policy-security-rule-allow-ftp-input]action permit
HRP_M[S-FW-1-policy-security-rule-allow-ftp-input]quit
//创建新策略 no-visit-input，该策略禁止其他来自外部网络（即 untrust 区域）的报文通过防火墙
HRP_M[S-FW-1-policy-security]rule name no-visit-input
HRP_M[S-FW-1-policy-security-rule-no-visit-input]source-zone untrust
HRP_M[S-FW-1-policy-security-rule-no-visit-input]action deny
HRP_M[S-FW-1-policy-security-rule-no-visit-input]quit
HRP_M[S-FW-1-policy-security]quit
HRP_M[S-FW-1]quit
HRP_M<S-FW-1>save

提醒

　　由于配置了双机热备，并且 S-FW-1 的命令提示符前缀为 HRP_M，所以在 S-FW-1 上配置安全策略时，配置命令的末尾会出现（+B），如图 8-5-1 所示，表示该配置会同步到 S-FW-2。

```
HRP_M[S-FW-1]security-policy (+B)
HRP_M[S-FW-1-policy-security]rule name allow-web-input (+B)
HRP_M[S-FW-1-policy-security-rule-allow-web-input]source-zone untrust (+B)
HRP_M[S-FW-1-policy-security-rule-allow-web-input]service http (+B)
HRP_M[S-FW-1-policy-security-rule-allow-web-input]action permit (+B)
HRP_M[S-FW-1-policy-security-rule-allow-web-input]quit
```

图 8-5-1　S-FW-1 配置安全策略命令的末尾会出现（+B）

　　（3）在 S-FW-2 上配置安全策略。由于配置了双机热备，所以在 S-FW-1 上配置的安全策略会同步到 S-FW-2，不需要再在 S-FW-2 上进行安全策略的配置。读者可通过 display current-configuration 命令自行查看 S-FW-2 的配置文件，从而查看 S-FW-2 的安全策略状态。

　　（4）测试数据中心区域旁挂防火墙安全策略的效果。测试结果见表 8-5-2，可以看到，实现了预期的安全目标。

表 8-5-2　测试数据中心区域旁挂防火墙安全策略的效果

| 序号 | 源设备 | 目的设备 | 目的地址 | 通信协议 | 通信结果 | 说明 |
|---|---|---|---|---|---|---|
| 1 | Server-1 | 互联网公共 DNS 服务器 | 114.114.114.114 | PING | 通 | 数据中心服务器可以访问互联网 |
| 2 | 管理机 | A-RS-1 | 10.0.255.70 | SSH | 可以登录 | 数据中心的管理机可以通过 SSH 管理用户区域网络设备 |
| 3 | A-C-1 | DHCP-1 | 172.16.64.14 | DHCP | 获取到 IP 地址 | 用户主机可以访问 DHCP 服务 |
| 4 | A-C-1 | Server-1 | 172.16.65.10 | PING | 不通 | 外部网络主机不能 ping 数据中心服务器 |

续表

| 序号 | 源设备 | 目的设备 | 目的地址 | 通信协议 | 通信结果 | 说明 |
|---|---|---|---|---|---|---|
| 5 | A-C-1 | DNS-Master | www.domain.com | DNS | 正常解析 | 外部网络主机可以将数据中心的 DNS 服务器作为自身的本地 DNS 服务器进行域名解析和查询 |
| 6 | A-C-2 | Server-1 | 172.16.65.10 | Web | 正常访问 | 用户主机可以访问 Web 服务 |
| 7 | A-C-2 | Server-1 | 172.16.65.10 | FTP | 正常访问 | 用户区域 A 的主机可以访问 FTP 服务 |
| 8 | B-C-2 | Server-1 | 172.16.65.10 | FTP | 不能访问 | 用户区域 B 的主机不能访问 FTP 服务 |

步骤 3：配置园区网边界防火墙的安全策略。

（1）计划达到的安全目标。

允许数据中心的服务器网段访问互联网。

允许用户区域 A 的主机访问互联网。

其他任何通信均禁止通过防火墙。

（2）在 O-FW-1 上配置安全策略。

```
<O-FW-1>system-view
[O-FW-1]security-policy
//删除原有的策略 allow-all-visit-1，该策略允许所有报文通过防火墙
[O-FW-1-policy-security]undo rule name allow-all-visit-1
//创建新策略 allow-server-out，允许数据中心的服务器（即 172.16.64.0/23 网段）访问互联网
[O-FW-1-policy-security]rule name allow-server-out
[O-FW-1-policy-security-rule-allow-server-out]source-address 172.16.64.0 23
[O-FW-1-policy-security-rule-allow-server-out]action permit
[O-FW-1-policy-security-rule-allow-server-out]quit
//创建策略 allow-userA-out，允许用户区域 A（即 192.168.64.0/22 网段）的用户主机访问互联网
[O-FW-1-policy-security]rule name allow-userA-out
[O-FW-1-policy-security-rule-allow-userA-out]source-address 192.168.64.0 22
[O-FW-1-policy-security-rule-allow-userA-out]action permit
[O-FW-1-policy-security-rule-allow-userA-out]quit
//创建新策略 no-all-visit，禁止其他任何通信报文通过防火墙
[O-FW-1-policy-security]rule name no-all-visit
[O-FW-1-policy-security-rule-no-all-visit]action deny
[O-FW-1-policy-security-rule-no-all-visit]quit
[O-FW-1-policy-security]quit
[O-FW-1]quit
<O-FW-1>save
```

（3）在 O-FW-2 上配置安全策略。在 O-FW-2 上配置的安全策略与 O-FW-1 完全相同。

（4）测试园区网边界防火墙安全策略的效果。测试结果见表 8-5-3，可以看到，实现了预期的安全目标。

表 8-5-3　测试园区网边界防火墙安全策略的效果

| 序号 | 源设备 | 目的设备 | 目的地址 | 通信协议 | 通信结果 | 说明 |
|---|---|---|---|---|---|---|
| 1 | Server-1 | 互联网公共 DNS 服务器 | 114.114.114.114 | PING | 通 | 数据中心服务器可以访问互联网 |
| 2 | DNS-Master | 互联网公共 DNS 服务器 | 114.114.114.114 | PING | 通 | 数据中心服务器可以访问互联网 |
| 3 | A-C-1 | 互联网公共 DNS 服务器 | 114.114.114.114 | PING | 通 | 用户区域 A 的主机可以访问互联网 |
| 4 | B-C-1 | 互联网公共 DNS 服务器 | 114.114.114.114 | PING | 不通 | 用户区域 B 的主机不能访问互联网 |

# 项目九

## 用户行为管理

### 项目介绍

本项目在项目八的基础上，通过在用户区域防火墙上配置认证，实现对用户上网行为的管理。通过在园区网中部署日志服务器并导入防火墙日志，使管理员可以通过查看日志了解网络中各种业务的运行状态以及上网用户的行为。

### 项目目的

- 掌握防火墙的本地认证配置。
- 掌握 RADIUS 认证服务器的搭建。
- 掌握防火墙接入 RADIUS 认证服务器的方法。
- 掌握 Syslog 日志服务器的创建。
- 掌握防火墙接入 Syslog 日志服务器的方法。
- 掌握使用 Tableau 进行日志分析的方法。

### 项目讲堂

1. 用户

用户指的是访问网络资源的主体，表示"谁"在进行访问，是网络访问行为的重要标识。在防火墙上，用户包括上网用户和接入用户。

（1）上网用户。内部网络中访问网络资源的主体。上网用户可以直接通过防火墙访问网络资源。

（2）接入用户。外部网络中访问网络资源的主体。接入用户需要先通过 SSL VPN、L2TP VPN 或 IPSec VPN 方式接入到防火墙，然后才能访问内部的网络资源。

### 2. 认证

防火墙通过认证来验证访问者的身份、确保身份合法有效。防火墙访问者进行认证的方式包括:本地认证、服务器认证、单点登录。

本地认证: 接入用户将标识其身份的用户名和密码发送给防火墙,在防火墙中存储了用户名和密码,验证过程在防火墙进行。

服务器认证: 接入用户将标识其身份的用户名和密码发送给防火墙,防火墙上没有存储用户名和密码,防火墙将用户名和密码发送至第三方认证服务器,验证过程在认证服务器上进行。

单点登录: 访问者将标识其身份的用户名和密码发送给第三方认证服务器,认证通过后,第三方认证服务器将访问者的身份信息发送给防火墙,防火墙只记录访问者的身份信息,不参与认证过程。

### 3. RADIUS

#### 3.1 RADIUS 历史

远程用户拨号认证系统(Remote Authentication Dial In User Service,RADIUS)协议定义了基于UDP 的 RADIUS 报文格式及其传输机制,并规定 UDP 端口 1812、1813 分别作为认证、计费端口。

RADIUS 服务器通常需要维护 Users、Clients、Dictionary 三个数据库。

Users 数据库用于存储用户信息,如用户名、口令以及使用的协议、IP 地址等配置信息。

Clients 数据库用于存储 RADIUS 客户端的信息,如接入设备的共享密钥、IP 地址等。

Dictionary 数据库用于存储 RADIUS 协议中的属性和属性值含义的信息。

RADIUS 协议最初由 Livingston 公司提出,目的是为拨号用户进行认证和计费。后来经过多次改进,形成了一项通用的认证计费协议。

1991 年,Merit Network, Inc.招标拨号服务器供应商 Livingston 公司提出方案并冠名为 RADIUS。

1992 年,IETF 的 NASREQ 工作组成立,并提交了 RADIUS 作为草案。

1997 年,RADIUS RFC2058 发表,之后是 RFC2138。

2000 年,RADIUS RFC2865 发表。

#### 3.2 RADIUS 报文结构

RADIUS 协议采用 UDP 报文来传输消息,RADIUS 报文结构如图 9-0-1 所示。

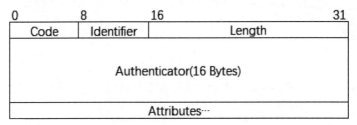

图 9-0-1  RADIUS 报文结构

RADIUS 各字段说明见表 9-0-1。

表 9-0-1　RADIUS 各字段说明

| 报文字段 | 报文说明 |
|---|---|
| Code | 长度为 1 个字节，说明 RADIUS 报文类型 |
| Identifier | 长度为 1 个字节，用来匹配请求报文和响应报文 |
| Length | 长度为 2 个字节，用来指定 RADIUS 报文的长度 |
| Authenticator | 长度为 16 个字节，用来验证客户端与 RADIUS 服务器的消息 |
| Attributes | 不定长度，报文的内容主体，用来携带专门的认证、授权和计费信息，提供请求和响应报文的配置细节 |

常见的 RADIUS 报文包括认证报文、计费报文、授权报文，报文详情见表 9-0-2、9-0-3、9-0-4。

表 9-0-2　RADIUS 认证报文

| 报文名称 | 报文说明 |
|---|---|
| Access-Request | 认证请求报文，是 RADIUS 报文交互过程中的第一个报文，携带用户的认证信息（例如：用户名、密码等）。认证请求报文由 RADIUS 客户端发送给 RADIUS 服务器，RADIUS 服务器根据该报文中携带的认证信息判断是否允许接。 |
| Access-Accept | 认证接受报文，是服务器对客户端发送的 Access-Request 报文的响应报文。如果 Access-Request 报文认证通过，则发送该类型报文。客户端收到此报文后，认证用户才能认证通过并被赋予相应的权限 |
| Access-Reject | 认证拒绝报文，是服务器对客户端的 Access-Request 报文的拒绝响应报文。如果 Access-Request 报文认证失败，则 RADIUS 服务器返回 Access-Reject 报文，用户认证失败 |
| Access-Challenge | 认证挑战报文。EAP 认证时，RADIUS 服务器接收到 Access-Request 报文中携带的用户名信息后，会随机生成一个 MD5 挑战字，同时将此挑战字通过 Access-Challenge 报文发送给客户端。客户端使用该挑战字对用户密码进行加密处理后，将新的用户密码信息通过 Access-Request 报文发送给 RADIUS 服务器。RADIUS 服务器将收到的已加密的密码信息和本地经过加密运算后的密码信息进行对比，如果相同，则该用户为合法用户 |

表 9-0-3　RADIUS 计费报文

| 报文名称 | 报文说明 |
|---|---|
| Accounting-Request(Start) | 计费开始请求报文。如果客户端使用 RADIUS 模式进行计费，客户端会在用户开始访问网络资源时，向服务器发送计费开始请求报文 |
| Accounting-Response(Start) | 计费开始响应报文。服务器接收并成功记录计费开始请求报文后，需要回应一个计费开始响应报文 |
| Accounting-Request(Interim-update) | 实时计费请求报文。为避免计费服务器无法收到计费停止请求报文而继续对该用户计费，可以在客户端上配置实时计费功能。客户端定时向服务器发送实时计费报文，减少计费误差 |

| 报文名称 | 报文说明 |
|---|---|
| Accounting-Response(Interim-update) | 实时计费响应报文。服务器接收并成功记录实时计费请求报文后，需要回应一个实时计费响应报文 |
| Accounting-Request(Stop) | 计费结束请求报文。当用户断开连接时或接入服务器断开连接时，客户端向服务器发送计费结束请求报文，其中包括用户上网所使用的网络资源的统计信息（上网时长、进/出的字节数等），请求服务器停止计费 |
| Accounting-Response(Stop) | Accounting-Response(Stop) 计费结束响应报文。服务器接收计费停止请求报文后，需要回应一个计费停止响应报文 |

表 9-0-4  RADIUS 授权报文

| 报文名称 | 报文说明 |
|---|---|
| CoA-Request | 动态授权请求报文。当管理员需要更改某个在线用户的权限时，可以通过服务器发送一个动态授权请求报文给客户端，使客户端修改在线用户的权限 |
| CoA-ACK | 动态授权请求接受报文。如果客户端成功更改了用户的权限，则客户端回应动态授权请求接受报文给服务器 |
| CoA-NAK | 动态授权请求拒绝报文。如果客户端未成功更改用户的权限，则客户端回应动态授权请求拒绝报文给服务器 |
| DM-Request | 用户离线请求报文。当管理员需要让某个在线的用户下线时，可以通过服务器发送一个用户离线请求报文给客户端，使客户端终结用户的连接 |
| DM-ACK | 用户离线请求接受报文。如果客户端已经切断了用户的连接，则客户端回应用户离线请求接受报文给服务器 |
| DM-NAK | 用户离线请求拒绝报文。如果客户端无法切断用户的连接，则客户端回应用户离线请求拒绝报文给服务器 |

### 3.3  RADIUS 交互过程

RADIUS 认证过程包括用户、RADIUS 客户端和 RADIUS 服务器三者的交互过程，如图 9-0-2 所示。

### 4. 日志

日志是防火墙在运行过程中输出的信息，通过查看日志，管理员可以实时了解网络中各种业务的运行状态，掌握防火墙上各个功能模块的运行情况。

### 4.1  日志的类型

防火墙支持输出如下日志。

会话日志：报文经过防火墙处理后将会在防火墙上建立会话。防火墙支持会话信息的输出，管理员可以根据实际需要，选择在会话老化后输出、新建会话时输出、或者定期输出会话信息。

丢包日志：报文被防火墙丢弃后，防火墙支持将报文的信息以及被丢弃的原因输出。报文被丢弃的原因包括未命中会话表而被丢弃以及未通过安全策略检查而被丢弃。

图 9-0-2　RADIUS 工作交互流程

业务日志：防火墙支持输出威胁日志、内容日志、策略命中日志、邮件过滤日志、URL 过滤日志以及审计日志等业务日志。

系统日志：防火墙支持将功能模块在运行过程中产生的信息输出。

### 4.2　日志的格式

防火墙支持的日志格式如下：

二进制格式：会话日志以二进制格式输出时，占用的网络资源较少，但不能在防火墙上直接查看，需要输出到日志服务器查看。

Syslog 格式：会话日志、丢包日志、业务日志以及系统日志以 Syslog 格式输出时，日志的信息以文本格式呈现。

Netflow 格式：对于会话日志，防火墙还支持以 Netflow 格式输出到日志服务器进行查看，便于管理员分析网络中的 IP 报文流信息。

Dataflow 格式：业务日志以 Dataflow 格式输出，在日志服务器上查看。

### 4.3　日志的输出原理

在防火墙上，不同类型的日志其输出原理也有区别。

对于会话日志、丢包日志和端口预分配日志，防火墙通过单独的通道，直接输出到日志服务器，供管理员进行查看和分析。

对于业务日志，可以通过单独的通道，直接输出到日志服务器，供管理员进行查看和分析；可以输出到内存数据库中，然后经过日志查询模块统计加工后，以日志和报表的形式显示在 Web 界面上；可以输出到日志缓存区中，然后后显示在 Web 界面的面板上；还可以通过信息中心输出。

对于系统日志，防火墙通过信息中心输出。信息中心是防火墙上系统软件模块的信息枢纽，可以将系统日志向日志服务器、日志缓冲区、控制台（Console 用户界面）、终端（VTY 用户界面）、日志文件等方向输出。管理员可以在防火墙上查看系统日志，也可以在日志服务器上查看系统日志。

### 4.4　日志服务器

为了保证防火墙与日志服务器之间的正常通信，需要在防火墙上设置日志主机，即配置防火墙与日志服务器通信时使用的参数。如果网络中存在多台日志服务器，则可以在防火墙上设置多个日志主机，实现日志主机的容灾备份功能。

防火墙和日志服务器对接，不同格式的日志都有固定的 UDP 端口号，具体见表 9-0-5。

表 9-0-5　日志格式和接收端口对应表

| 日志格式 | 默认情况下日志服务器的接收端口 |
| --- | --- |
| 二进制格式 | 9002 |
| Dataflow 格式 | 9903 |
| Netflow 格式 | 9996 |
| Syslog 格式 | 514 |

### 5.　Syslog

#### 5.1　Syslog 简介

Syslog 是一种工业标准的协议，用来记录设备的日志。在 UNIX/Linux 系统、路由器、交换机等网络设备中，系统日志记录系统中任何时间发生的大小事件。在 UNIX/Linux 系统中，日志通过 Syslogd 进程记录系统事件、应用程序运行事件。通过配置可实现运行 Syslog 协议的机器间通信。通过分析网络行为日志，可掌握设备和网络的状况。

#### 5.2　Rsyslog

Rsyslog 是一个快速日志处理的系统，提供高性能，强大的安全功能和模块化设计，可接受各种来源的输入、进行格式化并将结果输出到不同地址。Rsyslog 支持 MySQL、PostgreSQL、故障转移、ElasticSearch、Syslog/Tcp 传输、细粒度输出格式控制、高精度时间戳、排队操作，具有对任何消息部分进行过滤的能力。

Rsyslogd 通过 rsyslog.conf 进行配置，通常存储在/etc 目录中。默认情况下，Rsyslogd 使用 /etc/rsyslog.conf 文件。

Rsyslog 中的数据项称为"属性"。属性是 Rsyslog 解析器从原始消息中提取的，均以字母开头，用于日志模板、条件语句。

消息属性见表 9-0-6。

表 9-0-6　消息属性

| 名称 | 说明 |
| --- | --- |
| msg | 消息的 MSG 部分 |
| rawmsg | 原样信息 |
| rawmsg-after-pri | 几乎与 rawmsg 相同，但删除了 syslog PRI |
| hostname | 主机名 |
| source | hostname 的别名 |
| fromhost | 接收消息的系统的主机名 |
| fromhost-ip | 和 fromhost 一致，但总是作为 IP 地址形式 |
| syslogtag | 消息中的标记 |
| programname | 标签的"静态"部分 |
| pri | 消息的主要部分，未编码（单一值） |
| pri-text | 消息的主要部分，文本形式的并在括号中加上数字 |
| iut | 在与监控软件后端对话时使用 |
| syslogfacility | 消息的功能，数字形式 |
| syslogfacility-text | 消息的功能，文本形式 |
| syslogseverity | 消息的严重性，数字形式 |
| syslogseverity-text | 消息的严重性，文本形式 |
| syslogpriority | syslogseverity 的别名 |
| syslogpriority-text | syslogseverity-text 的别名 |
| timegenerated | 接收消息的时间戳 |
| timereported | 消息时间戳 |
| timestamp | timereported 的别名 |
| protocol-version | syslog 协议中 PROTOCOL-VERSION 字段的内容 |
| structured-data | syslog 协议中 STRUCTURED-DATA 字段的内容 |
| app-name | syslog 协议中 APP-NAME 字段的内容 |
| procid | syslog 协议中 PROCID 字段的内容 |
| msgid | syslog 协议中 MSGID 字段的内容 |
| inputname | 生成消息的输入模块名称，并非所有模块都必须提供此属性，若未提供则为空字符串 |
| jsonmesg | rsyslog 8.3.0 开始提供，整个消息对象作为 JSON 表示 |

### 6. Tableau

Tableau 是用于可视分析数据的商业智能工具。用户可以创建和分发交互式和可共享的仪表板，以图形和图表的形式描绘数据的趋势、变化和密度。

Tableau 为各种行业、部门和数据环境提供解决方案，具有以下功能特性：

分析速度：不需要高水平的编程专长，任何有权访问数据的计算机用户都可以使用它从数据中导出值。

自我约束：Tableau 不需要复杂的软件设置。

视觉发现：用户使用视觉工具（如颜色、趋势线、图表）来探索和分析数据，多数分析可通过拖放实现。

混合不同的数据集：Tableau 允许实时混合不同的关系、半结构化和原始数据源，用户不需要知道数据存储细节。

体系结构无关：Tableau 适用于数据流动的各种设备。

实时协作：Tableau 可以即时过滤、排序和讨论数据，并允许在线协作。

集中数据：Tableau Server 提供了一个集中式位置，用于管理组织的所有已发布数据源。

6.1　Tableau 数据类型

Tableau 作为数据分析工具，将数据分为四个类型：string、number、boolean 和 datetime，其含义见表 9-0-7。Tableau 从数据源加载数据后自动分配数据类型，但如果满足数据转换规则，也可以更改某些数据类型。

表 9-0-7　数据类型说明

| 名称 | 说明 |
| --- | --- |
| string | 任何零个或多个字符的序列 |
| number | 整数或浮点数 |
| boolean | 逻辑值 |
| datetime | 日期格式 |

6.2　Tableau 数据术语

Tableau 作为强大的数据可视化工具，Tableau 有许多独特的术语和定义，术语的定义和解释可参见表 9-0-8。

表 9-0-8　数据术语说明

| 名称 | 说明 |
| --- | --- |
| alias | 分配给字段或维度成员的别名 |
| bin | 用户定义的数据源中的度量分组 |
| bookmark | Tableau 存储库中"书签"文件夹中包含单个工作表的.tbm 文件 |
| calculated field | 通过使用公式修改数据源中的现有字段创建的新字段 |
| crosstab | 文本表视图 |
| dashboard | 在单个页面上排列的几个视图的组合 |

| 名称 | 说明 |
|---|---|
| data pane | 工作簿左侧的窗格，其中显示与 Tableau 连接数据源的字段 |
| data Source page | 可在其中设置数据源的页面 |
| dimension | 分类数据字段 |
| extract | 可用于提高性能和离线分析的数据源的已保存子集 |
| filters shelf | 工作簿左侧的架子，使用它通过度量和维度过滤视图来从视图中排除数据 |
| format pane | 一个窗格，其中包含控制整个工作表的格式设置，以及视图中的各个字段 |
| level of detail (LOD) expression | 支持除视图级别之外的维度上的聚合的语法 |
| marks | 视图的一部分，可视化的表示数据源中的一行或多行 |
| marks card | 视图左侧的卡片 |
| pages shelf | 视图左侧的层 |
| rows shelf | 工作簿顶部的层 |
| shelves | 命名区域在视图的左侧和顶部 |
| workbook | 具有.twb 扩展名的文件 |
| worksheet | 通过将字段拖动到工作区来创建数据视图的工作表 |

# 任务一　通过防火墙实现用户上网认证

## 【任务介绍】

以 Web 方式登录用户区域的边界防火墙 A-FW-1，在防火墙上开启本地认证功能。当用户区域 A 的用户访问网络资源时，若该访问需要通过防火墙（例如访问数据中心的 Web 服务器），则必须先在防火墙上进行认证，通过认证以后，才能进行后续访问。

## 【任务目标】

1. 在用户区域边界防火墙 A-FW-1 上完成本地认证配置。
2. 实现用户区域的用户访问外部网络时必须通过认证（本地认证）。

## 【操作步骤】

**步骤 1：**以 Web 方式登录防火墙 A-FW-1。

（1）Web 登录配置。本任务中，需要通过部署在数据中心区域的管理机（即本地实体主机，虚拟网卡地址 10.0.255.253/30）以 Web 方式登录防火墙 A-FW-1，然后进行认证配置。由于在项目八中，已经在防火墙 A-FW-1 上配置了防火墙管理 IP，并实现了 A-FW-1 与管理机之间网络可达。所以在 A-FW-1 上只需要创建用于 Web 登录的用户（此处设置为 user_web，密码 abcd@1234），配置防火墙的接口（此处为 GE 1/0/1 和 GE 1/0/2），使允许 http 和 https 操作。

```
//配置防火墙的 G1/0/1 和 G1/0/2 接口，允许 http 和 https 操作，使得管理机可以以 Web 方式登录防火墙
[A-FW-1]interface GigabitEthernet 1/0/1
[A-FW-1-GigabitEthernet1/0/1]service-manage http permit
[A-FW-1-GigabitEthernet1/0/1]service-manage https permit
[A-FW-1-GigabitEthernet1/0/1]quit
[A-FW-1]interface GigabitEthernet 1/0/2
[A-FW-1-GigabitEthernet1/0/2]service-manage http permit
[A-FW-1-GigabitEthernet1/0/2]service-manage https permit
[A-FW-1-GigabitEthernet1/0/2]quit

//进入 AAA 视图，创建用于 Web 登录的用户和密码（用户名 user_web，密码 abcd@1234）
[A-FW-1]aaa
//创建名为 user_web 的用户，并设置密码
[A-FW-1-aaa]manager-user user_web
[A-FW-1-aaa-manager-user-user_web]password
Enter Password: （此处输入密码 abcd@1234）
Confirm Password: （再次输入密码）
//设定该用户的服务类型为 web
[A-FW-1-aaa-manager-user-user_web]service-type web
//设定用户级别为最高级 15
[A-FW-1-aaa-manager-user-user_web]level 15
[A-FW-1-aaa-manager-user-user_web]quit
[A-FW-1-aaa]quit
[A-FW-1]quit
<A-FW-1>save
```

（2）以 Web 方式登录防火墙 A-FW-1。在本地实体主机的浏览器中，输入防火墙 A-FW-1 的管理 IP 地址 10.0.255.100，即可看到防火墙的 Web 登录界面。输入本步骤中在防火墙 A-FW-1 上创建的用户名"user_web"和密码"abcd@1234"，如图 9-1-1 所示，登录防火墙。

图 9-1-1　防火墙登录界面

初次以 Web 方式登录防火墙时，会遇到初始化配置向导界面，可进行相应设置或直接单击"取消"，然后进入防火墙界面，如图 9-1-2 所示。

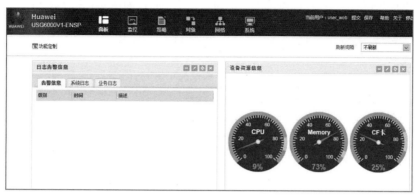

图 9-1-2　防火墙 Web 管理界面

**步骤 2**：设置防火墙 A-FW-1 的认证方式并添加认证用户。

（1）设置认证方式。防火墙开启了认证功能后，当用户区域主机想访问外部网络资源时，必须先登录防火墙的认证界面，输入相应的用户名和密码，通过认证后，才能正常访问外部网络资源。华为防火墙进行认证时，主要分为本地认证和通过认证服务器进行认证，本任务使用本地认证的方式。

在防火墙界面上方的导航中选择【对象】，如图 9-1-3 所示，然后单击左侧导航中【用户】→【default】，在右侧界面中可以看到【用户管理】界面，在【用户配置】选项中，将【用户所在位置】设置为"本地"，如图 9-1-4 所示

图 9-1-3　防火墙"对象"操作

图 9-1-4　设置认证方式为"本地"

（2）添加用户组和认证用户。在本地认证方式中，需要认证的用户信息（用户名和密码）都保存在防火墙中。在图 9-1-4 下方的【用户/用户组/安全组管理列表】中，单击【新建】→【新建用户组】，如图 9-1-5 所示，将新创建的用户组命名为"test"，如图 9-1-6 所示。

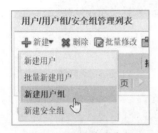

图 9-1-5　新建用户组

图 9-1-6　设置用户组名为"test"

单击【新建】→【新建用户】，创建一个名为"test"的用户，【所属用户组】为"/default/test"，密码为"abcd@1234"的认证用户，如图 9-1-7 所示，添加完用户组和用户后的效果，如图 9-1-8 所示。

图 9-1-7　新建名为 test 的认证用户并设置其密码

图 9-1-8　添加完用户组和用户后的效果

 **提醒**　此处创建的用户 test，是供上网用户进行身份认证时使用的。本任务步骤 1 中创建的用户 user_web，是供管理员以 Web 方式登录防火墙使用的，两者不要混淆。

**步骤 3**：在防火墙 A-FW-1 上添加认证策略。

（1）查看默认的认证策略。单击左侧导航中【用户】→【认证策略】，在右侧界面中可以看到【认证策略列表】界面，可以看到默认的认证策略是 default，其【认证动作】为"不认证"，如图 9-1-9 所示。

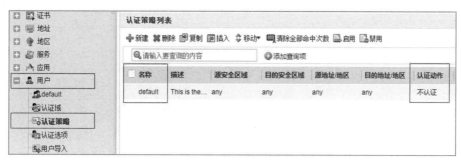

图 9-1-9　查看默认的认证策略 default

由于默认的 default 认证策略中，除了【认证动作】参数可修改外，其他参数（例如源安全区域、目的安全区域、源地址等）都被设置成"any"并且无法更改，因此直接采用 default 认证策略来开启认证可能会造成一些问题。例如，若将 default 的【认证动作】修改为"Portal 认证"，虽然用户区域 A 中的有线用户主机可通过浏览器进行认证，但 AP-1（无线接入点）无法通过浏览器进行认证，造成 AP-1 发往 AC-1（无线控制器，部署在数据中心网络）的 CAPWAP 协议报文（用来实现 AP 和 AC 之间互通）无法通过防火墙 A-FW-1，从而使得 AP-1 无法从 AC-1 处获取相关配置信息，包括 SSID 等，最终造成无线移动用户（例如 STA-1）无法接入 AP。

 提醒

> 　　默认情况下，华为防火墙开启认证后，某些协议报文不受认证的影响。例如用户区域中的主机不用通过认证，其发出的 DHCP 报文就可以通过防火墙到达数据中心的 DHCP 服务器，从而获取到 IP 地址，读者可自行验证。
> 　　本项目通过 AC（无线控制器）来管理和配置 AP。无线接入点控制和配置协议（Control And Provisioning of Wireless Access Points，CAPWAP），是实现 AP 和 AC 之间互通的一个通用封装和传输机制，用来传送 AC 与 AP 之间的管理报文（数据）。所以必须保证 AC 和 AP 之间能正常传送 CAPWAP 报文。

（2）添加新的认证策略。因此，此处保持 default 认证策略不变，在 A-FW-1 上添加一条新的认证策略：仅对源地址属于 192.168.64.0/22（用户区域 A 中主机的 IP 地址段，含无线终端用户）的通信进行认证。这样 A-AP-1（IP 地址属于 10.0.200.0/28 地址段）发出的报文就不需要通过防火墙的认证了。具体操作如下：

单击图 9-1-9 右侧界面中的【新建】，在【新建认证策略】对话框中定义一条名为 User-A 的策略，其【源安全区域】选择"trust"，【目的安全区域】选择"any"，在【源地址/地区】选项中单击【新建】→【新建地址】，如图 9-1-10 所示，新建一个名为 User-A-IP 的地址段，其地址范围描述为 192.168.64.0/22，如图 9-1-11 所示。新策略的【目的地址/地区】选择"any"，【认证动作】选择 "Portal 认证"，如图 9-1-12 所示。添加完成后，【认证策略列表】如图 9-1-13 所示。

图 9-1-10　在【源地址/地区】选项中新建地址

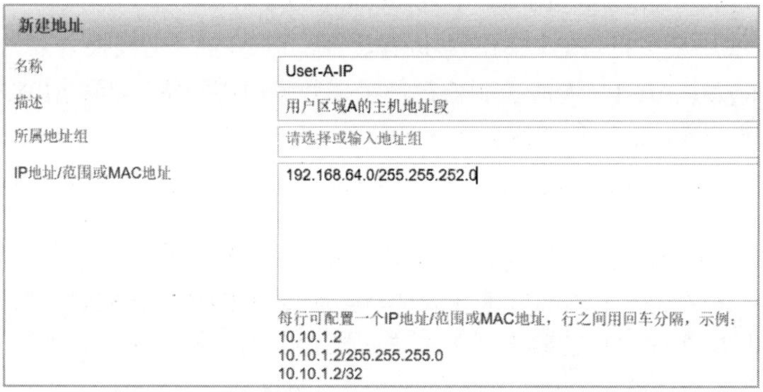

图 9-1-11　定义认证策略 User-A 所对应的源地址

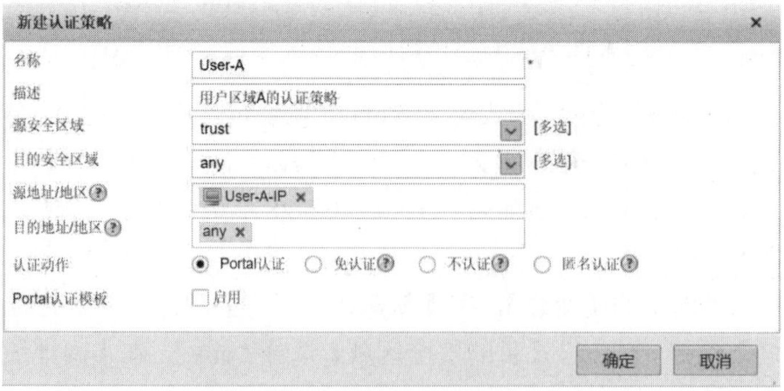

图 9-1-12　配置认证策略的内容

图 9-1-13　添加了一条名为 User-A 的认证策略

**步骤 4**：设置认证操作。

单击左侧导航中【用户】→【认证选项】，在右侧窗口中选择"本地 Portal 认证"界面，可以对认证操作进行设置，包括【重定向认证方式】、【认证端口】等，此处保持默认设置即可。注意，默认的认证端口是 8887，如图 9-1-14 所示。

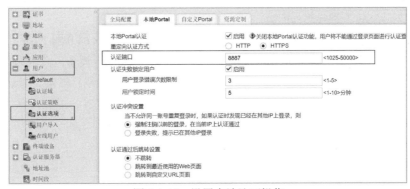

图 9-1-14　设置本地认证操作

**步骤 5**：保存认证配置。

完成认证有关的配置后，需要单击防火墙窗口上方导航栏右侧的【保存】按钮，如图 9-1-15所示，保存相关配置，否则当防火墙重启后，刚才的配置就失效了。

图 9-1-15　保存防火墙配置

**步骤 6**：防火墙 A-FW-1 开启认证后进行通信测试。

此时，防火墙 A-FW-1 开启认证（仅认证用户主机发出的报文），B-FW-1 未开启认证，分别从用户 A 区域和 B 区域访问数据中心进行通信测试，测试结果见表 9-1-1。

表 9-1-1　防火墙 A-FW-1 开启认证后进行通信测试

| 序号 | 源设备 | 目的设备 | 访问方式 | 测试结果 |
| --- | --- | --- | --- | --- |
| 1 | A-C-1 | Server-1 | ping | 不通 |
| 2 | B-C-1 | Server-1 | ping | 通 |

> **提醒** 　　为了方便测试认证效果，本项目中所有防火墙的安全策略都设置成允许所有报文通过。

**步骤 7：** 设置本地实体机为用户区域 A 的主机并能够 Web 登录 A-FW-1。

由于用户区域主机在进行认证时，需要通过浏览器以 Web 方式登录防火墙的认证界面，并且输入用户名和密码，eNSP 中的仿真终端没有浏览器，无法实现这一功能。所以需要在园区网的用户区域中接入一台虚拟机（例如在 VirtualBox 中创建一台 Windows 虚拟机并接入 eNSP），或者直接将本地实体机通过虚拟网卡接入 eNSP 中的用户区域网络，然后利用浏览器 Web 登录 A-FW-1，从而进行认证操作。此处选择将本地实体主机作为用户主机接入用户区域 A。

（1）在 VirtualBox 中添加虚拟网卡并接入 A-SW-1。为了简化配置，此处用本地实体机直接替换 A-C-1，接入到 A-SW-1 的 Ethernet 0/0/1 接口（接入该接口的设备 IP 地址段为 192.168.64.0/24），从而不需要再对 A-SW-1 进行额外配置。

在 VirtualBox 中添加一个虚拟网卡，将其 IP 地址设置为 192.168.64.0/24 网段中的地址（例如 192.168.64.200/24，不要配置网关）。在 eNSP 中添加一个云（Cloud）设备，命名为"实体主机 A"（表示这是用户区域 A 的主机），并将该云设备与新建的虚拟网卡绑定，接入 A-SW-1 的 Ethernet0/0/1 接口，如图 9-1-16 所示。

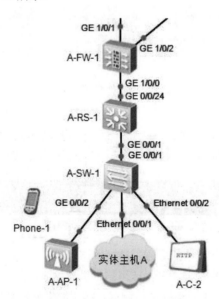

图 9-1-16　将本地实体主机作为用户主机接入 A-SW-1

（2）配置本地实体主机访问防火墙 A-FW-1 认证界面的路由策略。由于用户区域 A 中的用户主机在进行上网认证时要登录防火墙 A-FW-1 的认证界面，并且是通过 A-FW-1 的 GE 1/0/0 接口（其 IP 地址为 10.0.1.1）登录的，所以要在本地实体主机上添加一条到达防火墙 A-FW-1 的 GE 1/0/0 接口的路由。使得凡是从本地实体主机访问 10.0.1.1 地址的报文，下一跳都发送至 192.168.64.254，即从新建的虚拟网卡（192.168.64.200/24）发出，经由二层交换机 A-SW-1，发送至位于 A-RS-1 上的网关（192.168.64.254），再由网关转发至目的地 10.0.1.1。添加静态路由的命令如下。

```
>route add 10.0.1.1 mask 255.255.255.255 192.168.64.254
```

在本地实体主机上添加路由策略时，打开"命令提示符"时以管理员身份运行。

由于前面的项目中，在数据中心区域的 S-RS-4 上接入一台用来对网络设备进行远程管理以及查看监控信息的管理机，该管理机也是用本地实体主机代替的，也配置有静态路由，所以要注意此处配置的静态路由与前期配置的静态路由不要冲突。

（3）配置本地实体主机访问数据中心服务器的路由策略。为了对比认证前后的通信效果，当用户区域 A 的主机通过认证后，需要再测试一下其访问外部网络资源的效果。此处假设外部网络资源为数据中心区域的服务器 Server-1（172.16.65.10），因此，还需要在用户主机（即本地实体主机）上配置一条目的地是 Server-1 的静态路由。

```
>route add 172.16.65.10 mask 255.255.255.255 192.168.64.254
```

（4）在防火墙 A-FW-1 的 GE1/0/0 接口上配置 Web 登录服务。由于用户区域 A 中的用户主机要通过 A-FW-1 的 GE 1/0/0 接口以 Web 方式登录防火墙的认证界面，所以此处需要配置该接口允许 Web 服务，具体命令如下。

```
[A-FW-1]interface GigabitEthernet 1/0/0
[A-FW-1-GigabitEthernet1/0/0]service-manage http permit
[A-FW-1-GigabitEthernet1/0/0]service-manage https permit
[A-FW-1-GigabitEthernet1/0/0]quit
```

**步骤 8**：进行上网认证。

在本地实体主机的浏览器中输入防火墙 A-FW-1 的认证地址 https://10.0.1.1:8887，可以看到防火墙的认证界面，如图 9-1-17 所示，输入用户名 test 和密码 abcd@1234 并单击"登录"按钮，可以看到登录成功界面，如图 9-1-18 所示，表示认证成功。

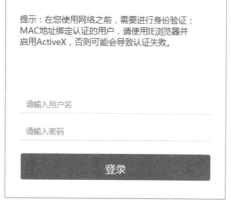

图 9-1-17　防火墙认证界面

图 9-1-18　认证成功界面

> **提醒**
>
> 8887 是防火墙默认的认证端口。
>
> 若用户主机在通过认证之前，直接访问网络资源（例如 Server-1），则防火墙会强制把访问转向认证界面，通过认证以后，才能继续访问。
>
> 若无法登录认证界面，可更换浏览器或者通过 route print 命令检查本地实体主机上的路由策略，分析本地实体主机与 A-FW-1 的 GE1/0/0 接口之间的网络可达性。

**步骤 9**：用户认证完成后重新进行通信测试。

用户通过认证后，就能够正常访问网络资源了。此时，在本地实体主机的命令提示符窗口中 ping 数据中心的服务器 Server-1，可以看到能够正常访问。

# 任务二　通过 RADIUS 服务器实现园区网统一认证

## 【任务介绍】

在 VirtualBox 中创建 RADIUS 服务器（虚拟机）并接入数据中心网络，将用户区域 B 的防火墙认证方式设置成服务器认证。防火墙收到认证请求后，会将认证请求转发至 RADIUS 服务器，并在 RADIUS 服务器中完成认证。园区网中可部署多台防火墙，所有上网用户的具体认证工作可全部转发至 RADIUS 服务器中完成，这种认证方式也称为全网统一认证。

本任务将防火墙 B-FW-1 的认证方式设置成"服务器认证"并进行测试。

## 【任务目标】

1．实现 RADIUS 服务器的创建、认证配置与部署。

2．将防火墙 B-FW-1 的认证方式设置为"服务器认证"。

3．实现基于 RADIUS 服务器的全网统一认证。

## 【操作步骤】

**步骤 1**：创建 RADIUS 虚拟机。

在 VirtualBox 中创建一台安装 CentOS 8 操作系统的虚拟机，并将其命名为 RADIUS。由于接下来要在线安装 FreeRADIUS 等软件，所以虚拟机创建好以后，暂不接入 eNSP 的仿真网络，其网卡连接方式保持默认设置"网络地址转换（NAT）"。具体操作过程参见前面的项目。

**步骤 2**：在线安装 FreeRADIUS。

（1）配置服务器安全策略。关闭操作系统防火墙，并禁止防火墙自动启动。

```
[root@localhost ~]#systemctl stop firewalld
[root@localhost ~]#systemctl disable firewalld
```

临时关闭 SELinux。

```
[root@localhost ~]# setenforce 0
```

永久关闭 SELinux。

```
[root@localhost ~]# vi /etc/sysconfig/selinux
```

将文件中的 SELINUX=enforing 修改为 SELINUX=disabled，并重启系统使配置生效。

（2）安装 EPEL 源。安装 FreeRADIUS 时，官方默认源中无法检测到 FreeRADIUS 软件，需要先安装 EPEL（Extra Packages for Enterprise Linux）源。

```
[root@localhost ~]#yum -y install epel-release
```

（3）安装 FreeRADIUS 软件。

```
//安装 FreeRADIUS 软件和工具包
[root@localhost ~]#yum -y install freeradius freeradius-utils
```

（4）启动 FreeRADIUS 并设置开机启动。启动 FreeRADIUS，并将其设置为开机自动启动。

```
[root@localhost ~]#systemctl start radiusd.service
[root@localhost ~]#systemctl enable radiusd.service
```

步骤 3：配置 RADIUS 服务器。

（1）在 Radius 服务器中增加 B-FW-1 客户端。通过修改配置文件"/etc/raddb/clients.conf"，指明 RADIUS 服务器能够接收哪些客户端（即防火墙）发来的认证请求。此处在配置文件中添加 B-FW-1 防火墙，其地址为 10.0.255.101，密钥设置为"secret255101"，允许 RADIUS 支持的所有协议。操作如下：

```
[root@localhost ~]# vi /etc/raddb/clients.conf
//以下为配置文件中所添加的 B-FW-1 防火墙的信息
client B-FW-1 {
        ipaddr = 10.0.255.101
        secret = secret255101
        proto = *
}
: wq 保存退出
```

 提醒　在添加客户端（即防火墙）时，{}中间的 "=" 两侧要有空格。

（2）添加认证用户。由于各个防火墙收到认证请求以后，会将认证请求转发至 RADIUS 服务器，因此需要在 RADIUS 服务器中添加所有上网用户的认证信息（用户名和密码），从而形成集中的用户管理，最终实现全网统一认证。

本任务采用修改认证文件（/etc/raddb/mods-config/files/authorize）的方式来添加认证用户信息。作为示例，此处添加两个认证用户，用户名分别是 testuser1 和 testuser2，密码都是 abcd@1234。操作如下：

项目九

```
[root@localhost ~]# vi /etc/raddb/mods-config/files/authorize
//在配置文件的最上方增加两个用户
testuser1 Cleartext-Password := "abcd@1234"
testuser2 Cleartext-Password := "abcd@1234"
......
:wq  保存退出
```

 在 RADIUS 认证中，除了本任务中的通过认证文件完成认证交互的方式外，也可以使用 SQL 数据库、LDAP 目录或通过其他 RADIUS 服务器完成认证交互，读者可自行查阅官方文档。

（3）重启 RADIUS 服务。重启服务，使修改过的配置生效。

```
[root@localhost ~]#systemctl restart radiusd.service
```

（4）测试服务可用性。执行 radtest 命令测试认证是否正常，命令格式如下：

```
radtest {username} {password} {hostname} 0 {radius_secret}
```

其中，{username}表示用户名，{password}表示密码，{hostname}表示客户端地址，{radius_secret}表示密钥，默认为 testing123。查看返回内容时 Access-Accept 表示服务生效并能够正常认证。测试 testuser1 的命令如下：

```
[root@localhost ~]# radtest testuser1 abcd@1234 127.0.0.1 0    testing123
//以下为命令结果显示，可看到最后一行中有"Access-Accept"，表示能够正常认证
Sent Access-Request Id 4 from 0.0.0.0:60535 to 127.0.0.1:1812 length 79
          User-Name = "testuser1"
          User-Password = "abcd@1234"
          NAS-IP-Address = 127.0.0.1
          NAS-Port = 0
          Message-Authenticator = 0x00
          Cleartext-Password = "abcd@1234"
Received Access-Accept Id 4 from 127.0.0.1:1812 to 127.0.0.1:60535 length 20
[root@localhost ~]#
```

 FreeRADIUS 默认使用文件保存用户，无需进行其他配置。

**步骤 4：**部署 RADIUS 服务器。

以下操作将配置好的 RADIUS 服务器部署到 eNSP 中的园区网。

（1）添加 Cloud 设备并与新建的虚拟网卡绑定。在 VirtualBox 中添加一个虚拟网卡，在 eNSP 园区网的数据中心区域中添加一个云（Cloud）设备，并将该云设备与新建的虚拟网卡绑定，接入 S-RS-3 的 GE 0/0/7 接口，如图 9-2-1 所示。

 为简化网络拓扑，此处只显示了部分服务器。

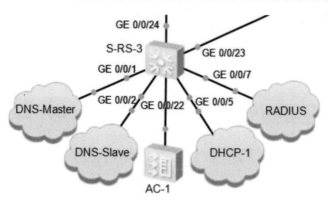

图 9-2-1　将 RADIUS 服务器接入 S-RS-3 的 GE0/0/7 接口

（2）修改 RADIUS 服务器的 IP 地址。将 RADIUS 服务器网卡的【连接方式】修改为"仅主机（Host-Only）网络"，【界面名称】选择 VirtualBox 中新建的虚拟网卡。启动 RADIUS 服务器，将其 IP 地址修改为 172.16.64.20/24，默认网关设置为 172.16.64.254，并使地址生效。具体操作读者可参见前面的内容。

（3）修改 S-RS-3 的 GE 0/0/7 接口。将 S-RS-3 的 GE 0/0/7 接口设置成 access 类型并添加到 172.16.64.0/24 网段所在 VLAN。

**步骤 5**：以 Web 方式登录防火墙 B-FW-1。

参照任务一步骤 1 中对防火墙 A-FW-1 的有关 Web 登录操作，对防火墙 B-FW-1 进行配置，使得部署在数据中心区域的管理机（即本地实体主机，虚拟网卡地址 10.0.255.253/30）可以 Web 方式登录 B-FW-1（管理 IP 为 10.0.255.101），然后进行认证配置，具体操作略。

**步骤 6**：在防火墙 B-FW-1 中添加 RADIUS 服务器信息。

以 Web 方式登录 B-FW-1 后，在上方导航栏中选择【对象】，然后在左侧导航中单击 【认证服务器】→【RADIUS】，如图 9-2-2 所示，在右侧窗口中新建 RADIUS 服务器。

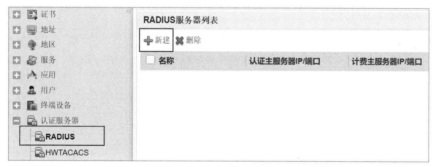

图 9-2-2　在防火墙中添加 RADIUS 服务器

将 RADIUS 服务器命名为 RADIUS-1，地址输入 172.16.64.20，端口 1812，密钥设置为 secret255101（与步骤 3 中的密钥保持一致），发送接口选择 LoopBack0，如图 9-2-3 所示。

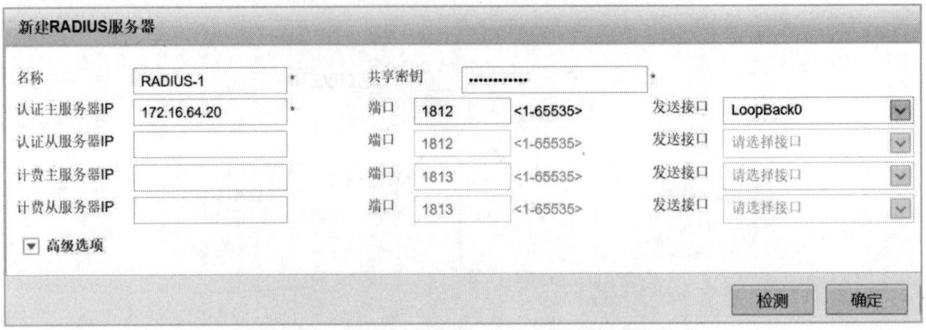

图 9-2-3　在防火墙中添加 RADIUS 服务器

单击下方的【检测】按钮，可检测防火墙与 RADIUS 服务器之间的连通性。此处使用测试账号"testuser1"，密码"abcd@1234"，测试成功，如图 9-2-4 所示。

图 9-2-4　RADIUS 服务器连通性测试成功

**步骤 7**：设置防火墙 B-FW-1 的认证方式并添加认证用户。

（1）将 B-FW-1 的认证方式设置为"认证服务器"。左侧导航中单击【用户】→【default】，在右侧的用户配置中，将【用户所在位置】设置为"认证服务器"，选择前面所添加的 RADIUS-1 服务器（172.16.64.20），如图 9-2-5 所示。

图 9-2-5　将认证方式设置为"认证服务器"

（2）在 B-FW-1 中添加认证用户。在通过服务器进行认证的方式中，防火墙上也需要添加认证用户，并且必须与认证服务器上的用户名保持一致，否则无法认证成功。此处先创建 test 组，然后在 test 组中添加 testuser1 和 testuser2 两个用户，如图 9-2-6 所示。与任务一中本地认证方式不同的是，此处不需要设置用户密码。

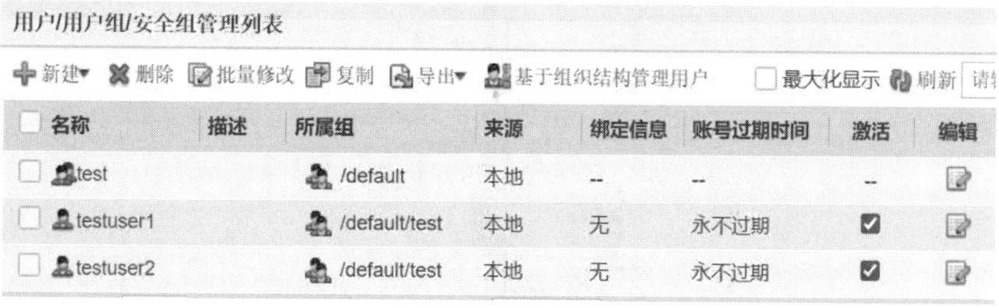


| 名称 | 描述 | 所属组 | 来源 | 绑定信息 | 账号过期时间 | 激活 | 编辑 |
|---|---|---|---|---|---|---|---|
| test | | /default | 本地 | -- | -- | -- | |
| testuser1 | | /default/test | 本地 | 无 | 永不过期 | ☑ | |
| testuser2 | | /default/test | 本地 | 无 | 永不过期 | ☑ | |

图 9-2-6　在防火墙上添加认证用户

**步骤 8**：在防火墙 B-FW-1 上添加认证策略。

在左侧导航中单击【用户】→【认证策略】，保持 B-FW-1 的 default 认证策略不变，参照防火墙 A-FW-1 添加认证策略的方式，在 B-FW-1 上添加一条名为 User-B 的新认证策略：仅对源地址属于 192.168.68.0/22（用户区域 B 中主机的 IP 地址段，含无线终端用户）的通信进行认证，添加结果如图 9-2-7 所示。这样 B-AP-1（IP 地址属于 10.0.200.16/28 地址段）发出的报文就不需要通过防火墙的认证了。具体操作略。

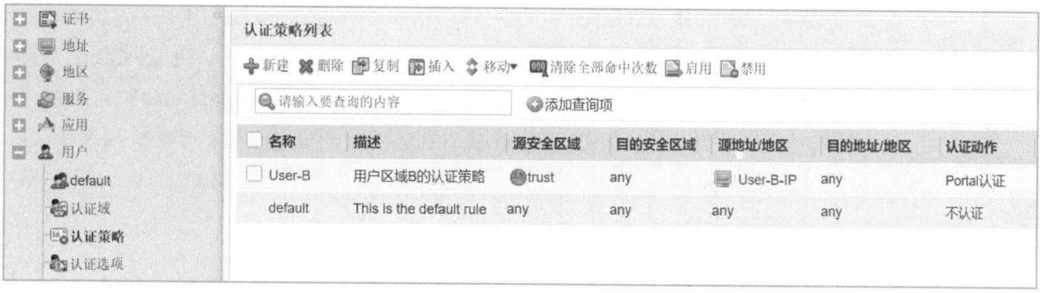


| 名称 | 描述 | 源安全区域 | 目的安全区域 | 源地址/地区 | 目的地址/地区 | 认证动作 |
|---|---|---|---|---|---|---|
| User-B | 用户区域B的认证策略 | trust | any | User-B-IP | any | Portal认证 |
| default | This is the default rule | any | any | any | any | 不认证 |

图 9-2-7　在 B-FW-1 中添加一条名为 User-B 的认证策略

**步骤 9**：设置认证操作。

单击左侧导航中【用户】→【认证选项】，在右侧窗口中选择“本地 Portal 认证”界面，可以对认证操作进行设置，此处保持默认设置即可。

完成认证有关的全部配置后，单击防火墙窗口上方导航栏右侧的【保存】按钮，保存相关配置。

**步骤 10**：防火墙 B-FW-1 开启认证后进行通信测试。

此时，防火墙 B-FW-1 开启认证（仅认证用户主机发出的报文），通过用户区域的主机 B-C-1 访问（ping）数据中心的 Cacti 服务器（172.16.65.11），无法访问。

**步骤 11**：设置本地实体机为用户区域 B 的主机并能够 Web 登录 B-FW-1。

参照本项目任务一中，本地实体主机接入用户区域 A 的相关配置，将本地实体主机接入到用户区域 B，接入后的拓扑如图 9-2-8 所示。

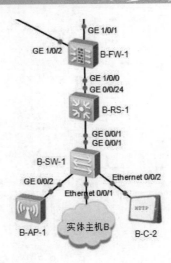

图 9-2-8　将本地实体主机作为用户区域 B 的主机接入 B-SW-1

　　　　本地实体主机接入 B-SW-1 时，需要在 VirtualBox 中添加一个新的虚拟网卡，并且该网卡的 IP 地址应该属于 B-SW-1 的 Ethernet 0/0/1 接口所在 VLAN 的 IP 地址段，例如此处可将其设为 192.168.68.200/24，不要配置默认网关。

　　　　需要在本地实体主机上添加两条静态路由，一条目的地是 B-FW-1 的 GE 1/0/0 接口的静态路由，用来访问 B-FW-1 的认证界面，另一条目的地是 Cacti 服务器（172.16.65.11），用来测试认证前后的通信效果。这两条路由的下一跳都是 192.168.68.254（即 B-SW-1 的 Ethernet 0/0/1 接口所属 VLAN 的默认网关），且不能与以前所配置的路由冲突。

　　**步骤 12**：进行 RADIUS 上网认证并抓包验证。

　　（1）设置抓包地点并启动抓包程序。在图 9-2-9 中的①处（数据中心区域交换机 S-RS-3 的 GE0/0/7 接口）启动抓包程序，在 Wireshark 的过滤框中输入"radius"，只显示抓取到的 radius 认证报文。

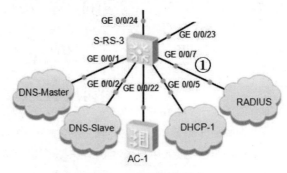

图 9-2-9　设置抓包地点

（2）登录 B-FW-1 的认证界面并认证。本项目中 B-FW-1 的 GE 1/0/0 接口地址是 10.0.1.13，所以在本地实体主机的浏览器中输入 https://10.0.1.13:8887，在认证界面中输入用户名 testuser1 和密码 abcd@1234 并单击"登录"按钮，可以看到登录成功界面，如图 9-2-10 所示，表示用户 testuser1 认证成功。

图 9-2-10　RADIUS 认证成功

（3）查看并分析抓包结果。查看抓包结果，可看到抓到两条 RADIUS 报文，编号分别是 16 和 17，如图 9-2-11 所示。其中，第 16 号报文是从防火墙 B-FW-1（10.0.255.101）发给 RADIUS 服务器（172.16.64.20）的 Access-Request 报文。第 17 号报文是从 RADIUS 服务器返回防火墙 B-FW-1 的 Access-Accept 报文。

图 9-2-11　抓到了防火墙 B-FW-1 和 RADIUS 服务器之间的 RADIUS 报文

由抓包结果可知，当配置 RADIUS 统一认证的防火墙收到上网用户发来的认证请求后，转发至 RADIUS 服务器，由 RADIUS 服务器进行认证。认证完成后，RADIUS 服务器把结果返回给防火墙。

（4）查看防火墙在线用户列表。回到防火墙 B-FW-1 的配置界面，在上方导航栏中选择【对象】，然后在左侧导航中单击【用户】→【在线用户】，在右侧窗口查看【在线用户列表】，可以看到目前在线用户是 testuser1，其 IP 地址是 192.168.68.200，认证方式为 RADIUS 服务器认证，如图 9-2-11 所示。

图 9-2-11　查看在线用户

**步骤 13**：用户认证完成后重新进行通信测试。

此时，在本地实体主机的命令提示符窗口中 ping 数据中心的 Cacti 服务器（172.16.65.11），可以看到能够正常访问。

# 任务三　记录用户上网行为

## 【任务介绍】

日志是防火墙在运行过程中输出的信息，通过查看日志，管理员可以实时了解网络中各种业务的运行状态以及上网用户的行为，掌握防火墙上各个功能模块的运行情况。本任务在园区网的数据中心网络中添加一台日志服务器，实现对各个防火墙日志的收集、保存、查看。

## 【任务目标】

1．完成日志服务器的安装与配置。

2．实现在防火墙上配置日志服务器信息并进行日志收集。

3．通过日志服务器实现防火墙日志的查看。

## 【操作步骤】

**步骤 1**：创建日志服务器虚拟机。

在 VirtualBox 中创建一台安装 CentOS 8 操作系统的虚拟机，并将其命名为 Syslog。网卡连接方式保持默认设置"网络地址转换（NAT）"。具体操作过程参见前面的项目。

**步骤 2**：关闭操作系统防火墙以及 SELinux。

关闭操作系统防火墙，并禁止防火墙自动启动。

```
[root@localhost ~]#systemctl stop firewalld
[root@localhost ~]#systemctl disable firewalld
```

临时关闭 SELinux。

```
[root@localhost ~]# setenforce 0
```

永久关闭 SELinux。

```
[root@localhost ~]# vi /etc/sysconfig/selinux
```

将文件中的 SELINUX=enforing 修改为 SELINUX=disabled。

**注意**　　此处需要关闭 SELINUX，否则会造成日志无法记录。

**步骤 3**：配置 Syslog 日志服务器。

CentOS 8 操作系统中已经默认安装了 Rsyslog，此处只需要进行配置即可。

（1）启用 UDP 和 TCP 传输。修改/etc/rsyslog.conf 配置文件，取消以下四行注释：

```
module(load="imudp") #
input(type="imudp" port="514")
module(load="imtcp") #
input(type="imtcp" port="514")
```

（2）定义 Syslog 日志模板及日志存放位置。在 /etc/rsyslog.d 目录中创建一个名为 mytemplate.conf 的文件，在文件中定义一个模板，用来收集客户端（此处为防火墙）发送过来的日志。日志格式为：日志产生时间、主机名、日志标记、日志内容。在 mytemplate.conf 文件中还定义了日志文件存放的位置，此处将日志文件集中存放到/var/log/rsyslog 目录中，日志以客户端设备为单位存储，每天创建一个日志文件。操作如下：

```
[root@localhost ~]# vi /etc/rsyslog.d/mytemplate.conf
//定义一个名为 myFormat 的模板
$ActionFileDefaultTemplate RSYSLOG_TraditionalFileFormat
$template myFormat,"%timestamp% %fromhost% %syslogtag% %msg%\n"
$ActionFileDefaultTemplate myFormat
//将每个客户端（即防火墙）的日志文件存放在以各防火墙 IP 地址命名的目录中，这些目录存放在
/var/log/rsyslog 目录下，日志文件的命名格式是客户端 IP 地址_年-月-日.log。注意，rsyslog 目录需要管理员手工创建
$template
RemoteLogs,"/var/log/rsyslog/%fromhost-ip%/%fromhost-ip%_%$YEAR%-%$MONTH%-%$DAY%.log"
//不记录本机日志
:fromhost-ip, !isequal, "127.0.0.1" ?RemoteLogs
```

（3）重启服务使配置生效。重启 rsyslog 服务，使配置生效。

```
# systemctl restart rsyslog.service
```

**步骤 4**：部署日志服务器 Syslog。

将配置好的日志服务器部署到 eNSP 中的园区网并实现通信。

（1）将日志服务器 Syslog 接入 S-RS-3 的 GE 0/0/8 接口。在 VirtualBox 中添加一个虚拟网卡，通过该虚拟网卡将日志服务器接入 S-RS-3 的 GE 0/0/8 接口，如图 9-3-1 所示。注意，为简化网络拓扑，此处只显示了部分服务器。

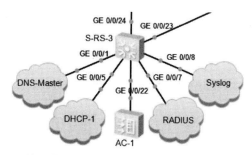

图 9-3-1　将日志服务器 Syslog 接入 S-RS-3 的 GE 0/0/8 接口

（2）修改日志服务器的 IP 地址。将日志服务器网卡的【连接方式】修改为"仅主机（Host-Only）网络"，【界面名称】选择 VirtualBox 中新建的虚拟网卡。然后将服务器的 IP 地址修改为172.16.64.21/24，默认网关设置为 172.16.64.254，并使地址生效。具体操作读者可参见前面的内容。

（3）修改 S-RS-3 的 GE 0/0/8 接口。将 S-RS-3 的 GE 0/0/8 接口设置成 Access 类型并添加到172.16.64.0/24 网段所在 VLAN。

**步骤 5：**配置防火墙 A-FW-1 使用日志服务器记录日志。

（1）在防火墙 **A-FW-1 上添加**日志服务器信息。通过 Web 方式登录防火墙，在上方导航栏中选择"系统"，如图 9-3-2 所示。

图 9-3-2 防火墙"系统"操作

单击左侧导航【日志配置】→【日志配置】打开日志配置表单。在【配置系统日志】中添加日志服务器地址"172.16.64.21"，端口为"514"（与日志服务器中的配置保持一致），发送接口设置为"LoopBack0"。在【配置会话日志】中将日志格式设置为"Syslog"，并将其发送至日志服务器。在【配置业务日志】中将日志格式设为"Syslog"，如图 9-3-3 所示。

图 9-3-3 在防火墙中进行日志配置

（2）在安全策略列表中启用日志。在上方导航栏中选择【策略】，单击左侧导航【安全策略】→【安全策略】，在右侧窗口中可以看到【安全策略列表】，如图 9-3-4 所示。修改 allow-all-visit-A 策略，启用"记录流量日志"，启用"记录策略命中日志"，启用"记录会话日志"，如图 9-3-5 所示。

图 9-3-4　修改安全策略

| | 记录流量日志 | 启用 | |
|---|---|---|---|
| | 记录策略命中日志 | ☑ 启用 | |
| | 记录会话日志 | ☑ 启用 | |
| | 会话老化时间 | | <1-65535>秒 |

图 9-3-5　启用日志记录

（3）开启防火墙日志中心。

```
//防火墙日志中心需要开启才能正常推送日志
[A-FW-1]info-center enable
//关闭日志在控制台的回显有利于在控制台执行命令操作
[A-FW-1]undo info-center console channel
```

**步骤 6：**在其他防火墙上进行日志配置。

参考 A-FW-1 完成防火墙 B-FW-1、O-FW-1、O-FW-2、S-FW-1、S-FW-2 的日志配置。

**步骤 7：**在日志服务器上查看日志文件。

（1）查看日志文件的存放。根据前面的设置，我们把各个防火墙的日志以设备为单位放在了日志服务器 Syslog 的/var/log/rsyslog 目录下。进入/var/log/rsyslog 目录，可以看到 6 个子目录，分别用 A-FW-1、B-FW-1 等 6 个防火墙的管理 IP 地址命名（每个设备的日志文件放在独立的目录中）。进入 10.0.255.100 目录，可以看到防火墙 A-FW-1 的日志文件，文件名分别为 10.0.255.100_2021-10-16.log 和 10.0.255.100_2021-10-17.log，表示分别存放 A-FW-1 在 2021 年 10 月 16 日和 17 日的日志记录，如图 9-3-6 所示。

```
[root@localhost ~]# cd /var/log/rsyslog
[root@localhost rsyslog]# ls
10.0.255.100  10.0.255.102  10.1.0.1    ← 各设备日志
10.0.255.101  10.0.255.103  10.1.0.2       文件目录
[root@localhost rsyslog]# cd 10.0.255.100
[root@localhost 10.0.255.100]# ls
10.0.255.100_2021-10-16.log
10.0.255.100_2021-10-17.log   ← A-FW-1的日志文件
[root@localhost 10.0.255.100]#
```

图 9-3-6　在日志服务器上查看日志文件的存放

（2）查看日志文件的内容。以 A-FW-1（10.0.255.10）的日志文件为例。在查看 A-FW-1 的日志文件内容之前，先做以下几步操作。

操作 1：登录 A-FW-1 的认证界面，使用错误的用户名（test123）认证，认证失败。

操作 2：再使用正确的用户名（test）认证，认证成功。

操作 3：实体主机 A 访问（ping）服务器 Server-1（172.16.65.10），成功访问。

接下来，查看防火墙 A-FW-1 的日志文件 10.0.255.100_2021-10-17.log，其命令为：

```
[root@localhost ~]# vi /var/log/rsyslog/10.0.255.100/10.0.255.100_2021-10-17.log
```

日志文件中包含大量日志记录信息，重点分析以下三条日志。

//日志记录 1，本记录与用户 test123 登录失败有关

Oct 17 08:23:51 A-FW-1 %%01CM/5/USER_ACCESSRESULT(s)[294]: [USER_INFO_AUTHENTICATION] DEVICEMAC:00-e0-fc-07-72-96;DEVICENAME:A-FW-1;USER:test123;MAC:ff-ff-ff-ff-ff-ff;IPADDRESS:192.168. 64.200;TIME:1634459031;ZONE:UTC+0800;DAYLIGHT:false;ERRCODE:133;RESULT:Authentication fail; AUTHENPLACE:Local;CIB ID:641;ACCESS TYPE:None;

关于日志记录 1 的说明见表 9-3-1。

表 9-3-1  日志记录 1 的说明

| 日志内容 | 说明 |
| --- | --- |
| Oct 17 08:23:51 | 日志产生时间，格林尼治时间 |
| A-FW-1 | 产生日志的设备 |
| CM/5/USER_ACCESSRESULT | 日志消息中的标记。含义：用户上线 |
| USER_INFO_AUTHENTICATION | 用户认证信息 |
| DEVICEMAC:00-e0-fc-07-72-96 | 产生日志的设备的 MAC 地址，即 A-FW-1 的 MAC 地址 |
| DEVICENAME:A-FW-1 | 产生日志的设备名称：A-FW-1 |
| USER:test123 | 认证用户名。注意 test123 是错误的用户名 |
| MAC:ff-ff-ff-ff-ff-ff | 认证用户 MAC 地址 |
| IPADDRESS:192.168.64.200 | 认证用户的 IP 地址：192.168.64.200 （即实体主机 A） |
| TIME:1634459031 | 上线时间 |
| ZONE:UTC+0800 | 时区，东八区，在原时间上+8 小时 |
| DAYLIGHT:false | 是否夏令时（否） |
| ERRCODE:133 | 错误码是 133 |
| RESULT:Authentication fail | 结果：认证失败 |
| AUTHENPLACE:Local | 认证位置：本地（A-FW-1 采用本地认证） |
| CIB ID:641 | CIB 编号：641 |
| ACCESS TYPE:None | 接入类型：如果用户上线不成功，则接入类型记录为 None |

//日志记录 2，本记录与用户 test 通过实体主机 A 访问 Server-1 有关

Oct 17 16:24:51 2021-10-17 08: 24:49 A-FW-1 %%01SECLOG/6/SESSION_TEARDOWN(l):IPVer=4,

Protocol=icmp,SourceIP=192.168.64.200,DestinationIP=172.16.65.10,SourcePort=8,DestinationPort=0,BeginTime= 1634459051,EndTime=1634459089,SendPkts=8,SendBytes=480,RcvPkts=8,RcvBytes=480,SourceVpnID=0,Destination VpnID=0,SourceZone=trust,DestinationZone=untrust,PolicyName=allow-all-visit-A,UserName=test,CloseReason= aged-out.

关于日志记录 2 的说明见表 9-3-2。

表 9-3-2　日志记录 2 的说明

| 日志内容 | 说明 |
| --- | --- |
| Oct 17 16:24:51 | 日志产生时间，北京时间 |
| 2021-10-17 08: 24:49 | 日志产生时间，格林尼治时间 |
| A-FW-1 | 产生日志的设备 |
| SECLOG/6/SESSION_TEARDOWN | 日志消息中的标记。含义：向日志服务器发送老化会话的信息 |
| IPVer=4 | IP 版本号是 IPv4 |
| Protocol=icmp | 会话采用的协议是 ICMP |
| SourceIP=192.168.64.200 | 源 IP 是 192.168.64.200，即实体主机 A |
| DestinationIP=172.16.65.10 | 目的 IP 是 172.16.65.10，即数据中心区域的 Server-1 |
| SourcePort=8 | 源端口=8 |
| DestinationPort=0 | 目的端口=0 |
| BeginTime=1634459051 | 会话的起始时间 |
| EndTime=1634459089 | 会话的终止时间 |
| SendPkts=8 | 发送的报文数 |
| SendBytes=480 | 发送的字节数 |
| RcvPkts=8 | 接收的报文数 |
| RcvBytes=480 | 接收的字节数 |
| SourceVpnID=0 | 源区域 |
| DestinationVpnID=0 | 目的区域 |
| SourceZone=trust | 源安全区域=trust |
| DestinationZone=untrust | 目的安全区域=untrust |
| PolicyName=allow-all-visit-A | 安全策略名称=allow-all-visit-A |
| UserName=test | 用户名 |
| CloseReason=aged-out | 会话关闭原因<br>block：报文被阻断<br>tcp-rst：防火墙收到 rst 报文后会话老化<br>tcp-fin：防火墙收到 fin 报文后会话老化<br>aged-out：正常老化 |

//日志记录 3，本记录与防火墙以太网接口的状态及通信流量有关

Oct 17 11:02:51 A-FW-1 %%01SECIF/6/STREAM(l)[1007]: In Last Five Minutes Stream Statistic is: IF1-GE0/0/0, STATE-D,IN-0,OUT-0,IF2-GE1/0/0,STATE-U,IN-1,OUT-2,IF3-GE1/0/1,STATE-U,IN-0,OUT-3,IF4-GE1/0/2,STATE-U, IN-0,OUT-0,IF5-GE1/0/3,STATE-D,IN-0,OUT-0,IF6-GE1/0/4,STATE-D,IN-0,OUT-0,IF7-GE1/0/5,STATE-D,IN-0, OUT-0,IF8-GE1/0/6,STATE-D,IN-0,OUT-0.

关于日志记录 3 的说明见表 9-3-3。

表 9-3-3　日志记录 3 的说明

| 日志内容 | 说明 |
|---|---|
| Oct 17 11:02:51 | 日志产生时间，北京时间 |
| A-FW-1 | 产生日志的设备 |
| SECIF/6/STREAM | 日志消息中的标记。含义：统计近 5 分钟，以太网接口的状态、输入流量速率和输出流量速率 |
| In Last Five Minutes Stream Statistic is: | 最近 5 分钟流量统计 |
| IF1- GE0/0/0 | 接口编号（interface-index）是 1，接口名称（interface-name）是 GE 0/0/0 |
| STATE-D | 接口的链路层协议状态（interface-state），U 代表 up，D 代表 down |
| IN-0 | 输入流量-0（单位：kb/s） |
| OUT-0 | 输出流量-0（单位：kb/s） |
| IF2-GE1/0/0 | 接口编号是 2，接口名称是 GE 1/0/0 |
| STATE-U | 接口的链路层协议状态是 up |
| IN-1 | 输入流量-1（单位：kb/s） |
| OUT-2 | 输出流量-2（单位：kb/s） |
| IF3-GE1/0/1 | 接口编号是 3，接口名称是 GE 1/0/1 |
| STATE-U | 接口的链路层协议状态是 up |
| IN-0 | 输入流量-0（单位：kb/s） |
| OUT-3 | 输出流量-3（单位：kb/s） |
| IF4-GE1/0/2 | 接口编号是 4，接口名称是 GE 1/0/2 |
| STATE-U | 接口的链路层协议状态是 up |
| IN-0 | 输入流量-0（单位：kb/s） |
| OUT-0 | 输出流量-0（单位：kb/s） |
| …… | GE 1/0/3～GE 1/0/5 接口的状态含义同上 |
| IF8-GE1/0/6 | 接口编号是 8，接口名称是 GE 1/0/6 |
| STATE-D | 接口的链路层协议状态是 down |
| IN-0 | 输入流量-0（单位：kb/s） |
| OUT-0 | 输出流量-0（单位：kb/s） |

# 任务四　用户上网行为分析

## 【任务介绍】

安装 Tableau 数据分析软件，并使用 Tableau 分析防火墙日志，从而实现对用户上网行为的分析。

## 【任务目标】

1. 完成 Tableau 软件的安装。
2. 实现使用 Tableau 分析防火墙日志及用户上网行为。

## 【操作步骤】

**步骤 1**：明确分析内容。

本任务的主要目的是掌握使用 Tableau 分析防火墙日志的基本方法，为了突出重点，此处只分析用户主机 192.168.64.200 在 2021 年 10 月 24 日中访问数据中心各个服务器的频次，从而发现该用户主机访问哪个服务器最多，哪个最少。

**步骤 2**：在本地主机安装 Tableau。

本任务采用 Tableau Desktop 的免费个人版软件，软件获取地址为 https://www.tableau.com，下载时需要输入邮箱地址。

双击安装程序进入 Tableau 安装欢迎页面，如图 9-4-1 所示，选择"我已阅读并接受本许可协议中的条款"选项，然后单击【安装】按钮开始进行软件安装，如图 9-4-2 所示。

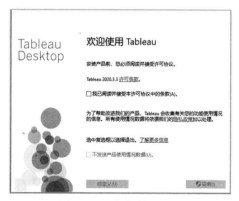

图 9-4-1　安装启动页面

图 9-4-2　安装 Tableau

等待安装结束，进入"激活 Tableau"界面，选择"立即开始试用"，如图 9-4-3 所示。然后填写姓名、电话、组织等详细信息进行注册，如图 9-4-4 所示。注册完成后，最终出现软件起始工作界面，如图 9-4-5 所示。

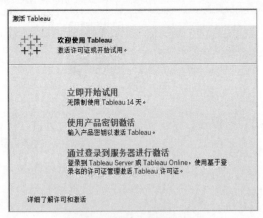

图 9-4-3　激活 Tableau 界面

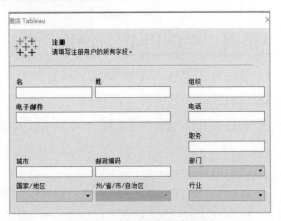

图 9-4-4　填写详细信息注册

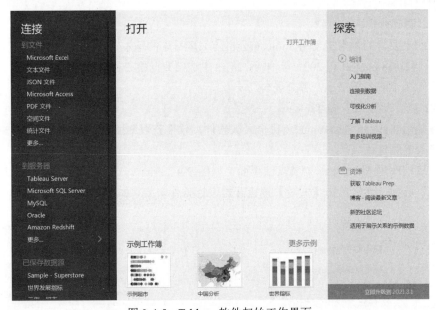

图 9-4-5　Tableau 软件起始工作界面

**步骤 3**：配置防火墙 A-FW-1 的日志。

在使用 Tableau 进行数据分析时，首先需要根据分析目标对采集到的数据进行清洗。为了突出重点并减少清洗数据的成本，此处首先对防火墙 A-FW-1 的日志进行配置：一是在日志文件中只保存会话日志；二是会话日志格式模板中只显示设备名称、源 IP、目的 IP、发送报文数量、接收报文数量、协议字段的内容。具体操作如下：

（1）只启用会话日志。以 Web 方式登录防火墙 A-FW-1。在上方导航栏中选择【策略】，然后单击左侧导航【安全策略】→【安全策略】，在右侧窗口中单击 allow-all-visit-A 策略，如图 9-4-6 所示，然后只启用"记录会话日志"，如图 9-4-7 所示。

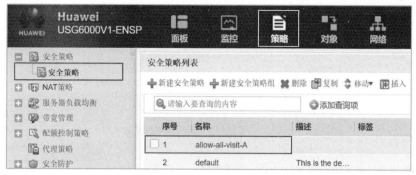

图 9-4-6　修改防火墙安全策略

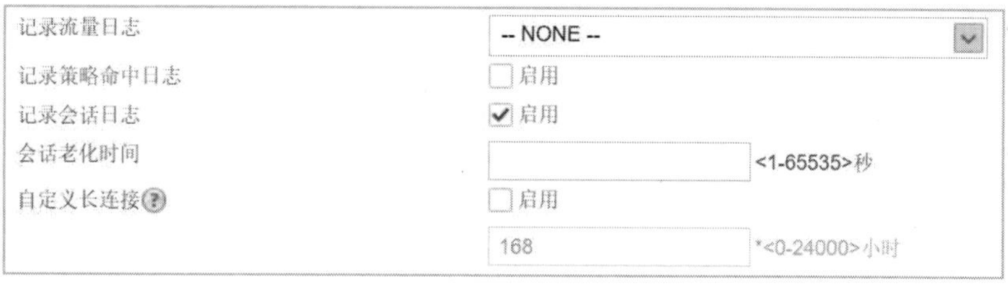

| 记录流量日志 | -- NONE -- |
| 记录策略命中日志 | ☐ 启用 |
| 记录会话日志 | ☑ 启用 |
| 会话老化时间 | <1-65535>秒 |
| 自定义长连接 ? | ☐ 启用 |
| | 168　*<0-24000>小时 |

图 9-4-7　只启用会话日志

　　（2）修改"日志配置"并自定义会话日志的格式。为了简化日志内容，此处只将防火墙 A-FW-1 的"会话日志"发送到日志服务器 Syslog。在上方导航栏中选择【系统】，然后单击左侧导航【日志配置】→【日志配置】，在右侧窗口中将【配置系统日志】恢复缺省，如图 9-4-8 所示。

图 9-4-8　修改"日志配置"，只发送会话日志到日志服务器

修改【配置会话日志】内容，将"会话日志内容格式"设置为【自定义】，然后新建 Syslog 日志模板，如图 9-4-9 所示。

图 9-4-9　新建会话日志的格式模板

将新建模板命名为"Mytemplate"，【配置模式】选择"表达式"，在左侧的字段列表中单击选择 $hostname、$srcip、$dstip、$sendpackets、$rcvpackets、$protocol，则在右侧的"日志格式"框中显示所选中的字段名及顺序，如图 9-4-10 所示。

图 9-4-10　定义新日志模板的字段内容及显示顺序

**步骤 4**：将防火墙 A-FW-1 的日志文件下载到本地主机。

（1）在本地主机上安装 FileZilla 客户端软件。此处通过 FileZilla 客户端软件，以 FTP 的方式从日志服务器下载防火墙日志到本地计算机。关于 FileZilla 客户端软件的下载和安装，读者可自行查询相关资料，此处略。

（2）将防火墙 A-FW-1 的日志文件下载到本地主机。启动 FileZilla 客户端软件，在【主机(H)】栏中输入日志服务器的地址 172.16.64.21，此处使用日志服务器的管理员账号（用户名为 root，密码为 Centos123），端口为 22，单击【快速连接(Q)】。登录成功后，在下方左侧的【本地站点】中选择本地主机中用来存放日志文件的文件夹 D:\FTP，在下方右侧的【远程站点】中选择日志服务器中日志文件的存放目录/var/log/rsyslog，右击防火墙 A-FW-1 的日志文件目录 10.0.255.100，单击"下载"，如图 9-4-11 所示，即可将日志文件下载到本地主机指定的文件夹内。

图 9-4-11　通过 FileZilla 客户端登录日志服务器 Syslog 并下载防火墙日志文件

步骤 5：使用 Tableau 软件分析防火墙日志。

（1）打开 Tableau 软件并连接日志文件。启动 Tableau 软件，在左侧的【连接】列表中，单击【到文件】→【文本文件】，如图 9-4-12 所示，从本地实体主机中选择防火墙 A-FW-1 的 2021 年 10 月 24 日的日志文件"10.0.255.100_2021-10-24.log"，可以看到日志文件的内容被导入 Tableau，并且自动按照字段进行划分，默认字段名为 F1、F2、F3……，如图 9-4-13 所示。

图 9-4-12　单击"文本文件"

可以手工更改每个字段的名字，如图 9-4-14 所示。

（2）建立分析图表。单击左下方的【工作表 1】，将左侧【维度】列表中的"源 IP"字段拖至【筛选器】，并在【筛选器】中只选择 192.168.64.200，如图 9-4-15 所示。然后将"目的 IP"字段分别拖至右侧的【列】和【行】中，并在【行】中将"目的 IP"的【度量】设置为"计数"，如图 9-4-16 所示。

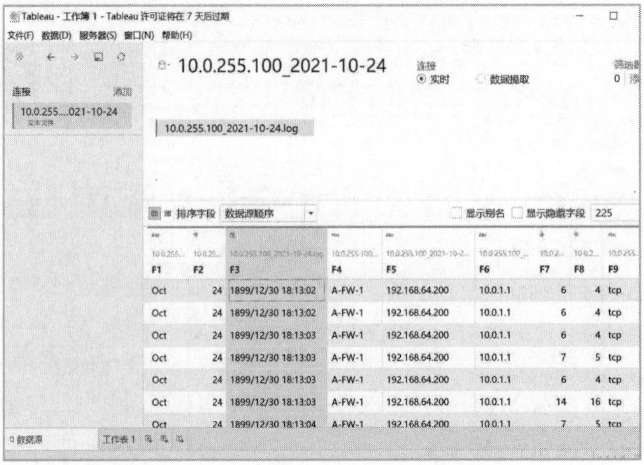

图 9-4-13　日志文件被导入 Tableau

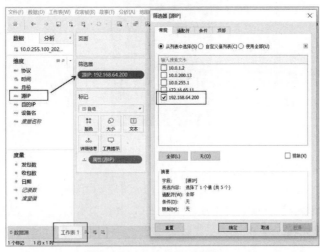

图 9-4-14　更改每个日志字段的名字

图 9-4-15　筛选"源 IP"字段,只选择 192.168.64.200

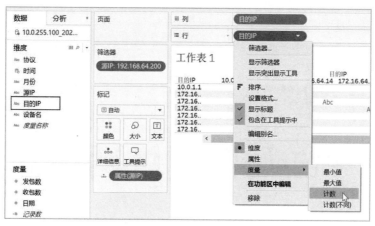

图 9-4-16　拖动"目的 IP"字段并进行设置

此时，用户主机 192.168.64.200 访问各服务器的频次以柱状图的形式展示出来，如图 9-4-17 所示（此处将柱状图的标题更改为"用户主机 192.168.64.200 访问分析"）。可以看到，访问 10.0.1.1 （A-FW-1 的认证界面）的次数最多，其次是 172.16.65.11（Cacti 服务器）。

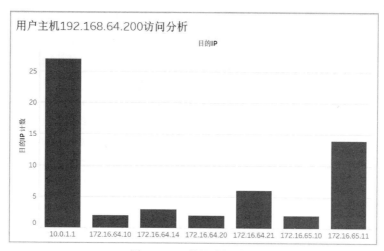

图 9-4-17　统计分析结果

# 项目十

## 通过 VPN 访问园区网内部资源

● 项目介绍

园区网内部的一些重要资源通常只允许园区网内部用户访问，因为位于互联网的用户主机在访问园区网内部服务器时，数据传输要经过 Internet，而 Internet 中存在多种不安全因素，有可能造成数据泄密、重要数据被破坏等后果。但是，当园区网用户位于互联网上时（称为"远程用户"），例如企业分支结构与企业总部位于不同区域，或者园区网用户出差在外，此时访问园区网内部资源时，就会因受到限制而无法完成有关工作。

为了使位于互联网上的园区网远程用户能够安全地访问园区网内部资源，可以使用 VPN 方式。VPN 即虚拟专用网，用于在公用网络上构建私人专用虚拟网络，并在此虚拟网络中传输私网流量，在不改变网络现状的情况下实现安全、可靠的连接。本项目在园区网（或内部网）的边界防火墙上，配置 VPN 服务，仿真实现位于互联网上的远程用户主机通过 VPN 访问园区网内部资源。

● 项目目的

- ● 完成防火墙 SSL VPN 的配置。
- ● 实现外部网用户通过 SSL VPN（本地认证）访问内部网中的主机。
- ● 实现互联网用户通过 SSL VPN（RADIUS 认证）访问园区网内部主机。

● 项目讲堂

1. 认识 VPN

VPN（Virtual Private Network）即虚拟专用网，用于在公用网络上构建私人专用虚拟网络，并在此虚拟网络中传输私网流量。VPN 把现有的物理网络分解成逻辑上隔离的网络，在不改变网络现状的情况下实现安全、可靠地连接。

### 1.1　VPN 的出现背景

在 VPN 出现之前，跨越 Internet 的数据传输只能依靠现有物理网络，具有很大的不安全因素。例如，某企业的总部和分支机构位于不同区域（比如位于不同的国家或城市），当分支机构员工需访问总部服务器的时候，数据传输要经过 Internet。由于 Internet 中存在多种不安全因素，则当分支机构的员工向总部服务器发送访问请求时，报文容易被网络中的黑客窃取或篡改，最终造成数据泄密、重要数据被破坏等后果。

为了防止信息泄露，可以在总部和分支机构之间搭建一条物理专网连接，但其费用会非常昂贵。VPN 出现后，通过部署不同类型的 VPN 便可解决上述问题。VPN 对数据进行封装和加密，即使网络黑客窃取到数据，也无法破解，确保了数据的安全性。且搭建 VPN 不需改变现有网络拓扑，没有额外费用。因其具有廉价、专用和虚拟等多种优势，在现有网络中应用非常广泛。

VPN 具有以下两个基本特征：

- 专用（Private）：VPN 网络是专门供 VPN 用户使用的网络，对于 VPN 用户，使用 VPN 与使用传统专网没有区别。VPN 能够提供足够的安全保证，确保 VPN 内部信息不受外部侵扰。VPN 与底层承载网络（一般为 IP 网络）之间保持资源独立，即 VPN 资源不被网络中非该 VPN 的用户所使用。

- 虚拟（Virtual）：VPN 用户内部的通信是通过公共网络进行的，而这个公共网络同时也可以被其他非 VPN 用户使用，VPN 用户获得的只是一个逻辑意义上的专网。这个公共网络称为 VPN 骨干网（VPN Backbone）。

### 1.2　VPN 的封装原理

VPN 的基本原理是利用隧道（Tunnel）技术，对传输报文进行封装，利用 VPN 骨干网建立专用数据传输通道，实现报文的安全传输。

隧道技术使用一种协议封装另外一种协议报文（通常是 IP 报文），而封装后的报文也可以再次被其他封装协议所封装。对用户来说，隧道是其所在网络的逻辑延伸，在使用效果上与实际物理链路相同。

VPN 的封装原理如图 10-0-1 所示。当园区网远程用户访问园区网内部服务器时，报文封装过程如下：

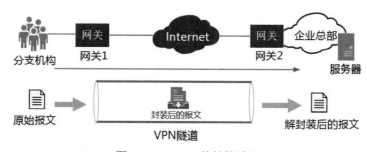

图 10-0-1　VPN 的封装原理

- 当远程用户登录 VPN 以后，就在远程用户和 VPN 网关之间建立了隧道连接。
- 远程用户发出的报文（数据）封装在 VPN 隧道中，发送（加密传输）给位于园区网的 VPN 网关。
- VPN 网关收到报文后进行解封装，并将原始数据发送给园区网内部的最终接收者，即服务器。
- 反向的处理也一样。VPN 网关在封装时可以对报文进行加密处理，使 Internet 上的非法用户无法读取报文内容，因而通信是安全可靠的。

### 1.3 VPN 的优势

VPN 和传统的数据专网相比具有如下优势：

- 安全：在远端用户、驻外机构、合作伙伴、供应商与公司总部之间建立可靠的连接，保证数据传输的安全性。这对于实现电子商务或金融网络与通信网络的融合特别重要。
- 廉价：利用公共网络进行信息通信，企业可以用更低的成本连接远程办事机构、出差人员和业务伙伴。
- 支持移动业务：支持驻外 VPN 用户在任何时间、任何地点的移动接入，能够满足不断增长的移动业务需求。
- 可扩展性：由于 VPN 为逻辑网络，物理网络中增加或修改节点，不影响 VPN 的部署。
- VPN 在保证网络的安全性、可靠性、可管理性的同时提供更强的扩展性和灵活性。在全球任何一个角落，只要能够接入到 Internet，即可使用 VPN。

### 1.4 VPN 的应用场景

（1）site-to-site VPN。site-to-site VPN 即两个局域网之间通过 VPN 隧道建立连接。

如图 10-0-2 所示，企业的分支和总部分别通过网关 1 和网关 2 连接到 Internet。出于业务需要，企业分支和总部间经常相互发送内部机密数据。为了保护这些数据在 Internet 中安全传输，在网关 1 和网关 2 之间建立 VPN 隧道。

图 10-0-2　site-to-site VPN 拓扑图

这种场景的特点：两端网络均通过固定的网关连接到 Internet，组网相对固定并且访问是双向的，即分支和总部都有可能向对端发起访问。

此场景可以使用以下几种 VPN 实现：IPSec、L2TP、GRE over IPSec、IPSec over GRE。

（2）client-to-site VPN。client-to-site VPN 即客户端与企业内网之间通过 VPN 隧道建立连接。

如图 10.0.3 所示，在外出差员工（客户端）跨越 Internet 访问企业总部内网，完成向总部传送数据、访问内部服务器等需求。为确保数据安全传输，可在客户端和企业网关之间建立 VPN 隧道。

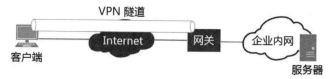

图 10-0-3 client-to-site VPN 拓扑图

这种场景的特点：客户端的地址不固定，且访问是单向的，即只有客户端向内网服务器发起访问。适用于企业出差员工或临时办事处员工通过手机、电脑等接入总部远程办公。

此场景可以使用以下几种 VPN 实现：SSL、IPSec（IKEv2）、L2TP。

（3）BGP/MPLS IP VPN。BGP/MPLS IP VPN 主要用于解决跨域企业互连等问题。当前企业越来越区域化和国际化，同一企业的不同区域员工之间需要通过服务提供商网络来进行互访。服务提供商网络往往比较庞大和复杂，为严格控制用户的访问，确保数据安全传输，需在骨干网上配置 BGP/MPLS IP VPN 功能，实现不同区域用户之间的访问需求。

如图 10-0-4 所示，BGP/MPLS IP VPN 为全网状 VPN，即每个 PE 和其他 PE 之间均建立 BGP/MPLS IP VPN 连接。服务提供商骨干网的所有 PE 设备都必须支持 BGP/MPLS IP VPN 功能。

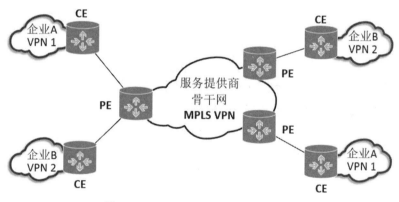

图 10-0-4 BGP/MPLS IP VPN 拓扑图

 CE 指用户边缘路由器，PE 指运营商边缘路由器。其中，PE 充当 IP VPN 接入路由器。

2. 各种 VPN 技术简介

2.1 L2TP VPN

（1）L2TP VPN 简介。L2TP 协议（Layer 2 Tunneling Protocol，第 2 层隧道协议）是典型的被动式隧道协议，L2TP VPN 是一种用于承载 PPP 报文的隧道技术，该技术主要应用在远程办公场景中为出差员工远程访问企业内网资源提供接入服务。

出差员工跨越 Internet 远程访问企业内网资源时需要使用 PPP 协议向企业总部申请内网 IP 地址，并供总部对出差员工进行身份认证。但 PPP 报文受其协议自身的限制无法在 Internet 上直接传输。于是，PPP 报文的传输问题成了制约出差员工远程办公的技术瓶颈。L2TP VPN 技术出现以后，使用 L2TP VPN 隧道"承载"PPP 报文在 Internet 上传输成了解决上述问题的一种途径。无论出差员工是通过传统拨号方式接入 Internet，还是通过以太网方式接入 Internet，L2TP VPN 都可以向其提供远程接入服务。

（2）L2TP VPN 的特点。L2TP 协议主要有以下几个方面的特性。

- L2TP 适合单个或少数用户接入企业的情况，其点到网络连接的特性是其承载协议 PPP 所约定的。
- L2TP 对私有网的数据包进行了封装，因此在 Internet 上传输数据时对数据包的网络地址是透明的，并支持接入用户的内部动态地址分配。
- L2TP 与 PPP 模块配合，支持本地和远端的 AAA 功能（认证、授权和记费），对用户的接入也可根据需要采用全用户名，用户域名和用户拨入的特殊服务号码来识别是否为 VPN 用户。

2.2 IPSec

（1）IPSec 简介。IPSec（Internet Protocol Security）是 IETF（Internet Engineering Task Force）制定的一组开放的网络安全协议。它并不是一个单独的协议，而是一系列为 IP 网络提供安全性的协议和服务的集合。IPSec 定义了一种标准的、健壮的以及包容广泛的机制，它提供了 Internet 第三层 IP 层上的安全措施，它也被用于通过 Internet 传输的 VPN 封装技术中。

在 Internet 的传输中，绝大部分数据的内容都是明文传输的，这样就会存在很多潜在的危险，比如：密码、银行账户的信息被窃取、篡改，用户的身份被冒充，遭受网络恶意攻击等。网络中部署 IPSec 后，可对传输的数据进行保护处理，降低信息泄露的风险。

（2）IPSec 的协议体系。IPSec 通过验证头 AH（Authentication Header）和封装安全载荷 ESP（Encapsulating Security Payload）两个安全协议实现 IP 报文的安全保护：

- AH 是报文头验证协议，主要提供数据源验证、数据完整性验证和防报文重放功能，不提供加密功能。
- ESP 是封装安全载荷协议，主要提供加密、数据源验证、数据完整性验证和防报文重放功能。

AH 和 ESP 协议提供的安全功能依赖于协议采用的验证、加密算法：

- AH 和 ESP 都能够提供数据源验证和数据完整性验证，使用的验证算法为 MD5（Message Digest 5）、SHA1（Secure Hash Algorithm 1）、SHA2-256、SHA2-384 和 SHA2-512，以及 SM3（Senior Middle 3）算法。
- ESP 还能够对 IP 报文内容进行加密，使用的加密算法为对称加密算法，包括 DES（Data Encryption Standard）、3DES（Triple Data Encryption Standard）、AES（Advanced Encryption Standard）、SM4。

（3）IPSec 的安全应用。IPSec 通过加密与验证等方式，从以下几个方面保障了用户业务数据在 Internet 中的安全传输：

- 数据来源验证：接收方验证发送方身份是否合法。
- 数据加密：发送方对数据进行加密，以密文的形式在 Internet 上传送，接收方对接收的加密数据进行解密后处理或直接转发。
- 数据完整性：接收方对接收的数据进行验证，以判定报文是否被篡改。
- 抗重放：接收方拒绝旧的或重复的数据包，防止恶意用户通过重复发送捕获到的数据包所进行的攻击。

### 2.3　GRE

（1）GRE 简介。GRE（General Routing Encapsulation）是一种三层 VPN 封装技术。GRE 可以对某些网络层协议（如 IPX、Apple Talk、IP 等）的报文进行封装，使封装后的报文能够在另一种网络中（如 IPv4）传输，从而解决了跨越异种网络的报文传输问题。异种报文传输的通道称为 Tunnel（隧道）。

GRE 除了可以封装网络层协议报文以外，还具备封装组播报文的能力。由于动态路由协议中会使用组播报文，因此更多时候 GRE 会在需要传递组播路由数据的场景中被用到，这也是 GRE 被称为通用路由封装协议的原因。

（2）GRE over IPSec。IPSec 隧道两端的 IP 网络需要通信，彼此就要获取到对端网络的私网路由信息。假设隧道两端的 IP 网络部署的是动态路由协议（例如两端网络中采用 RIP 建立路由时），那么 IPSec 隧道中就需要传递路由协议的组播报文。由于 IPSec 本身并不具备封装组播报文的能力，因此该场景下就需要寻求 GRE 的协助。GRE 首先将组播报文封装成单播报文，封装后的单播报文就可以经过 IPSec 隧道发送到对端网络。此时，建立在两个 IP 网络中的隧道被称为 GRE over IPSec 隧道。

### 2.4　SSL VPN

SSL VPN 是以 SSL 协议为安全基础的 VPN 远程接入技术，移动办公人员（在 SSL VPN 中被称为远程用户）使用 SSL VPN 可以安全、方便地接入企业内网，访问企业内网资源，提高工作效率。

在 SSL VPN 出现之前，IPSec、L2TP 等先期出现的 VPN 技术虽然可以支持远程接入这个应用场景，但这些 VPN 技术存在如下缺陷：

- 远程用户终端上需要安装指定的客户端软件，导致网络部署、维护比较麻烦。
- IPSec/L2TP VPN 的配置烦琐。
- 网络管理人员无法对远程用户访问企业内网资源的权限做精细化控制。

SSL VPN 凭借自身的技术特点使其在远程接入应用场景中与早期 VPN 相比更具优势，其特点如下：

- SSL VPN 采用 B/S 架构设计，远程用户终端上无需安装额外的客户端软件，直接使用 Web 浏览器就可以安全、快捷地访问企业内网资源。
- 可以根据远程用户访问内网资源类型的不同，对其访问权限进行高细粒度控制。
- 提供了本地认证、服务器认证、证书匿名和证书挑战多种身份认证方式，提高了身份认证的灵活性。

- 主机检查策略可以检查远程用户终端的操作系统、端口、进程以及杀毒软件等是否符合安全要求，并且还具备防跳转、防截屏的能力，消除了潜藏在远程用户终端上的安全隐患。
- 缓存清理策略用于清理远程用户访问内网过程中在终端上留下的访问痕迹，加固了用户的信息安全。

### 2.5 MPLS IP VPN

（1）简介。多标签协议转换（Multi-Protocol Label Switching，MPLS）是一种用于快速数据包交换和路由的体系，它为网络数据流提供了目标、路由、转发和交换等能力。此外，它还具有管理各种不同形式通信流的机制。

MPLS VPN 采用 MPLS 技术在骨干的宽带 IP 网络上构建企业 IP 专网，实现跨地域、安全、高速、可靠的数据、语音、图像多业务通信，并结合差别服务、流量工程等相关技术，将公众网可靠的性能、良好的扩展性、丰富的功能与专用网的安全、灵活高效地结合在一起，为用户提供高质量的服务。

（2）技术优势。采用 MPLS 协议的 VPN 服务具有以下方面的优势。

- 降低了成本。MPLS 简化了 ATM 和 IP 的集成技术，使 L2 和 L3 技术有效地结合起来，降低了成本，保护了用户的前期投资。
- 提高了资源利用率。由于在网内使用标签交换，用户各个点的局域网能使用重复的 IP 地址，提高了 IP 资源利用率。
- 提高了网络速度。由于使用标签交换，缩短了每一跳过程中地址搜索的时间，减少了数据在网络传输中的时间，提高了网络速度。
- 提高了灵活性和可扩展性。MPLS 协议能制订特别的控制策略，满足不同用户的特别需求，实现增值业务。同时在扩展性方面主要包括两个方面：一是网络中能容纳的 VPN 数目更大；二是在同一 VPN 中的用户非常容易扩充。
- 方便用户、安全性高。MPLS 技术将被更广泛地应用在各个运营商的网络当中，这会对企业用户建立全球的 VPN 带来极大的便利。

### 3. SSL VPN 的应用

SSL VPN 的主要应用场景是保证远程用户能够在企业外部安全、高效地访问企业内部的网络资源。防火墙向远程用户提供 SSL VPN 接入服务的功能模块称为虚拟网关，虚拟网关有独立的 IP 地址。网络管理员可以在虚拟网关下配置用户、资源以及用户访问资源的权限等。

虚拟网关是远程用户访问企业内网资源的统一入口。远程用户在 Web 浏览器中输入虚拟网关的 IP 地址，并在虚拟网关登录界面输入用户名和密码，虚拟网关将会对用户进行身份认证。身份认证通过后，虚拟网关会向远程用户提供可访问的内网资源列表，远程用户单击资源列表链接即可访问对应资源。远程用户在资源访问列表中只能看到网络管理员为其开通的业务资源，例如为远程用户 A 开通了 Web 代理业务，则远程用户 A 在资源列表中就只能看到有权访问的 Web 资源，而看不到企业内网中的文件资源、TCP 资源等其他资源。

如图 10-0-5 所示，防火墙作为企业出口网关连接至 Internet，并向远程用户提供 SSL VPN 接入服务。远程用户可以使用移动终端（如便携机、PAD 或智能手机）随时随地访问防火墙并接入到企业内网，访问企业内网资源。

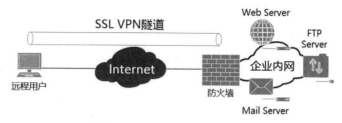

图 10-0-5　SSL VPN 访问方式

根据远程用户访问内网资源类型的不同，SSL VPN 提供了 Web 代理、文件共享、端口转发、网络扩展这四种内网访问方式，即 SSL VPN 业务。表 10-0-1 说明了 SSL VPN 的四种业务。

表 10-0-1　SSL VPN 的业务列表

| 业务 | 定义 |
| --- | --- |
| Web 代理 | 远程用户访问内网 Web 资源时使用 Web 代理业务 |
| 文件共享 | 远程用户访问内网文件服务器（如支持 SMB 协议的 Windows 系统、支持 NFS 协议的 Linux 系统）时使用文件共享业务。<br>远程用户直接通过 Web 浏览器就能在内网文件系统上创建和浏览目录，进行下载、上传、改名、删除等文件操作，就像对本机文件系统进行操作一样方便 |
| 端口转发 | 远程用户访问内网 TCP 资源时使用端口转发业务。适用于 TCP 的应用服务包括 Telnet、远程桌面、FTP、E-mail 等。端口转发提供了一种端口级的安全访问内网资源的方式 |
| 网络扩展 | 远程用户访问内网 IP 资源时使用网络扩展业务。<br>Web 资源、文件资源以及 TCP 资源都属于 IP 资源，通常在不区分用户访问的资源类型时为对应用户开通此业务 |

### 3.1　SSL VPN 总体流程

图 10-0-6 描述了远程用户通过 SSL VPN 访问企业内网资源的总体流程。

图 10-0-6　SSL VPN 的总体流程

- 用户登录：远程用户通过 Web 浏览器（客户端）登录虚拟网关，请求建立 SSL 连接。虚拟网关向远程用户发送自己的本地证书，远程用户对虚拟网关的本地证书进行身份认证。认证通过后，远程用户与虚拟网关成功建立 SSL 连接。

- 用户认证：虚拟网关对远程用户进行用户认证，验证用户身份。用户认证可以选择本地认证、服务器认证、证书匿名认证、证书挑战认证中的一种。

- 角色授权：用户认证完成后，虚拟网关查询该用户的资源访问权限。用户的权限分配通过角色实现，先将具有相同权限的用户/组加入某个角色，然后角色关联可访问的业务资源，角色是联系用户和资源的纽带。

- 资源访问：虚拟网关根据远程用户的角色信息，向用户推送可访问的资源链接，远程用户单击对应的资源链接进行资源访问。

3.2 SSL VPN 网络扩展交互过程

防火墙通过网络扩展业务，在虚拟网关与远程用户之间建立安全的 SSL VPN 隧道，将用户连接到企业内网，实现对企业 IP 业务的全面访问。远程用户使用网络扩展功能访问内网资源时，其内部交互过程如图 10-0-7 所示。

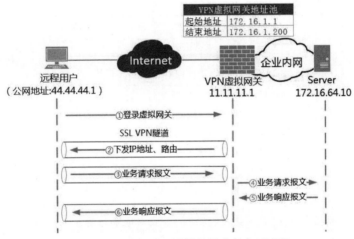

图 10-0-7　SSL VPN 网络扩展业务交互流程

- 远程用户通过 Web 浏览器登录虚拟网关。

- 成功登录虚拟网关后启动网络扩展功能。

- 启动网络扩展功能，会触发以下几个动作：

  ➤ 远程用户与虚拟网关之间会建立一条 SSL VPN 隧道。

  ➤ 远程用户的 PC 会自动生成一个虚拟网卡。防火墙的虚拟网关从地址池中随机选择一个 IP 地址，分配给远程用户的虚拟网卡，该地址作为远程用户与企业内网 Server 之间通信之用。有了该私网 IP 地址，远程用户就如同企业内网用户一样可以方便访问内网 IP 资源。

> ➤ 虚拟网关向远程用户下发到达企业内网 Server 的路由信息。虚拟网关会根据网络扩展业务中的配置，向远程用户下发不同的路由信息。

- 🌐 远程用户向企业内网的 Server 发送业务请求报文，该报文通过 SSL VPN 隧道到达虚拟网关。
- 🌐 虚拟网关收到报文后进行解封装，并将解封装后的业务请求报文发送给内网 Server。
- 🌐 内网 Server 响应远程用户的业务请求。
- 🌐 响应报文到达虚拟网关后进入 SSL VPN 隧道。
- 🌐 远程用户收到业务响应报文后进行解封装，取出其中的业务响应报文。

# 任务一　以 CLI 方式在防火墙上实现 SSL VPN

## 【任务介绍】

在 eNSP 中构建两个网络，分别用来表示内部网和外部网，内部网用户通过 NAT 访问外部网。以 CLI 方式在内部网边界防火墙上配置 SSL VPN，采用本地认证，使得外部网用户可以通过 SSL VPN 访问内部网主机。

## 【任务目标】

1. 以 CLI 方式完成防火墙上 SSL VPN 的配置。
2. 实现外部网用户通过 SSL VPN 访问内部网中的主机。

## 【拓扑规划】

1. 网络拓扑

任务一的网络拓扑如图 10-1-1 所示。

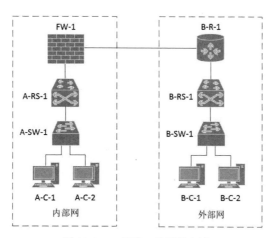

图 10-1-1　任务一的网络拓扑

2. 拓扑说明

网络拓扑说明见表 10-1-1。

表 10-1-1　网络拓扑说明

| 序号 | 设备名称 | 设备类型 | 设备型号 | 备注 |
|------|----------|----------|----------|------|
| 1 | FW-1 | 防火墙 | USG6000V | 内部网边界防火墙 |
| 2 | B-R-1 | 路由器 | AR2220 | 内部网访问外部网的下一跳路由器 |
| 3 | A-RS-1、B-RS-1 | 交换机 | S5700 | 三层汇聚交换机 |
| 4 | A-SW-1、B-SW-1 | 交换机 | S3700 | 二层接入交换机 |
| 5 | A-C-1、A-C-2 | 计算机 | PC | 内部网用户主机 |
| 6 | B-C-1、B-C-2 | 计算机 | PC | 外部网用户主机，B-C-2 用本地实体主机代替 |

【网络规划】

1. 交换机接口与 VLAN

交换机接口与 VLAN 规划见表 10-1-2。

表 10-1-2　交换机接口与 VLAN 规划

| 序号 | 交换机 | 接口名称 | VLAN ID | 接口类型 |
|------|--------|----------|---------|----------|
| 1 | A-SW-1 | Ethernet 0/0/1 | 11 | Access |
| 2 | A-SW-1 | Ethernet 0/0/2 | 12 | Access |
| 3 | A-SW-1 | GE 0/0/1 | 11、12 | Trunk |
| 4 | B-SW-1 | Ethernet 0/0/1 | 11 | Access |
| 5 | B-SW-1 | Ethernet 0/0/2 | 12 | Access |
| 6 | B-SW-1 | GE 0/0/1 | 11、12 | Trunk |
| 7 | A-RS-1 | GE 0/0/1 | 11、12 | Trunk |
| 8 | A-RS-1 | GE 0/0/24 | 100 | Access |
| 9 | B-RS-1 | GE 0/0/1 | 11、12 | Trunk |
| 10 | B-RS-1 | GE 0/0/24 | 100 | Access |

2. 主机 IP 地址

主机 IP 地址规划见表 10-1-3。

表 10-1-3　主机 IP 地址规划

| 序号 | 设备名称 | IP 地址/子网掩码 | 默认网关 | 备注 |
|---|---|---|---|---|
| 1 | A-C-1 | 192.168.64.10 /24 | 192.168.64.254 | 内部网用户，使用私有 IP 地址 |
| 2 | A-C-2 | 192.168.65.10 /24 | 192.168.65.254 | 内部网用户，使用私有 IP 地址 |
| 3 | B-C-1 | 33.33.33.10 /24 | 33.33.33.254 | 外部网用户，使用公有 IP 地址 |
| 4 | B-C-2 | 44.44.44.1 /24 | 44.44.44.254 | 外部网用户，使用公有 IP 地址 |

3．路由接口 IP 地址

路由接口 IP 地址规划见表 10-1-4。

表 10-1-4　路由接口 IP 地址规划

| 序号 | 设备名称 | 接口名称 | 接口地址 | 备注 |
|---|---|---|---|---|
| 1 | A-RS-1 | Vlanif100 | 10.0.0.2 /30 | 连接防火墙 FW-1 的内部网接口 |
| 2 | A-RS-1 | Vlanif11 | 192.168.64.254 /24 | 作为内部网用户 VLAN11 的默认网关 |
| 3 | A-RS-1 | Vlanif12 | 192.168.65.254 /24 | 作为内部网用户 VLAN12 的默认网关 |
| 4 | B-RS-1 | Vlanif100 | 22.22.22.2 /30 | 连接防火墙 FW-1 的外部网接口 |
| 5 | B-RS-1 | Vlanif11 | 33.33.33.254 /24 | 作为外部网用户 VLAN11 的默认网关 |
| 6 | B-RS-1 | Vlanif12 | 44.44.44.254 /24 | 作为外部网用户 VLAN12 的默认网关 |
| 7 | FW-1 | GE 1/0/1 | 11.11.11.1 /24 | 公有 IP 地址，用于与外部网的连接 |
| 8 | FW-1 | GE 1/0/0 | 10.0.0.1 /30 | 私有 IP 地址，用于与内部网的连接 |
| 9 | B-R-1 | GE 0/0/0 | 11.11.11.2 /24 | 公有 IP 地址，作为内部网路由器的下一跳 |
| 10 | B-R-1 | GE 0/0/1 | 22.22.22.1 /24 | 公有 IP 地址，用于与外部网的连接 |

　　本任务中，内部网中各主机通过防火墙 NAT 访问外部网，NAT 服务会将报文的源 IP 地址（私有 IP 地址）转换成 FW-1 的 GE 1/0/1 接口的公有 IP 地址（即 11.11.11.1/24）发送出去，从而使得该报文能够被外部网上的路由器转发。

4．路由规划

路由规划见表 10-1-5。

表 10-1-5　路由规划

| 序号 | 路由设备 | 目的网络 | 下一跳地址 | 备注 |
|---|---|---|---|---|
| 1 | A-RS-1 | 内部网 | 配置 OSPF | 实现内部网内部的通信 |
| 2 | FW-1 | 内部网 | 配置 OSPF | 实现内部网内部的通信 |
| 3 | FW-1 | 0.0.0.0 /0 | 11.11.11.2 | 所有对外部网的访问，下一跳是外部网路由器 B-R-1 |
| 4 | B-RS-1 | 外部网 | 配置 OSPF | 实现外部网中各设备的通信 |
| 5 | B-R-1 | 外部网 | 配置 OSPF | 实现外部网中各设备的通信 |

外部网路由器中必须具有到达内部网边界防火墙的 GE 1/0/1 接口（连接外部网）所在网络的路由信息（即外部网路由器必须知道前往 11.11.11.0/24 网络该怎么走），一是用于内部网主机访问外部网的返回报文，二是因为外部网用户访问内部网主机时登录 SSL VPN。

5. OSPF 的区域规划

本任务中内部网和外部网的 OSPF 区域规划如图 10-1-2 所示。

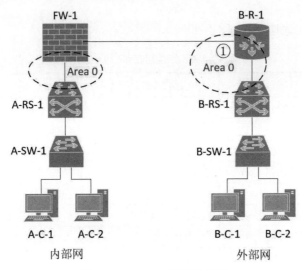

图 10-1-2　OSPF 的区域规划

由于内部网主机通过 NAT 访问外部网，所以边界 FW-1 不能将内部网信息发送到外部网上，因此 FW-1 不需要宣告其外部网接口段。为了让外部网上的路由器知道前往 11.11.11.0/24 网络（即 FW-1 的外部网接口所在网络）该怎么走，B-R-1 在宣告自身网络时，要宣告①处接口所在网络的信息。此处内部网和外部网中的 OSPF 区域可以都是 Area 0，相互没有影响。

6. 登录防火墙用户名和密码设计

防火墙的默认用户名为"admin"、初始密码为"Admin@123"，首次登录时，需要更改登录密码。本任务中，将防火墙 FW-1 的登录密码改为 abcd@1234。

7. 防火墙 SSL VPN 设计

（1）SSL VPN 的访问方式。

SSL VPN 的访问方式采用网络扩展方式，设定用来分配给外部网用户的 IP 地址范围是172.16.1.1/24～172.16.1.200/24。

（2）SSL VPN 的登录认证。

认证方式采用本地认证，SSL VPN 登录用户名为 user_sslvpn，密码为 abcd@1234，并且要在 SSL VPN 虚拟网关上配置 MAC 认证功能对用户终端的 MAC 地址进行认证。

**【操作步骤】**

**步骤 1：**在 eNSP 中部署网络。

启动 eNSP，根据本任务的【拓扑规划】添加网络设备并连线，启动全部设备。

本任务在 eNSP 中的拓扑图如图 10-1-3 所示。

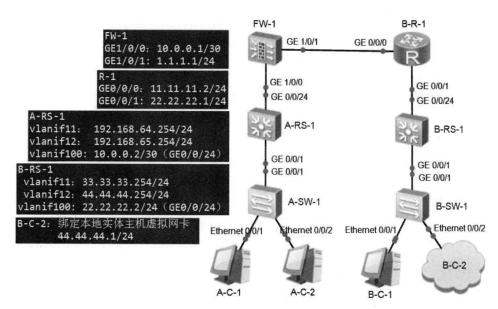

图 10-1-3　任务一在 eNSP 中的网络拓扑

**步骤 2：**实现内部网通信。

对内部网中的主机、交换机进行配置，实现内部网内部各主机之间的通信。

（1）配置用户主机地址参数。根据【网络规划】，给用户主机 A-C-1、A-C-2 配置 IP 地址等信息。

（2）配置 A-SW-1。

```
//进入系统视图，关闭信息中心，修改设备名称
<Huawei>system-view
[Huawei]undo info-center enable
[Huawei]sysname A-SW-1

//创建内部网用户所在的 VLAN11、VLAN12，并添加相应的接口
[A-SW-1]vlan batch 11 12
Info: This operation may take a few seconds. Please wait for a moment...done.
[A-SW-1]interface Ethernet0/0/1
[A-SW-1-Ethernet0/0/1]port link-type access
[A-SW-1-Ethernet0/0/1]port default vlan 11
[A-SW-1-Ethernet0/0/1]quit
```

```
[A-SW-1]interface Ethernet0/0/2
[A-SW-1-Ethernet0/0/2]port link-type access
[A-SW-1-Ethernet0/0/2]port default vlan 12
[A-SW-1-Ethernet0/0/2]quit
```

//将连接三层交换机 A-RS-1 的接口 GE0/0/1 设置成 Trunk 类型
```
[A-SW-1]interface GigabitEthernet 0/0/1
[A-SW-1-GigabitEthernet0/0/1]port link-type trunk
[A-SW-1-GigabitEthernet0/0/1]port trunk allow-pass vlan 11 12
[A-SW-1-GigabitEthernet0/0/1]quit
[A-SW-1]quit
<A-SW-1>save
```

（3）配置 A-RS-1。

//进入系统视图，关闭信息中心，修改设备名称。
```
<Huawei>system-view
[Huawei]undo info-center enable
[Huawei]sysname A-RS-1
```

//配置与防火墙 FW-1 相连的三层虚拟接口，包括创建 VLAN、配置 SVI 地址、添加接口
```
[A-RS-1]vlan 100
[A-RS-1-vlan100]quit
[A-RS-1]interface vlanif 100
[A-RS-1-Vlanif100]ip address 10.0.0.2 30
[A-RS-1-Vlanif100]quit
[A-RS-1]interface GigabitEthernet 0/0/24
[A-RS-1-GigabitEthernet0/0/24]port link-type access
[A-RS-1-GigabitEthernet0/0/24]port default vlan 100
[A-RS-1-GigabitEthernet0/0/24]quit
```

//配置内部网用户所在的 VLAN11、VLAN12 的默认网关接口
```
[A-RS-1]vlan batch 11 12
[A-RS-1]interface vlanif 11
[A-RS-1-Vlanif11]ip address 192.168.64.254 24
[A-RS-1-Vlanif11]quit
[A-RS-1]interface vlanif 12
[A-RS-1-Vlanif12]ip address 192.168.65.254 24
[A-RS-1-Vlanif12]quit
```

//将连接交换机 A-SW-1 的接口 GE0/0/1 配置成 Trunk 类型
```
[A-RS-1]interface GigabitEthernet 0/0/1
[A-RS-1-GigabitEthernet0/0/1]port link-type trunk
[A-RS-1-GigabitEthernet0/0/1]port trunk allow-pass vlan 11 12
```

[A-RS-1-GigabitEthernet0/0/1]quit

//配置 OSPF 协议
[A-RS-1]ospf 1
[A-RS-1-ospf-1]area 0
[A-RS-1-ospf-1-area-0.0.0.0]network 192.168.64.0 0.0.0.255
[A-RS-1-ospf-1-area-0.0.0.0]network 192.168.65.0 0.0.0.255
[A-RS-1-ospf-1-area-0.0.0.0]network 10.0.0.0 0.0.0.3
[A-RS-1-ospf-1-area-0.0.0.0]quit
[A-RS-1-ospf-1]quit
[A-RS-1]quit
<A-RS-1>save

**步骤 3**：配置内部网用户 NAT 访问外部网。

在内部网边界防火墙 FW-1 上进行路由配置、NAT 配置，使得内部网用户可以通过 NAT 方式访问外部网。

（1）登录防火墙并修改防火墙初始密码。第一次登录防火墙时需要修改初始密码。USG6000V 防火墙的默认用户名和密码分别为"admin"和"Admin@123"，现在将登录防火墙的密码改为 abcd@1234。

（2）配置防火墙接口 IP 地址和路由信息。

//配置接口 GigabitEthernet 1/0/0 的 IP 地址，连接内部网络
<FW-1> system-view
[FW-1] interface GigabitEthernet 1/0/0
[FW-1-GigabitEthernet1/0/0] ip address 10.0.0.1 30
[FW-1-GigabitEthernet1/0/0] quit
// 配置接口 GigabitEthernet 1/0/1 的 IP 地址，连接互联网
[FW-1] interface GigabitEthernet 1/0/1
[FW-1-GigabitEthernet1/0/1] ip address 11.11.11.1 24
[FW-1-GigabitEthernet1/0/1] quit

//在 FW-1 上配置缺省路由，使访问外部网的流量转发至外部网路由器 B-R-1
[FW-1] ip route-static 0.0.0.0 0.0.0.0 11.11.11.2
//配置 OSPF，实现内部网和防火墙之间的通信
[FW-1]ospf 1
[FW-1-ospf-1]area 0
[FW-1-ospf-1-area-0.0.0.0]network 10.0.0.0 0.0.0.3
[FW-1-ospf-1-area-0.0.0.0]quit
//引入并宣告缺省路由
[FW-1-ospf-1]default-route-advertise always
[FW-1-ospf-1]quit
[FW-1]

（3）配置防火墙安全区域和安全策略。

```
//将接口 GigabitEthernet 1/0/0 加入 Trust 区域
[FW-1] firewall zone trust
[FW-1-zone-trust] add interface GigabitEthernet 1/0/0
[FW-1-zone-trust] quit
//将接口 GigabitEthernet 1/0/1 加入 Untrust 区域
[FW-1] firewall zone untrust
[FW-1-zone-untrust] add interface GigabitEthernet 1/0/1
[FW-1-zone-untrust] quit


//配置一条名为"allow-trust-visit"的安全策略，允许内部网用户访问外部网
[FW-1]security-policy
[FW-1-policy-security]rule name allow-trust-visit
[FW-1-policy-security-rule-allow-trust-visit]source-zone trust
[FW-1-policy-security-rule-allow-trust-visit]destination-zone untrust
[FW-1-policy-security-rule-allow-trust-visit]action permit
[FW-1-policy-security-rule-allow-trust-visit]quit
[FW-1-policy-security]quit
```

（4）在防火墙 FW-1 上配置 NAT。

```
//创建一条名为 nat-lan 的 NAT 策略，使得源地址属于内部网的报文可以通过 NAT 访问外部网
[FW-1]nat-policy
[FW-1-policy-nat]rule name nat-lan
//egress-interface 命令用来指定执行 NAT 策略的接口，此处为 GE1/0/1 接口
[FW-1-policy-nat-rule-nat-lan]egress-interface GigabitEthernet 1/0/1
//source-address 命令用来指定执行 NAT 策略的源地址，即允许该源地址发来的报文被 NAT
[FW-1-policy-nat-rule-nat-lan]source-address 192.168.64.0 mask 255.255.254.0
//设置源地址 NAT 的方式为 Easy IP 方式
[FW-1-policy-nat-rule-nat-lan]action source-nat easy-ip
[FW-1-policy-nat-rule-nat-lan]quit
[FW-1-policy-nat]quit
[FW-1]quit
<FW-1>save
```

 **提醒**　此处防火墙 FW-1 配置 OSPF 时不需要宣告 11.11.11.0 网段，因为内部网用户不能直接访问外部网。

**步骤 4：配置外部网。**

对外部网中的主机、交换机和路由器进行配置，实现外部网中各设备的通信。

（1）配置用户主机地址参数。给外部网用户主机 B-C-1、B-C-2 配置 IP 地址等信息。B-C-2 使用本地实体主机代替，Cloud 设备绑定的虚拟网卡地址是 44.44.44.1/24。

（2）配置 B-SW-1。

```
<Huawei>system-view
[Huawei]undo info-center enable
[Huawei]sysname B-SW-1

//创建外部网用户所在的 VLAN11、VLAN12，并添加相应的接口
[B-SW-1]vlan batch 11 12
Info: This operation may take a few seconds. Please wait for a moment...done.
[B-SW-1]interface Ethernet0/0/1
[B-SW-1-Ethernet0/0/1]port link-type access
[B-SW-1-Ethernet0/0/1]port default vlan 11
[B-SW-1-Ethernet0/0/1]quit
[B-SW-1]interface Ethernet0/0/2
[B-SW-1-Ethernet0/0/2]port link-type access
[B-SW-1-Ethernet0/0/2]port default vlan 12
[B-SW-1-Ethernet0/0/2]quit

//将连接三层交换机 B-RS-1 的接口 GE0/0/1 设置成 Trunk 类型，并允许用户 VLAN 的数据帧通过
[B-SW-1]interface GigabitEthernet 0/0/1
[B-SW-1-GigabitEthernet0/0/1]port link-type trunk
[B-SW-1-GigabitEthernet0/0/1]port trunk allow-pass vlan 11 12
[B-SW-1-GigabitEthernet0/0/1]quit
[B-SW-1]quit
<B-SW-1>save
```

（3）配置 B-RS-1。

```
//进入系统视图，关闭信息中心，修改设备名称
<Huawei>system-view
[Huawei]undo info-center enable
[Huawei]sysname B-RS-1

//配置与路由器 B-R-1 相连的三层虚拟接口，包括创建 VLAN、配置 SVI 地址、添加接口
[B-RS-1]vlan 100
[B-RS-1-vlan100]quit
[B-RS-1]interface vlanif 100
[B-RS-1-Vlanif100]ip address 22.22.22.2 24
[B-RS-1-Vlanif100]quit
[B-RS-1]interface GigabitEthernet 0/0/24
[B-RS-1-GigabitEthernet0/0/24]port link-type access
[B-RS-1-GigabitEthernet0/0/24]port default vlan 100
[B-RS-1-GigabitEthernet0/0/24]quit
```

//配置外部网用户所在的 VLAN11、VLAN12 的默认网关接口

[B-RS-1]vlan batch 11 12

Info: This operation may take a few seconds. Please wait for a moment...done.

[B-RS-1]interface vlanif 11

[B-RS-1-Vlanif11]ip address 33.33.33.254 24

[B-RS-1-Vlanif11]quit

[B-RS-1]interface vlanif 12

[B-RS-1-Vlanif12]ip address 44.44.44.254 24

[B-RS-1-Vlanif12]quit


//将连接交换机 B-SW-1 的接口配置成 Trunk 类型

[B-RS-1]interface GigabitEthernet 0/0/1

[B-RS-1-GigabitEthernet0/0/1]port link-type trunk

[B-RS-1-GigabitEthernet0/0/1]port trunk allow-pass vlan 11 12

[B-RS-1-GigabitEthernet0/0/1]quit


//配置 OSPF 协议,其目的是实现外部网内部主机之间的通信

[B-RS-1]ospf 1

[B-RS-1-ospf-1]area 0

[B-RS-1-ospf-1-area-0.0.0.0]network 22.22.22.0 0.0.0.255

[B-RS-1-ospf-1-area-0.0.0.0]network 33.33.33.0 0.0.0.255

[B-RS-1-ospf-1-area-0.0.0.0]network 44.44.44.0 0.0.0.255

[B-RS-1-ospf-1-area-0.0.0.0]quit

[B-RS-1-ospf-1]quit

[B-RS-1]quit

<B-RS-1>save


(4)配置路由器 B-R-1。

//进入系统视图,关闭信息中心,修改设备名称

<Huawei>system-view

[Huawei]undo info-center enable

[Huawei]sysname B-R-1


//配置路由器各接口的 IP 地址

[B-R-1]interface GigabitEthernet 0/0/0

[B-R-1-GigabitEthernet0/0/0]ip address 11.11.11.2 24

[B-R-1]interface GigabitEthernet 0/0/1

[B-R-1-GigabitEthernet0/0/1]ip address 22.22.22.1 24

[B-R-1-GigabitEthernet0/0/1]quit


//配置 OSPF 协议

[B-R-1]ospf 1

```
[B-R-1-ospf-1]area 0
[B-R-1-ospf-1-area-0.0.0.0]network 11.11.11.0 0.0.0.255
[B-R-1-ospf-1-area-0.0.0.0]network 22.22.22.0 0.0.0.255
[B-R-1-ospf-1-area-0.0.0.0]quit
[B-R-1-ospf-1]quit
[B-R-1]quit
<B-R-1>save
```

**步骤 5：** 启用 SSL VPN 之前的通信测试。

在当前状态下（尚未配置 SSL VPN），使用 Ping 命令测试内部网和外部网的通信情况，测试结果见表 10-1-6。

表 10-1-6　配置 SSL VPN 之前内部网和外部网的通信情况

| 序号 | 源设备 | 目的设备 | 通信结果 |
|---|---|---|---|
| 1 | A-C-1 | A-C-2 | 通 |
| 2 | A-C-1 | B-C-1 | 通 |
| 3 | A-C-1 | B-C-2 | 通 |
| 4 | B-C-1 | A-C-1 | 不通 |
| 5 | B-C-2 | A-C-1 | 不通 |

从测试结果可以看出，内部网内部各主机间可以相互通信，内部网各主机可以访问外部网，外部网各主机无法访问内部网主机。

**提醒**

> 由于此处的外部网主机 B-C-2 是用本地实体主机代替的，所以需要以管理员身份在本地实体主机上添加静态路由：route add 192.168.64.0 mask 255.255.254.0 44.44.44.254。
>
> 由于本地实体主机操作系统自带防火墙的问题，内部网主机有可能 ping 不通 B-C-2，此时关闭本地实体主机防火墙即可。

**步骤 6：** 在 FW-1 上配置 SSL VPN。

（1）配置 SSL VPN 用户和认证方案。

//以下操作配置认证域
[FW-1] aaa
//创建并进入 default 认证域。domain 命令用来创建域，并进入域视图。缺省情况下，设备上存在名为"default"的域，可以修改这个域下的配置，但是不能删除这个域。"default"域默认绑定认证方案"default"
[FW-aaa] domain default
//在 AAA 视图下执行 authentication-scheme 命令，用来创建认证方案，并进入认证方案视图。缺省存在的认证方案"default"，不能被删除，只能被修改。"default"认证方案的策略为：认证模式采用本地认证，若认证失败则强制用户下线
[FW-aaa-domain-default] authentication-scheme default

//在认证域视图下，表示认证域的接入控制为允许 SSL VPN 用户接入。仅 USG6000V 支持该参数

[FW-aaa-domain-default] service-type ssl-vpn

[FW-aaa-domain-default] quit

[FW-aaa] quit

//以下操作用来创建 SSL VPN 用户组和用户

//在 default 认证域的根组（/default）中创建用户组 group_sslvpn。使用 user-manage group 命令用来指定（或创建）用户组，并进入用户组视图（仅 USG6000V 支持该命令）。创建或删除用户组时，必须指定用户组所在的组路径及用户组名称。default 是设备缺省存在的认证域，它的根组为/default，可以在其下级继续创建用户组。如果需要创建其他认证域下的用户组，需要首先创建认证域

[FW-1]user-manage group /default/group_sslvpn

[FW-1-usergroup-/default/group_sslvpn]quit

//在 default 认证域下创建用户 user_sslvpn，用户密码为 abcd@1234，并设置该用户属于 group_sslvpn 用户组

[FW-1]user-manage user user_sslvpn domain default

[FW-1-localuser-user_sslvpn]password abcd@1234

[FW-1-localuser-user_sslvpn]parent-group /default/group_sslvpn

[FW-1-localuser-user_sslvpn]quit

（2）配置 SSL VPN 虚拟网关。

//以下操作用来创建 SSL VPN 虚拟网关并配置接口

//创建名为 gateway_ssl 的 SSL VPN 虚拟网关

[FW-1]v-gateway gateway_ssl interface GigabitEthernet 1/0/1 private

[FW-1-gateway_ssl]quit

//配置虚拟网关的 UDP 端口号为 443。客户端的网络扩展隧道模式配置为"快速传输模式"时，客户端向虚拟网关的 UDP 端口发送业务报文

[FW-1]v-gateway gateway_ssl udp-port 443

//配置虚拟网关（gateway_ssl）和认证域（default）绑定

[FW-1]v-gateway gateway_ssl authentication-domain default

//以下操作用来配置 SSL VPN 的网络扩展业务

[FW-1]v-gateway gateway_ssl

[FW-1-gateway_ssl]service

//network-extension enable 命令用来启用网络扩展功能

[FW-1-gateway_ssl-service]network-extension enable

//network-extension keep-alive enable 命令用来启用网络扩展的保持连接功能。客户端启动网络扩展功能后，如果一段时间内没任何操作，没有向防火墙发送任何流量，客户端和防火墙的网络扩展连接会因为 SSL 会话超时或客户端到防火墙的 HTTPS 会话表项老化而断开，客户端需要重新登录或重新连接才能再次使用网络扩展功能。网络扩展的保持连接功能可以保持客户端和防火墙的连接不中断，从而规避上述问题。启用网络扩展的保持连接功能后，客户端会定期向防火墙发送保活报文，防火墙收到保活报文时，会刷新 SSL 会话超时时间和 HTTPS 会话表项老化时间，重新开始计时

[FW-1-gateway_ssl-service]network-extension keep-alive enable

//配置网络扩展保活报文的发送时间间隔为 120 秒

[FW-1-gateway_ssl-service]network-extension keep-alive interval 120
//在网络扩展时采用地址池方式为 VPN 客户端分配 IP 地址，范围是 172.16.1.1～200
[FW-1-gateway_ssl-service]network-extension netpool 172.16.1.1 172.16.1.200 255.
255.255.0
//配置网络扩展默认地址池开始的 IP 地址，该 IP 地址作为地址池的名字
[FW-1-gateway_ssl-service]netpool 172.16.1.1 default
//设置网络扩展的路由模式为 manual（手动模式）。手动模式下，在防火墙端，管理员必须手动配置内网
网段静态路由（使用 network-extension manual-route 命令进行配置），然后在客户端识别前往该网段的数据，
交由虚拟网卡转发
[FW-1-gateway_ssl-service]network-extension mode manual
//配置网络扩展手动模式下的 IP 网段为 192.168.64.0/23，使得 VPN 客户可以访问该网段地址
[FW-1-gateway_ssl-service]network-extension manual-route 192.168.64.0 255.255.25
4.0
[FW-1-gateway_ssl-service]quit

> 在配置 SSL VPN 虚拟 IP 地址池时，该地址池范围内的 IP 地址不能为虚拟网
> 关或接口的 IP 地址，以免 VPN 客户端无法获取虚拟 IP 地址，无法使用网络扩展
> 业务。
>
> 选择 IP 地址池方式时，至少指定一个 IP 地址池。SSL VPN 虚拟 IP 地址池不
> 能包含内网已经分配的 IP 地址。
>
> 配置虚拟 IP 地址池时，若用户使用的是 Windows XP 及之前版本 Windows 操
> 作系统，不要使用包含 192.168.x.255 的地址，以免启用网络扩展失败。
>
> 在多虚拟网关的组网中，配置网络扩展地址池时，注意地址池中的地址不要
> 和 DHCP 服务器的 IP 地址池中的地址冲突。

//以下操作用来配置 SSL VPN 角色绑定
//进入虚拟网关 VPN 数据库视图
[FW-1-gateway_ssl]vpndb
//添加用户组/default/group_sslvpn 到虚拟网关
[FW-1-gateway_ssl-vpndb]group /default/group_sslvpn
[FW-1-gateway_ssl-vpndb-group-/default/group_sslvpn]quit
[FW-1-gateway_ssl-vpndb]quit
[FW-1-gateway_ssl]role
//配置用户登录虚拟网关时，需要通过角色中关联的所有主机检查策略才能访问角色中的资源
[FW-1-gateway_ssl-role]role default condition all
[FW-1-gateway_ssl-role]quit

//以下操作用来配置 MAC 认证功能
[FW-1-gateway_ssl]security
[FW-1-gateway_ssl-security]authentication-mode cert-none
[FW-1-gateway_ssl-security]mac-authentication enable

//在 MAC 认证场景中，管理员需要在虚拟网关上先创建一个 MAC 地址组，并在 MAC 地址组中加入用户的 MAC 地址。当用户携带 MAC 地址的认证请求到达虚拟网关时，虚拟网关会通过用户名查找到该用户所属的用户组，然后再根据用户组与 MAC 地址组的绑定关系来确定 MAC 地址组。如果 MAC 地址组中可以找到该用户的 MAC 地址，则表示用户身份认证通过，用户正常上线；找不到，则表示用户身份认证失败，虚拟网关拒绝用户上线。此处创建名为 mac-group-ssl 的 MAC 地址组

```
[FW-1-gateway_ssl-security]mac-group mac-group-ssl
//设置 VPN 客户端 MAC 地址，0a00-2700-000d 是 B-C-2 绑定的虚拟网卡的 MAC 地址
[FW-1-gateway_ssl-security-macgroup-mac-group-ssl]mac-address 0a00-2700-000d
[FW-1-gateway_ssl-security-macgroup-mac-group-ssl]quit
[FW-1-gateway_ssl-security]bind user-group /default/group_sslvpn mac-group mac-group-ssl
[FW-1-gateway_ssl-security]quit
[FW-1-gateway_ssl]quit


//以下操作用来配置安全策略，允许外部网用户访问内部网主机
//创建安全策略，允许外部网用户以 https 方式访问 VPN 的虚拟网关地址 11.11.11.1
[FW-1]security-policy
[FW-1-policy-security]rule name allow-visit-sslvpn
[FW-1-policy-security-rule-allow-visit-sslvpn]source-zone untrust
[FW-1-policy-security-rule-allow-visit-sslvpn]destination-zone local
[FW-1-policy-security-rule-allow-visit-sslvpn]destination-address 11.11.11.1 24
[FW-1-policy-security-rule-allow-visit-sslvpn]service https
[FW-1-policy-security-rule-allow-visit-sslvpn]action permit
[FW-1-policy-security-rule-allow-visit-sslvpn]quit
[FW-1-policy-security]
//创建安全策略，允许外部用户（指 VPN 客户端）访问内部网中指定的网段（192.168.64.0/23）
[FW-1-policy-security]rule name allow-visit-lanhost
[FW-1-policy-security-rule-allow-visit-lanhost]source-zone untrust
[FW-1-policy-security-rule-allow-visit-lanhost]destination-zone trust
[FW-1-policy-security-rule-allow-visit-lanhost]destination-address 192.168.64.0 23
[FW-1-policy-security-rule-allow-visit-lanhost]action permit
[FW-1-policy-security-rule-allow-visit-lanhost]quit
[FW-1-policy-security]quit
```

**步骤 7**：在防火墙上配置 Web 登录。

本任务中，外部网用户 B-C-2（用本地实体主机代替）需要以 Web 方式通过防火墙 FW-1 的外网接口 GE1/0/1 登录 SSL VPN，所以需要在该接口上启用 https 服务。

```
[FW-1]interface GigabitEthernet 1/0/1
[FW-1-GigabitEthernet1/0/1]service-manage https permit
[FW-1-GigabitEthernet1/0/1]quit
[FW-1]quit
<FW-1>save
```

**步骤 8**：外部网用户登录 SSL VPN。

外部网用户登录内部网边界防火墙的 SSL VPN 虚拟网关（11.11.11.1）。以主机 B-C-2 为例，在其浏览器地址栏中输入 https://11.11.11.1:443，打开防火墙的 SSL VPN 登录界面，输入用户名 user_sslvpn，密码 abcd@1234，如图 10-1-4 所示，然后单击【登录】按钮。

图 10-1-4　登录 SSL VPN

 　　为了使 B-C-2（即本地实体主机）能够访问 11.11.11.1，需要以管理员身份在本地主机上添加路由：route add 11.11.11.1 mask 255.255.255.0 44.44.44.254。

　　使用 IE 浏览器进行登录，其他浏览器可能无法登录，使用 IE 登录时根据提示可能会需要安装插件。

在接下来的"welcome"界面中，单击【启动】按钮，待显示"已成功启动网络扩展业务"，如图 10-1-5 所示，说明此时已成功登录 SSL VPN，外部网用户可以访问内部网资源了。

图 10-1-5　登录 SSL VPN 成功

成功登录 SSL VPN 后，在本地实体主机（即 B-C-2）的命令提示符窗口中，输入 ipconfig，可以看到新增了一个"本地连接 2"，其 IP 地址是 172.16.1.1，子网掩码是 255.255.255.255，没有配置默认网关地址，如图 10-1-6 所示。这说明外部网用户 B-C-2 登录 SSL VPN 后，VPN 分配给登录用户一个指定的内网地址（此处是 172.16.1.1/24），外部网用户主机可以使用该地址与内部网主机进行通信。

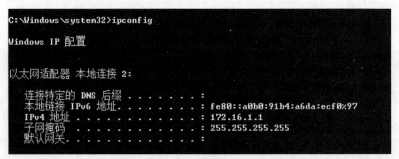

图 10-1-6　外部网主机 B-C-2 被分配了一个 VPN 指定的 IP 地址

**步骤 9**：配置 SSL VPN 之后的通信测试。

此时，外部网主机 B-C-2 已经登录并通过了 SSL VPN 的认证（使用用户名 user_sslvpn，密码 abcd@1234），B-C-1 没有登录 SSL VPN。使用 Ping 命令测试内部网和外部网的通信情况，测试结果见表 10-1-7。可以看出，B-C-2 登录 SSL VPN 之后，就可以访问内部网主机了。

表 10-1-7　配置 SSL VPN 之后内部网和外部网的通信情况

| 序号 | 源设备 | 目的设备 | 通信结果 |
| --- | --- | --- | --- |
| 1 | A-C-1 | A-C-2 | 通 |
| 2 | A-C-1 | B-C-1 | 通 |
| 3 | A-C-1 | B-C-2 | 通 |
| 4 | B-C-1 | A-C-1 | 不通 |
| 5 | B-C-2 | A-C-1 | 通 |

**步骤 10**：抓包分析 SSL VPN 通信报文。

此时，外部网用户主机 B-C-2 可以通过 SSL VPN 访问内部网主机 A-C-1。

（1）设计抓包位置。分别在①处和②处启动抓包程序，如图 10-1-7 所示。

（2）执行 B-C-2 访问 A-C-1。在外部网主机 B-C-2（用本地实体主机代替，绑定的虚拟网卡地址 44.44.44.1）的命令提示符窗口中执行命令：ping 192.168.64.10，即访问内部网主机 A-C-1。

（3）查看并分析①处报文。在①处抓取的报文如图 10-1-8 所示。注意，在 Wireshark 的过滤框中输入"icmp or ssl"，只显示 ICMP 或 SSL VPN 报文。

虽然 B-C-2 在登录 SSL VPN 后获取了 SSL VPN 虚拟网关指派的内网 IP（172.16.1.1），并且执行的命令是 ping 192.168.64.10，但从①处抓取的报文可以看出，这些报文并不是 ICMP 报文，而是 SSL VPN 报文（即 TLSv1.2 协议报文）。这些报文的源 IP 和目的 IP 分别是外网用户主机的 IP（即 44.44.44.1）和 SSL VPN 虚拟网关的 IP（即 11.11.11.1）。

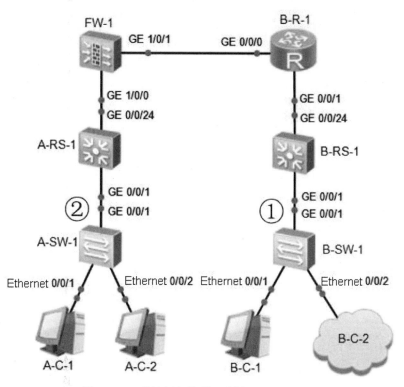

图 10-1-7 设计抓包位置，分析 SSL VPN 报文

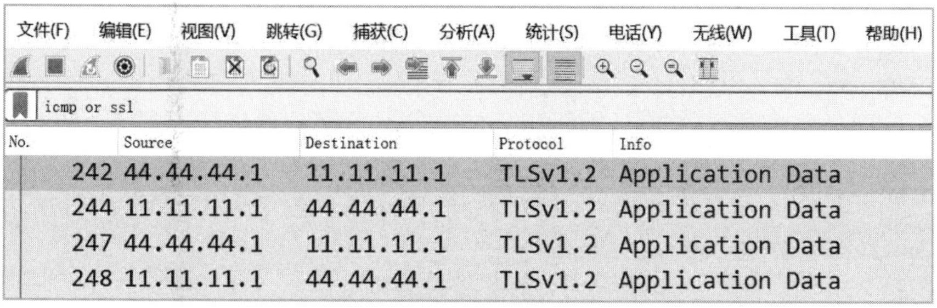

| No. | Source | Destination | Protocol | Info |
|---|---|---|---|---|
| 242 | 44.44.44.1 | 11.11.11.1 | TLSv1.2 | Application Data |
| 244 | 11.11.11.1 | 44.44.44.1 | TLSv1.2 | Application Data |
| 247 | 44.44.44.1 | 11.11.11.1 | TLSv1.2 | Application Data |
| 248 | 11.11.11.1 | 44.44.44.1 | TLSv1.2 | Application Data |

（文件(F) 编辑(E) 视图(V) 跳转(G) 捕获(C) 分析(A) 统计(S) 电话(Y) 无线(W) 工具(T) 帮助(H)）

icmp or ssl

图 10-1-8 在①处抓取的 ICMP 或 SSL VPN 报文

以 242 号报文为例，这是从外网用户 B-C-2 发往内网主机 A-C-1 的报文。但是根据 SSL VPN 的工作原理，在主机 B-C-2 和 SSL VPN 虚拟网关之间会建立隧道，B-C-2 发出的 ICMP 报文（源 IP 是 VPN 分配的 172.16.1.1，目的 IP 是 192.168.64.10）会被封装起来（相当于放入隧道里），封装后的报文源 IP 是外网 IP 地址 44.44.44.1，并且要发送到 SSL VPN 的虚拟网关，所以目的 IP 是 SSL VPN 虚拟网关的 IP（11.11.11.1）。这就是只能看到 SSL 报文，而看不到 ICMP 报文的原因。242 号报文的内容如图 10-1-9 所示，根据 SSL VPN 工作原理可以看出，报文的数据部分是加密的。

```
Frame 242: 191 bytes on wire (1528 bits), 191 bytes captured (1528 bits) on interface 0
Ethernet II, Src: 0a:00:27:00:00:0d (0a:00:27:00:00:0d), Dst: HuaweiTe_7d:45:1b (4c:1f:cc:7d:45:1b)
802.1Q Virtual LAN, PRI: 0, DEI: 0, ID: 12
Internet Protocol Version 4, Src: 44.44.44.1, Dst: 11.11.11.1
Transmission Control Protocol, Src Port: 51242, Dst Port: 443, Seq: 12481, Ack: 3352, Len: 133
Transport Layer Security
✓ TLSv1.2 Record Layer: Application Data Protocol: http-over-tls
    Content Type: Application Data (23)
    Version: TLS 1.2 (0x0303)
    Length: 128
    Encrypted Application Data: 399bb17f66fe69598a3adbad1fe4a6d72e9274aa3b0d343a…
```

图 10-1-9　第 242 号报文的内容

（4）查看并分析②处报文。在②处抓取的报文如图 10-1-10 所示。注意，在 Wireshark 的过滤框中输入 "icmp or ssl"，只显示 ICMP 或 SSL VPN 报文。

图 10-1-10　在②处抓取的 ICMP 或 SSL VPN 报文

B-C-2 登录 SSL VPN 后，从 B-C-2 发出的 ICMP 报文被重新封装后，以加密的方式先发送到 SSL VPN 的虚拟网关。在虚拟网关处，报文被解封装，然后发送到内部网主机。

以图 10-1-10 中的 25 号报文为例，解封装后，报文的协议显示为 ICMP，源 IP 就是 SSL VPN 虚拟网关指派的内网 IP（172.16.1.1），目的 IP 为内部网主机 A-C-1（192.168.64.10）的 IP 地址，并且该报文不再加密，如图 10-1-11 所示。

```
> Frame 25: 78 bytes on wire (624 bits), 78 bytes captured (624 bits) on interface 0
> Ethernet II, Src: HuaweiTe_60:04:b6 (4c:1f:cc:60:04:b6), Dst: HuaweiTe_ac:0f:36 (54:89:98:ac:0f:36)
> 802.1Q Virtual LAN, PRI: 0, DEI: 0, ID: 11
> Internet Protocol Version 4, Src: 172.16.1.1, Dst: 192.168.64.10
✓ Internet Control Message Protocol
    Type: 8 (Echo (ping) request)
    Code: 0
    Checksum: 0x4d02 [correct]
    [Checksum Status: Good]
    Identifier (BE): 1 (0x0001)
    Identifier (LE): 256 (0x0100)
    Sequence number (BE): 89 (0x0059)
    Sequence number (LE): 22784 (0x5900)
    [Response frame: 26]
  ✓ Data (32 bytes)
      Data: 6162636465666768696a6b6c6d6e6f707172737475767761…
      [Length: 32]
```

图 10-1-11　第 25 号报文的内容

# 任务二　通过 RADIUS 服务器实现 SSL VPN 认证

## 【任务介绍】

以本书项目九的任务二为基础，在园区网边界防火墙 O-FW-2 上配置 SSL VPN，并且通过 RADIUS 服务器实现认证。使得互联网用户主机可以通过 SSL VPN 访问园区网数据中心服务器。

## 【任务目标】

1. 在边界防火墙 O-FW-2 上配置 SSL VPN。
2. 实现基于 RADIUS 服务器的 SSL VPN 认证。

## 【拓扑规划】

1. 网络拓扑

任务二的网络拓扑如图 10-2-1 所示。

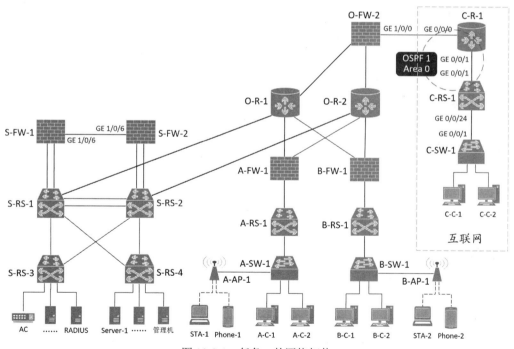

图 10-2-1　任务二的网络拓扑

2. 拓扑说明

如图 10-2-1 所示，在本书项目九的任务二基础上，将原有的 Cloud 设备"互联网 2"用一台路由器代替，并增加互联网区域 C（含交换机、主机），其中 C-C-2 是园区网的远程用户（位于互联网），用来做 SSL VPN 的客户。为了便于进行 SSL VPN 通信测试，本任务将原有的边界防火墙 O-FW-1 和"互联网 1"删掉。

关于网络中其他设备的说明，请参见本书前面的项目。

【网络规划】

1. 交换机接口与 VLAN

交换机接口与 VLAN 规划见表 10-2-1。

表 10-2-1　交换机接口与 VLAN 规划

| 序号 | 交换机 | 接口名称 | VLAN ID | 接口类型 |
|------|--------|----------|---------|----------|
| 1 | C-SW-1 | Ethernet 0/0/1 | 11 | Access |
| 2 | C-SW-1 | Ethernet 0/0/2 | 12 | Access |
| 3 | C-SW-1 | GE 0/0/1 | 11、12 | Trunk |
| 4 | C-RS-1 | GE 0/0/24 | 11、12 | Trunk |
| 5 | C-RS-1 | GE 0/0/1 | 100 | Access |

其他交换机接口与 VLAN 设计参见本书前面的项目。

2. 主机 IP 地址

主机 IP 地址规划见表 10-2-2。

表 10-2-2　主机 IP 地址规划

| 序号 | 设备名称 | IP 地址/子网掩码 | 默认网关 | 备注 |
|------|----------|------------------|----------|------|
| 1 | C-C-1 | 33.33.33.10 /24 | 33.33.33.254 | 外部网用户，使用公有 IP 地址 |
| 2 | C-C-2 | 44.44.44.1 /24 | 44.44.44.254 | 外部网用户，使用公有 IP 地址 |
| 3 | RADIUS | 172.16.64.20 /24 | 172.16.64.254 | RADIUS 服务器 |

其他主机 IP 地址设计参见本书前面的项目。

3. 路由接口 IP 地址

路由接口 IP 地址规划见表 10-2-3。

表 10-2-3　路由接口 IP 地址规划

| 序号 | 设备名称 | 接口名称 | 接口地址 | 备注 |
|------|----------|----------|----------|------|
| 1 | C-RS-1 | Vlanif100 | 22.22.22.2 /30 | 连接防火墙 O-FW-2 |
| 2 | C-RS-1 | Vlanif11 | 33.33.33.254 /24 | 作为互联网用户 VLAN11 的默认网关 |
| 3 | C-RS-1 | Vlanif12 | 44.44.44.254 /24 | 作为互联网用户 VLAN12 的默认网关 |

| 序号 | 设备名称 | 接口名称 | 接口地址 | 备注 |
|---|---|---|---|---|
| 4 | O-FW-2 | GE 1/0/0 | 11.11.11.1 /24 | 作为园区网边界防火墙的互联网接口 |
| 5 | C-R-1 | GE 0/0/0 | 11.11.11.2 /24 | 作为园区网边界防火墙的下一跳 |
| 6 | C-R-1 | GE 0/0/1 | 22.22.22.1 /24 | 公有 IP 地址，用于与互联网的连接 |

其他路由接口配置参见本书前面的项目。

4. 路由规划

路由规划见表 10-2-4。

表 10-2-4　路由规划

| 序号 | 路由设备 | 目的网络 | 下一跳地址 | 备注 |
|---|---|---|---|---|
| 1 | O-FW-2 | 0.0.0.0 /0 | 11.11.11.2 | 所有对互联网的访问，使用该缺省路由 |
| 2 | C-RS-1 | — | 配置 OSPF | 实现互联网通信 |
| 3 | C-R-1 | — | 配置 OSPF | 实现互联网通信 |

其他路由设备的路由规划，参见本书前面的项目。

5. 防火墙 SSL VPN 设计

（1）用户/用户组设计：设计两个用户 user1_sslvpn 和 user2_sslvpn（与 RADIUS 服务器中的用户设置一致），分别属于用户组 group1_sslvpn 和 group2_sslvpn。

（2）SSL VPN 的访问方式：SSL VPN 的访问方式采用网络扩展方式。分配给 group1_sslvpn 组的 IP 地址范围是 172.16.1.1～172.16.1.200/24，分配给 group2_sslvpn 组的 IP 地址范围是 172.16.2.1～172.16.2.200/24。

（3）SSL VPN 的认证方式：采用 RADIUS 服务器认证。

【操作步骤】

步骤 1：在 eNSP 中部署网络。

根据拓扑规划在 eNSP 中部署网络。为了实现 SSL VPN 的登录，C-C-2 用本地实体主机代替，Cloud 设备所绑定的虚拟网卡 IP 地址是 44.44.44.1/24。

本任务在 eNSP 中的网络拓扑如图 10-2-2 所示。

步骤 2：配置 RADIUS 服务器。

此处在本书项目九的基础上，对 RADIUS 服务器进行配置。包括在 RADIUS 服务器中添加防火墙 O-FW-2 的信息，添加 SSL VPN 认证用户信息等。

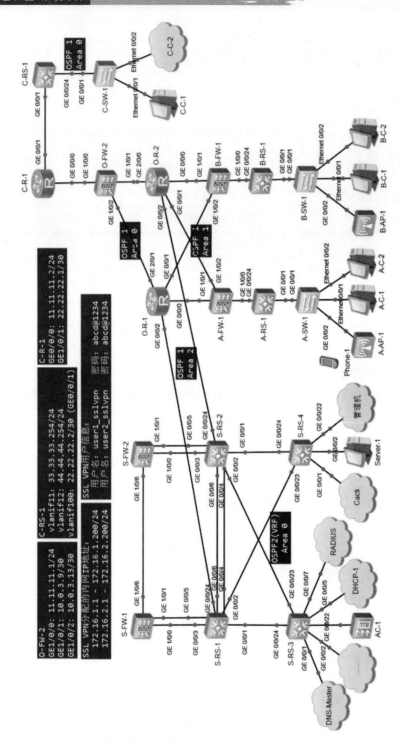

图 10-2-2　任务二的网络拓扑图（含互联网路由接口 IP 地址列表）

（1）在 RADIUS 服务器中增加 O-FW-2 客户端。

在前面的项目中，已经给园区网边界防火墙 O-FW-2 配置了管理 IP 地址 10.0.255.103/32。此处通过修改配置文件"/etc/raddb/clients.conf"，指明 RADIUS 服务器能够接收哪些客户端（即防火墙）发来的认证请求。此处在配置文件中添加 O-FW-2 防火墙，其地址为 10.0.255.103，密钥设置为"secret255103"，允许 RADIUS 支持的所有协议。操作如下：

```
[root@localhost ~]# vi /etc/raddb/clients.conf
//以下为配置文件中所添加的 O-FW-2 防火墙的信息
client O-FW-2 {
        ipaddr = 10.0.255.103
        secret = secret255103
        proto = *
}
: wq  保存退出
```

 **提醒**　　在添加客户端（即防火墙）时，{}中间的"="两侧要有空格。

（2）添加 SSL VPN 认证用户。防火墙 O-FW-2 收到认证请求以后，要将认证请求转发至园区网内部的 RADIUS 服务器，因此需要在 RADIUS 服务器中添加准备以 SSL VPN 方式访问园区网的用户认证信息（用户名和密码）。

本任务采用修改认证文件（/etc/raddb/mods-config/files/authorize）的方式来添加认证用户信息。作为示例，此处添加两个认证用户，用户名分别是 user1_sslvpn 和 user2_sslvpn，密码都是 abcd@1234。操作如下：

```
[root@localhost ~]# vi /etc/raddb/mods-config/files/authorize
//在配置文件的最上方增加两个用户
user1_sslvpn Cleartext-Password := "abcd@1234"
user2_sslvpn Cleartext-Password := "abcd@1234"
……
:wq  保存退出
```

（3）重启 RADIUS 服务。重启服务，使修改过的配置生效。

```
[root@localhost ~]#systemctl restart radiusd.service
```

**步骤 3**：更改防火墙 O-FW-2 的原有通信配置。

（1）更改互联网接口地址及缺省路由。由于本任务中使用路由器 C-R-1 代替原有的"互联网 2"，并且防火墙 O-FW-2 的互联网接口地址发生变化，所以此处要对 O-FW-2 的接口地址、缺省路由等进行更改。

```
//将 O-FW-2 的互联网接口地址改为 11.11.11.1/24
[O-FW-2]interface GigabitEthernet 1/0/0
[O-FW-2-GigabitEthernet1/0/0]ip address 11.11.11.1 24
[O-FW-2-GigabitEthernet1/0/0]quit
//由于针对访问互联网的缺省路由中下一跳地址发生变化，所以删除原有缺省路由
```

```
[O-FW-2]undo ip route-static 0.0.0.0 0.0.0.0 192.168.31.1
//添加访问互联网的缺省路由,下一跳地址是互联网路由器 C-R-1 的 GE0/0/0 接口地址
[O-FW-2]ip route-static 0.0.0.0 0.0.0.0 11.11.11.2
```

(2)配置防火墙 O-FW-2 的 Web 登录。本任务采用 Web 方式配置防火墙的 SSL VPN 服务,不仅如此,互联网用户主机 C-C-2 也需要以 Web 方式登录 O-FW-2 的 SSL VPN 服务。因此,此处需要在 O-FW-2 的有关接口上启用 https 服务。具体操作如下:

```
//在 O-FW-2 的互联网接口 GE1/0/0 上启用 https 服务
[O-FW-2]interface GigabitEthernet 1/0/0
[O-FW-2-GigabitEthernet1/0/0]service-manage https permit
[O-FW-2-GigabitEthernet1/0/0]quit
//在 O-FW-2 的内部网接口 GE1/0/1 和 GE1/0/2 上启用 https 服务
[O-FW-2]interface GigabitEthernet 1/0/1
[O-FW-2-GigabitEthernet1/0/1]service-manage https permit
[O-FW-2-GigabitEthernet1/0/1]quit
[O-FW-2]interface GigabitEthernet 1/0/2
[O-FW-2-GigabitEthernet1/0/2]service-manage https permit
[O-FW-2-GigabitEthernet1/0/2]quit
[O-FW-2]quit
<O-FW-2>save
```

**提醒**　在本书前面的项目中,已经完成了防火墙 O-FW-2 的安全域与接口、NAT、管理 IP 地址,以及到达管理机的路由等配置,本任务中不再赘述。

　　为了便于测试网络通信效果,可在 O-FW-2 的各接口上启用 Ping 服务。

**步骤 4**:配置互联网通信。

参照本项目任务一中对外部网的配置,对本任务中互联网部分进行配置,包括路由器 C-R-1、交换机 C-RS-1 和 C-SW-1、用户主机 C-C-1 和 C-C-2,实现互联网中各主机的通信。具体操作略。

**步骤 5**:在防火墙 O-FW-2 上配置 SSL VPN(RADIUS 认证)。

(1)以 Web 方式登录 O-FW-2。在本地实体主机浏览器地址栏中输入 https://10.0.255.103:8443,通过园区网数据中心的管理机(本地实体主机代替)以 Web 方式登录 O-FW-2(用户名 admin,密码 abcd@1234)。注意,为了使管理机能够访问 O-FW-2,需要以管理员身份在本地实体主机上添加相应的静态路由。

(2)配置防火墙与 RADIUS 服务器的对接参数。登录 O-FW-2 后,在上方导航栏中选择【对象】,然后在左侧导航中单击【认证服务器】→【RADIUS】,在右侧窗口中单击【新建】按钮,新建 RADIUS 服务器,如图 10-2-3 所示。

将 RADIUS 服务器命名为 RADIUS-1,地址输入 172.16.64.20,端口 1812,密钥设置为 secret255103(与本任务步骤 2 中客户端 O-FW-2 的密钥保持一致),发送接口选择 LoopBack0,如图 10-2-4 所示,然后单击【确定】。

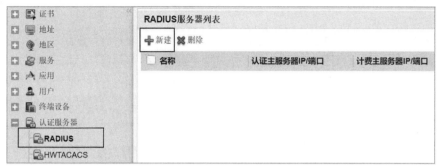

图 10-2-3　在防火墙中添加 RADIUS 服务器

图 10-2-4　在防火墙中添加 RADIUS 服务器

（3）设置防火墙 O-FW-2 的认证方式为"认证服务器"。在左侧导航中单击【用户】→【default】，在右侧【用户管理】中，【场景】选择"上网行为管理"和"SSL VPN 接入"。【用户配置】选择"认证服务器"，选择前面所添加的 RADIUS-1 服务器，如图 10-2-5 所示。

图 10-2-5　将认证方式设置为"认证服务器"

（4）在 O-FW-2 中添加认证用户和用户组。在【用户管理】界面下方的【用户/用户组/安全组管理列表】中，新建两个属于 default 组的用户组 group1_sslvpn 和 group2_sslvpn，在 group1_sslvpn 组中添加 SSL VPN 认证用户 user1_sslvpn，在 group2_sslvpn 组中添加 SSL VPN 认证用户 user2_sslvpn，结果如图 10-2-6 所示。

项目十

**441**

| 用户/用户组/安全组管理列表 | | | | | | | |
|---|---|---|---|---|---|---|---|
| ➕新建▾  ✖删除  📋批量修改  📑复制  📤导出▾  👥基于组织结构管理用户 | | | | ☐最大化显示  🔄刷新  请输入名称 | | | |
| ☐ 名称 | 描述 | 所属组 | 来源 | 绑定信息 | 账号过期时间 | 激活 |
| ☐ 👥group1_sslvpn | | /default | 本地 | -- | -- | -- |
| ☐ 👥group2_sslvpn | | /default | 本地 | -- | -- | -- |
| ☐ 👤user1_sslvpn | | /default/group1_sslvpn | 本地 | 无 | 永不过期 | ☑ |
| ☐ 👤user2_sslvpn | | /default/group2_sslvpn | 本地 | 无 | 永不过期 | ☑ |

图 10-2-6　在防火墙上添加 SSL VPN 认证用户

（5）创建 SSL VPN 虚拟网关。单击【网络】→【SSL VPN】→【SSL VPN】,由于 eNSP 仿真软件的问题，通过单击右侧窗口中的【新建】来创建 SSL VPN 虚拟网关可能会出现问题，所以此处通过 CLI 控制台进行配置。单击界面右下方的【CLI 控制台】按钮，在命令行界面中创建名为 gateway_sslvpn 的虚拟网关，命令如下：

```
[O-FW-2]v-gateway gateway_sslvpn interface GigabitEthernet 1/0/0 private
[O-FW-2-gateway_sslvpn]quit
[O-FW-2]v-gateway gateway_sslvpn udp-port 443
[O-FW-2]v-gateway gateway_sslvpn authentication-domain default
```

刷新界面后，可以看到【SSL VPN 列表】窗口中出现新建的网关 gateway_sslvpn，如图 10-2-7 所示。

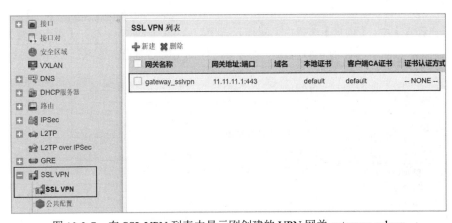

图 10-2-7　在 SSL VPN 列表中显示刚创建的 VPN 网关 gateway_sslvpn

（6）配置 SSL VPN 的网络扩展。单击图 10-2-7 中新建的网关 gateway_sslvpn，在左侧的导航中单击【网络扩展】，在右侧窗口中启用"网络扩展"，在【可分配 IP 地址池范围】中输入准备分配给 SSL VPN 客户端的 IP 地址段，此处创建两个地址段 172.16.1.1-172.16.1.200 和 172.16.2.1-172.16.2.200，设置【路由模式】为"手动路由模式"，并在【可访问内网网段列表】下，单击【新建】配置可访问内网网段 172.16.64.0/23，如图 10-2-8 所示。

图 10-2-8　配置 SSL VPN 的网络扩展

（7）配置 SSL VPN 的角色授权/用户。在图 10-2-8 的【SSL VPN 配置】界面中，单击左侧导航中【角色授权/用户】，在右侧【用户/用户组列表】中单击【新建】，把之前创建的"/default/group1_sslvpn"和"/default/group2_sslvpn"加入到用户组列表中，其路由模式选择"虚拟网关路由模式"，如图 10-2-9 所示。

图 10-2-9　添加路由模式选择"虚拟网关路由模式"

添加完用户组以后的效果如图 10-2-10 所示，然后单击右下方的【确定】按钮。

图 10-2-10　添加用户组以后的效果

（8）为用户组绑定 IP 地址池。单击界面右下方的【CLI 控制台】按钮，在命令行界面中，设置"/default/group1_sslvpn"下的用户分配 172.16.1.1－172.16.1.200 地址段，"/default/group2_sslvpn"下的用户分配 172.16.2.1－172.16.2.200 地址段。具体命令如下：

```
<O-FW-2>system-view
[O-FW-2]v-gateway gateway_sslvpn
[O-FW-2-gateway_sslvpn]vpndb
[O-FW-2-gateway_sslvpn-vpndb]group /default/group1_sslvpn network-extension netpool 172.16.1.1
[O-FW-2-gateway_sslvpn-vpndb]group /default/group2_sslvpn network-extension netpool 172.16.2.1
[O-FW-2-gateway_sslvpn-vpndb]quit
[O-FW-2-gateway_sslvpn]quit
[O-FW-2]quit
<O-FW-2>save
```

**步骤 6**：在 O-FW-2 上添加实现 SSL VPN 通信的安全策略。

（1）添加允许互联网用户登录 SSL VPN 的安全策略。

```
//添加名为 allow-untrust-vpngw 的策略，允许互联网用户访问 SSL VPN 网关
[O-FW-2]security-policy
[O-FW-2-policy-security]rule name allow-untrust-vpngw
[O-FW-2-policy-security-rule-allow-untrust-vpngw]source-zone untrust
[O-FW-2-policy-security-rule-allow-untrust-vpngw]destination-zone local
[O-FW-2-policy-security-rule-allow-untrust-vpngw]destination-address 11.11.11.1 24
[O-FW-2-policy-security-rule-allow-untrust-vpngw]service https
[O-FW-2-policy-security-rule-allow-untrust-vpngw]action permit
[O-FW-2-policy-security-rule-allow-untrust-vpngw]quit

//添加名为 allow-vpnfw-radius 的策略，允许 SSL VPN 防火墙访问 RADIUS 服务器
[O-FW-2-policy-security]rule name allow-vpnfw-radius
[O-FW-2-policy-security-rule-allow-vpnfw-radius]source-zone local
[O-FW-2-policy-security-rule-allow-vpnfw-radius]destination-zone trust
[O-FW-2-policy-security-rule-allow-vpnfw-radius]destination-address 172.16.64.20 24
[O-FW-2-policy-security-rule-allow-vpnfw-radius]action permit
[O-FW-2-policy-security-rule-allow-vpnfw-radius]quit

//添加名为 allow-radius-vpnfw 的策略，允许 RADIUS 服务器访问 SSL VPN 防火墙
[O-FW-2-policy-security]rule name allow-radius-vpnfw
[O-FW-2-policy-security-rule-allow-radius-vpnfw]source-zone trust
[O-FW-2-policy-security-rule-allow-radius-vpnfw]destination-zone local
[O-FW-2-policy-security-rule-allow-radius-vpnfw]source-address 172.16.64.20 24
[O-FW-2-policy-security-rule-allow-radius-vpnfw]action permit
[O-FW-2-policy-security-rule-allow-radius-vpnfw]quit
```

（2）添加允许位于互联网上的 SSL VPN 用户访问园区网内部资源的安全策略。

//添加名为 allow-vpnuser-server 的策略，允许位于互联网的 SSL VPN 客户访问园区网服务器

```
[O-FW-2-policy-security]rule name allow-vpnuser-server
[O-FW-2-policy-security-rule-allow-vpnuser-server]source-zone untrust
[O-FW-2-policy-security-rule-allow-vpnuser-server]destination-zone trust
[O-FW-2-policy-security-rule-allow-vpnuser-server]source-address 172.16.1.0 24
[O-FW-2-policy-security-rule-allow-vpnuser-server]source-address 172.16.2.0 24
[O-FW-2-policy-security-rule-allow-vpnuser-server]destination-address 172.16.64.0 23
[O-FW-2-policy-security-rule-allow-vpnuser-server]action permit
[O-FW-2-policy-security-rule-allow-vpnuser-server]quit

//添加名为 allow-server-vpnuser 的策略，允许园区网内部服务器访问互联网上的 SSL VPN 客户
[O-FW-2-policy-security]rule name allow-server-vpnuser
[O-FW-2-policy-security-rule-allow-server-vpnuser]source-zone trust
[O-FW-2-policy-security-rule-allow-server-vpnuser]destination-zone untrust
[O-FW-2-policy-security-rule-allow-server-vpnuser]source-address 172.16.64.0 23
[O-FW-2-policy-security-rule-allow-server-vpnuser]destination-address 172.16.1.0 24
[O-FW-2-policy-security-rule-allow-server-vpnuser]destination-address 172.16.2.0 24
[O-FW-2-policy-security-rule-allow-server-vpnuser]action permit
[O-FW-2-policy-security-rule-allow-server-vpnuser]quit
[O-FW-2-policy-security]quit
[O-FW-2]quit
<O-FW-2>save
```

 **提醒**　　此处添加的安全策略是在 O-FW-2 原有策略的基础上添加的，请读者自行查看策略内容是否有重复，并注意安全策略的创建与执行顺序，以免影响通信效果。

**步骤 7**：修改数据中心防火墙的安全策略。

位于互联网上的用户登录 SSL VPN 时，配置 SSL VPN 的防火墙 O-FW-2 与 RADIUS 服务器通信并进行认证，相关报文要经过数据中心的旁挂防火墙 S-FW-1 和 S-FW-2。认证通过后，互联网用户会获取 SSL VPN 分配的内网 IP 地址（属于 172.16.1.0/24 和 172.16.2.0/24），其在访问园区网内部服务器时，也要经过数据中心的旁挂防火墙 S-FW-1 和 S-FW-2。因此，要在数据中心防火墙上添加相关的安全策略，以实现上述操作。

（1）添加允许互联网用户进行 RADIUS 认证的安全策略。

```
//添加名为 allow-vpnfw-radius 的策略，允许 SSL VPN 防火墙访问 RADIUS 服务器
HRP_M[S-FW-1-policy-security]rule name allow-vpnfw-radius
HRP_M[S-FW-1-policy-security-rule-allow-vpnfw-radius]source-zone untrust
HRP_M[S-FW-1-policy-security-rule-allow-vpnfw-radius]destination-zone trust
HRP_M[S-FW-1-policy-security-rule-allow-vpnfw-radius]source-address 10.0.255.103 32
HRP_M[S-FW-1-policy-security-rule-allow-vpnfw-radius]destination-address 172.16.64.20 24
HRP_M[S-FW-1-policy-security-rule-allow-vpnfw-radius]action permit
HRP_M[S-FW-1-policy-security-rule-allow-vpnfw-radius]quit
HRP_M[S-FW-1-policy-security]
```

```
//添加名为 allow-radius-vpnfw 的策略，允许 RADIUS 服务器访问 SSL VPN 防火墙
HRP_M[S-FW-1-policy-security]rule name allow-radius-vpnfw
HRP_M[S-FW-1-policy-security-rule-allow-radius-vpnfw]source-zone trust
HRP_M[S-FW-1-policy-security-rule-allow-radius-vpnfw]destination-zone untrust
HRP_M[S-FW-1-policy-security-rule-allow-radius-vpnfw]source-address 172.16.64.20 24
HRP_M[S-FW-1-policy-security-rule-allow-radius-vpnfw]destination-address 10.0.255.103 32
HRP_M[S-FW-1-policy-security-rule-allow-radius-vpnfw]action permit
HRP_M[S-FW-1-policy-security-rule-allow-radius-vpnfw]quit
HRP_M[S-FW-1-policy-security]
```

（2）添加允许位于互联网上的 SSL VPN 用户访问园区网内部服务器的安全策略。

```
//添加名为 allow-vpnuser-server 的策略，允许 SSL VPN 用户访问园区网内部服务器
HRP_M[S-FW-1-policy-security]rule name allow-vpnuser-server
HRP_M[S-FW-1-policy-security-rule-allow-vpnuser-server]source-zone untrust
HRP_M[S-FW-1-policy-security-rule-allow-vpnuser-server]destination-zone trust
HRP_M[S-FW-1-policy-security-rule-allow-vpnuser-server]source-address 172.16.1.0 24
HRP_M[S-FW-1-policy-security-rule-allow-vpnuser-server]source-address 172.16.2.0 24
HRP_M[S-FW-1-policy-security-rule-allow-vpnuser-server]destination-address 172.16.64.0 23
HRP_M[S-FW-1-policy-security-rule-allow-vpnuser-server]action permit
HRP_M[S-FW-1-policy-security-rule-allow-vpnuser-server]quit

//添加名为 allow-server-vpnuser 的策略，允许园区网内部服务器访问 SSL VPN 用户
HRP_M[S-FW-1-policy-security]rule name allow-server-vpnuser
HRP_M[S-FW-1-policy-security-rule-allow-server-vpnuser]source-zone trust
HRP_M[S-FW-1-policy-security-rule-allow-server-vpnuser]destination-zone untrust
HRP_M[S-FW-1-policy-security-rule-allow-server-vpnuser]source-address 172.16.64.0 23
HRP_M[S-FW-1-policy-security-rule-allow-server-vpnuser]destination-address 172.16.1.0 24
HRP_M[S-FW-1-policy-security-rule-allow-server-vpnuser]destination-address 172.16.2.0 24
HRP_M[S-FW-1-policy-security-rule-allow-server-vpnuser]action permit
HRP_M[S-FW-1-policy-security-rule-allow-server-vpnuser]quit
HRP_M[S-FW-1-policy-security]quit
HRP_M[S-FW-1]quit
HRP_M<S-FW-1>save
```

此处添加的安全策略是在 S-FW-1 原有策略的基础上添加的，请读者自行查看策略内容是否有重复，并注意安全策略的创建与执行顺序，以免影响通信效果。

由于 S-FW-1 和 S-FW-2 之间启用了双机热备，在 S-FW-1 上配置的安全策略会自动发送给 S-FW-2，所以只需要在 S-FW-1 上添加安全策略即可。

**步骤 8**：互联网用户登录 SSL VPN 并抓包验证 RADIUS 认证。

（1）启动抓包程序。为了验证 RADIUS 认证，在图 10-2-11 中的①处（即 RADIUS 服务器接口处）启动抓包程序。

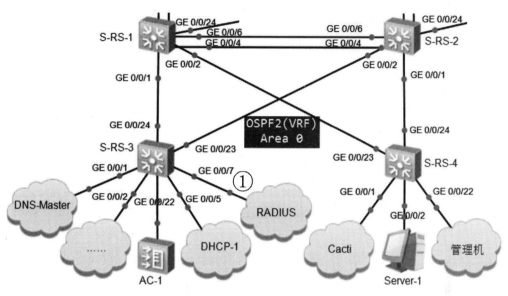

图 10-2-11　在 RADIUS 服务器接口处启动抓包程序

（2）互联网用户 C-C-2 登录 SSL VPN（RADIUS 认证）。在互联网用户 C-C-2 的浏览器地址栏中输入 https://11.11.11.1:443，打开防火墙的 SSL VPN 登录界面，输入用户名 user2_sslvpn，密码 abcd@1234，然后单击【登录】按钮。若登录成功，说明配置正确。

（3）查看抓包结果。在 Wireshark 过滤框中输入"radius"，显示 RADIUS 协议报文。可以看到在①处抓取到两条 RADIUS 报文，分别是 10.0.255.103（O-FW-2）发给 172.16.64.20（RADIUS 服务器）的 Request 报文和从 RADIUS 服务器返回的 Accept 报文，如图 10-2-12 所示。说明防火墙 O-FW-2 收到 SSL VPN 认证请求后，会接收请求并转发给 RADIUS 服务器进行认证。

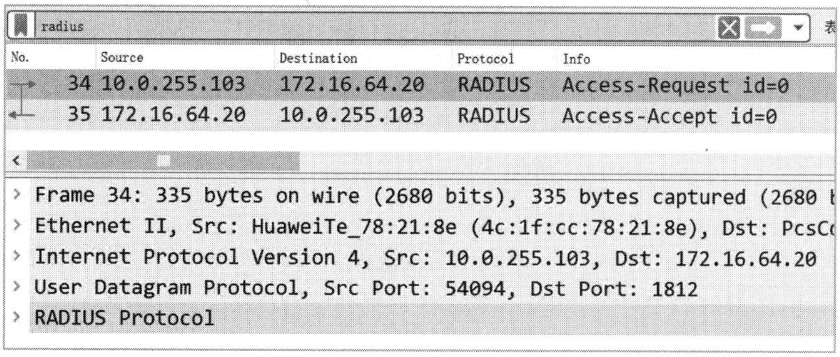

图 10-2-12　在 RADIUS 服务器接口抓取到的 RADIUS 协议报文

单击选择 34 号报文，查看其"RADIUS Protocol"的内容，如图 10-2-13 所示。可以看到，防火墙 O-FW-2 发给 RADIUS 服务器的认证报文中，包含了用户名"user2_sslvpn"、密码（加密）等信息。

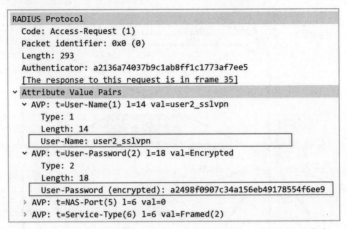

```
RADIUS Protocol
  Code: Access-Request (1)
  Packet identifier: 0x0 (0)
  Length: 293
  Authenticator: a2136a74037b9c1ab8ff1c1773af7ee5
  [The response to this request is in frame 35]
∨ Attribute Value Pairs
  ∨ AVP: t=User-Name(1) l=14 val=user2_sslvpn
      Type: 1
      Length: 14
      User-Name: user2_sslvpn
  ∨ AVP: t=User-Password(2) l=18 val=Encrypted
      Type: 2
      Length: 18
      User-Password (encrypted): a2498f0907c34a156eb49178554f6ee9
  › AVP: t=NAS-Port(5) l=6 val=0
  › AVP: t=Service-Type(6) l=6 val=Framed(2)
```

图 10-2-13　防火墙发给 RADIUS 服务器的 RADIUS 报文内容

**步骤 9：测试通信。**

在 SSL VPN 的 "welcome" 界面中，单击【启动】按钮，待成功启动网络扩展业务后，在本地实体主机（即 C-C-2）的命令提示符窗口中，输入 ipconfig，可以看到 C-C-2 已经获取到了 SSL VPN 分配的内网 IP 地址 172.16.2.1，如图 10-2-14 所示。

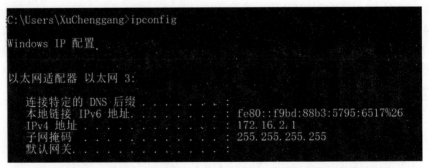

```
C:\Users\XuChenggang>ipconfig

Windows IP 配置

以太网适配器 以太网 3:

   连接特定的 DNS 后缀 . . . . . . . :
   本地链接 IPv6 地址. . . . . . . . : fe80::f9bd:88b3:5795:6517%26
   IPv4 地址 . . . . . . . . . . . . : 172.16.2.1
   子网掩码 . . . . . . . . . . . . : 255.255.255.255
   默认网关. . . . . . . . . . . . . :
```

图 10-2-14　互联网用户主机 C-C-2 被分配了 SSL VPN 指定的 IP 地址

在 C-C-2 的命令行窗口中使用 Ping 命令访问园区网内部服务器 Server-1（172.16.65.10），可以看到能够正常访问。